高等院校信息技术应用型规划教材

计算机应用基础
（第2版）

刘云翔　刘胤杰　主　编

郭文宏　黄春华　马　英　朱　栩　柏海芸　编　著

清华大学出版社

北　京

内 容 简 介

本书按照教育部颁发的"普通高等学校计算机基础教育教学基本要求"编写,是一本全面介绍计算机信息技术基础及其应用的教材。本书共7章,内容包括计算机基础知识、Office 2010应用、多媒体技术基础及应用、因特网基础与应用、网页制作、数据库应用技术、常用工具软件。为方便学生巩固所学知识与课后练习,每章都配有适量的习题。

本书可作为应用型高等院校非计算机专业的教学用书,也可作为高等院校成人教育的培训教材或自学参考书。

本书封面贴有清华大学出版社防伪标签,无标签者不得销售。
版权所有,侵权必究。侵权举报电话:010-62782989　13701121933

图书在版编目(CIP)数据

计算机应用基础/刘云翔,刘胤杰主编.--2版.--北京:清华大学出版社,2013 (2016.7 重印)
高等院校信息技术应用型规划教材
ISBN 978-7-302-33650-1

Ⅰ.①计… Ⅱ.①刘… ②刘… Ⅲ.①电子计算机-高等学校-教材 Ⅳ.①TP3

中国版本图书馆 CIP 数据核字(2013)第 199820 号

责任编辑:孟毅新
封面设计:张海清
责任校对:袁　芳
责任印制:何　芊

出版发行:清华大学出版社
　　　　网　　　址:http://www.tup.com.cn,http://www.wqbook.com
　　　　地　　　址:北京清华大学学研大厦 A 座　　　邮　　编:100084
　　　　社 总 机:010-62770175　　　　　　　　邮　　购:010-62786544
　　　　投稿与读者服务:010-62776969,c-service@tup.tsinghua.edu.cn
　　　　质 量 反 馈:010-62772015,zhiliang@tup.tsinghua.edu.cn
　　　　课 件 下 载:http://www.tup.com.cn,010-62795764
印 装 者:三河市少明印务有限公司
经　　销:全国新华书店
开　　本:185mm×260mm　　印　张:24　　　字　数:610千字
版　　次:2011年9月第1版　2013年9月第2版　印　次:2016年7月第5次印刷
印　　数:8701~11700
定　　价:49.00元

产品编号:055662-01

    计算机技术的发展速度让人们始料不及,在社会信息化和信息社会化的进程中,计算机作为时代的特征,扮演了越来越重要的角色,是否能够学习和掌握计算机的使用,是任何一个试图融入现代社会的人以及衡量一个人基本素质的必备条件之一,对高等学校非计算机专业学生来说,计算机基础教育的重点是复合型计算机应用人才的培养,培养学生具备善于应用、自主学习和创新能力等综合素质亦将逐渐成为高等教育面向社会需求的主要目标。本书正是为了适应这个要求而编写的。

    本书的特色是将计算机技术与应用型本科院校各专业应用领域相结合,将计算机的办公软件应用、多媒体、网络、数据库等技术融合在一起,培养学生综合应用能力,内容组织上紧跟时代步伐,及时更新教学内容,介绍最新的技术成果及发展动态,以适应教学改革和技术更新的需求。

    为方便学生系统掌握计算机应用基础知识,本书分为 7 章,第 1 章介绍计算机基础知识,包括计算机的概述、数制、计算机软/硬件以及 Windows XP/7 操作等。第 2 章介绍 Office 2010 应用,包括文稿编辑软件 Microsoft Word、电子表格软件 Microsoft Excel、文稿演示软件 Microsoft PowerPoint。第 3 章介绍多媒体技术基础及应用,包括多媒体技术概论、图像处理、动画制作、音频处理等。第 4 章介绍因特网基础与应用,包括因特网基础知识和网络应用等。第 5 章介绍网页制作,包括网页基础、Dreamweaver 初步、网页设计初步以及网页设计进阶等。第 6 章介绍数据库应用技术。第 7 章介绍常用工具软件。

    本书覆盖面广,信息量大,深入浅出。课时安排建议选择 54～72 学时,理论与上机操作的比例为 1∶1,教师也可以根据自己的教学经验和学生的实际情况,适当改变章节的顺序和筛选某些内容进行讲解。

    本书可作为应用型高等院校非计算机专业的教学用书,也可作为高等院校成人教育的培训教材或自学参考书。

    本书由刘云翔、刘胤杰主编,郭文宏、黄春华、马英、朱栩、柏海芸编著。在本书编写过程中得到了兄弟院校同人的大力支持,他们为本书提供了许多宝贵意见,在此表示感谢。

    由于编者水平有限,书中难免有不足之处,恳请读者多提宝贵意见。

编 者

2013 年 7 月

目录
CONTENTS

第 1 章 计算机基础知识

1.1 计算机概述

1.1.1 计算机的发展

第一台电子计算机 ENIAC(Electronic Numerical Integrator and Computer)是 1946 年 2 月在美国宾夕法尼亚大学莫尔学院研制成功的。从第一台电子数字计算机诞生至今,虽然只有六十几年的历史,但是,计算机的发展却是突飞猛进的,给人类社会带来的变化是巨大的。计算机的发展共经历了 4 个发展历程,每一代计算机的变革在技术上都是一次新的突破,在性能上都是一次质的飞跃。

随着电子计算机技术的发展,根据计算机所使用的电子逻辑器件的更替发展来描述计算机的发展过程。

(1) 第一代计算机:电子管计算机(1946—1957)。电子管计算机的主要电子元件是电子管,这代计算机体积庞大、耗电量大、运算速度低、价格昂贵,仅用于军事研究和科学计算机。

(2) 第二代计算机:晶体管计算机(1958—1964)。晶体管计算机的主要电子元件是晶体管,用晶体管代替电子管作为元件,计算机运算速度提高了,体积变小了,同时成本也降低了,并且耗电量大为降低,可靠性大大提高。这个阶段还创造了程序设计语言。

(3) 第三代计算机:中小规模集成电路计算机(1965—1970)。随着半导体工艺的发展,人们成功制造了集成电路,计算机也采用了中小规模集成电路作为计算机的元件,计算机运算速度快、体积小,开始应用于社会各个领域。

(4) 第四代计算机:大规模、超大规模集成电路计算机(1971 年至今)。

(5) 新一代的计算机:智能化、多媒体化、网络化、微型化、巨型化。

今后计算机的总趋势是:运算速度越来越快,体积越来越小,重量越来越轻,能耗越来越少,应用领域越来越强,使用越来越方便。

计算机发展各个阶段的描述见表 1-1。

表 1-1 计算机的发展的各个阶段

	起止年代	主要元件	主要元件图例	速度/(次/秒)	特点与应用领域
第一代	20 世纪 40 年代末至 20 世纪 50 年代末	电子管		5000 至 10000	计算机发展的初级阶段,体积巨大,运算速度较低,耗电量大,存储容量小。主要用来进行科学计算

	起止年代	主要元件	主要元件图例	速度/(次/秒)	特点与应用领域
第二代	20 世纪 50 年代末到 20 世纪 60 年代末	晶体管		几万至几十万	体积减小,耗电较小,运算速度较高,价格下降,不仅用于科学计算,还用于数据处理和事务管理,并逐渐用于工业控制
第三代	20 世纪 60 年代中期开始	中、小规模集成电路		几十万至几百万	体积、功耗进一步减少,可靠性及速度进一步提高。应用领域进一步拓展到文字处理、企业管理、自动控制、城市交通管理等方面
第四代	20 世纪 70 年代初开始	大规模和超大规模集成电路		几千万至千百亿	性能大幅度提高,价格大幅度下降,广泛应用于社会生活的各个领域,进入办公室和家庭。在办公室自动化、电子编辑排版、数据库管理、图像识别、语音识别、专家系统等领域中大显身手

1.1.2　计算机的特点和分类

1. 计算机的特点

(1) 运算速度快:快速的运算能力

计算机的运算速度(也称处理速度)用 MIPS(百万条指令每秒)来衡量。现代的计算机运算速度在几十 MIPS 以上,巨型计算机的速度可达到千万 MIPS。计算机如此高的运算速度是其他任何计算工具无法比拟的,它使得过去需要几年甚至几十年才能完成的复杂运算任务,现在只需几天、几小时、甚至更短的时间就可完成。这正是计算机被广泛使用的主要原因之一。

电子计算机的工作基于电子脉冲电路原理,由电子线路构成其各个功能部件,其中电场的传播扮演主要角色。电磁场传播的速度是很快的,现在高性能计算机每秒能进行几百亿次以上的加法运算。如果一个人在一秒钟内能做一次运算,那么一般的电子计算机一小时的工作量,一个人得做 100 多年。很多场合下,运算速度起决定作用。例如,计算机控制导航,要求"运算速度比飞机飞的还快";气象预报要分析大量资料,如用手工计算需要十天半月,这就失去了预报的意义。而用计算机,几分钟就能算出一个地区内数天的气象预报。

(2) 计算精度高:足够高的计算精度

一般来说,现在的计算机有几十位有效数字,而且理论上还可更高。因为数在计算机内部是用二进制数编码的,数的精度主要由这个数的二进制码的位数决定,计算机可以通过增加数的二进制位数来提高精度,位数越多精度就越高。

电子计算机的计算精度在理论上不受限制,一般的计算机均能达到 15 位有效数字,通过一定的技术手段,计算机可以实现任何精度要求。历史上有个著名数学家挈依列,曾经为计算圆周率 π 花了整整 15 年时间,才算到 707 位。现在将这件事交给计算机做,几个小时内就可计算到 10 万位。

（3）记忆力强：超强的记忆能力

计算机的存储器类似于人的大脑，可以"记忆"（存储）大量的数据和计算机程序而不丢失，在计算的同时，还可把中间结果存储起来，供以后使用。

计算机中有许多存储单元，用以记忆信息。内部记忆能力，是电子计算机和其他计算工具的一个重要区别。由于具有内部记忆信息的能力，在运算过程中就可以不必每次都从外部去取数据，而只需事先将数据输入到内部的存储单元中，运算时即可直接从存储单元中获得数据，从而大大提高了运算速度。计算机存储器的容量可以做得很大，而且它记忆力特别强。

（4）具有逻辑判断能力：复杂的逻辑判断能力

计算机在程序的执行过程中，会根据上一步的执行结果，运用逻辑判断方法自动确定下一步的执行命令。正是因为计算机具有这种逻辑判断能力，使得计算机不仅能解决数值计算问题，而且能解决非数值计算问题，比如信息检索、图像识别等。

人是有思维能力的。思维能力本质上是一种逻辑判断能力，也可以说是因果关系分析能力。借助于逻辑运算，计算机可以做出逻辑判断，分析命题是否成立，并可根据命题成立与否做出相应的对策。例如，数学中有个"四色问题"，说是不论多么复杂的地图，使相邻区域颜色不同，最多只需四种颜色就够了。100 多年来不少数学家一直想去证明它或者推翻它，却一直没有结果，使得"四色问题"成了数学中著名的难题。1976 年两位美国数学家终于使用计算机进行了非常复杂的逻辑推理验证了这个著名的猜想。

（5）可靠性高、通用性强

由于采用了大规模和超大规模集成电路，并且具有强大丰富的软件支撑，现在的计算机具有非常高的可靠性。现代计算机不仅可以用于数值计算，还可以用于数据处理、工业控制、辅助设计、辅助制造和办公自动化等，具有很强的通用性。

2. 计算机的分类

计算机发展到今天，其琳琅满目、种类繁多，并表现出各自不同的特点。可以从不同的角度对计算机进行分类。

计算机按信息的表示形式和对信息的处理方式不同可以分为数字计算机（Digital Computer）、模拟计算机（Analogue Computer）和混合计算机。数字计算机处理的数据都是以 0 和 1 表示的二进制数字，是不连续的离散数字，具有运算速度快、准确、存储量大等优点，因此适宜科学计算、信息处理、过程控制和人工智能等，具有最广泛的用途。模拟计算机处理的数据是连续的，称为模拟量。模拟量以电信号的幅值来模拟数值或某物理量的大小，如电压、电流、温度等都是模拟量。模拟计算机解题速度快，适于解高阶微分方程，在模拟计算和控制系统中应用较多。混合计算机则是集数字计算机和模拟计算机的优点于一身。

按计算机的用途不同可以分为通用计算机（General Purpose Computer）和专用计算机（Special Purpose Computer）。通用计算机广泛适用于一般科学运算、学术研究、工程设计和数据处理等，具有功能多、配置全、用途广、通用性强的特点，市场上销售的计算机多属于通用计算机。专用计算机是为适应某种特殊需要而设计的计算机，通常增强了某些特定功能，忽略了一些次要要求，所以专用计算机能高速度、高效率地解决特定问题，具有功能单纯、使用面窄甚至专机专用的特点。模拟计算机通常都是专用计算机，在军事控制系统中被广泛地使用，如飞机的自动驾驶仪和坦克上的兵器控制计算机。本书内容主要介绍通用数字计算机，平常所用的绝大多数计算机都是该类计算机。

计算机按其运算速度快慢、存储数据量的大小、功能的强弱,以及软硬件的配套规模等不同又分为巨型机、大中型机、小型机、微型机、工作站和服务器等。

(1) 巨型机(Giant Computer)。巨型机又称超级计算机(Super Computer),是指运算速度超过每秒 1 亿次的高性能计算机,它是目前功能最强、速度最快、软硬件配套齐备、价格最贵的计算机,主要用于解决诸如气象、太空、能源、医药等尖端科学研究和战略武器研制中的复杂计算。它们安装在国家高级研究机关中,可供几百个用户同时使用。

运算速度快是巨型机最突出的特点。如美国 Cray 公司研制的 Cray 系列机中,Cray-Y-MP 运算速度为每秒 20 亿~40 亿次,我国自主生产研制的银河Ⅲ巨型机峰值性能为每秒 130 亿次,IBM 公司的 GF-11 可达每秒 115 亿次,日本富士通研制了每秒可进行 3000 亿次科技运算的计算机。最近我国研制的曙光 4000A 运算速度可达每秒 10 万亿次。世界上只有少数几个国家能生产这种机器,它的研制开发是一个国家综合国力和国防实力的体现。

(2) 大中型机(Large-scale Computer and Medium-scale Computer)。这种计算机也有很高的运算速度和很大的存储量并允许相当多的用户同时使用。当然在量级上大中型计算机不及巨型计算机,结构上也较巨型机简单些,价格相对巨型机来得便宜,因此使用的范围较巨型机普遍,是事务处理、商业处理、信息管理、大型数据库和数据通信的主要支柱。

大中型机通常都像一个家族一样形成系列,如 IBM370 系列、DEC 公司生产的 VAX8000 系列、日本富士通公司的 M-780 系列。同一系列的不同型号的计算机可以执行同一个软件,称为软件兼容。

(3) 小型机(Minicomputer)。其规模和运算速度比大中型机要差,但仍能支持十几个用户同时使用。小型机具有体积小、价格低、性能价格比高等优点,适合中小企业、事业单位用于工业控制、数据采集、分析计算、企业管理以及科学计算等,也可做巨型机或大中型机的辅助机。典型的小型机有美国 DEC 公司的 PDP 系列计算机、IBM 公司的 AS/400 系列计算机、我国的 DJS-130 计算机等。

(4) 微型机(Microcomputer)。微型计算机简称微机,是当今使用最普及、产量最大的一类计算机,体积小、功耗低、成本少、灵活性大,性价比明显地优于其他类型计算机,因而得到了广泛应用。微型计算机可以按结构和性能划分为单片机、单板机、个人计算机等几种类型。

① 单片机(Single Chip Computer)。把微处理器、一定容量的存储器以及输入输出接口电路等集成在一个芯片上,就构成了单片机。可见单片机仅是一片特殊的、具有计算机功能的集成电路芯片。单片机体积小、功耗低、使用方便,但存储容量较小,一般用做专用机或用来控制高级仪表、家用电器等。

② 单板机(Single Board Computer)。把微处理器、存储器、输入/输出接口电路安装在一块印刷电路板上,就成为单板计算机。一般在这块板上还有简易键盘、液晶和数码管显示器以及外存储器接口等。单板机价格低廉且易于扩展,广泛用于工业控制、微型机教学和实验,或作为计算机控制网络的前端执行机。

③ 个人计算机(Personal Computer,PC)。供单个用户使用的微型机一般称为个人计算机或 PC,是目前用得最多的一种微型计算机。PC 配置有一个紧凑的机箱、显示器、键盘、打印机以及各种接口,可分为台式微机和便携式微机。

台式微机可以将全部设备放置在书桌上,因此又称为桌面型计算机。机型有 IBM-PC 系列,Apple 公司的 Macintosh,我国生产的长城、浪潮、联想系列计算机等。

便携式微机包括笔记本计算机、袖珍计算机以及个人数字助理(Personal Digital

Assistant,PDA)。便携式微机将主机和主要外部设备集成为一个整体,显示屏为液晶显示,可以直接用电池供电。

(5) 工作站。工作站(Workstation)是介于 PC 和小型机之间的高档微型计算机,通常配备有大屏幕显示器和大容量存储器,具有较高的运算速度和较强的网络通信能力,有大型机或小型机的多任务和多用户功能,同时兼有微型计算机操作便利和人机界面友好的特点。工作站的独到之处是其具有很强的图形交互能力,因此在工程设计领域得到广泛使用。SUN、HP、SGI 等公司都是著名的工作站生产厂家。

(6) 服务器。随着计算机网络的普及和发展,一种可供网络用户共享的高性能计算机应运而生,这就是服务器。服务器一般具有大容量的存储设备和丰富的外部接口,运行网络的操作系统,要求较高的运行速度,为此很多服务器都配置双 CPU。服务器常用于存放各类资源,为网络用户提供丰富的资源共享服务。常见的资源服务器有 DNS(Domain Name System,域名解析)服务器、E-mail(电子邮件)服务器、Web(网页)服务器、BBS(Bulletin Board System,电子公告板)服务器等。

1.1.3　计算机发展趋势

计算机的发展将趋向超高速、超小型、并行处理和智能化。自从 1946 年世界上第一台电子计算机诞生以来,计算机技术迅猛发展,传统计算机的性能受到挑战,开始从基本原理上寻找计算机发展的突破口,新型计算机的研发应运而生。未来量子、光子和分子计算机将具有感知、思考、判断、学习以及一定的自然语言能力,使计算机进入人工智能时代。这种新型计算机将推动新一轮计算技术革命,对人类社会的发展产生深远的影响。

1. 智能化的超级计算机

超高速计算机采用平行处理技术改进计算机结构,使计算机系统同时执行多条指令或同时对多个数据进行处理,进一步提高计算机运行速度。超级计算机通常是由数百数千甚至更多的处理器(机)组成,能完成普通计算机和服务器不能计算的大型复杂任务。从超级计算机获得的数据分析和模拟成果,能推动各个领域高精尖项目的研究与开发,为人们的日常生活带来各种各样的好处。最大的超级计算机有着接近于复制人类大脑的能力,具备更多的智能成分,方便人们的生活、学习和工作。世界上最受欢迎的动画片、很多耗巨资拍摄的电影中,使用的特技效果都是在超级计算机上完成的。日本、美国、以色列、中国和印度首先成为世界上拥有每秒运算 1 万亿次的超级计算机的国家,超级计算机已在科技界内引起开发与创新狂潮。

2. 新型高性能计算机问世

硅芯片技术高速发展的同时,也意味着硅技术越来越接近其物理极限。为此,世界各国的研究人员正在加紧研究开发新型计算机,计算机的体系结构与技术都将产生一次量与质的飞跃。新型的量子计算机、光子计算机、分子计算机、纳米计算机等,将会在 21 世纪走进人们的生活,遍布各个领域。

(1) 量子计算机

量子计算机的概念源于对可逆计算机的研究,量子计算机是一类遵循量子力学规律进行高速数学和逻辑运算、存储及处理量子信息的物理装置。量子计算机是基于量子效应基础上开发的,它利用一种链状分子聚合物的特性来表示开与关的状态,利用激光脉冲来改变分子的状态,使信息沿着聚合物移动,从而进行运算。量子计算机中的数据用量子位存储。由于量子叠加效应,一个量子位可以是 0 或 1,也可以既存储 0 又存储 1。因此,一个量子位可以存储两个数据,同样数量的存储位,量子计算机的存储量比通常计算机大许多。同时量子计算机能够实行量子并行计算,其运算速度可能比目前计算机的 Pentium DI 晶片快 10 亿倍。除具有高速并行处理数据的能力外,量子计算机还将对现有的保密体系、国家安全意识产生重大的冲击。

无论是量子并行计算还是量子模拟计算,本质上都是利用了量子的相干性。世界各地的许多实验室正在以巨大的热情追寻着这个梦想。目前已经提出的方案主要利用了原子和光腔相互作用、冷阱束缚离子、电子或核自旋共振、量子点操纵、超导量子干涉等。量子编码采用纠错、避错和防错等。量子计算机使计算的概念焕然一新。

(2) 光子计算机

光子计算机是利用光子取代电子进行数据运算、传输和存储。光子计算机,即全光数字计算机,以光子代替电子,光互联代替导线互连,光硬件代替计算机中的电子硬件,光运算代替电运算。在光子计算机中,不同波长的光代表不同的数据,可以对复杂度高、计算量大的任务实现快速的并行处理。光子计算机将使运算速度在目前基础上呈指数上升。

(3) 分子计算机

分子计算机体积小、耗电少、运算快、存储量大。分子计算机的运行是吸收分子晶体上以电荷形式存在的信息,并以更有效的方式进行组织排列。分子计算机的运算过程就是蛋白质分子与周围物理化学介质相互作用的过程。转换开关为酶,而程序则在酶合成系统本身和蛋白质的结构中极其明显地表示出来。生物分子组成的计算机能在生化环境下,甚至在生物有机体中运行,并能以其他分子形式与外部环境交换。因此它将在医疗诊治、遗传追踪和仿生工程中发挥无法替代的作用。目前正在研究的主要有生物分子或超分子芯片、自动机模型、仿生算法、分子化学反应算法等几种类型。分子芯片体积可比现在的芯片大大减小,而效率大大提高,分子计算机完成一项运算,所需的时间仅为 10 微微秒,比人的思维速度快 100 万倍。分子计算机具有惊人的存储容量,1 立方米的 DNA 溶液可存储 1 万亿亿的二进制数据。分子计算机消耗的能量非常小,只有电子计算机的十亿分之一。由于分子芯片的原材料是蛋白质分子,所以分子计算机既有自我修复的功能,又可直接与分子活体相连。美国已研制出分子计算机分子电路的基础元器件,可在光照几万分之一秒的时间内产生感应电流。以色列科学家已经研制出一种由 DNA 分子和酶分子构成的微型分子计算机。预计 20 年后,分子计算机将进入实用阶段。

(4) 纳米计算机

纳米计算机是用纳米技术研发的新型高性能计算机。纳米管元件尺寸在几到几十纳米范围内,质地坚固,有着极强的导电性,能代替硅芯片制造计算机。"纳米"是一个计量单位,纳米大约是氢原子直径的 10 倍。纳米技术是从 20 世纪 80 年代初迅速发展起来的新的前沿科研领域,最终目标是人类按照自己的意志直接操纵单个原子,制造出具有特定功能的产品。现在纳米技术正从微电子机械系统起步,把传感器、电动机和各种处理器都放在一个硅芯片上构成一个系统。应用纳米技术研制的计算机内存芯片,其体积只有数百个原子大小,相当于人的头发丝直径的千分之一。纳米计算机几乎不需要耗费任何能源,而且其性能要比今天的计算机强大许多倍。美国正在研制一种连接纳米管的方法,用这种方法连接的纳米管可用作芯片元件,发挥电子开关、放大和晶体管的功能。专家预测,10 年后纳米技术将会走出实验室,成为科技应用的一部分。纳米计算机体积小、造价低、存储量大、性能好,将逐渐取代芯片计算机,推动计算机行业的快速发展。

可以相信,新型计算机与相关技术的研发和应用,是 21 世纪科技领域的重大创新,必将推进全球经济社会高速发展,实现人类发展史上的重大突破。科学在发展,人类在进步,历史上的新生事物都要经过一个从无到有的艰难历程,随着一代又一代科学家们的不断努力,未来的计算机一定会是更加方便人们的工作、学习、生活的好伴侣。

1.2 计算机的应用领域

计算机的应用领域已渗透到社会的各行各业,正在改变着传统的工作、学习和生活方式,推动着社会的发展。计算机的主要应用领域如下。

1. 科学计算(或数值计算)

科学计算是指利用计算机来完成科学研究和工程技术中提出的数学问题的计算。在现代科学技术工作中,科学计算问题是大量的和复杂的。利用计算机的高速计算、大存储容量和连续运算的能力,可以实现人工无法解决的各种科学计算问题。

2. 数据处理(或信息处理)

数据处理是指对各种数据进行收集、存储、整理、分类、统计、加工、利用、传播等一系列活动的统称。据统计,80%以上的计算机主要用于数据处理,这类工作量大,面宽、决定了计算机应用的主导方向。

数据处理从简单到复杂已经历了以下 3 个发展阶段。

(1) 电子数据处理(Electronic Data Processing,EDP),它以文件系统为手段,实现一个部门内的单项管理。

(2) 管理信息系统(Management Information System,MIS),它是以数据库技术为工具,实现一个部门的全面管理,以提高工作效率。

(3) 决策支持系统(Decision Support System,DSS),它是以数据库、模型库和方法库为基础,帮助管理决策者提高决策水平,改善运营策略的正确性与有效性。

目前,数据处理已广泛地应用于办公自动化、企事业计算机辅助管理与决策、情报检索、图书管理、电影电视动画设计、会计电算化等各行各业。信息正在形成独立的产业,多媒体技术使信息展现在人们面前的不仅是数字和文字,也有声情并茂的声音和图像信息。

3. 辅助技术(或计算机辅助设计与制造)

计算机辅助技术包括 CAD、CAM 和 CAI 等。

(1) 计算机辅助设计(Computer Aided Design,CAD)

计算机辅助设计是利用计算机系统辅助设计人员进行工程或产品设计,以实现最佳设计效果的一种技术。它已广泛地应用于飞机、汽车、机械、电子、建筑和轻工业等领域。例如,在电子计算机的设计过程中,利用 CAD 技术进行体系结构模拟、逻辑模拟、插件划分、自动布线等,从而大大提高了设计工作的自动化程度。又如,在建筑设计过程中,可以利用 CAD 技术进行力学计算、结构计算、绘制建筑图纸等,这样不但提高了设计速度,而且可以大大提高设计质量。

(2) 计算机辅助制造(Computer Aided Manufacturing,CAM)

计算机辅助制造是利用计算机系统进行生产设备的管理、控制和操作的过程。例如,在产品的制造过程中,用计算机控制机器的运行,处理生产过程中所需的数据,控制和处理材料的流动以及对产品进行检测等。使用 CAM 技术可以提高产品质量,降低成本,缩短生产周期,提高生产率和改善劳动条件。

将 CAD 和 CAM 技术集成,实现设计生产自动化,这种技术被称为计算机集成制造系统(CIMS)。它的实现将真正做到无人化工厂(或车间)。

(3) 计算机辅助教学(Computer Aided Instruction,CAI)

计算机辅助教学利用计算机系统使用课件来进行教学。课件可以用著作工具或高级语言来开发制作,它能引导学生循序渐进地学习,使学生轻松自如地从课件中学到所需的知识。CAI 的主要特色是交互教育、个别指导和因人施教。

4. 过程控制(或实时控制)

过程控制利用计算机及时采集检测数据,按最优值迅速地对控制对象进行自动调节或自动控制。采用计算机进行过程控制,不仅可以大大提高控制的自动化水平,而且可以提高控制的及时性和准确性,从而改善劳动条件、提高产品质量及合格率。因此,计算机过程控制已在机械、冶金、石油、化工、纺织、水电、航天等部门得到广泛的应用。

例如,在汽车工业方面,利用计算机控制机床、控制整个装配流水线,不仅可以实现精度要求高、形状复杂的零件加工自动化,而且可以使整个车间或工厂实现自动化。

5. 人工智能(或智能模拟)

人工智能(Artificial Intelligence)利用计算机模拟人类的智能活动,诸如感知、判断、理解、学习、问题求解和图像识别等。现在人工智能的研究已取得不少成果,有些已开始走向实用阶段。例如,能模拟高水平医学专家进行疾病诊疗的专家系统,具有一定思维能力的智能机器人等。人工智能是研究解释和模拟人类智能、智能行为及其规律的一门学科。其主要任务是建立智能信息处理理论,进而设计可以展现某些近似于人类智能行为的计算系统。人工智能学科包括知识工程、机器学习、模式识别、自然语言处理、智能机器人和神经计算等多方面的研究。

6. 网络应用

计算机技术与现代通信技术的结合构成了计算机网络。计算机网络的建立,不仅解决了一个单位、一个地区、一个国家中计算机与计算机之间的通信,各种软、硬件资源的共享,也大大促进了国际文字、图像、视频和声音等各类数据的传输与处理。

7. 多媒体技术

多媒体技术是把数字、文字、声音、图形、图像和动画等多种媒体有机组合起来,利用计算机、通信和广播电视技术,使它们建立起逻辑联系,并能进行加工处理(包括对这些媒体的录入、压缩和解压缩、存储、显示和传输等)的技术。目前多媒体计算机技术的应用领域正在不断拓宽,除了知识学习、电子图书、商业及家庭应用外,在远程医疗、视频会议中都得到了极大的推广。

1.3　数的不同进制

进制就是进位计数制,是指按照某种由低位到高位的进位的方法进行计数的数制,简称进制。进位计数制是一种计数方法。在一般情况下,人们习惯于用十进制来表示数。

1. 十进制（Decimal System）

十进制数是人们最熟悉的一种进位计数制,它是由 0、1、2、…、8、9 这 10 个数码组成,即基数为 10。

十进制的特点是:逢十进一,借一当十。一个十进制数各位的权是以 10 为底的幂。

2. 二进制（Binary System）

由 0、1 两个数码组成,即基数为 2。

二进制的特点是:逢二进一,借一当二。一个二进制数各位的权是以 2 为底的幂。

二进制的优点是:技术实现容易,运算规则简单,适合逻辑运算,易于进行转换。

3. 八进制（Octal System）

由 0、1、2、3、4、5、6、7 这 8 个数码组成,即基数为 8。

八进制的特点是:逢八进一,借一当八。一个八进制数各位的权是以 8 为底的幂。

4. 十六进制（Hexadecimal System）

由 0、1、2、…、9、A、B、C、D、E、F 共 16 个数码组成,即基数为 16。

十六进制的特点:逢十六进一,借一当十六。一个十六进制数各位的权是以 16 为底的幂。

表 1-2 所示为 0～15 这 16 个数的不同数制表示。

表 1-2　数的不同数制表示

十进制	二进制	八进制	十六进制
0	0000	00	0
1	0001	01	1
2	0010	02	2
3	0011	03	3
4	0100	04	4
5	0101	05	5
6	0110	06	6
7	0111	07	7
8	1000	10	8
9	1001	11	9
10	1010	12	A
11	1011	13	B
12	1100	14	C
13	1101	15	D
14	1110	16	E
15	1111	17	F

1.4　数制间相互转换

1. 二进制、八进制、十六进制数转化为十进制数

对于任何一个二进制数、八进制数、十六进制数,可以写出它的按权展开式,再进行计算即可。

例 1-1　二进制数转十进制数。

$$(1111.11)_B = 1 \times 2^3 + 1 \times 2^2 + 1 \times 2^1 + 1 \times 2^0 + 1 \times 2^{-1} + 1 \times 2^{-2} = 15.75$$

例 1-2　八进制数转十进制数。

$$(677.2)_O = 6 \times 8^2 + 7 \times 8^1 + 7 \times 8^0 + 2 \times 8^{-1} = 447.25$$

例 1-3　十六进制数转十进制数。

$$(A10B.8)_H = 10 \times 16^3 + 1 \times 16^2 + 0 \times 16^1 + 11 \times 16^0 + 8 \times 16^{-1} = 41227.5$$

注意　在不至于产生歧义时,可以不注明十进制数的进制。

2. 十进制数转化为二进制数、八进制数、十六进制数

对于整数部分采用除基数取余法,即逐次除以基数,直至商为 0,得出的余数倒序排列,即为该进制各位的数码;小数部分采用乘基数取整法,即逐次乘以基数,从每次乘积的整数部分得到该进制数各位的数码。

例 1-4　将十进制数 20.58 转换成二进制数。

首先将整数部分和小数部分分别转换,然后再拼接起来。

整数部分,采用除 2 取余法;把要转换的数,除以 2,得到商和余数,将商继续除以 2,直到商为 0。最后将所有余数倒序排列,得到数就是转换结果。

小数部分,采用乘 2 取整法。最后将所有取整数顺序排列,得到的数就是转换结果。

整数部分转换:

```
 2 | 20          取余数   位号
    2 | 10          0       b_0
       2 | 5        0       b_1
          2 | 2     1       b_2
             2 | 1  0       b_3
                 0  1       b_4
```

小数部分转换:

```
    0.58           取整数   位号
  ×    2
    1.16             1      b_{-1}
  ×    2
    0.32             0      b_{-2}
```

转换结果如下:

$$(20.58)_D \approx (b_4 b_3 b_2 b_1 b_0 . b_{-1} b_{-2})_B = (10100.10)_B$$

例 1-5　将十进制数 20.58 转换成八进制数。

整数部分转换:

```
 8 | 20          取余数   位号
    8 | 2          4       b_0
       0           2       b_1
```

小数部分转换:

```
    0.58           取整数   位号
  ×    8
    4.64             4      b_{-1}
  ×    8
    5.12             5      b_{-2}
```

转换结果如下:

$$(20.58)_D \approx (b_1 b_0 . b_{-1} b_{-2})_O = (24.54)_O$$

例 1-6　将十进制数 20.58 转换成十六进制数。

整数部分转换：　　　　　　　　　小数部分转换：

16 ⌐ 20　　　　　　取余数　位号　　0.58　　　　　　取整数　位号

　　16 ⌐ 1　　　　　　　4　　b_0　　　× 16

　　　　0　　　　　　　1　　b_1　　　9.28　　　　　　9　　　b_{-1}

转换结果如下：

$$(20.58)_D \approx (b_1 b_0 b_{-1})_H = (14.9)_H$$

3. 二进制数与八进制数的相互转换

二进制数转换成八进制数的方法是：将二进制数从小数点开始，对二进制整数部分向左每 3 位分成一组，对二进制小数部分向右每 3 位分成一组，不足 3 位的分别向高位或低位补 0 凑成 3 位。每一组有 3 位二进制数，分别转换成八进制数码中的一个数字，全部连接起来即可。

$8^1 = 2^3$，3 位二进制数刚好可以表示 0～7 这 8 个数码，也就是说二进制的 3 位数正好可以用 1 位八进制数表示。

例 1-7　将二进制数 1010100101.10101 转换成八进制数。

$$(1010100101.10101)_B = (\quad 1\ 010\ 100\ 101\ .\ 101\ \ 01\quad)_B$$
$$= (\ 001\ 010\ 100\ 101\ .\ 101\ 010\ )_B$$
$$= (\quad 1\quad 2\quad 4\quad 5\ .\ \ 5\quad 2\ )_O$$

4. 二进制数与十六进制数的相互转换

二进制数转换成十六进制数，4 位分成一组，再分别转换成十六进制数码中的一个数字，不足 4 位的分别向高位或低位补 0 凑成 4 位，全部连接起来即可。反之，十六进制数转换成二进制数，只要将每一位十六进制数转换成 4 位二进制数，依次连接起来即可。

$16^1 = 2^4$，4 位二进制数刚好可以表示 0～F 这 16 个数码，也就是说二进制的 4 位数正好可以用 1 位十六进制数表示。

例 1-8　将二进制数 1010100101.10101 转换成十六进制数。

$$(1010100101.10101)_B = (\quad 10\ 1010\ 0101\ .\ 1010\quad\ 1)_B$$
$$= (\ 0010\ 1010\ 0101\ .\ 1010\ 1000\ )_B$$
$$= (\quad 2\quad A\quad 5\ .\ A\quad 8\ )_H$$

5. 八进制与十六进制数相互转换

八进制与十六进制数之间的转换可以通过二进制数作为中间桥梁，先转化为二进制数，再转化为其他进制数。

1.5　原码、补码、反码

数在计算机中是以二进制形式表示的。数可分为有符号数和无符号数。

原码、反码、补码都是有符号定点数的表示方法。一个有符号定点数的最高位为符号位，分为正或负。

1.5.1　原码表示法

原码表示法是机器数的一种简单的表示法。其符号位用 0 表示正号,用 1 表示负号,数值一般用二进制形式表示。设有一数为 X,则原码表示可记作[X]原。

例如,有两个二进制数:X1＝＋1010110,X2＝－1001010。

X1 为正数,X1 原码表示法:

$$[X1]_原=[＋1010110]_原=01010110$$

X2 为负数,X2 原码表示法:

$$[X2]_原=[－1001010]_原=11001010$$

原码表示数的范围与二进制位数有关。

当用 8 位二进制来表示小数原码时,其表示范围如下。

① 最大值为 0.1111111,其十进制值约为 0.99。

② 最小值为 1.1111111,其十进制值约为－0.99。

当用 8 位二进制来表示整数原码时,其表示范围如下。

① 最大值为 01111111,其十进制值为 127。

② 最小值为 11111111,其十进制值为－127。

在原码表示法中,0 有两种表示形式。

$[＋0]_原=00000000$

$[－0]_原=10000000$

1 有两种表示形式。

$[＋1]_原=00000001$

$[－1]_原=10000001$

1.5.2　反码表示法

机器数的反码可由原码得到。如果机器数是正数,则该机器数的反码与原码一样;如果机器数是负数,则该机器数的反码是对它的原码(符号位除外)各位取反而得到的。设有一数 X,则 X 的反码表示记作[X]反。

例如,有两个二进制数:X1＝＋1010110,X2＝－1001010。

X1 为正数,X1 原码表示法:

$$[X1]_原=[＋1010110]_原=01010110$$

X1 反码表示法:

$$[X1]_反=[X1]_原=01010110$$

X2 为负数,X2 原码表示法:

$$[X2]_原=[－1001010]_原=11001010$$

X2 反码表示法:

$$[X2]_反=[X2]_原(符号位除外,各位取反)=10110101$$

1.5.3　补码表示法

机器数的补码可由原码得到。如果机器数是正数,则该机器数的补码与原码一样;如果机器数是负数,则该机器数的补码是对它的原码(除符号位外)各位取反,并在末位加 1 而得到的。设有一数 X,则 X 的补码表示记作[X]$_补$。

例如,有两个二进制数：X1＝＋1010110,X2＝－1001010。

X1 为正数,X1 原码表示法：
$$[X1]_原=[+1010110]_原=01010110$$

X1 反码表示法：
$$[X1]_反=[X1]_原=01010110$$

X1 补码表示法：
$$[X1]_补=[X1]_原=01010110$$

X2 为负数,X2 原码表示法：
$$[X2]_原=[-1001010]_原=11001010$$

X2 反码表示法：
$$[X2]_反=[X2]_原(符号位除外,各位取反)=10110101$$

X2 补码表示法：
$$[X2]_补=[X2]_反+1=10110101+1=10110110$$

补码表示数的范围与二进制位数有关。

当采用 8 位二进制表示时,小数补码的表示范围如下。

① 最大值为 0.1111111,其十进制值为 0.99。

② 最小值为 1.0000000,其十进制值为－1。

当采用 8 位二进制表示时,整数补码的表示范围如下。

① 最大值为 01111111,其十进制值为 127。

② 最小值为 10000000,其十进制值为－128。

在补码表示法中,0 只有一种表示形式,原因如下：
$$[+0]_补=00000000$$
$$[-0]_补=[10000000]_原=[1111111]_反+1=[00000000]_补$$

由于受设备字长的限制,最后的进位丢失,所以有
$$[+0]_补=[-0]_补=00000000$$

反码通常作为求补过程的中间形式,即在一个负数的反码的末位上加 1,就得到了该负数的补码。

例 1-9 已知[X]$_原$=10011010,求[X]$_补$。

[X]$_原$求[X]$_补$的原则是：若机器数为正数,则[X]$_原$=[X]$_补$；若机器数为负数,则该机器数的补码可对它的原码(符号位除外)所有位求反,再在末位加 1 得到。

现给定的机器数的符号位为 1,判定为负数,故[X]$_补$=[X]$_反$+1,即
$$[X]_原=10011010$$
$$[X]_反=11100101$$
$$+)\qquad 1$$
$$[X]_补=11100110$$

例 1-10 已知[X]$_补$=11100110,求[X]$_原$。

若机器数为正数,则[X]$_原$=[X]$_补$；若机器数为负数,则有[X]$_原$=[[X]$_补$]$_补$。现给定的为负数,故有

$$[X]_{补} = 11100110$$
$$[[X]_{补}]_{反} = 10011001$$
$$+) \qquad\qquad 1$$
$$\overline{\qquad\qquad\qquad\qquad\qquad}$$
$$[[X]_{补}]_{补} = 10011010 = [X]_{原}$$

例 1-11　求 -3 的补码。

$[-3]_{原} = 10000011$

$[-3]_{反} = [10000011]_{反} = 11111100$（负数的反码是将其原码除符号位之外的各位求反）

$[-3]_{补} = [10000011]_{补} = 11111101$（负数的补码是将其原码除符号位之外的各位求反之
后在末位再加 1）

一个数和它的补码是可逆的。为什么要设立补码呢？

（1）为了能让计算机执行减法：$[a-b]_{补} = [a]_{补} + [-b]_{补}$

（2）为了统一正零和负零（正零：00000000，负零：10000000），这两个数其实都是 0，但它们的原码却有不同的表示。但是其补码是一样的，都是 00000000。

特别注意，如果 $+1$ 之后有进位的，要一直往前进位，包括符号位。这和反码是不同的。

$$[10000000]_{补} = [10000000]_{反} + 1 = 11111111 + 1 = (1)00000000$$
$$= 00000000（最高位溢出了，符号位变成了 0）$$

可能有人会问，10000000 这个补码表示的是哪个数的补码呢？其实这是一个规定，这个数表示的是 -128，所以 n 位补码能表示的范围是 -2^{n-1} 到 $2^{n-1}-1$，比 n 位原码能表示的数多一个。

1.6　字符数据编码

字符包括西文字符和汉字字符。字符编码的方法很简单，首先确定需要编码的字符总数，然后将每一个字符按顺序编号，编号值的大小无意义，仅作为识别与使用这些字符的依据。例如：每个学生在学校中有一个学号，每个学号唯一地表示某个学生；学号的位数主要决定于学校的学生总数规模。对西文与汉字字符，由于形式的不同，使用不同的编码。

1.6.1　西文字符

西文字符编码最常用的是 ASCII 字符编码，即 American Standard Code for Information Interchange（美国信息交换标准代码）。ASCII 是用 7 位二进制编码，它可以表示 2^7 即 128 个字符，见表 1-3。每个字符用 7 位二进制码表示，其排列次序为 $d_6 d_5 d_4 d_3 d_2 d_1 d_0$，$d_6$ 为高位，d_0 为低位。

表 1-3　ASCII 码表

$d_6 d_5 d_4 d_3$ ＼ $d_2 d_1 d_0$	000	001	010	011	100	101	110	111
0000	NUL	DEL	SP	0	@	P		p
0001	SOH	DC1	!	1	A	Q	a	q
0010	STX	DC2	"	2	B	R	b	r
0011	EXT	DC3	#	3	C	S	c	s
0100	EOT	DC4	$	4	D	T	d	t

$d_6 d_5 d_4 d_3$ \ $d_2 d_1 d_0$	000	001	010	011	100	101	110	111
0101	ENQ	NAK	%	5	E	U	e	u
0110	ACK	SYN	&	6	F	V	f	v
0111	BEL	ETB	,	7	G	W	g	w
1000	BS	CAN	(	8	H	X	h	x
1001	HT	EM	)	9	I	Y	i	y
1010	LF	SUB	*	:	J	Z	j	z
1011	VT	ESC	+	;	K	[	k	{
1100	FF	FS	<	L	\	l			
1101	CR	GS	−	=	M	]	}	
1110	SO	RS	。	>	N		n	~
1111	SI	US	/	?	O		o	DEL

从 ASCII 码表中看出,十进制码值 0～32 和 127(即 NUL～SP 和 DEL)共 34 个字符称为非图形字符(又称为控制字符);其余 94 个字符称为图形字符(又称为普通字符)。在这些字符中,从 0～9、从 A～Z、从 a～z 都是顺序排列的,且小写比大写字母码值大 32,即位值 d_5 为 0 或 1,这有利于大、小写字母之间的编码转换。

计算机的内部存储与操作常以字节为单位,即 8 个二进制位为单位。因此一个字符在计算机内实际是用 8 位表示的。正常情况下,最高位 d_7 为 0。在需要奇偶校验时,这一位可用于存放奇偶校验的值,此时称这一位为校验位。

了解数值和西文字符在计算机内的表示后,大家可能会产生一个问题:二者在计算机内都是二进制数,如何区分数值和字符呢?例如,内存中有一个字节的内容是 65,它究竟表示数值 65,还是表示字母 A?面对一个孤立的字节,确实无法区分,但存放和使用这个数据的软件,会以其他方式保存有关类型的信息,指明这个数据为何类型。

1.6.2 汉字编码

英文是拼音文字,采用不超过 128 种字符的字符集就满足英文处理的需要,编码容易,而且在一个计算机系统中,输入、内部处理和存储都可以使用同一编码(一般为 ASCII 码)。

汉字是象形文字,种类繁多,编码比较困难,而且在一个汉字处理系统中,输入、内部处理、输出对汉字编码的要求不尽相同,因此要进行一系列的汉字编码转换,用户用输入码输入汉字,系统由输入码找到相应的内码,内码是计算机内部对汉字的表示,要在显示器上显示或在打印机上打印出用户所输入的汉字,需要汉字的字形码,系统由内码找到相应的字形码。

1. 汉字国标码

全称是《GB 2312—1980 信息交换用汉字编码字符集——基本集》,1980 年发布,是中文信息处理的国家标准,也称汉字交换码,简称 GB 码。根据统计,把最常用的 6763 个汉字分成两级:一级汉字有 3755 个,按汉语拼音排列;二级汉字有 3008 个,按偏旁部首排列。

为了编码,将汉字分成若干个区,每个区中 94 个汉字。由区号和位号(区中的位置)构成区位码。例如,"中"位于第 54 区 48 位,区位码为 5448。区号和位号各加 32 就构成了国标码,这是为了与 ASCII 码兼容,每个字节值大于 32(0～32 为非图形字符码值)。所以,"中"的国标码为 8680。

2. 汉字机内码

一个国标码占两个字节,每个字节最高位仍为 0;英文字符的机内码是 7 位 ASCII 码,最高位也是 0。因为西文字符和汉字都是字符,为了在计算机内部能够区分是汉字编码还是 ASCII 码,将国标码的每个字节的最高位由 0 变为 1,变换后的国标码称为汉字机内码。由此可知汉字机内码的每个字节都大于 128,而每个西文字符的 ASCII 码值均小于 128。

3. 汉字的输入编码

这是一种用计算机标准键盘上按键的不同排列组合来对汉字的输入设计的编码,目的是进行汉字的输入。那么对于输入码,要求编码要尽可能的短,从而输入时击键的次数就比较少;另外重码要尽量少,这样输入时就可以基本上实现盲打;再者,输入编码还要容易学容易上手,以便推广。目前汉字的输入编码方法很多,常用的有五笔字型编码、智能拼音码等。

4. 汉字的字形码

汉字字形码通常有两种表示方式:点阵方式和矢量方式。

用点阵方式表示字形时,汉字字形码指的就是这个汉字字形点阵的代码。根据输出汉字的要求不同,点阵的多少也不同。简易型汉字为 16×16 点阵,提高型汉字为 24×24 点阵、32×32 点阵和 48×48 点阵等。

点阵规模越大,字形就越清晰美观,同时其编码也就越长,所需的存储空间也就越大。以 16×16 点阵为例,每个汉字要占用 32 个字节。

矢量表示方式存储的是描述汉字字形的轮廓特征,当要输出汉字时,通过计算机的计算,由汉字字形描述生成所需大小和形状的汉字点阵。矢量化字形描述与最终文字显示的大小、分辨率无关,由此可产生高质量的汉字输出。Windows 中使用的 TrueType 技术就是汉字的矢量表示方式。

点阵和矢量方式区别:前者编码、存储方式简单,无需转换直接输出,但字形放大后产生的效果差,而且同一种字体不同的点阵需要不同的字库。矢量方式特点正好与前者相反。

1.7　计算机系统

计算机系统由硬件和软件两部分组成。硬件系统包括计算机的各个功能部件;计算机软件系统包括系统软件和应用软件。

1.7.1　计算机系统组成

计算机系统的基本组成包括硬件和软件两个部分,它们构成一个完整的计算机系统。

计算机硬件是组成计算机的物理设备的总称,它们由各种器件和电子线路组成,是计算机完成计算工作的物质基础。

计算机软件是计算机硬件设备上运行的各种程序及相关的资料的总称。

程序是由计算机基本的操作指令组成的。计算机所有指令的组合称为机器的指令系统。

硬件和软件相互依存才能构成一个可用的计算机系统。

1.7.2　控制器和运算器

计算机中最主要的工作是运算,大量的数据运算任务是在运算器中进行的。

控制器(Controller)是计算机的神经中枢,是整个计算机的控制指挥中心,只有在它的控制之下整个计算机才能有条不紊地工作,并自动执行程序。

控制器的工作过程如下。首先从内存中取出指令,并对指令进行分析,然后根据指令的功能向有关部件发出控制命令,控制它们执行这条指令规定的操作。当各部件执行完控制器发来的命令后,都会向控制器反馈执行的情况。这样逐一执行一系列指令,就使计算机能够按照由这一系列指令组成的程序的要求自动完成各项任务。

运算器的主要功能是进行算术运算和逻辑运算。算术运算是指加、减、乘、除等基本运算,逻辑运算是指逻辑判断、逻辑比较以及其他的基本逻辑运算。因此,运算器又称算术逻辑单元(Arithmetic and Logic Unit,ALU)。它由加法器(Adder)和补码器(Complement)等组成。

运算器中的数据取自内存,运算的结果又送回内存。运算器对内存的读写操作是在控制器的控制之下进行的。

控制器和运算器一起组成中央处理器,也称 CPU(Central Processing Unit)。

CPU(见图 1-1)从最初发展至今已经有 30 多年的历史了,这期间,按照其处理信息的字长,CPU 可以分为 4 位微处理器、8 位微处理器、16 位微处理器、32 位微处理器以及 64 位微处理器等。

图 1-1　CPU

CPU 的主要性能指标如下。

(1) 主频。主频即 CPU 工作的时钟频率。CPU 的工作是周期性的,它不断地执行取指令、执行指令等操作。这些操作需要精确定时,按照精确的节拍工作,因此 CPU 需要一个时钟电路产生标准节拍,一旦机器加电,时钟电路便连续不断地发出节拍,就像乐队的指挥一样指挥 CPU 有节奏地工作,这个节拍的频率就是主频。一般说来,主频越高,CPU 的工作速度越快。

(2) 外频。实际上,计算机的任何部件都按一定的节拍工作。通常是主板上提供一个基准节拍供各部件使用,主板提供的节拍称为外频。

(3) 倍频。随着科技的发展,CPU 的主频越来越快,而外部设备的工作频率跟不上 CPU 的工作频率,解决的方法是:让 CPU 作频率以外频的若干倍工作。CPU 主频是外频的倍数,称为 CPU 的倍频。即

CPU 工作频率＝倍频×外频

(4) 地址总线宽度。地址总线宽度决定了 CPU 可以访问的物理地址空间,简单地说就是 CPU 到底能够使用多大容量的内存。16 位的微机就不用说了,但是对于 486 以上的微机系统,地址线的宽度为 32 位,最多可以直接访问 4096MB(4GB)的物理空间。Pentium Pro/Pentium Ⅱ/Pentium Ⅲ 为 36 位,可以直接访问 64GB 的物理空间。

(5) 数据总线宽度。数据总线负责计算机中数据在各组成部分之间的传送,数据总线宽度是指在芯片内部数据传送的宽度,而数据总线宽度则决定了 CPU 与二级缓存、内存以及输入/输出设备之间一次数据传输的信息量。

(6) L1 高速缓存。缓存是位于 CPU 和内存之间的容量较小但速度很快的存储器,使用静态 RAM 做成,存取速度比一般内存快 3～8 倍。L1 缓存也称片内缓存,Pentium 时代的处理器把 L1 缓存集成在 CPU 内部。L1 高速缓存容量一般在 32～64KB 之间,少数可达到 128KB。

(7) L2 高速缓存。L2 缓存即二级高速缓存,通常做在主板上,目前有些 CPU 将二级缓

存也做到了 CPU 芯片内。L2 高速缓存的容量一般在 128~512KB 之间,有的甚至在 1MB 以上。

(8) 工作电压。工作电压是指 CPU 正常工作时所需要的电压。早期 CPU 的工作电压一般为 5V,而随着 CPU 主频的提高,CPU 工作电压有逐步下降的趋势,以解决发热过高的问题。目前 CPU 的工作电压一般为 1.6~2.8V。CPU 制造工艺越先进,则工作电压越低,CPU 运行时的耗电功率就越小。

(9) 协处理器。含有内置协处理器的 CPU 可以加快特定类型的数值计算。某些需要进行复杂运算的软件系统,如 AutoCAD 就需要协处理器支持。Pentium 以上的 CPU 都内置了协处理器。

(10) CPU 的封装方式。采用 Socket 结构封装的 CPU 与 Socket 插座如图 1-2 所示。

图 1-2　采用 Socket 结构封装的 CPU 与 Socket 插座

1.7.3　存储器

存储器(Memory)是计算机的记忆部件,主要功能是存放程序和数据,并根据控制命令提供这些程序和数据。存储器分两大类:一类和计算机的运算器、控制器直接相连,称为主存储器(内部存储器),简称主存(内存);另一类存储设备称为辅助存储器(外部存储器),简称辅存(外存)。

1. 存储器的有关术语

(1) 位(bit):存放一位二进制数即 0 或 1。位是计算机中存储信息的最小单位。

(2) 字节(Byte):8 个二进制位为一个字节。为了便于衡量存储器的大小,统一以字节(Byte,简写为 B)为单位。字节是计算机中存储信息的基本单位。

(3) 地址:整个内存被分成若干个存储单元,每个存储单元一般可存放 8 位二进制(字节编址)。每个存储单元可以存放数据或程序代码。为了能有效地存取该单元内的内容,每个单元必须有唯一的编号(称为地址)来标识。

(4) 读操作(Read):按地址从存储器中取出信息,不破坏原有的内容,称为对存储器进行"读"操作。

(5) 写操作(Write):把信息写入存储器,原来的内容被覆盖,称为对存储器进行"写"操作。

2. 存储器的构成

构成存储器的存储介质,目前主要是半导体器件和磁性材料。存储器中最小的存储单位就是一个双稳态半导体电路或一个 CMOS 晶体管或磁性材料的存储元,它可存储一个二进制代码。由若干个存储单元组成一个存储单元,然后再由许多存储单元组成一个存储器。一个存储器包含许多存储单元,每个存储单元可存放一个字节。每个存储单元的位置都有一个编号,即地址,一般用十六进制表示。一个存储器中所有存储单元可存放数据的总和称为它的存储容量。假设一个存储器的地址码由 20 位二进制数(即 5 位十六进制数)组成,则可表示 220,即 1M 个存储单元地址。每个存储单元存放一个字节,则该存储器的存储容量为 1KB。

3. 存储器的分类

(1) 按存储介质分

半导体存储器:用半导体器件组成的存储器。

磁表面存储器:用磁性材料做成的存储器。

激光存储器:用光学和电磁学相结合的高效大容量存储器。

(2) 按存储方式分

随机存储器:任何存储单元的内容都能被随机存取,且存取时间和存储单元的物理位置无关。

顺序存储器:只能按某种顺序来存取,存取时间和存储单元的物理位置有关。

(3) 按存储器的读写功能分

只读存储器(ROM):存储的内容是固定不变的,只能读出而不能写入的半导体存储器。

随机存储器(RAM):既能读出又能写入的半导体存储器。

(4) 按信息的可保存性分

非永久记忆的存储器:断电后信息即消失的存储器。

永久记忆性存储器:断电后仍能保存信息的存储器。

(5) 按在计算机系统中的作用分

根据存储器在计算机系统中所起的作用,可分为主存储器、辅助存储器、高速缓冲存储器、控制存储器等。

为了解决对存储器要求容量大,速度快,成本低三者之间的矛盾,目前通常采用多级存储器体系结构,即使用高速缓冲存储器、主存储器和外存储器,见表 1-4。

表 1-4　各存储器的用途、特点

名　　称	简称	用　　途	特　　点
高速缓冲存储器	Cache	高速存取指令和数据	存取速度快,但存储容量小
主存储器	主存	存放计算机运行期间的大量程序和数据	存取速度较快,存储容量不大
外存储器	外存	存放系统程序和大型数据文件及数据库	存储容量大,位成本低

各存储器之间的关系如图 1-3 所示。

4. 存储器的性能指标

(1) 存储容量(Capacity)。

(2) 存取速度(Access Time)。

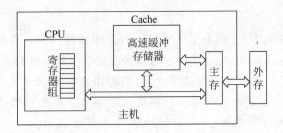

图 1-3　各存储器之间的关系

（3）数据传输率(Data Transfer Rate)。

（4）位存储价格(Cost Per bit)。

5. 常用存储设备

（1）软盘

软盘原名 Flexible Disk，后来人们戏称为 Floppy Disk，或译为软磁盘，是人们广泛使用的一种廉价介质。

它是在聚酯塑料(Mylar Plastic)盘片上涂布容易磁化并有一定矫顽力的磁薄膜而制成的。所用磁介质有 γ-氧化铁、渗钴氧化铁，对于高密度介质(超过 30000bpi)则采用钡铁氧体、金属介质等，软盘的主要规格是磁片直径。1972 年出现的是 8 英寸软盘。1976 年与微型机同时面世的是 5.25 英寸软盘，简称 5 英寸盘。1985 年日本索尼(Sony)公司推出 3.5 英寸盘。1987 年索尼公司又推出 2.5 英寸软盘，简称 2 英寸盘。目前已出现1.5 英寸软盘，只是未批量生产。图 1-4 给出了 5 寸软盘外观。

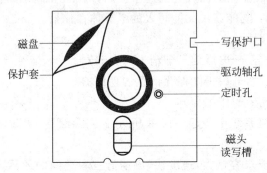

图 1-4　5 寸软盘外观

在磁片直径不断缩小的同时，软盘容量却不断扩大，以 5 英寸盘为例，当初的单面单密度容量为 128KB，单面双密度或双面单密度为 256KB，双面双密度则为 512KB。

所谓单面是只用一面，双面是两面都用。所谓单密度是用 FM 编码的，双密度(又称倍密度)是用 MFM、M2FM 或 GCR 编码记录的。

自 1987 年 IBM 选择 2MB 的 3.5 英寸盘作为 PS/2 系列的配置后，2MB 盘正成为事实上的工业标准。随着膝上型计算机的流行，3 英寸盘成为软盘的主流产品。

一个完整的软盘存储系统是由软盘、软盘驱动器、软盘控制适配卡组成。

软盘驱动器(Floppy Disk Drive,FDD)由机械运动和磁头读写两部分组成。机械运动部分又由主轴驱动系统和磁头定位系统两部分组成。

软盘驱动器简称软驱。它的全部机械运动与数据读写操作，必须在软盘控制适配卡

（FDC Adapter）的控制下进行。而适配卡正好把驱动器与 CPU 系统板联系起来，使磁盘存储系统成为整个计算机系统的一个有机组成部分。

（2）硬磁盘及其设备

硬盘是计算机系统中最主要的辅助存储器。硬盘盘片与其驱动器合二为一体，称为硬盘机，后来人们叫熟了，统称为硬盘（见图 1-5）。硬盘通常安装在主机箱内，所以无法从计算机的外部看到。

图 1-5　硬盘外观

① 硬盘的种类。按硬盘的几何尺寸划分，硬盘分为 3.5 英寸和 5.25 英寸两种。近年来，市场上主要以 3.5 英寸为主。

按硬盘接口划分，主要有 IDE、EIDE、Ultra DMA 和 SCSI 接口硬盘。

② 硬盘主要的性能指标及选购。

容量：硬盘的容量指的是硬盘中可以容纳的数据量。

转速：转速是指硬盘内部马达旋转的速度，单位是 r/min（每分钟转数）。

平均寻道时间：平均寻道时间指的是磁头到达目标数据所在磁道的平均时间，它直接影响到硬盘的随机数据传输速度。

缓存：缓存的大小会直接影响到硬盘的整体性能。

③ 硬盘的安装。一般 EIDE 或 Ultra DMA/33 硬盘是通过 40 针的数据线与主板相连，而 Ultra DMA/66 硬盘是使用一条 80 针的数据线连接。通常主板上的 Ultra DMA/66 接口会用不同的颜色表示出来，安装时必须注意，否则如果把 Ultra DMA/66 的硬盘接在 Ultra DMA/33 的接口上，就无法发挥 Ultra DMA/66 的功能了。

安装硬盘的步骤如下。

a. 根据情况设置硬盘的跳线。除了挂接双硬盘外，一般都设置成 Master。

b. 将硬盘固定在机箱的硬盘支架上。

c. 接上硬盘的电源线和数据线。电源线只有一个方向能接上，不会出错。要注意的是数据线的红线必须对着电源线的方向。

d. 把数据线的另外一头接到主板上。除了不能把 Ultra DMA 接口弄错外，还要把数据线的红线接到编号为 1 的针脚上（在主板硬盘接口的周围就能观察到）。如果主板比较好，EIDE 接口上会有一个缺口，数据线上有一个凸起，这样不会插错方向。

（3）光盘存储器

光盘存储器的主要类型有以下几种。

① 固定型光盘，又叫只读光盘。

② 追记型光盘,又叫只写一次式光盘。

③ 可改写型光盘,也叫可擦写型光盘。

如何选择、安装光驱? 购买光驱主要应考虑两方面的问题。

① 光驱的倍速。

② 纠错能力,"纠错"能力实际上是对"烂盘"(盘片质量不太好、有缺陷)的"读盘"能力。

安装光驱的方法和安装硬盘的方法基本相同,如果计算机中只有一个硬盘和一个光驱,最好是将硬盘安装在一个 IDE 接口上,光驱则安装在另一个 IDE 接口上。

要想将光驱和硬盘安装在同一个 IDE 接口上,通常硬盘跳线设置为 Master,光驱跳线设置为 Slave。

1.7.4   输入设备

输入设备(Input Device)用来接受用户输入的原始数据和程序,并将它们转变为计算机可以识别的二进制形式存放到内存中。输入设备可分为字符输入设备、图形输入设备和声音输入设备等,常用的输入设备如下。

1. 鼠标

(1) 鼠标的分类

鼠标(Mouse)的种类较多,按鼠标键的数目,可分为两键鼠标、三键鼠标及滚轮鼠标等,如图 1-6 所示。

常用的鼠标器有两种:机械式和光电式。

如果按接口分类,鼠标可分为串口鼠标、PS/2 鼠标、USB 鼠标。

图 1-6   鼠标

(2) 鼠标插头

鼠标插头:连接鼠标到串行口或其他鼠标接口,和主板进行数据交流。

(3) 鼠标的安装

对于串口鼠标,将插头插到 9 针串行口上,锁紧。一般鼠标的插头的插孔排列成 D 型,所以要与插座对准方向,方向反了插不进去。若是 PS/2 鼠标,把圆形插头直接插入 PS/2 口。

在 Windows 系统中,一般鼠标可以直接使用,无须安装驱动程序。在 DOS 系统中,需要安装鼠标驱动程序。

2. 键盘

键盘(Keyboard)是向计算机发布命令和输入数据的重要输入设备。

(1) 键盘组成

普通键盘的组成如图 1-7 所示。

(2) 键的功能

① 打字机键盘。

② 功能键。

③ 编辑键。

④ 数字小键盘。

(3) 键盘的使用方法

① 标准指法使用(见图 1-8)。

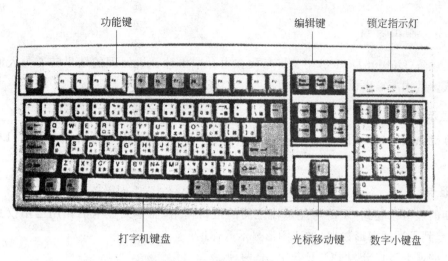

图 1-7　键盘的组成

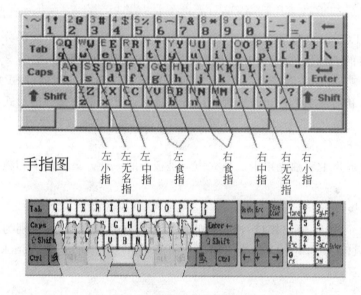

图 1-8　键盘的标准指法图

② 汉字拼音输入法。

③ 汉字五笔字型输入法。

（4）键盘的种类

键盘的种类五花八门，主要是看依据什么进行分类。按内部构造分类，有机械式键盘、薄膜式键盘，还有无线传输键盘。

3. 扫描仪

扫描仪（Scanner）是文字和图片输入的主要设备之一。

4. 数码相机

数码相机（Digital Camera）是一种采用光电子技术摄取静止图像的照相机。

1.7.5　输出设备

输出设备(Output Device)用于将存放在内存中由计算机处理的结果转变为人们所能接受的形式。常用的输出设备如下。

1. 显示器

计算机系统中最常用的显示器有两类:一类叫 CRT(阴极射线管);另一类叫 LCD(液晶显示器)。

2. 显卡

早期的显卡只起到 CPU 与显示器之间的接口作用,而今天显卡的作用已不仅是局限于此,它还起到了处理图形数据,加速图形显示等作用。

现在的显卡接口分为 PCI-E 与 AGP 两种。

显卡主要技术指标有:①分辨率;②显示内存。

3. 声卡

声卡(Sound Card)也叫音频卡。声卡是多媒体技术中最基本的组成部分,是实现声波/数字信号相互转换的一种硬件。声卡是计算机进行声音处理的适配器,它有 3 个基本功能:一是音乐合成发音功能;二是混音器(Mixer)功能和数字声音效果处理器(DSP)功能;三是模拟声音信号的输入和输出功能。声卡处理的声音信息在计算机中以文件的形式存储。声卡工作应有相应的软件支持,包括驱动程序、混频程序(Mixer)和 CD 播放程序等。

(1) 声卡的分类

声卡包括集成声卡和独立声卡。独立声卡是板卡的一种。集成声卡和独立声卡的基本功能是一样的。

(2) 声卡的接口

声卡上有几个输入/输出接口,用以接收和发送不同的声音信号,分别为 Line In(线路输入)、MIC(麦克风输入)、Line Out(线路输出)、SPK Out(喇叭输出)、Joystick/MIDI(游戏杆/MIDI 接口)。

4. 音箱

音箱主要指标有:功率、额定阻抗、失真度、额定频率及有效频率范围、特性灵敏度。

5. 打印机

(1) 打印机主要类型

① 点阵打印机。点阵打印机有两种类型:9 针点阵打印机和 24 针点阵打印机。

② 喷墨打印机。喷墨打印机能提供比点阵打印机更好的打印质量,而且采用与点阵打印机不同的技术机不同的技术,打印多种字形的文本和图形。

喷墨打印机的工作原理是向纸上喷射细小的墨水滴,墨水滴的密度可达到每英寸90000 个点,而且每个点的位置都非常精确,打印效果接近激光打印机。

③ 激光打印机。激光打印机是利用电子成像技术进行打印的,当调制激光束在硒鼓上沿轴向进行扫描时,按点阵组字的原理,激光束有选择地使鼓面感光,构成负电荷阴影,当鼓面经过带正电的墨粉时,感光部分就吸附上墨粉然后将墨粉转印到纸上,纸上的墨粉经加热熔化,

渗入纸质,形成永久性的字符和图形。

（2）打印机主要指标

① 打印精度（分辨率,单位为 dpi）。

② 打印速度。

③ 色彩数目。

④ 打印成本。

（3）打印机的安装

打印机的安装步骤如下。

① 将打印机电源插头连接到电源插座上。

② 将打印机数据电缆线连接到计算机的串行口或并行口上。

③ 安装打印驱动程序。运行随打印机附带的驱动盘中的安装程序,即可完成。由于 Windows 系统本身带有多种打印机的驱动程序,常见的打印机也可以选用系统中的驱动程序。

1.7.6　微型计算机的主要技术指标

对于不同用途的计算机,其对不同部件的性能指标要求有所不同。例如：对于用作科学计算为主的计算机,其对主机的运算速度要求很高;对于用作大型数据库处理为主的计算机,其对主机的内存容量、存取速度和外存储器的读写速度要求较高;对于用作网络传输的计算机,则要求有很高的 I/O 速度,因此应当有高速的 I/O 总线和相应的 I/O 接口。

1. CPU

（1）主频：主频是衡量 CPU 运行速度的重要指标。它是指系统时钟脉冲发生器输出周期性脉冲的频率。通常以兆赫兹（MHz）为单位。目前的微处理器的主频已高达 1.5GHz、2.2GHz 以上。

（2）字长：字长是 CPU 可以同时处理的二进制数据位数。如 64 位微处理器,一次能够处理 64 位二进制数据。常用的有 32 位、64 位微处理器。一般来说,计算机的字长越长,其性能就越高。

（3）运算速度：计算机的运算速度是指计算机每秒钟执行的指令数。单位为每秒百万条指令（简称 MIPS）或者每秒百万条浮点指令（简称 MFPOPS）。它们都是用基准程序来测试的。影响运算速度的几个主要因素有主频、字长及指令系统的合理性。

图 1-9 给出了 Intel 和 AMD 主流的 CPU 和 CP 插槽外观图。

2. 内存

（1）存取速度。内存储器完成一次读（取）或写（存）操作所需的时间称为存储器的存取时间或者访问时间。而连续两次读（或写）所需间隔的最短时间称为存储周期。对于半导体存储器来说,存取周期约为几十到几百纳秒（10^{-9}秒）。

（2）存储容量是计算机内存所能存放二进制数的量。一般用字节（Byte）数来度量。内存容量的加大,对于运行大型软件十分必要,否则用户会感到慢得无法忍受。图 1-10 给出了内存条的外观图。

图 1-9　Intel 和 AMD 主流的 CPU 和 CPU 插槽　　　　图 1-10　内存条

3. I/O 的速度

主机 I/O 的速度,取决于 I/O 总线的设计。这对于慢速设备(例如键盘、打印机)关系不大,但对于高速设备则效果十分明显。例如对于当前的硬盘,它的外部传输速率已可达20MB/s、40MB/s 以上。

4. 主板

主板又叫主机板(Mainboard)、系统板(Systemboard)或母板(Motherboard)。它安装在机箱内,是微机最基本的也是最重要的部件之一。主板一般为矩形电路板,上面安装了组成计算机的主要电路系统,一般有 BIOS 芯片、I/O 控制芯片、键盘和面板控制开关接口、指示灯插接件、扩充插槽、主板及插卡的直流电源供电接插件等元件。作为计算机里面最大的一个配件(机箱打开里面最大的那块电路板),主板的主要任务就是为 CPU、内存、显卡、声卡、硬盘等设备提供一个可以正常稳定运作的平台。

图 1-11 给出了主板的外观图。

5. 总线(Bus)

总线是计算机各种功能部件之间传送信息的公共通信干线,它是由导线组成的传输线束。总线是一种内部结构,它是 CPU、内存、输入设备、输出设备传递信息的公用通道,主机的各个部件通过总线相连接,外部设备通过相应的接口电路再与总线相连接,从而在计算机系统中形成了计算机硬件系统。微型计算机是以总线结构来连接各个功能部件的。总线图如图 1-12所示。

图 1-11　主板　　　　　　　　　　　　图 1-12　总线

总线通常指系统总线,一般含有 3 种不同功能的总线,数据总线 DB(Data Bus)、地址总线 AB(Address Bus)和控制总线 CB(Control Bus)。

数据总线用于传送数据信息。数据总线是双向三态形式的总线,即它既可以把 CPU 的数据传送到存储器或 I/O 接口等其他部件,也可以将其他部件的数据传送到 CPU。数据总线的位数是微型计算机的一个重要指标,通常与微处理的字长一致。例如 Intel 8086 微处理器字长 16 位,其数据总线宽度也是 16 位。需要指出的是,数据的含义是广义的,它可以是真正的数据,也可以是指令代码或状态信息,有时甚至是一个控制信息,因此,在实际工作中,数据总线上传送的并不一定仅仅是真正意义上的数据。

地址总线专门用来传送地址。由于地址只能从 CPU 传向外部存储器或 I/O 端口,因此,地址总线是单向三态的,这与数据总线不同。地址总线的位数决定了 CPU 可直接寻址的内存空间大小,比如 8 位微型机的地址总线为 16 位,则其最大可寻址空间为 $2^{16}=64$KB,16 位微型机的地址总线为 20 位,其可寻址空间为 $2^{20}=1$MB。一般来说,若地址总线为 n 位,则可寻址空间为 2^n 字节。

控制总线用来传送控制信号和时序信号。控制信号中,有的是微处理器送往存储器和 I/O 接口电路的,如读/写信号、中断响应信号等;也有是其他部件反馈给 CPU 的,如中断申请信号、复位信号、总线请求信号、设备就绪信号等。因此,控制总线的传送方向由具体控制信号而定,一般是双向的,控制总线的位数要根据系统的实际控制需要而定。实际上控制总线的具体情况主要取决于 CPU。

1.7.7　组装微型计算机系统

1. 主板的选购

生产主板厂商非常多,例如华硕、技嘉、精英、中凌、微星、梅捷等。主板市场的变化比 CPU 还快。在主板、CPU、内存三大部件中,最难选择的恐怕就是主板了。

2. CPU 的选购与安装

对于 CPU 的选购,主要是看组装计算机的用途及经济状况。对于一般的单位或家庭,组装计算机如果仅用于文字处理和上网浏览等工作,一块 MⅡ/400 的 CPU 就能满足需要了。MⅡ 运行 Windows、Office、IE 等,速度不会让用户失望,最重要的是它的价格比较便宜。

3. 内存的选购

(1) 内存的种类

从接口形式上来说,系统内存早期使用 DIP(Double In-line Package)内存芯片,而目前多采用 SIMM(Single In-line Memory Module)内存条和 DIMM(Dual In-line Memory Module)内存条。

现在 Pentium 类主板一般提供 SIMM 和 DIMM 两种内存插槽,而 PⅡ 类主板只提供 DIMM 内存插槽。

内存条有统一的引线标准,按引线标准划分,SIMM 条有 30 线、72 线和专用内存条 3 类,而 DI MM 则有 168 线和 200 线两种。图 11-13 给出了 72 线的内存条外观图。图 1-14 给出了 168 线的双面内存条外观图。图 1-15 是 72 线和 128 线内存座。

图 1-13　72 线的内存条

图 1-14　168 线的双面内存条

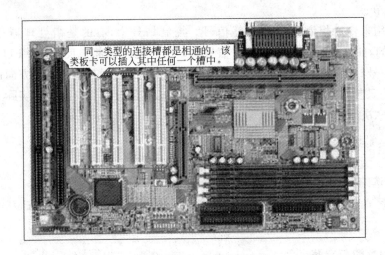

图 1-15　72 线和 128 线内存插座

(2) 内存的主要技术指标

① 数据宽度。

② 访问时间。

③ 工作频率。

4. 显卡的选购与安装

用户选择显卡的主要标准是看机器的用途,可从如下方面考虑。

(1) 如果计算机是用于一般文字处理或商业用途,价廉物美的 PCI 显卡已经游刃有余,PCI 显卡其实已经具备相当不错的显示能力。即使偶尔播放一下 VCD 或玩计算机游戏,效果也仍然不错,只是某些 3D 游戏可能不能玩。

现在的显卡上都已经有 2D/3D 的加速功能,购置一款普通的 AGP 卡是最好的了。这样做还有助于改善 PCI 总线上设备的工作效率。

(2) 如果用户热衷于计算机游戏且对游戏的画面质量及流畅性要求很高,经常玩热门的 3D 游戏,这时候在选择上就需要做些努力,因为现在的 3D 显卡种类较多,这就需要多看、多问、多比较;再就是在"速度"与"价格"方面进行考虑。

目前 3D 功能的应用主要在游戏、虚拟环境、3D 绘图或电影特技等方面,一般用户比较关心的应该是 3D 游戏,这也是一般 3D 显卡的定位。特别要注意的是各家使用的芯片不一,支持的 API 也不相同,所以必须注意是否与 3D 游戏或软件兼容,否则将无法驱动显卡上的 3D 功能。

5. 声卡的选购

购买声卡时要注意,声卡要具备完整的配件:驱动程序、附赠软件和安装手册等。

购买声卡时应注意的另外一个问题,就是它对操作系统的支持。对于一般用户来说,这个问题并不是很重要,因为所有比较新的声卡都支持 Windows 操作系统。但是如果想要在 Linux 或 IBM OS/2 操作系统下使用声卡,就必须注意该声卡是否提供了这些操作系统的驱动程序,否则声卡安装后可能根本无法使用。

6. 调制解调器的选购

调制解调器(Modem)是调制器(Modulation)和解调器(Demodulation)的合称,它是一种能够使计算机通过电话线同其他计算机进行通信的设备,也就是将一台计算机连接到另一台计算机或一个计算机网络的装置。计算机采用数字信号处理数据,而电话系统则采用模拟信号传输数据。为了能利用电话系统来进行数据通信,必须实现从数字信号向模拟信号的转换。然后,在连接的另一端,又需要执行相反的转换,即从模拟信号转换回数字信号。前一个过程称为调制,后一个过程称为解调。

7. 键盘的选购

购买键盘要注意以下几点。

(1) 选购键盘和选购其他商品一样,首先要看看是不是正品、是不是名牌。

(2) 键盘的弹性要好。用户用手敲击键盘完成输入,所以手感非常重要。

(3) 尽量购买标准键盘和人体功能学键盘。

8. 光盘刻录机的选购

(1) 光盘刻录机的基本原理。光盘刻录机包括 CD-R(CD-Recordable)和 CD-RW(CD-ReWritable)。

CD-R 采用一次写入技术。刻入数据时,利用高功率的激光束反射到 CD-R 盘片,使盘片上的介质层发生化学变化,模拟出二进制数据 0 和 1 的差别,把数据正确地存储在光盘上,可以被几乎所有 CD-ROM 读出和使用。由于化学变化产生质的改变,盘片数据不能再释放空间而重复写入。

CD-RW 则采用先进的相变(Phase Change)技术,刻录数据时,高功率的激光束反射到 CD-RW 盘片的特殊介质,产生结晶和非结晶两种状态,并通过激光束的照射,介质层可以在这两种状态中相互转换,达到多次重复写入的目的。

(2) 光盘刻录机的主要性能指标和选购原则主要有读写速度、接口方式、放置方式和进盘方式、缓存容量 Firmware 更新等。

9. 组装步骤

组装时,可以大致按以下步骤进行。

(1) 仔细阅读主板说明书,结合 CPU 的规格型号,对主板的各种跳线进行设置。

(2) 将 CPU、内存条、显卡安装在主板上。

(3) 连接显卡至显示器信号线,连接显示器电源线。

(4) 连接机箱至主板电源线,注意千万不能接错,否则将烧毁主板。

(5) 检查以上各项设置、连接无误(至此已构成一个基本的计算机硬件系统)。

(6) 测试基本计算机硬件系统是否能正常工作。接通显示器电源开关,接通机箱电源开关。此时若计算机系统进入自检过程,即能在显示器屏幕上有文字信息显示,则说明基本计算机硬件系统工作是正常的,可以进入下一步骤的组装工作。否则,应该返回第(1)步,检查究竟是安装、设置方面的问题,还是主板、CPU 或显卡本身有硬件故障或各器件之间相互不匹配。

(7) 关掉显示器、机箱电源,拔下主板电源插头、显卡。将主板固定在机箱底板上,注意:一是主板与机箱之间的绝缘;二是要保证主板的平整性,防止其变形;三是主板要固定牢固。

(8) 连接主机电源和显示器电源线。启动计算机,进行 CMOS 设置。

(9) 现在开始进行软件系统安装,首先安装操作系统如 Windows XP。

(10) 安装显卡、声卡、Modem 等各种硬件设备的驱动程序。在安装过程中,可能要对硬件设备进行反复调试。

(11) 安装需要的各种应用软件(至此,一台计算机的硬软件系统安装完毕)。

1.8　计算机软件

1.8.1　软件概述

1. 软件的定义与作用

计算机软件(Computer Software,也称软件、软体)是指计算机系统中的程序及其文档。程序是计算任务的处理对象和处理规则的描述;文档是为了便于了解程序所需的阐明性资料。程序必须装入机器内部才能工作,文档一般是给人看的,不一定装入机器。

软件是用户与硬件之间的接口界面。用户主要是通过软件与计算机进行交流。软件是计算机系统设计的重要依据。为了方便用户,为了使计算机系统具有较高的总体效用,在设计计算机系统时,必须通盘考虑软件与硬件的结合,以及用户的要求和软件的要求。

软件是一系列按照特定顺序组织的计算机数据和指令的集合。一般来讲软件被划分为系统软件、应用软件和介于这两者之间的中间件。其中系统软件为计算机使用提供最基本的功能,但是并不针对某一特定应用领域。而应用软件则恰好相反,不同的应用软件根据用户和所服务的领域提供不同的功能。

软件并不只是包括可以在计算机上运行的程序,与这些程序相关的文件一般也被认为是软件的一部分。简单地说,软件就是程序加文档的集合体。

软件被应用于世界的各个领域,对人们的生活和工作都产生了深远的影响。

2. 软件的正确含义

(1) 运行时,能够提供所要求功能和性能的指令或计算机程序集合。

(2) 程序能够满意地处理信息的数据结构。

(3) 描述程序功能需求以及程序如何操作和使用所要求的文档。

3. 软件的特点

(1) 表现形式不同

硬件有形,有色,有味,看得见,摸得着,闻得到;而软件无形,无色,无味,看不见,摸不着,闻不到。软件大多存在人们的脑海里或纸面上,它的正确与否,是好是坏,一直要到程序在机器上运行时才能知道。这就给设计、生产和管理带来许多困难。

（2）生产方式不同

软件开发,是人的智力的高度发挥,不是传统意义上的硬件制造。尽管软件开发与硬件制造之间有许多共同点,但这两种生产方式是根本不同的。

（3）要求不同

硬件产品允许有误差,而软件产品却不允许有误差。

（4）维护不同

硬件是会用旧用坏的,在理论上,软件是不会用旧用坏的,但在实际上,软件也会变旧变坏。因为在软件的整个生存周期中,一直处于改变（维护）状态。

1.8.2　软件分类

计算机软件分为系统软件和应用软件。

1. 系统软件

系统软件负责管理计算机系统中各种独立的硬件,使得它们可以协调工作。系统软件使得计算机使用者和其他软件将计算机当作一个整体而不需要顾及到底层每个硬件是如何工作的。常用系统软件有操作系统、语言处理程序、数据库管理系统、网络管理软件、常用的服务程序 5 类。

2. 应用软件

应用软件是为了某种特定的用途而开发的软件。它可以是一个特定的程序,比如一个图像浏览器;也可以是一组功能联系紧密,可以互相协作的程序的集合,比如微软的 Office 软件;也可以是一个由众多独立程序组成的庞大的软件系统,比如数据库管理系统。常用应用软件有文字处理、电子表格、多媒体制作工具、各种工程设计、数学计算软件、模拟过程、辅助设计、管理程序 8 类。

1.9　计算机操作系统概述

1.9.1　操作系统概述

操作系统（Operating System,OS）是用于控制和管理计算机硬件和软硬资源、合理组织计算机工作流程、方便用户充分而高效地使用计算机的一组程序集合。

1.9.2　操作系统的发展

操作系统的发展历程和计算机硬件的发展历程密切相关。从 1946 年诞生第一台电子计算机以来,计算机的每一代进化都以减少成本、缩小体积、降低功耗、增大容量和提高性能为目标,随着计算机硬件的发展,同时也加速了操作系统的形成和发展。

操作系统随着人们对需求的不同也有一个渐进的发展历程,从最早的单机操作系统到后来的网络操作系统,从单用户操作系统到多用户、多任务操作系统。

网络操作系统（Network Operation System,NOS）是相对于单机操作系统而言的,是指能使网络上每台计算机能够方便而有效地共享网络资源,为用户提供所需的各种服务的操作系统。

网络操作系统除了具备单机操作系统所需的功能外,如内存管理、CPU 管理、输入输出管理、文件管理等,还有网络通信、网络服务管理等网络功能。

操作系统是用户和计算机之间进行通信的接口,网络操作系统则是作为网络用户和计算机网络之间的接口。

1. 早期的操作系统

最初的计算机并没有操作系统,人们通过各种操作按钮来控制计算机。随后为了提高效率而出现了汇编语言,操作人员通过有孔的纸带将程序输入计算机进行编译。这些将语言内置的计算机只能由操作人员自己编写程序来运行,不利于设备、程序的共用。为了解决这个问题,就出现了现代的操作系统。

操作系统是人与计算机交互的界面,是各种应用程序共同的平台。有了操作系统,一方面很好地实现了程序的共用,另一方面也方便了对计算机硬件资源的管理。

1976 年,美国 DIGITAL RESEARCH 软件公司研制出 8 位的 CP/M 操作系统。这个系统允许用户通过控制台的键盘对系统进行控制和管理,其主要功能是对文件信息进行管理,以实现硬盘文件或其他设备文件的自动存取。

计算机操作系统的发展经历了两个阶段。第一个阶段为单用户、单任务的操作系统。

在 CP/M 操作系统之后,还出现了 C-DOS、M-DOS、TRS-DOS、S-DOS 和 MS-DOS 等磁盘操作系统。其中 MS-DOS,它是在 IBM-PC 及其兼容机上运行的操作系统,是 1980 年基于8086 微处理器而设计的单用户操作系统。

1981 年,微软的 MS-DOS 1.0 版与 IBM 的 PC 面世,它是第一个实际应用的 16 位操作系统。1987 年,微软发布 MS-DOS 3.3 版本。

DOS,是磁碟操作系统(Disk Operating System)的缩写,是个人计算机上的一类操作系统。从 1981 年直到 1995 年的 15 年间,DOS 在 IBM PC 兼容机市场中占有举足轻重的地位。而且,若是把部分以 DOS 为基础的 Microsoft Windows 版本,如 Windows 95/98/Me 等都算进去,那么其商业寿命至少可以算到 20 年。

从 1981 年问世至今,DOS 经历了 7 次大的版本升级,从 1.0 版到现在的 7.0 版,不断地改进和完善。但是,DOS 系统的单用户、单任务、字符界面和 16 位的大格局没有变化,因此它对于内存的管理也局限在 640KB 的范围内。由此带来的很多局限性限制了 DOS 系统进一步的应用,Windows 系列操作系统则正是微软公司为了克服 DOS 系统的这些限制而开发出来的。

2. 现代的操作系统

现代操作系统是计算机操作系统发展的第二个阶段,它是以多用户、多道作业和分时为特征的系统。其典型代表有 Windows、UNIX、Linux、OS/2 等操作系统。

(1) MS Windows

Windows 是 Microsoft 公司在 1985 年 11 月发布的第一代窗口式多任务系统,它使个人计算机开始进入了所谓的图形用户界面时代。

① MS-DOS 1.0。1981 年 8 月,IBM 公司推出了运行微软 16 位操作系统 MS-DOS 1.0 的个人计算机,这款系统的发明人正是比尔·盖茨。

② Windows 3.0。1990 年 5 月 22 日,微软正式发布具备图形用户界面、支持 VGA 标准

及配置与目前 Windows 系统相似 3D 功能的 Windows 3.0。该操作系统还拥有非常出色的文件和内存管理功能。Windows 3.0 因此成为微软历史上首款成功的操作系统。

③ Windows NT 3.1。1993 年 10 月 24 日,微软正式向局域网服务器市场推出 Windows NT Advanced Server 3.1。同时,微软还推出了 Win32 API(Windows 所提供的应用程序接口)。

比尔·盖茨对 Windows NT 的评价很高:"它从根本上解决了企业用户对计算机运算的需求。"

④ Windows for Workgroups 3.11。Windows for Workgroups 3.11 集成了一组对等网络服务和网络应用功能。它的到来让基于 Windows 系统的 PC,第一次与其他的 Windows 系统和软件连接起来。

⑤ Windows 95。1995 年 8 月,Windows 95 伴随着滚石乐队的《Start Me Up》强势登陆,它彻底地取代了 3.1 版和 DOS 版 Windows。Windows 95 新的桌面、任务栏及开始菜单依然存在于今天的 Windows 系统中。

在市场上,Windows 95 绝对是有史以来最成功的操作系统。据传,当时很多没有计算机的顾客受到宣传的影响而排队购买软件,但他们甚至根本不知道 Windows 95 是什么。

⑥ Windows NT 4.0。1996 年 7 月,微软推出了 Windows NT 4.0。Windows NT 4.0 一共有 4 个版本:工作站版(Workstation)、终端服务器版及两个服务器版。它首次加入了 Internet Explorer 浏览器,并与通信服务紧密集成,提供文件和打印服务,能运行客户机/服务器应用程序,内置了 Internet/Intranet 功能。

⑦ Windows CE 1.0。1996 年 11 月,微软推出 32 位嵌入式操作系统 Windows CE 1.0。其中 CE 中的 C 代表袖珍(Compact)、消费(Consumer)、通信能力(Connectivit)和伴侣(Companion);E 代表电子产品(Electronics)。

Windows CE 1.0 是一款基于 Windows 95 的操作系统,它是微软公司嵌入式、移动计算平台的基础。

⑧ Windows 98。1998 年 6 月,Windows 98 正式发布。人们普遍认为,Windows 98 并非一款新的操作系统,它只是提高了 Windows 95 的稳定性。值得一提的是,Windows 98 捆绑 Internet Explorer 浏览器到 Windows GUI 和 Explorer 的做法,成为美国政府对微软公司反垄断诉讼的导火索。

Windows 98 SE(第 2 版)发行于 1999 年 5 月 5 日。它包括了一系列的改进,例如 Internet Explorer 5、Internet Connection Sharing、NetMeeting 3.0 和 DirectX API 6.1。

⑨ Windows 2000。2000 年 2 月,Windows 2000 发布。Windows 2000 包括一个用户版和一个服务器版。

Windows 2000 是一个抢占式多任务的、可中断的、图形化的及面向商业环境的操作系统,为单一处理器或对称多处理器的 32 位 Intel x86 电脑而设计。Windows 2000 最为重要的功能是 Active Directory(Windows 2000 网络中的目录服务)。

⑩ Windows Me。2000 年 12 月,被公认为微软最为失败的操作系统 Windows Me(Millennium Edition)发布。相对其他 Windows 系统,短暂的 Windows Me 只延续了 1 年,即被 Windows XP 取代。

Windows Me 是最后一个基于实时 DOS 的 Windows 9x 系统,其版本号为 4.9。其名字有两个意思,一是纪念 2000 年,Me 是英文中千禧年(Millennium)的意思;另外也是指自己,

Me 在英文中是"我"的意思。

⑪ Windows XP。2001 年 10 月 25 日,微软公司当时的副总裁 Jim Allchin 首次展示了 Windows XP。微软最初发行了两个版本:专业版(Windows XP Professional)和家庭版 (Windows XP Home Edition)。家庭版的消费对象是家庭用户,专业版则在家庭版的基础上添加了新的面向商业设计的网络认证、双处理器等特性。

Windows XP 一经推出,便大获成功。著名的市场调研机构 Forrester 统计的数据显示, Windows XP 发布 7 年后的 2009 年 2 月份,Windows XP 仍占据 71% 的企业用户市场。

⑫ Windows Server 2003。2003 年 4 月 24 日,微软正式发布服务器操作系统 Windows Server 2003。它增加了新的安全和配置功能。Windows Server 2003 有多种版本,包括 Web 版、标准版、企业版及数据中心版。Windows Server 2003 R2 于 2005 年 12 月发布。

⑬ Windows Vista。2006 年 11 月 30 日,Windows Vista 开发完成并正式进入批量生产。此后的两个月仅向 MSDN 用户、电脑软硬件制造商和企业客户提供此系统。在 2007 年 1 月 30 日,Windows Vista 正式对普通用户出售。此后便爆出该系统兼容性存在很大的问题。

微软 CEO 史蒂芬·鲍尔默也公开承认,Vista 是一款失败的操作系统产品。而即将到来的 Windows 7,预示着 Vista 的寿命将被缩短。

⑭ Windows Server 2008。2008 年 2 月 27 日,微软发布新一代服务器操作系统 Windows Server 2008。Windows Server 2008 是迄今为止最灵活、最稳定的 Windows Server 操作系统,它加入了包括 Server Core、PowerShell 和 Windows Deployment Services 等新功能,并加强了网络和群集技术。Windows Server 2008 R2 版也于 2009 年 1 月份进入 Beta 测试阶段。

⑮ Windows 7。北京时间 2011 年 10 月 22 日 23 点整,微软 CEO 鲍尔默在美国总部正式发布最新一代的操作系统 Windows 7。23 日,微软在中国发布 Windows 7 中文版,全球进入 Windows 7 时代。

(2) UNIX

现在 UNIX 系统是一种非常成熟的操作系统,它在各种高端应用环境,例如大中型计算机以及其他大型应用系统中使用广泛。多用户、多任务、树形结构的文件系统以及重定向和管道是 UNIX 的三大特点。

UNIX 系统有很多变种,例如常见的 Sun 公司的 SunOS 和 Solaris,IBM 公司的 AIX、SGI 公司的 IRIX 等,还有一些组织和个人开发了一些面向个人和小型应用的类 UNIX 系统。

(3) GNU/Linux

Linux 操作系统是目前全球最大的一个自由软件,它是一个可与商业 UNIX 和微软 Windows 系列相媲美的操作系统,具有包括完备的网络应用在内的各种功能。

Linux 最初由芬兰人 Linus Torvalds 开发,其源程序在 Internet 上公布以后,引起了全球计算机爱好者的开发热情,许多人下载该源程序并按自己的意愿完善某一方面的功能,再发回到网上,Linux 也因此成为全球最稳定的、最有发展前景的操作系统。

经过十余年的发展,Linux 已经发展得相当完善,并且在科研、教育、政府、商业以及个人方面拥有了相当多的用户。Linux 的风靡全球是因为它具有许多优点,主要优点如下。

① 完全免费。Linux 是一款免费的操作系统,人们可以通过网络或其他途径免费获得,并可以任意修改其源代码,这是其他的商用操作系统所无法比拟的。正是由于这一特点,它吸引了来自全世界的无数程序员参与其修改、编写工作,Linux 因此吸收了无数程序员的精华,迅速发展完善。

② 完全兼容 POSIX 标准。这使得可以在 Linux 下通过相应的模拟器运行常见的 DOS、Windows 程序。这为用户从 Windows 转到 Linux 奠定了基础。许多用户在考虑使用 Linux 时，就想到以前在 Windows 下常见的程序是否能正常运行，这一点就消除了他们的疑虑。

③ 多用户、多任务。Linux 支持多用户，各个用户对于自己的文件设备有自己特殊的权利，保证了各用户之间互不影响。多任务则是现在的计算机最主要的一个特点，Linux 可以使多个程序同时并独立地运行。

④ 良好的界面。Linux 同时具有字符界面和图形界面。在字符界面用户可以通过键盘输入相应的指令来进行操作。它同时也提供了类似 Windows 图形界面的 X Window 系统，用户可以使用鼠标对其进行操作。在 X Window 环境中就和在 Windows 中相似，可以说是一个 Linux 版的 Windows。

⑤ 强大的网络功能。互联网是在 UNIX 的基础上繁荣起来的，Linux 的网络功能当然不会逊色。它的网络功能和其内核紧密相连，在这方面 Linux 要优于其他操作系统。在 Linux 中，用户可以轻松实现网页浏览、文件传输、远程登录等网络工作，并且可以作为服务器提供 WWW、FTP、E-mail 等服务。

⑥ 可靠的安全、稳定性能。Linux 采取了许多安全技术措施，其中有对读/写进行权限控制、审计跟踪、核心授权等技术，这些都为安全提供了保障。Linux 由于需要应用到网络服务器，对稳定性也有比较高的要求，实际上 Linux 在这方面十分出色。

⑦ 支持多种硬件平台。Linux 可以运行在多种硬件平台上，如具有 x86、SPARC、Alpha 等处理器的平台。此外 Linux 还是一种嵌入式操作系统，可以运行在掌上计算机、机顶盒或游戏机上。2001 年 1 月份发布的 Linux 2.4 版内核已经能够完全支持 Intel 64 位芯片架构。同时 Linux 也支持多处理器技术，多个处理器协同工作，使系统性能大大提高。

⑧ 支持多种文件系统。Linux 本身使用的是 Ext2 或 Ext3 文件系统。但对于常见的 Windows 下的 FAT 文件系统、NTFS 文件系统以及其他操作系统特有的文件系统，都能够很好地支持。而且虚拟文件系统技术可以使用户感觉不到操作不同文件系统的差别，有利于用户的使用。

从发展前景上看，Linux 取代 UNIX 和 Windows 还为时过早，但一个稳定性、灵活性和易用性都非常好的软件，肯定会得到越来越广泛的应用。

(4) FreeBSD

FreeBSD 是一种运行在 Intel i386 硬件平台下的类 UNIX 系统。FreeBSD 由 BSDUNIX 系统发展而来，由加州大学伯克利分校（Berkeley）编写，第一个版本于 1993 年正式推出。

BSDUNIX 和 UNIX System V 是 UNIX 操作系统的两大主流，以后的 UNIX 系统都是这两种系统的衍生产品。FreeBSD 其实是一种地道的 UNIX 系统，但是由于法律上的原因，它不能使用 UNIX 字样作为商标。和 Linux 一样，FreeBSD 也是一个免费的操作系统，用户可以从互联网上得到它。

作为一种现代操作系统，FreeBSD 在某些方面具有相当好的特性，主要体现在以下方面。

① UNIX 兼容性强。由于 FreeBSD 是 UNIX 的一个分支系统，它天生具有 UNIX 的特性，可以完成 UNIX 能做的工作。由于专业 UNIX 工作站十分昂贵，而 FreeBSD 就能够利用个人计算机软硬件的廉价发挥自己的优势，可在一定程度上替代 UNIX 系统。许多 UNIX 系统的应用程序也能在 FreeBSD 上正常运行。

② 稳定和可靠。FreeBSD 是真正的 32 位操作系统，系统核心中不包含任何 16 位代码，

这使得它成为个人计算机操作系统中最稳定、最可靠的系统。FreeBSD 工作站可以正常稳定地持续工作好几年,而不会有问题。它因此被称为 Rock-stable Performance,就是"坚如磐石"的意思。

③ 强大的网络功能。FreeBSD 不仅被用来作为个人使用的工作站,还被一些 ISP 用来作为网络服务器,为广大用户提供网络服务。比如 Yahoo 主要的服务器都是使用 FreeBSD,国内的网易也大范围使用 FreeBSD。一方面是由于 FreeBSD 的廉价;另一方面是因为它具有强大的网络功能和网络工作所必需的良好稳定性。互联网的前身 ARPA 网就是利用 BSDUNIX 实现的,所以,FreeBSD 在网络方面显得十分成熟。

④ 多用户、多任务。FreeBSD 具有能够进行控制、调整的动态优先级抢占式多任务功能。这使得即使在系统繁忙的时候它也能够对多个任务进行正常切换,当个别任务没有响应或崩溃时也不会影响其他程序的运行。

FreeBSD 主要的不足之处是 FreeBSD 面向互联网、作为服务器系统来应用,因此比 Linux 更缺乏普通用户需要的应用软件。而且由于 FreeBSD 的普及性不强,在硬件支持方面也相对薄弱。所以,一般的计算机用户都不考虑采用 FreeBSD 作为操作系统。

(5) OS/2

OS/2 系统是一个通用的性能较高的操作系统,OS/2 最初是作为 IBM 和微软合作开发的 GUI 操作系统面世的,历史比 Windows 还要悠久一些。OS/2 系统的操作界面直观、丰富,可双击调用应用程序,也可通过右击调出可选项菜单,还有与 DOS 相似的命令行界面。

OS/2 系统是真正多任务通用操作系统,用户可以同时执行多项任务,如打印文件的同时可以玩游戏。OS/2 系统在内存的保护模式下运行多个应用程序,并具有"系统崩溃保护"能力。

Merlin 是 IBM OS/2 操作系统的新产品,它增加了语音控制及输入的辨认功能,同时提供了更强大的多媒体、3D 绘图及新的 OpenDoc、Open32、Win32 API Extension、TrueDOS 等支持,系统与 Internet 紧密集成,内建 Java 功能,全新的硬件管理员、软件的兼容性与美观的用户界面,都能满足用户的应用需求。

OS/2 操作系统使用图形界面,它本身是一个 32 位系统,不仅可以处理 32 位 OS/2 系统的应用软件,也可以运行 16 位 DOS 和 Windows 软件。它将多任务管理、图形窗口管理、通信管理和数据库管理融为一体。

(6) NetWare

Novell 公司的 NetWare 操作系统曾经和 UNIX 及 MS Windows NT 并列为三大操作系统。20 世纪 90 年代初期,当网络开始传入国内的时候,大多数局域网络(例如校园网)使用的网络操作系统都为 NetWare。NetWare 在技术上相当优异,但是由于该产品在用户界面等方面有些欠缺,而导致其在市场上输给了微软。

(7) Mac OS

Mac OS X 操作系统实际上是一个全新的操作系统,是最初的几个采用图形用户界面的操作系统之一,通过大量使用阴影、透明和流动等效果来改善操作系统的外观。在系统内整合了如编辑影像和声音的程序,全新的 Sherlock 搜索引擎,集成了 Internet 和本地搜索功能,可按用户要求定制基于 Web 的新闻频道。支持最新的 USB 外设接口规范,它将 UNIX 坚固的可靠性同 Macintosh 的易用性结合到一起,具有同运行它的计算机一样的创新性,无论是一个正准备升级的 Mac 用户,或者一个正准备转用 Mac 的 Windows 用户,还是一个喜欢在顶级的

BSDUNIX 上使用一些重要应用程序的 UNIX 用户，Mac OS X 都可以完全满足他们的需要。

在其最新的 10.2 版本的 Mac OS X 中，拥有超过 150 个引人注目的新功能，比如同 AOL 兼容的短信息客户程序，可以过滤垃圾邮件的增强型邮件程序，记录所有联系人的地址簿以及一个非常有用的全功能的搜索引擎等。

（8）BeOS

如果说 Windows 是现代办公软件的世界，UNIX 是网络的天下，那 BeOS 就称得上是多媒体大师的天堂了。BeOS 以其出色的多媒体功能而闻名，它在多媒体制作、编辑、播放方面都得心应手，因此吸引了不少多媒体爱好者加入 BeOS 阵营。由于 BeOS 的设计十分适合进行多媒体开发，因此众多多媒体爱好者都采用 BeOS 作为他们的操作平台。

BeOS 的核心就是图形化，这使得 BeOS 成为真正具有图形界面的操作系统。它拥有众多功能强大的多媒体软件，从制作到播放应有尽有，并且许多软件都是内置在系统中的，比如 MediaPlayer、CD Burner、CDPlayer、MIDIPlayer 等。

BeOS 采用了 64 位的文件系统，这是个人计算机上的首次尝试，由于进行多媒体制作时需要进行大规模的数据交换，而 64 位的文件系统使其运行速度更快。此外，和 Linux、Windows NT 一样，BeOS 也能够支持多处理器。BeOS 具有完备的网络功能，除了在多媒体方面出色外，BeOS 的网络功能也十分完备，BeOS 服务器能够提供 WWW、FTP、E-mail、Telnet 等网络服务。

BeOS 的不足和 Linux、FreeBSD 等非 Windows 操作系统一样，表现在面向一般用户的应用程序太少。这些操作系统虽然能够运行的程序十分多，但大部分对于一般的家庭、办公用户并不实用，而无法被大众用户所接受。Windows 却拥有数量巨大的应用程序，除了面向专业领域的软件外，大部分都能适合一般用户的需要，并且许多软件已深入人心。这就是 Windows 在普通家庭、办公用户计算机中占有率巨大的主要原因之一。

1.9.3　操作系统的功能

操作系统位于底层硬件与用户之间，是两者沟通的桥梁。用户可以通过操作系统的用户界面，输入命令。操作系统则对命令进行解释、驱动硬件设备，实现用户要求。以现代观点而言，标准个人计算机的操作系统应该提供以下的功能。

（1）进程管理（Processing Management）。

（2）存储空间管理（Memory Management）。

（3）文件系统（File System）。

（4）网络通信（Networking）。

（5）安全机制（Security）。

（6）使用者界面（User Interface）。

（7）驱动程序（Device Drivers）。

从软件分类角度：操作系统是最基本的系统软件，它控制着计算机所有的资源并提供应用程序开发的接口。

从系统管理员角度：操作系统合理地组织管理了计算机系统的工作流程，使之能为多个用户提供安全高效的计算机资源共享。

从程序员角度：操作系统将程序员从复杂的硬件控制中解脱出来，并为软件开发者提供了一个虚拟机，从而能更方便地进行程序设计。

从一般用户角度：操作系统为他们提供了一个良好的交互界面，使得他们不必了解有关硬件和系统软件的细节就能方便地使用计算机。

从硬件设计者看：操作系统为计算机系统功能扩展提供了支撑平台，使硬件系统与应用软件产生了相对独立性，可以在一定范围内对硬件模块进行升级和添加新硬件，而不会影响原先应用软件。

总地来讲，操作系统是控制和管理计算机系统内各种硬件和软件资源、合理有效地组织计算机系统的工作，为用户提供一个使用方便可扩展的工作环境，从而起到连接计算机和用户的接口作用。

1.9.4　操作系统的分类

操作系统有各种不同的分类标准，常用的分类标准有以下3种。

1. 按与用户对话的界面分类

(1) 命令行界面操作系统

输入命令才能操作计算机。典型的命令行界面操作系统有 MS-DOS、Novell Netware 等。

(2) 图形用户界面操作系统

每一个文件、文件夹和应用程序都可以用图标来表示，所有的命令也都组织成菜单或以按钮的形式列出，如 Windows 等。

2. 按能够支持的用户数分类

(1) 单用户操作系统

在单用户操作系统中，系统所有的硬件、软件资源只能为一个用户提供服务。也就是说，单用户操作系统只完成一个用户提交的任务，如 MS-DOS、Windows 95/98 等。

(2) 多用户操作系统

多用户操作系统能够管理和控制由多台计算机通过通信口连接起来组成的一个工作环境并为多个用户服务的操作系统，如 Windows NT、UNIX、Xenix 等。

3. 按是否能够运行多个任务为标准分类

(1) 单任务操作系统

只支持一个任务，即内存只有一个程序运行的操作系统称为单任务操作系统。如 MS-DOS 就是一种典型的联机交互单用户操作系统。其提供的功能简单，规模较小。

(2) 多任务操作系统

可支持多个任务，即内存中同时多个程序并发运行的操作系统称为多任务操作系统，如 Windows 95/98、Windows NT、Windows 2000/XP、UNIX、Novel NetWare 等。

1.9.5　文件和文件夹

文件是有名称的一组相关信息的集合，任何程序和数据都是以文件的形式存放在计算机的外存储器(如磁盘、光盘等)上的。任何一个文件都有文件名，文件名是存取文件的依据，即按名存取。

一个磁盘上通常存有大量的文件，必须将它们分门别类地组织为文件夹，一般采用树型结构以文件夹的形式组织和管理文件。

文件和文件夹的命名规则如下：

（1）在文件名或文件夹名中最多可以有 255 个字符。

（2）一般每个文件都有 3 个字符的扩展名，用以标识文件类型和创建此文件的程序。

（3）文件名或文件夹名中不能出现以下字符：

/ \ : * ? " < > |

（4）不区分大小写字母，例如，TOOL 和 tool 是同一个文件名。

（5）可使用通配符"*"和"?"，"*"表示字符串；"?"表示一个字符。

（6）文件名和文件夹名中可以使用汉字。

（7）可以使用多个分隔符。例如：my report. tool. sales. total plan. 1999。

1.10　Windows XP 操作

Windows XP,其中 XP 是英文 Experience(体验)的缩写,用以象征新的版本将以更为智能化的工作方式为广大用户带来新的体验,具有高度客户导向的界面和功能。

Windows XP 的 3 个版本介绍如下。

（1）Windows XP Professional 为企业用户设计,提供了高级别的扩展性和可靠性。

（2）Windows XP Home Edition 适宜于家庭用户。

（3）Windows XP 64-Bit Edition 迎合了特殊专业工作站用户的需求。

Windows XP 的新特性介绍如下。

（1）个性化的欢迎界面和用户间快速切换。

（2）整个系统提供了更加简单的操作。

（3）Windows XP 为用户提供了更多娱乐功能。

（4）Windows XP 提供了一个新的视频编辑器 Windows Movie Maker。

（5）Windows XP 提供了更好用的网络功能。

（6）Windows XP 的计划任务将在系统后台自动执行。

（7）远程支援。

（8）内置网络防火墙功能。

（9）"智能标签"软件。

1.10.1　Windows XP 的运行环境

Windows XP 的硬件要求如下。

（1）CPU 最低配置为 Pentium Ⅱ 233MHz 处理器,建议配置 Pentium 4 1GHz 以上处理器。

（2）内存至少 64MB,建议使用 128MB 以上。

（3）硬盘空间操作系统至少需要 650MB 的空间,建议最低 700MB 剩余硬盘空间,硬盘分区要大于 1GB。

1.10.2　Windows XP 的基本操作

1. Windows XP 的启动和退出

（1）启动

开机后系统硬件自检,然后自动启动计算机系统。

（2）正常退出

① 关闭所有的应用程序窗口。

② 执行"开始"→"关闭系统"→"关闭计算机"命令，在弹出的对话框中，单击"确定"按钮。

③ 关闭主机和显示器电源。

（3）非正常退出

按 Ctrl＋Alt＋Del 键进行热启动。

2. Windows XP 桌面

图 1-16 给出了 Windows XP 的桌面示意图。

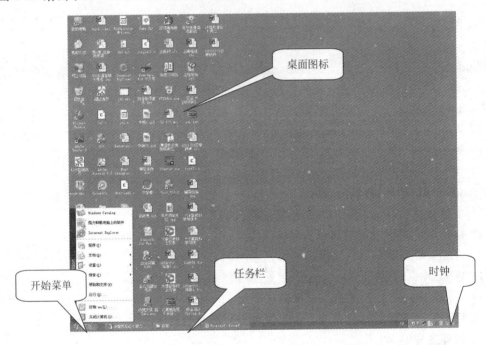

图 1-16　Windows XP 的桌面

桌面是指 Windows XP 启动后的整个屏幕画面。

桌面的包括以下两个方面。

（1）任务栏：一般在桌面的下方，位置可调整。包括"开始"按钮、快速启动区、应用程序图标、"计划任务程序"按钮、输入法状态、时钟等基本元素。

（2）桌面图标：桌面上显示的一系列图标。

① 系统组件图标：我的电脑、我的文档、网上邻居、Internet Explorer、回收站、我的公文包等。

② 快捷方式图标：用户在桌面上创建的。

③ 文件和文件夹图标：用户在桌面上创建的文件或文件夹。

3. 对话框

对话框的组成包括：标题栏、选项卡（也称标签）、文本框、单选框（•）、复选框（√）、列表框、下拉列表框、文本框、数值框、滑竿、命令按钮、帮助按钮等，如图 1-17 所示。

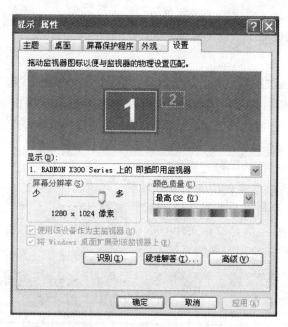

图 1-17　Windows XP 对话框

4. Windows XP 菜单

菜单分类：层叠菜单、下拉菜单、弹出菜单 3 类，如图 1-18 所示。

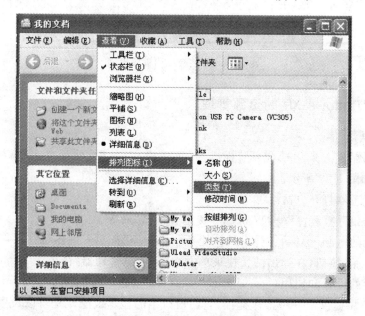

图 1-18　Windows XP 菜单

菜单中常见标记说明如下。

●：表示目前有效的单选框。

√：表示目前有效的复选框。

Alt＋字母、Ctrl＋字母：表示键盘快捷键。

…：表示执行该命令会引出一个对话框。

▲：表示执行该命令会弹出一个子菜单。

变灰的命令：表示该命令当前不能使用。

5. 剪贴板

剪贴板是 Windows XP 中用得最多的实用工具，它在 Windows 程序之间、文件之间交换信息时，用于临时存放信息的一块内存空间。剪贴板不但可以存储正文，还可以存储图像、声音等信息。通过它可以把各文件的正文、图像、声音粘贴在一起形成一个图文并茂、有声有色的文档。

利用"剪贴板"交换信息的一般过程如下。

（1）选取文件、文件夹或文件中的信息等对象。

（2）将选取的对象放到剪贴板上，即"复制"、"剪切"操作。

（3）从剪贴板取出交换信息放在文件中插入点位置或文件夹中，即"粘贴"操作。

图 1-19 所示为剪贴板应用程序的界面。

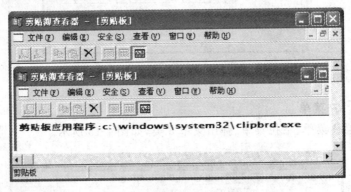

图 1-19 剪贴板应用程序界面

1.10.3 Windows XP 的资源管理

1. 资源管理器

"资源管理器"窗口的组成包括：标题栏、菜单栏、工具栏、地址栏、左窗格、右窗格、状态栏、滚动条等，如图 1-20 所示。

（1）资源管理器打开方法

① 执行"开始"→"程序"→"Windows 资源管理器"命令。

② 右击"我的电脑"图标，在弹出的快捷菜单中选择"资源管理器"命令。

③ 右击"开始"按钮，在弹出的快捷菜单中选择"资源管理器"命令。

（2）工具栏的设置和使用

工具栏为用户提供了一种操作捷径，它在窗口中的显示或隐藏是可以设置的。

（3）文件和文件夹的显示

文件和文件夹的显示方式有四种：大图标、小图标、列表、详细资料。

① 执行"查看"命令，选择显示方式。

② 单击工具栏上的"查看"图标，选择显示方式。

（4）排列图标

排列图标的顺序有：按名称、按类型、按大小、按修改时间排列。

图 1-20 资源管理器

① 执行"查看"→"排列图标"命令,在弹出的级联菜单中选择相应的图标排列方式。

② 快捷操作:在右窗格(或"我的电脑"窗口)空白处右击,在弹出的快捷菜单中选择排列顺序。

2. 文件和文件夹操作

文件和文件夹操作包括:选取、复制、移动、删除、新建、重命名、发送、查看、查找、磁盘格式化等操作。文件和文件夹操作一般在"资源管理器"或"我的电脑"窗口中进行。

文件和文件夹操作方式有:菜单操作、快捷操作、鼠标拖曳操作。

(1) 对象选取操作

选取单个:单击要选取的对象。

选取连续多个:选取第一个对象,按住 Shift 键并单击最后一个对象。

选取不连续多个:按住 Ctrl 键,单击每一个要选取的对象。

全部选取:执行"编辑"→"全选"命令。

(2) 复制操作

① 菜单操作方式:选取操作对象,执行"编辑"→"复制"命令,选取目标文件夹,执行"编辑"→"粘贴"命令。

② 快捷操作方式:选取操作对象,右击,在弹出的快捷菜单中选择"复制"命令,选取目标文件夹,右击,在弹出的快捷菜单中选择"粘贴"命令。

③ 拖放操作方式:选取操作对象,按住 Ctrl 键和鼠标左键不放,拖动鼠标到目标文件夹后释放鼠标。

(3) 移动操作

① 菜单操作方式:选取操作对象,执行"编辑"→"剪切"命令,选取目标文件夹,执行"编辑"→"粘贴"命令。

② 快捷操作方式:选取操作对象,右击,在弹出的快捷菜单中选择"剪切"命令,选取目标

文件夹,右击,在弹出的快捷菜单中选择"粘贴"命令。

③ 拖放操作方式：选取操作对象,按住鼠标左键不放,拖动鼠标到目标文件夹后释放。

（4）删除操作

① 快捷操作方式：选取操作对象,右击,在弹出的快捷菜单中选择"删除"命令,在弹出的"确认文件删除"对话框中,单击"是"按钮。

② 键盘操作方式：选取操作对象,按 Del/Delete 键。

（5）创建操作

选取要创建子文件夹的位置,在右窗格空白处右击,在弹出的快捷菜单中执行"新建"→"文件夹"命令,输入文件夹名称,其默认的名称为"新建文件夹"。

（6）重命名操作

选取要重命名的一个文件或文件夹,右击,在弹出的快捷菜单中选择"重命名"命令,输入新的名称后按 Enter 键。

（7）设置属性

"属性"选项说明如下。

① 只读：文件设置"只读"属性后,用户不能修改其文件。

② 隐藏：文件设置"隐藏"属性后,只要不设置显示所有文件,隐藏文件将不被显示。

③ 存档：检查该对象自上次备份以来是否已被修改。

④ 系统：如果该文件为 Windows XP 内核中的系统文件,则自动选取该属性。

3. 磁盘操作

（1）查看磁盘属性

在"我的电脑"或资源管理器的窗口中,欲了解有关磁盘的信息,可从其快捷菜单中选择"属性"或选定某磁盘后从"文件"菜单中选择"属性"命令,在出现的磁盘属性对话框中选择"常规"选项卡,就可以了解磁盘的卷标(可在此修改卷标)、类型、采用的文件系统以及磁盘空间使用情况等信息。

（2）磁盘格式化

所有磁盘必须格式化才能使用,对于使用过的磁盘有时也有必要重新格式化。

4. 任务管理器

任务管理器可以提供正在计算机上运行的程序和进程的相关信息。利用任务管理器还可以查看 CPU 和内存使用情况的图形和数据等,如图 1-21 所示。

任务管理器的打开方法有两种。

（1）右击任务栏,在弹出的快捷菜单中选择"任务管理器"。

（2）利用 Ctrl＋Alt＋Del 键。

5. Windows XP 应用程序操作

（1）"开始"按钮中启动应用程序的方法

① 执行"开始"→"程序"命令,在弹出的快捷菜单中单击应用程序项。

图 1-21   任务管理器

② 双击桌面上的图标。

③ 从资源管理器或"我的电脑"窗口中启动。

④ 执行"开始"→"运行"命令,启动相应的程序。

(2) 退出应用程序的方法

① 单击应用程序窗口右上角的"关闭"按钮。

② 在窗口中执行"文件"→"退出"命令。

③ 双击应用程序的控制菜单栏。

④ 按 Alt+F4 键。

⑤ 按 Ctrl+Alt+Del 键。

(3) 应用程序的切换

① 单击对应窗口。

② 单击任务栏上对应的应用程序窗口图标。

③ 按 Alt+Tab 键。

④ 按 Alt+Esc 键。

6. 添加/删除程序

在使用计算机的过程中,常常需要安装、更新或删除已有的应用程序。

安装应用程序可以简单地从软盘或 CD-ROM 中运行安装程序(通常是 setup. exe 或 install. exe),但是删除应用程序最好不要直接打开文件夹,然后通过彻底删除其中文件的方式来删除某个应用程序。因为一方面不可能删除干净,有些 DLL 文件安装在 Windows 目录中;另一方面很可能会删除某些其他程序也需要的 DLL 文件,导致破坏其他依赖这些 DLL 的程序。

7. Windows XP 的控制面板

Windows XP 控制面板包括:系统设置、"显示"设置、"日期/时间"设置、"键盘"设置、"鼠标"设置、中文输入法的使用、添加新硬件、添加/删除程序等。图 1-22 给出了控制面板的传统显示和分类显示。

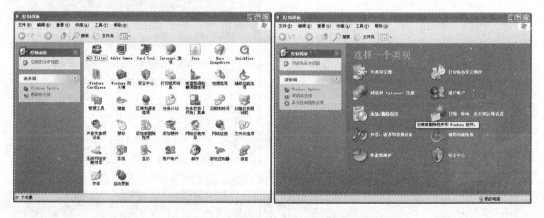

图 1-22　控制面板(传统显示和分类显示)

Windows XP 控制面板的启动方法如下。

① 在"Windows XP 资源管理器"窗口中,双击控制面板图标。

② 在桌面上执行"开始"→"设置"→"控制面板"命令。

　　③ 在"我的电脑"窗口中,双击控制面板图标。

　　(1)桌面与显示方式的设置

　　在如图 1-23 所示的"显示属性"对话框中,可根据爱好设置桌面主题、桌面显示风格、屏幕外观及显卡参数等。

　　(2)个性化环境设置与用户账户管理

　　在如图 1-24 所示的"用户账户"窗口中,可以对用户账户进行管理,如增加用户、删除用户、更改用户权限等。

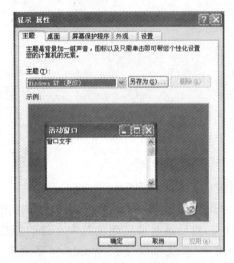

图 1-23　桌面设置

图 1-24　用户账户

　　(3)"日期/时间"设置

　　① 设定日期/时间。在如图 1-25 所示的"日期和时间属性"对话框中设置日期和时间。

　　② 区域和语言设定。在如图 1-26 所示的"区域和语言选项"对话框中设置区域和语言。

图 1-25　日期/时间

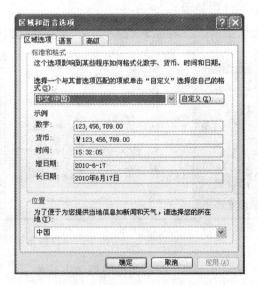

图 1-26　区域和语言设定

不同国家和地区使用的语言、度量衡制以及日期/时间等均存在差异,利用"区域和语言选项"对话框可以方便地将其更改为指定格式。

(4)"键盘"设置

"键盘"设置是对键盘的速度、语言等属性进行设置。

"速度"选项卡用于设置出现字符重复的延缓时间,重复速度和光标闪烁速度。

"语言"选项卡用于选择和安装键盘语言和布局。

(5)"鼠标"设置

① 鼠标的分类。两键鼠标、三键鼠标等。

② 选项卡说明。"按钮"选项卡用于选择鼠标左手型或右手型、调整鼠标的双击速度。"指针"选项卡用于改变鼠标指针的大小和形状。"移动"选项卡用于设置鼠标的移动速度。

(6)添加/删除程序

在"控制面板"中双击"添加/删除程序"图标,即可打开"添加/删除程序属性"窗口,在该窗口中进行程序的安装和删除。

(7)系统维护工具

① 磁盘碎片整理程序。在磁盘使用了一段时间后,会出现磁盘碎片,如果磁盘碎片较多会大大降低磁盘的访问速度,也会浪费宝贵的磁盘空间。

启动磁盘碎片整理程序的方法是:执行"开始"→"程序"→"附件"→"系统工具"→"磁盘碎片整理程序"命令,弹出"磁盘碎片整理程序"窗口。

② 清理磁盘空间。利用 Windows XP 的磁盘清理程序可以清理在程序使用过程中生成的无用文件。"无用文件"指临时文件、Internet 缓存文件和可以安全删除的不需要的程序文件。

启动磁盘清理程序的方法是:执行"开始"→"程序"→"附件"→"系统工具"→"磁盘清理"命令,弹出"磁盘清理"对话框。

③ 系统还原。Windows XP 中最具特色的系统维护功能就是新增加的"系统还原"功能,其主要的特点:"系统还原"恢复的是应用程序和注册表设置,使用这个工具可以取消有损计算机系统的设置并还原其正确的设置和性能,还原对系统所做的修改。

(8)附件的应用程序

① 记事本。"记事本"是一个简单方便的无格式文本文件编辑程序,可用它记录简单的信息,生成以 .txt 为扩展名的文档。

打开记事本的操作:执行"开始"→"程序"→"附件"→"记事本"命令。

② 写字板。"写字板"是一个更完善的文字处理程序,可以用来编辑 .doc、.txt、.wri 为扩展名的文档。在写字板中可以输入文字、粘贴图片以及插入音频和视频对象等。

打开写字板的操作:执行"开始"→"程序"→"附件"→"写字板"命令。

③ 计算器。"计算器"程序有两种类型。

a. 标准型计算器:用于简单的算术计算,只能进行简单的加、减、乘、除、开方和求倒数运算。

打开计算器的操作:执行"开始"→"程序"→"附件"→"计算器"命令。

b. 科学型计算器:用于比较复杂的科学计算,它增加的功能有进制数的转换、多种数学函数等,数值表示范围也增加到 $-2^{31}-1 \sim 2^{31}-1$。

打开科学型计算器的操作:在"标准型计算器"窗口中,执行"查看"→"科学型"命令。

④ 媒体播放器。在 Windows XP 中,媒体播放工具 Windows Media Player 是最具特色

的媒体支持工具,该工具可以说是真正的计算机和 Internet 上播放和管理多媒体的中心,它完全可以替代其他类型的多媒体播放工具。

1.11 Windows 7 操作

Windows 7 的用户界面非常友善:新的方式排列和使用窗口,增强了 Windows 任务栏、开始菜单和 Windows 资源管理器,一切都旨在以直观和熟悉的方式帮助用户通过少量的鼠标操作来完成更多的任务。

(1) 桌面增强

在右键快捷菜单(见图 1-27)中,关于桌面的一些功能被更加直观地添加到其中。

在默认的状态下,Windows 7 安装之后桌面上保留了回收站的图标。在右键快捷菜单中单击"个性化"选项,然后在弹出的设置窗口中单击左侧的"更改桌面图标"选项。在 Windows 7 中,XP 系统下"我的电脑"和"我的文档"已相应改名为"计算机"、"用户的文件",因此在这里勾选上对应选项,桌面便会重现这些图标了。

在 Windows 7 中,用户没有再见到过去所熟悉的"显示桌面"按钮,因为它已"进化"成 Windows 7 任务栏最右侧的那一小块半透明的区域,单击该按钮可最小化窗口以便查看桌面上的内容,如图 1-28 所示。

(2) 任务栏

通过 Windows 7 中的"任务栏"可以轻松、便捷地管理、切换和执行各类应用。所有正在使用的文件或程序在"任务栏"上都以缩略图表示;如将鼠标悬停在缩略图上,则窗口将展开为全屏预览。甚至可以直接在缩略图上关闭窗口,如图 1-29 所示。

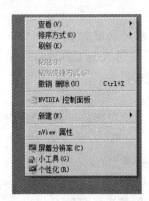

图 1-27　Windows 7 的桌面右键快捷菜单

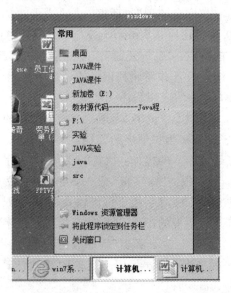

图 1-28　Windows 7 的显示桌面按钮　　图 1-29　在"任务栏"上右击,可在缩略图直接关闭窗口

1.11.1 Windows 7 的运行环境

目前大部分机器都能运行 Windows 7 系统。

1.11.2 Windows 7 的基本操作

1. Windows 7 的启动和退出

（1）启动 Windows 7

启动后，即进入 Windows 7 桌面。开机后系统硬件自检，然后自动启动计算机系统。

（2）正常退出

① 关闭所有的应用程序窗口。

② 执行"开始"→"关机"命令。

③ 关闭主机和显示电源。

（3）非正常退出

按 Ctrl＋Alt＋Del 键进行热启动。

2. Windows 7 的桌面

桌面是指 Windows 7 启动后的整个屏幕画面，如图 1-30 所示。桌面包括以下几部分。

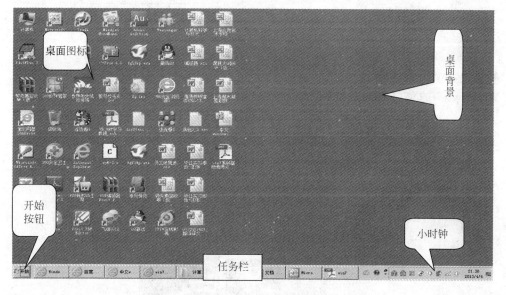

图 1-30　Windows 7 桌面

（1）任务栏

任务栏一般在桌面的下方，位置可调整，包括"开始"按钮、快速启动区、应用程序图标、"计划任务程序"按钮、输入法状态、小时钟等基本元素。

（2）桌面图标

桌面图标是桌面上显示的一系列图标，包括以下几类。

① 系统组件图标：计算机、用户的文件、回收站、控制面板等。

② 快捷方式图标：用户在桌面上创建的图标。

③ 文件和文件夹图标：用户在桌面上创建的文件或文件夹。

3. Windows 7 的对话框

对话框包括：标题栏、选项卡（也称标签）、文本框、单选按钮（◉）、复选框（√）、列表框、下拉列表框、文本框、数值框、滑竿、命令按钮、帮助按钮等,如图 1-31 所示。

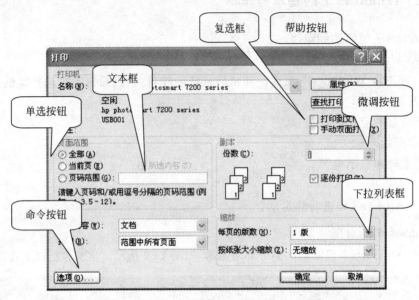

图 1-31　Windows 7 对话框

4. Windows 7 的菜单

Windows 7 的菜单如图 1-32 所示。

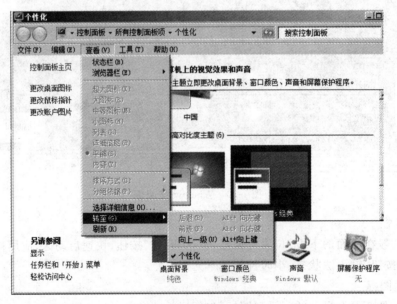

图 1-32　Windows 7 的菜单

菜单分类:层叠菜单、下拉菜单、弹出菜单 3 类。

菜单中常见标记说明如下。

(1) ●:表示目前有效的单选框。

(2) √:表示目前有效的复选框。

(3) Alt+字母、Ctrl+字母:表示键盘快捷键。

（4）…：表示执行该命令会引出一个对话框。

（5）▲：表示执行该命令会弹出一个子菜单。

（6）变灰的命令：表示该命令当前不能使用。

5. 获取系统的帮助信息

（1）执行"开始"→"帮助和支持"命令。

（2）帮助按钮"?"，如图 1-33 所示。

1.11.3　Windows 7 的资源管理

1. 资源管理器

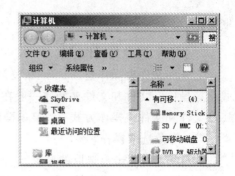

图 1-33　Windows 7 帮助按钮"?"

"资源管理器"窗口的组成：标题栏、菜单栏、工具栏、地址栏、左窗格、右窗格、状态栏、滚动条等，如图 1-34 所示。

图 1-34　资源管理器

（1）"资源管理器"打开方法

① 双击桌面上的"计算机"图标。

② 执行"开始"→"计算机"命令。

（2）工具栏的设置和使用

工具栏为用户提供一种操作捷径，它在窗口中的显示或隐藏是可以设置的。

（3）文件和文件夹的显示

文件夹的显示方式有 4 种：大图标、小图标、列表、详细资料。

① 执行"查看"菜单中的命令，选择显示方式。

② 单击工具栏中的"查看"图标，选择显示方式。

（4）排列图标

图标的排列顺序有：按名称、按类型、按大小、按日期排列。

① 执行"查看"→"排列图标"菜单中的命令，选择排序方式。

② 快捷操作：在右窗格（或"计算机"窗口）空白处右击，从弹出的快捷菜单中选择排列

顺序。

2. 文件和文件夹操作

文件和文件夹操作包括：选取、复制、移动、删除、新建、重命名、发送、查看、查找、磁盘格式化等操作。文件和文件夹操作一般在"资源管理器"或"我的电脑"窗口中进行。

文件和文件夹操作方式有：菜单操作、快捷操作、鼠标拖曳操作。

(1) 对象选取操作

选取单个：单击要选取的对象。

选取连续多个：选取第一个对象,按住 Shift 键并单击最后一个对象。

选取不连续多个：按住 Ctrl 键,单击每一个要选取的对象。

全部选取：执行"编辑"→"全选"命令。

(2) 复制操作

① 菜单操作方式：选取操作对象,执行"编辑"→"复制"命令,选取目标文件夹,执行"编辑"→"粘贴"命令。

② 快捷操作方式：选取操作对象,右击,在弹出的快捷菜单中选择"复制"命令,选取目标文件夹,右击,在弹出的快捷菜单中选择"粘贴"命令。

③ 拖放操作方式：选取操作对象,按住 Ctrl 键和鼠标左键不放,拖动鼠标到目标文件夹后释放鼠标。

(3) 移动操作

① 菜单操作方式：选取操作对象执行"编辑"→"剪切"命令,选取目标文件夹,执行"编辑"→"粘贴"命令。

② 快捷操作方式：选取操作对象,右击,在弹出的快捷菜单中选择"剪切"命令,选取目标文件夹,右击,在弹出的快捷菜单中选择"粘贴"命令。

③ 拖放操作方式：选取操作对象,按住鼠标左键不放,拖动鼠标到目标文件夹后释放。

(4) 删除操作

① 快捷操作方式：选取操作对象,右击,在弹出的快捷菜单中选择"删除"命令,在弹出的"确认文件删除"对话框中,单击"是"按钮。

② 键盘操作方式：选取操作对象,按删除键 Del/Delete。

(5) 创建操作

选取要创建子文件夹的位置,在右窗格空白处右击,在弹出的快捷菜单中执行"新建"→"文件夹"命令,输入文件夹名称,其默认的名称为"新建文件夹"。

(6) 重命名操作

选取要重命名的一个文件或文件夹,右击,在弹出的快捷菜单中选择"重命名"命令,输入新的名称后按 Enter 键。

(7) 设置属性

"属性"选项说明如下。

① 只读：文件设置"只读"属性后,用户不能修改其文件。

② 隐藏：文件设置"隐藏"属性后,只要不设置显示所有文件,隐藏文件将不被显示。

③ 存档：检查该对象自上次备份以来是否已被修改。

④ 系统：如果该文件为 Windows 7 内核中的系统文件,则自动选取该属性。

3. 磁盘操作

（1）查看磁盘属性

在"我的电脑"或"资源管理器"的窗口中，欲了解有关磁盘的信息，可从其快捷菜单中选择"属性"命令，或选定某磁盘后从"文件"菜单中选择"属性"命令，在出现的磁盘属性对话框中选择"常规"选项卡，就可以了解磁盘的卷标（可在此修改卷标）、类型、采用的文件系统以及磁盘空间使用情况等信息。

（2）磁盘格式化

所有磁盘必须格式化才能使用，对于使用过的磁盘有时也有必要重新格式化。

4. 任务管理器

任务管理器可以提供正在计算机上运行的程序和进程的相关信息。利用任务管理器还可以查看 CPU 和内存使用情况的图形和数据等，如图 1-35 所示。

图 1-35　任务管理器

任务管理器的打开方法有两种。

（1）右击任务栏，在弹出的快捷菜单中选择"任务管理器"。

（2）利用 Ctrl＋Alt＋Del 键，选择"启动任务管理器"。

5. Windows 7 应用程序操作

（1）"开始"按钮中启动应用程序的方法

① 执行"开始"→"程序"命令，在弹出的快捷菜单中单击应用程序项。

② 双击桌面上的图标。

③ 从"资源管理器"或"计算机"窗口中启动。

④ 执行"开始"→"运行"命令，启动相应的程序。

（2）退出应用程序的方法

① 单击应用程序窗口右上角的"关闭"按钮。

② 在窗口中执行"文件"→"退出"命令。

③ 双击应用程序的控制菜单栏。

④ 按 Alt+F4 键。

⑤ 按 Ctrl+Alt+Del 键。

(3) 应用程序的切换

① 单击对应窗口。

② 单击任务栏上对应的应用程序窗口图标。

③ 按 Alt+Tab 键。

④ 按 Alt+Esc 键。

6. 添加/删除程序

在使用计算机的过程中,常常需要安装、更新或删除已有的应用程序。

安装应用程序可以简单地从软盘或 CD-ROM 中运行安装程序(通常是 setup. exe 或 install. exe),但是删除应用程序最好不要直接打开文件夹,然后通过彻底删除其中文件的方式来删除某个应用程序。因为一方面不可能删除干净,有些 DLL 文件安装在 Windows 目录中;另一方面很可能会删除某些其他程序也需要的 DLL 文件,导致破坏其他依赖这些 DLL 的程序。

1.11.4 Windows 7 的控制面板

Windows 7 控制面板包括:系统设置、"显示"设置、"日期/时间"设置、"键盘"设置、"鼠标"设置、中文输入法的使用、添加新硬件、添加/删除程序等。

图 1-36 给出了控制面板(小图标)的形式。

图 1-36　控制面板(小图标)

Windows 7 控制面板的启动方法如下。

① 执行"开始"→"控制面板"命令。

② 在"计算机"窗口中,单击"打开控制面板"命令。

1. 桌面与显示方式的设置

桌面与显示方式的设置可通过"显示"窗口进行,如图 1-37 所示。

2. 用户账户

在如图 1-38 所示的"用户账户"窗口中,可以对用户账户进行管理。

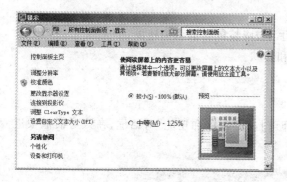

图 1-37 桌面设置

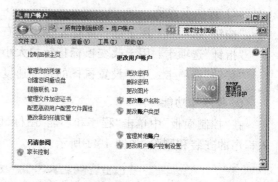

图 1-38 用户账户

3. "日期/时间"设置

(1)设定日期/时间

在如图 1-39 所示的"日期和时间"对话框中设置日期和时间。

(2)区域和语言设定

在如图 1-40 所示的"区域和语言"对话框中设置区域和语言。

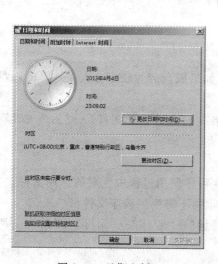

图 1-39 日期/时间

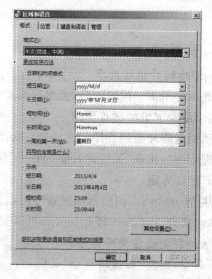

图 1-40 区域和语言设定

不同国家或地区使用的语言、度量衡制以及日期/时间等均存在差异,利用"区域和语言"对话框可以方便地将其更改为指定格式。

4. "键盘"设置

对键盘的速度、语言等属性进行设置。

"速度"选项卡:用于设置出现字符重复的延缓时间、重复速度和光标闪烁速度。

"语言"选项卡:用于选择和安装键盘语言和布局。

5. "鼠标"设置

(1) 鼠标分为两键鼠标、三键鼠标等。

(2) 选项卡说明。

"按钮"选项卡：用于选择鼠标左手型或右手型、调整鼠标的双击速度。

"指针"选项卡：用于改变鼠标指针的大小和形状。

"移动"选项卡：用于设置鼠标的移动速度。

6. 程序和功能

在"控制面板"中单击"程序和功能"图标，即可打开"程序和功能"对话框，在该对话框中进入程序的安装和删除，如图 1-41 所示。

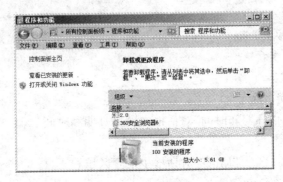

图 1-41　程序和功能

7. 系统维护工具

(1) 磁盘碎片整理程序

在磁盘使用了一段时间后，会出现磁盘碎片，如果磁盘碎片较多会大大地降低磁盘的访问速度，也会浪费宝贵的磁盘空间。

启动磁盘碎片整理程序的方法是：执行"开始"→"程序"→"附件"→"系统工具"→"磁盘碎片整理程序"，出现"磁盘碎片整理程序"窗口。

(2) 磁盘清理

利用 Windows 7 的磁盘清理程序可以清理在程序使用过程中生成的无用文件。"无用文件"指临时文件、Internet 缓存文件和可以安全删除的不需要的程序文件。

方法是启动磁盘清理程序的方法是：执行"开始"→"程序"→"附件"→"系统工具"→"磁盘清理"命令，出现"磁盘清理"对话框。

(3) 系统还原

Windows 7 中最具特色的系统维护功能就是新增加的"系统还原"功能，其主要的特点为："系统还原"恢复的是应用程序和注册表设置，使用这个工具可以取消有损计算机系统的设置并还原其正确的设置和性能，还原对系统所做的修改。

1.11.5　附件的应用程序

1. 记事本

"记事本"是一个简单方便的无格式文本文件编辑程序，可用它记录简单的信息，生成以 .txt 为扩展名的文档。

打开记事本的操作：执行"开始"→"程序"→"附件"→"记事本"命令。

2. 写字板

"写字板"是一个更完善的文字处理程序，可以用来编辑以 .doc、.txt、.wri 为扩展名的文档。在写文板中可以输入文字、粘贴图片以及插入音频和视频对象等。

打开写字板的操作：执行"开始"→"程序"→"附件"→"写字板"命令。

3. 计算器

"计算器"程序有两种类型。

(1) 标准型计算器：用于简单的算术计算，只能进行简单的加、减、乘、除、开方和求倒数运算。

打开标准型计算器的操作：执行"开始"→"程序"→"附件"→"计算器"命令。

(2) 科学型计算器：用于比较复杂的科学计算，它增加的功能有进制数的转换、多种数学函数等，数值表示范围也增加到 $-2^{31}-1 \sim 2^{31}-1$。

打开科学型计算器的操作：在"标准型计算器"窗口上，选择"查看"→"科学型"。

4. 媒体播放器

在 Windows 7 中，媒体播放工具 Windows Media Player 是最具特色的媒体支持工具，该工具可以说是真正的计算机和 Internet 上播放和管理多媒体的中心，它完全可以替代其他类型的多媒体播放工具。

习题

一、判断题

1. 第一代计算机的主要特征是采用晶体管作为计算机的逻辑元件。　　　　　　（　　）
2. 打印机是计算机的一种输出设备。　　　　　　（　　）
3. 人们一般所说的计算机内存是指 ROM 芯片。　　　　　　（　　）
4. 驱动程序是一种可以使计算机和设备通信的特殊程序。　　　　　　（　　）

二、选择题

1. 计算机中最重要的核心部件是（　　）。

　　A. RAM　　　　　　B. CPU　　　　　　C. CRT　　　　　　D. ROM

2. 微型计算机中，控制器的基本功能是（　　）。

　　A. 进行算术和逻辑运算　　　　　　B. 存储各种控制信息

　　C. 保持各种控制状态　　　　　　D. 控制机器各个部件协调一致地工作

3. 不属于接口设备的是（　　）。

　　A. 网卡　　　　　　B. 显卡　　　　　　C. 声卡　　　　　　D. CPU

4. 下列哪个不是控制器的功能？（　　）

　　A. 程序控制　　　　B. 操作控制　　　　C. 时间控制　　　　D. 信息存储

5. 8 个二进制位组成的信息单位叫（　　）。

　　A. 存储元　　　　　B. 字节　　　　　　C. 字　　　　　　　D. 存储单元

6. RAM 是（　　）的简称。

　　A. 随机访问存储器　　　　　　B. 只读存储器

　　C. 静态存储器　　　　　　　　　D. 动态存储器

三、简答题

1. 简述计算机导论与计算机文化基础的区别。

2. 简述计算机应用型本科专业的办学定位。

3. 简述报告《计算作为一门学科》(Computing as a Discipline)对"计算学科"的定义。

4. 随着科学技术的发展,计算机学科领域分化为哪5个专业学科领域? 每个专业学科领域分别包括哪些知识领域?

5. 计算机学科专业主要有哪些? 各有什么特点?

6. 简述你所了解的计算机应用领域。

7. 数据处理从简单到复杂经历了哪3个发展阶段? 各有什么特点?

8. 计算机的发展经历了哪几代? 各有什么特点?

9. 简述计算机的特点。

10. 可以从哪些角度对计算机进行分类?

11. 计算机的发展趋势是怎样的?

12. 结合实际,谈谈你对学习计算机基础课程的意义的理解。

13. 计算机有哪些主要的特点? 又有哪些主要的用途?

14. 计算机硬件系统由哪几部分组成? 简述各部分的功能。

15. 简述计算机的工作原理。

16. 什么是算法? 简述算法的特点。

17. 简述 CPU 的两个基本部件。

Chapter 2

第 2 章　Office 2010 应用

Office 2010 办公系列软件，是美国 Microsoft(微软)公司最新推出的，全面支持简繁体中文的新一代办公信息化、自动化的套装软件包。Office 2010 的办公和管理平台可以更好地提高工作人员的工作效率和决策能力。Office 2010 不仅是办公软件和工具软件的集合体，还融合了最先进的 Internet 技术，具有更强大的功能，是微软公司在中国市场应用最广泛的软件。

Office 2010 包括了文字处理软件 Word 2010、电子表格处理软件 Excel 2010、电子幻灯片演示软件 PowerPoint 2010、数据库管理软件 Access 2010、日程及邮件信息管理软件 Outlook 2010，以及设计动态表单软件 InfoPath 2010、填写动态表单 InfoPath 2010、创建出版物软件 Publisher 2010、数字笔记本软件 OneNote 2010。

2.1　Word 2010

2.1.1　Word 2010 概述

1. Word 2010 的功能及新增功能

(1) Word 2010 的功能

Word 2010 是 Office 2010 的核心组件，能够创建多种类型的文件，如书信、文章、计划、备忘录等。使用它，不但可以在文档中加入图片、图形、表格等，还可以对文档内容进行修饰和美化，同时还具有自动排版、自动更正、自动套用格式、自动创建样式和自动编写摘要等功能。

(2) Word 2010 的新增功能

Office 2010 与早期版本相比，新增了部分功能，使用起来更加方便。新增的功能包括：自定义功能区、更加完美的图片格式设置功能、快速查看文档的"导航"窗格、随用随抓的屏幕截图、更多的 SmartArt 图形类型。

2. Word 2010 的启动和退出

(1) Word 2010 的启动

Word 2010 的启动常用方法有 3 种。

方法一：单击"开始"→"所有程序"→Microsoft Office→Microsoft Office Word 2010 命令。

方法二：双击 Microsoft Office Word 2010 的快捷方式图标。

方法三：双缸一个已创建好的 Word 2010 文档的图标。

(2) Word 2010 的退出

Word 2010 的退出常用方法有 3 种。

方法一：单击"文件"→"退出"命令。

方法二：按 Alt＋F4 键。

方法三：单击 Word 2010 编辑窗口中标题栏的"关闭"按钮。

3. Word 2010 的窗口组成

Word 2010 的窗口主要包括标题栏、选项卡、功能区、文本编辑区、"导航"窗格、快速访问工具栏、按钮、滚动条和状态栏、标尺等，如图 2-1 所示。

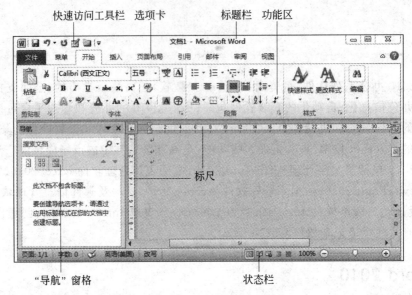

图 2-1　Word 2010 的窗口组成

（1）标题栏

标题栏位于 Word 2010 窗口的顶端。标题栏上显示的是正在使用的应用程序名 Microsoft Word 和当前正在编辑的文档名。标题栏最左侧的 W 是 Word 2010 的应用程序控制图标，单击该图标会显示一个下拉式菜单，包括最大化、最小化、关闭等常用窗口控制命令。标题栏最右侧的是控制按钮 ，从左至右依次为最小化、最大化（还原）和关闭。

（2）选项卡

选项卡位于标题栏的下面。选项卡中包括"文件"、"开始"、"插入"、"页面布局"、"引用"、"邮件"、"审阅"、"视图"八个选项卡。下面简单介绍"文件"选项卡，以及自定义选项卡的添加和选项卡上的重命名。

单击"文件"选项卡后，会看到 Microsoft Office Backstage 视图。可以在 Backstage 视图中管理文件及其相关数据：创建、保存、检查隐藏的源数据或个人信息以及设置选项。简而言之，可通过该视图对文件执行所有无法在文件内部完成的操作，如图 2-2 所示。

添加自定义选项卡的操作步骤如下。

① 单击"文件"选项卡。

② 单击"帮助"下的"选项"命令，弹出"Word 选项"对话框。

③ 在该对话框中单击"自定义功能区"的选项。

④ 单击"新建选项卡"的命令。

⑤ 之后查看和保存自定义设置，单击"确定"按钮。

重命名选项卡的操作步骤如下。

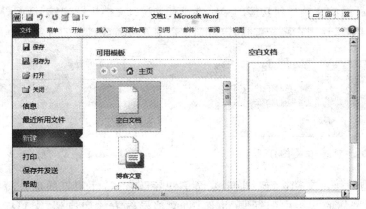

图 2-2　"文件"选项窗口

① 单击"文件"选项卡。

② 单击"帮助"下的"选项"命令，弹出"Word 选项"对话框。

③ 单击"自定义功能区"的选项。

④ 在右侧的"自定义功能区"列表下，单击要重命名的选项卡。

⑤ 单击"重命名"按钮，然后键入新名称。

(3) 功能区

功能区是 Microsoft Office Fluent 用户界面的一部分，旨在帮助用户快速找到完成某一任务所需的命令。命令按逻辑组的形式组织，逻辑组集中在选项卡下。每个选项卡都与一种类型的活动（如编写页面或布局页面）相关，为了使屏幕更为整洁，某些选项卡只在需要时显示。在最小功能区时，用户只能看到选项卡。

自定义功能区的操作步骤如下。

① 单击"文件"选项卡。

② 单击"帮助"下的"选项"命令，弹出"Word 选项"对话框。

③ 单击"自定义功能区"选项。

④ 在右侧的"自定义功能区"列表框中设置显示的选项卡及组。

最小化功能区的操作步骤如下。

在"功能区"中右击，在弹出的快捷菜单中单击"功能区最小化"选项或按 Ctrl＋F1 键，还可以单击位于程序窗口的右上角"功能区最小化"按钮。

(4) "导航"窗格

用 Word 编辑文档，有时会遇到长达几十页甚至上百页的超长文档。在以往的 Word 版中浏览这种超长的文档很麻烦，要查看特定的内容，必须双眼盯住屏幕，然后不断滚动鼠标滚轮，或者拖动编辑窗口上的垂直滚动条查阅。用关键字定位或用键盘上的翻页键查找，既不方便，也不精确，有时为了查找文档中的特定内容，会浪费很多时间。Word 2010 的导航窗格会为用户精确"导航"。

打开"导航"窗格的操作步骤如下。

① 单击菜单栏中的"视图"按钮，切换到"视图"功能区。

② 在"显示"功能区中选中"导航窗格"复选框，如图 2-3 所示，即可在 Word 2010 编辑窗口的左侧打开"导航"窗格。

Word 2010 新增的文档导航功能的导航方式有 4 种：文档标题导航、页面导航、关键字(词)导航和特定对象导航，让用户轻松查找、定位到想查阅的段落或特定的对象。如图 2-4 所示。

图 2-3 "导航"窗格的打开

图 2-4 "导航"方式

① 文档标题导航。文档标题导航是最简单的导航方式，使用方法也最简单，打开"导航"窗格后，单击"浏览你的文档中的标题"按钮，将文档导航方式切换到"文档标题导航"，Word 2010 会对文档进行智能分析，并将文档标题在"导航"窗格中列出，只要单击标题，就会定位到相关段落。

② 页面导航。用 Word 编辑文档会自动分页，文档页面导航就是根据 Word 文档的默认分页进行导航的，单击"导航"窗格上的"浏览你的文档中的页面"按钮，将文档导航方式切换到"文档页面导航"，Word 2010 会在"导航"窗格上以缩略图形式列出文档分页，只要单击"分页"缩略图，就可以定位到相关页面查阅。

③ 关键字(词)导航。Word 2010 可以通过关键(词)导航，单击"导航"窗格上的"浏览你当前搜索的结果"按钮，然后在文本框中输入关键(词)，"导航"窗格上就会列出包含关键字(词)的导航链接，单击这些导航链接，就可以快速定位到文档的相关位置。

④ 特定对象导航。一篇完整的文档，往往包含有图形、表格、公式、批注等对象，Word 2010 的导航功能可以快速查找文档中的这些特定对象，单击搜索框右侧放大镜后面的"▼"，选择"查找"栏中的相关选项，就可以快速查找文档中的图形、表格、公式和批注。

(5) 快速访问工具栏

在 Word 2010 左上方有一个浮动的工具栏，被称为快速访问工具栏。快速访问工具栏允许用户将最常使用的命令或按钮添加到此处，同时也是 Word 2010 窗口中唯一允许用户自定义的窗口元素。在 Word 2010 快速访问工具栏中已经集成了多个常用命令，默认情况下并没有显示出来。

① 快速访问工具栏的自定义。打开 Word 2010 窗口，单击快速访问工具栏右侧的下拉三角按钮 ▼，打开"自定义快速访问工具栏"菜单，选中需要显示的命令即可，如图 2-5 所示。操作步骤如下。

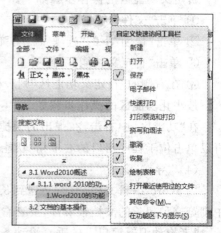

图 2-5 自定义快速访问工具栏

打开 Word 2010 窗口，并打开准备添加的命令或按钮所在的功能区(如"插入"功能区的"图片"按钮)。右击准备放置到快速访问工具栏的命令或按钮，在弹出的快捷菜单中选择"添加到快速访问工具栏"命令。

② 快速访问工具栏的移动。如果不希望快速访问工具栏显示在当前的位置，可以将其移到其他位置。如果发现程序图标旁的默认位置离用户的工作区太远而不方便，可以将其移到

靠近工作区的位置。如果该位置处于功能区下方,则会超出工作区。因此,如果要最大化工作区,可能需要将快速访问工具栏保留在其默认位置。操作步骤如下。

右击工具栏空白处,在弹出的快捷菜单中单击"自定义快速访问工具栏"命令。在列表中,单击"在功能区下方显示"命令或"在功能区上方显示"命令。

2.1.2 文档的基本操作

1. 文档的建立

在 Word 2010 启动后,系统自动创建了一个新空白文档,用户也可以通过 Word 2010 提供的文档模板来创建固定格式的文档,如简历、报告、出版物、书信和传真等。

(1) 空白文档的建立

要编辑一篇文档,首先应新建一篇空白文档。除了每次启动 Word 2010 后,系统将自动新建一篇空白的 Word 文档外,在编辑文档过程中也可随时创建新的空白文档。空白文档的创建,主要有以下三种方法。

方法一:单击"快速访问工具"中的"新建"按钮。

方法二:按 Ctrl+N 键。

方法三:单击"文件"按钮,在展开的菜单中单击
"新建"命令,单击"创建"按钮,如图 2-6 所示。

(2) 使用标准模板建立新文档

Office.com 中的模板网站为许多类型的文档提
供模板,包括简历、求职信、商务计划、名片和 APA
样式的论文。

通过使用模板,用户可以快速获得具有固定文
字和格式的规范文档,也可以根据现有的模板创建
自己的模板,再利用自己创建的模板建立新文档。

图 2-6 通过"文件"按钮创建空白文档

使用现有模板创建新文档的操作步骤如下。

① 单击"文件"选项卡。

② 单击"新建"命令。

在"可用模板"下,执行下列操作之一。

① 单击"样本模板"以选择计算机上的可用模板。

② 单击 Office.com 下的链接之一。

③ 双击所需的模板,如图 2-7 所示。

提示   若要下载 Office.com 下列出的模板,必须已连接到 Internet。

2. 文档的输入

(1) 文本的输入

创建了一个空白的文档后,就可以输入文档内容了。文档编辑区插入点处的"|"状光标,指示当前文本输入的位置,当输入文本时,文字就显示在插入点处,即闪烁光标所在的位置上。

默认输入状态一般是英文输入状态,允许输入英文字符。当要在文档中输入中文时,首先要将输入法切换到中文输入状态,操作步骤如下。

① 单击 Windows 任务栏上的输入法指示器图标,弹出输入法菜单。

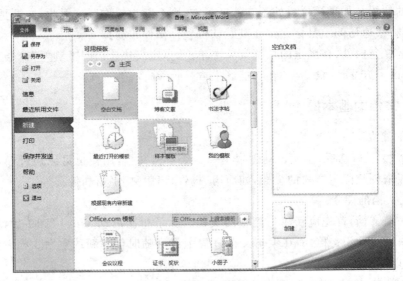

图 2-7　利用模板创建文档

② 在输入法菜单中选择一种习惯的中文输入法。

选择了一种中文输入法后，就可以输入中文了。此后，可以随时使用输入法菜单或按 Ctrl＋ Space 键在中英文状态间切换。默认状态下，中文字符为"宋体五号"，英文字符为"Times New Roman 五号"。

（2）系统日期和时间的插入

插入当前系统日期的操作步骤如下。

单击"插入"选项卡，在功能区中单击"日期与时间"命令，弹出"日期和时间"对话框，如图 2-8 所示。在对话框中设置"可用格式"、"语言（国家/地区）"等选项，单击"确定"按钮。

（3）符号或特殊符号的插入

在文档中，还可以输入罗马数字、数学运算符、各种箭头和小图标等。操作步骤如下。

① 单击"插入"选项卡，在功能区中单击"符号"组中的"符号"按钮，在展开的下拉式列表中选择"其他符号"选项，弹出"符号"对话框，如图 2-9 所示。

图 2-8　"日期和时间"对话框

图 2-9　"符号"对话框

② 单击"符号"选项卡，在"子集"下拉式列表框中选择符号所在的子集，即可快速找到所要的符号。

③ 选定符号，之后单击"插入"按钮。

3．文档的保存

（1）文档的保存

操作步骤如下。

① 单击"文件"按钮，在展开的菜单中单击"保存"命令或单击快速访问工具栏中的"保存"按钮。如果是第一次保存文件，将弹出"另存为"对话框，如图 2-10 所示。

图 2-10　"另存为"对话框

② 在"保存位置"下拉式列表框中选择文件要保存的位置，在"文件名"文本框中输入文件的名字，单击"保存"按钮。

（2）文档副本的保存

操作步骤如下。

单击"文件"按钮，在展开的菜单中单击"另存为"命令，在弹出的"另存为"对话框中的"文件名"输入框中，输入文件的新名称，单击"保存"按钮。

提示　若要将副本保存在其他文件夹中，则单击"保存位置"下拉式列表中的其他驱动器或选择文件夹列表中的其他文件夹，或者先后进行这两种操作。若要将副本保存在新文件夹中，则单击"新建文件夹"命令。

（3）将文档以另一种格式保存

操作步骤如下。

单击"文件"按钮，在展开的菜单中单击"另存为"命令，则弹出"另存为"对话框，在"文件名"文本框中，输入文件的新名称，在"保存类型"下拉式列表中选择保存文件的文件格式，之后单击"保存"按钮。

（4）在工作时文件自动保存

操作步骤如下。

① 单击"工具"下的"保存选项"命令，在弹出"Word 选项"对话框中，单击"保存"选项卡。

② 选中"保存自动恢复信息时间间隔"复选框。

③ 在"分钟"输入框中，输入保存文件的时间间隔。

提示 "自动恢复"不是对文件进行有规律保存的替代方式。如果选择不在打开后保存恢复文件,则该文件将被删除,并且所有未保存的更改将丢失。如果保存了该恢复文件,它将替换原始文件(除非指定了新文件名)。

(5)将文件保存为早期版本

通过以适当格式保存文件,可与使用早期版本 Microsoft Office 的用户共享该文件。例如,可以将 Word 2010 文档(.docx)另存为 97-2003 文档(.doc),以便使用 Microsoft Office Word 2000 的用户可以打开该文档,但不支持将文件保存为 Microsoft Office 95 及更早版本。

4. 文档的打开与关闭

(1)文档的打开

操作步骤如下。

① 在 Word 2010 程序中,单击"文件"按钮,在展开的菜单中单击"打开"命令,则弹出"打开"对话框,如图 2-11 所示。

图 2-11 "打开"对话框

② 在"查找范围"下拉式列表中,选择驱动器、文件夹或包含要打开文件的 Internet 位置。在"文件夹"列表中,找到并打开包含此文件的文件夹。

③ 如果以常规方式打开文档,则直接单击"打开"按钮;若以副本方式打开文档,则单击"打开"按钮旁边的箭头,选择"以副本方式打开"选项;若以只读方式打开文档,则单击"打开"按钮旁的向下箭头,选择"以只读方式打开"选项。

(2)文档的关闭

将正在编辑的文档关闭,通常使用以下三种方法。

方法一:单击"文件"按钮,在展开的菜单中单击"退出"命令。

方法二:按 Alt+F 键。

方法三:单击标题栏中的"关闭"按钮。

5. 文档的编辑

(1)文本的插入与删除

插入文本时,首先将光标定位在要插入的文本处,输入要插入的文本内容。需注意的是,文档的编辑状态为插入状态(在状态栏中目标的编辑状态为"插入")。

删除文本时,首先将光标定位在要删除的文本处,按 Delete 键删除光标后面的字符,按 Backspace 键删除光标前面的字符。也可以将需要删除的文本内容全部选定后,按 Delete 键删除全部选定的文本内容。

(2) 文本的选定

选定一个单词:双击该单词。

选定一行文本:将鼠标指针移动到该行的左侧,直到指针变为指向右边的箭头,然后单击。

选定一个句子:按住 Ctrl 键,然后单击该句中的任何位置。

选定一个段落:将鼠标指针移动到段落的左侧,直到指针变为指向右边的箭头,然后双击,或者在该段落的任意位置三击。

选定多个段落:将鼠标指针移动到段落的左侧,直到指针变为指向右边的箭头,再单击并向上或向下拖动鼠标。

选定一大块文本:单击要选定内容的起始处,然后滚动要选定内容的结尾处,在按住 Shift 键的同时单击鼠标。

选定矩形区域文本:按住 Alt 键,拖动鼠标。

选定整篇文档:将鼠标指针移动到文档中任意正文的左侧,直到指针变为指向右边的箭头,然后三击。

(3) 文本的移动

文本的移动有两种常用方法:一种是利用剪贴板技术;另一种是用鼠标拖动来移动文本。

利用剪贴板技术移动文本,操作步骤如下。

① 选定需要移动的文本。

② 在"开始"选项卡下的"剪贴板"组中,单击"剪切"按钮。

③ 将光标定位到需要插入该段文本的位置。

④ 在"开始"选项卡下的"剪贴板"组中,单击"粘贴"按钮。

小知识　"剪贴板"可以看成是 Word 的临时记录区域,当使用"复制"或"剪切"命令时,被选中的文本将被自动记录到"剪贴板"上,这与 Windows 系统中的"剪贴板"有相似的功能。但是 Word 中"剪贴板"的功能更强大。它最多可以记录 24 项内容,同时还可以进行有选择的"粘贴"操作。

用鼠标拖动快速移动文本,操作步骤如下。

① 选定需要移动的文本。

② 将鼠标指针指向所选取的文本,当鼠标指针变为反向的空心箭头时,按下鼠标左键,此时箭头左方出现一条竖虚线,箭柄处有一个虚方框,然后拖动鼠标,直到竖虚线定位到需要插入所选定文本的位置,此时松开鼠标左键,于是所选定的文本就移动到了这个新位置。

(4) 文本的复制

文本复制有两种常用方法:一种是利用剪贴板技术;另一种是利用鼠标拖动来复制文本。

利用剪贴板技术复制文本,操作步骤如下。

① 选定需要复制的文本。

② 单击"开始"选项卡下的"剪贴板"组中的"复制"按钮,将选定的文本复制到剪贴板中。

③ 将光标定位到需要插入的位置。

④ 单击"开始"选项卡下的"剪贴板"组中的"粘贴"按钮,粘贴剪贴板中的文本。

利用鼠标拖动复制文本,操作步骤如下。

① 选定需要复制的文本。

② 将鼠标指针指向所选取的文本,当鼠标指针变为反向的空心箭头时,按住 Ctrl 键不放,并按下鼠标左键,此时箭头左方出现一条竖虚线,箭柄处有一个虚方框,虚方框上有一个加号"＋",然后仍按住 Ctrl 键,并拖动鼠标,直到竖虚线定位到需要插入所选定文本的位置,此时松开鼠标左键,于是所选定的文本就复制到了这个新位置。

提示　　"选择性粘贴"功能可以帮助用户在 Word 2010 文档中有选择地粘贴剪贴板中的内容。在"开始"选项卡的"剪贴板"组中,选择"粘贴"按钮下方的下拉三角按钮,并单击下拉菜单中的"选择性粘贴"命令,在打开的"选择性粘贴"对话框中选中"粘贴"单选框,然后在"形式"列表中选中一种粘贴格式,如选中"图片(Windows 图元文件)"选项,并单击"确定"按钮。

(5) 撤销、重复和恢复操作

在编辑 Word 2010 文档时,如果所做的操作不合适,需要返回到当前结果前面的状态,则可以通过"撤销键入"或"恢复键入"功能实现;如果想重复同一步骤,则可以通过"重复键入"功能实现。

① 撤销操作。"撤销键入"功能可以按照从后到前的顺序撤销若干步骤,但不能有选择地撤销不连续的操作。一种方法是按下 Alt＋Backspace 键执行撤销操作;另一种方法是单击"快速访问工具栏"中的"撤销键入"按钮　,单击按钮旁边的向下箭头。

② 恢复操作。执行撤销操作后,还可以将 Word 2010 文档恢复到最新编辑的状态。一种方法是按下 Ctrl＋Y 键执行恢复操作,另一种方法是单击"快速访问工具栏"中已经变成可用状态的"恢复键入"按钮　。

③ 重复操作。"重复键入"功能可以在文档中重复执行最后的编辑操作,如重复输入文本、设置格式或重复插入图片、符号等。一种方法是按下 Ctrl＋Y 键执行重复操作,另一种方法是单击"快速访问工具栏"中的"重复键入"按钮　。

(6) 查找和替换

"查找和替换"功能可以定位到文档中指定的文本,并替换成其他文本。在整个文档范围进行这种操作,可以使文档修改工作十分迅速和有效。

查找文本。选中要查找的文本,单击"开始"选项卡,在"编辑"组中单击"查找"按钮,文档中的该文本全部呈反显状态。

Word 2010 还具有"高级查找"功能,操作步骤如下。

① 单击"开始"选项卡,在"编辑"组中单击"查找"按钮下的"高级查找"按钮,弹出"查找和替换"对话框。

② 在"查找和替换"对话框中的"查找内容"下拉式列表内键入要查找的文本,如输入"智慧",如图 2-12 所示。

图 2-12　"查找和替换"对话框

③ 单击"查找下一处"按钮。Word 2010 开始查找,此时对话框并不消失,光标定位到查找的内容并呈反显状态。如果再次单击"查找下一处"按钮,则符合查找条件的下一个内容呈反显状态。如果要结束查找操作,可单击"取消"按钮。如果找不到查找内容,系统将显示相关的提示信息。

提示　如果要一次选中指定单词或词组的所有实例,选中"阅读突出显示"按钮,则文档中的该文市全部呈反显状态,按 Esc 键可取消正在执行的搜索。

查找并替换文本。要替换文本,操作步骤如下。

① 选中要查找的文本,单击"开始"选项卡,在"编辑"组中,单击"替换"按钮。

② 在"查找内容"下拉式列表内输入要查找的文本。

③ 在"替换为"下拉式列表内输入替换的文本。

④ 单击"查找下一处"按钮,Word 2010 将从当前光标处开始向下查找,查找到输入的查找内容后,定位并呈反显状态。

⑤ 如果需要替换,单击"替换"按钮,完成替换;如果不想替换,单击"查找下一处"按钮,将继续查找下一处;如果需要全部替换,单击"全部替换"按钮。

⑥ 按 Esc 键可取消正在执行的查找。

格式的替换。可以将选定文本的当前格式替换为其他格式,例如,字体、段落、制表位、样式等。操作步骤如下。

① 单击"开始"选项卡,在"编辑"组中,单击"替换"按钮。

② 将光标定位在"查找内容"下拉式列表中。

③ 单击"更多"按钮,展开"搜索选项"。

④ 单击"格式"按钮,弹出下拉式列表,"查找和替换"对话框如图 2-13 所示。

⑤ 单击"字体"命令,弹出"查找字体"对话框,如图 2-14 所示。

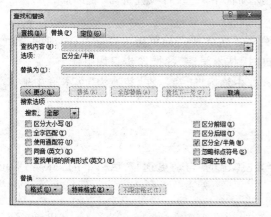

图 2-13　"替换"选项高级设置的格式菜单

图 2-14　"查找字体"对话框

⑥ 在"中文字体"列表框中单击"宋体",单击"确定"按钮。

⑦ 将插入点定位到"替换为"下拉式列表框中。

⑧ 重复步骤④和⑤,在"中文字体"列表框中单击"楷体",再单击"确定"按钮。

⑨ 根据所需,单击"查找下一处"、"替换"或者"全部替换"按钮。

（7）自动更正

在 Word 2010 中,可以使用"自动更正"功能将词组、字符等文本或图形替换成特定的词组、字符或图形,从而提高输入和拼写的检查效率。用户也可以根据实际需要设置自动更正选项,以便更好地使用自动更正功能。例如,输入"teh"后按空格键,"自动更正"会将输入的内容替换为"the"。如果输入"This is theh ouse"后按空格键,"自动更正"会将输入的内容替换为"This is the house"。也可使用"自动更正",插入在内置的"自动更正"词条中列出的符号。例如,用户输入"(c)",可插入符号 ℂ。

"自动更正"选项的打开或关闭,操作步骤如下。

① 单击"文件"按钮,在展开的菜单中单击"选项"命令,在打开的"Word 选项"对话框中切换到"校对"选项卡,然后单击"自动更正选项"按钮,弹出"自动更正"对话框,如图 2-15 所示。

② 在"自动更正"对话框中,单击"自动更正"选项卡,选中"键入时自动替换"复选框。

③ 单击"确定"按钮。

提示 在"自动更正"对话框中,可以根据自己的需要,选择下列"自动更正"选项。

① 若要显示或隐藏"自动更正选项"按钮,选中或清空"显示'自动更正选项'按钮"。

② 若要设置与大小写更正有关的选项,选中或清空对话框中的后五个复选框。

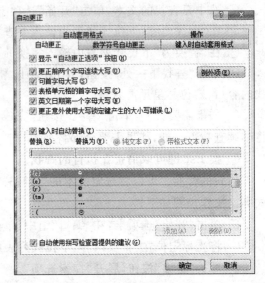

图 2-15　"自动更正"对话框

"拼写检查"的打开或关闭,操作步骤如下。

① 在"自动更正"对话框中,选中或清空"隐藏拼写错误"复选框;如果要选中此复选框,还必须选中"键入时检查拼写"复选框。

② 单击"确定"按钮。

"自动更正"词条的添加。如果内置词条列表不包含所需的更正内容,可以添加词条。

例如:当输入"上海"而自动替换为"上海应用技术学院"的操作步骤如下。

① 在"自动更正"对话框中,在"替换"文本框中输入"上海",在"替换为"文本框中输入"上海应用技术学院",单击"添加"按钮。

② 单击"确定"按钮。

"自动更正"词条的删除,操作步骤如下。

① 单击"工具"下的"自动更正选项"命令,在弹出的"自动更正"对话框中的"替换"下拉式列表中,选择要删除的词条,单击"删除"按钮。

② 单击"确定"按钮。

（8）自动图文集

小知识 自动图文集,即存储要使用的文字或图形的位置,如存储标准合同条款或较长的通信组列表。每个所选的文字或图形录制为一个"自动图文集"词条,并为其指定唯一的名称。

自动图文集词条的插入。词条被分成若干类别,检查"常规"类别,以查看所创建的词条。

插入自动图文集词条的操作步骤如下。

① 单击"插入"选项卡,之后单击"文本"功能组,选择"文档部件",从下拉菜单中选择"自动图文集"选项。

② 单击所需的自动图文集词条名称。例如,输入"Dear"按 F3 键,即出现"Dear sir or Madam:"。自动图文集词条的创建,操作步骤如下。

① 选择所需要的文本或图片,切换到"插入"选项卡。

② 在"文本"功能组中选择"文档部件"选项,从下拉菜单中选择"自动图文集"选项,选择"将所选内容自动保存到自动图文集库"按钮。

③ 在弹出的"新建构建基块"对话框中,输入相应的名称。

④ 单击"确定"按钮。

提示　用快捷键插入自动图文集词条。首先,启用记忆式输入功能。在文档中输入自动图文集词条名称的前四个字符。当 Word 2010 提示完整的自动图文集词条时,按下 Enter 或 F3 键可接受该词条。如果自动图文集词条包含没有文本的图形,按 F3 键可接受该词条。如果要拒绝该自动图文集词条,继续输入。

自动图文集的案例制作。将"上海应用技术学院"校徽图标创建为自动图文集,操作步骤如下。

① 选中"上海应用技术学院"校徽图片,切换到"插入"选项卡。

② 在"文本"功能组中选择"文档部件"选项,从下拉菜单中选择"自动图文集"选项,选择"将所选内容自动保存到自动图文集库"按钮。

③ 在弹出的"新建构建基块"对话框中,输入词条名称"上海应用技术学院校徽",如图 2-16 所示。

④ 单击"确定"按钮。

自动图文集词条的删除,操作步骤如下。

① 在"文本"功能组中选择"文档部件"选项,从下拉菜单中选择"自动图文集"选项,选择"构建基块管理器"选项。

图 2-16　创建自动图文集案例

② 在弹出的"构建基块管理器"对话框中,单击要删除的自动图文集词条名称。

③ 单击"删除"按钮。

(9) 校对或修订文本

拼写和语法检查。在 Word 2010 文档中,经常会看到在某些单词或短语的下方标有红色、蓝色或绿色的波浪线,这是由 Word 2010 中提供的"拼写和语法"检查工具,根据 Word 2010 的内置字典标示出的含有拼写或语法错误的单词或短语。其中,红色或蓝色波浪线表示单词或短语含有拼写错误,而绿色下画线表示语法错误(当然这种错标识仅仅是一种修改建议)。

要在键入时自动检查拼写和语法错误,操作步骤如下。

① 切换到"审阅"功能区,在"校对"组中单击"拼写和语法"按钮,打开"拼写和语法"对话框。

② 选中"检查语法"复选框。

③ 单击"确定"按钮。

可以集中检查拼写和语法错误。如果希望在完成编辑后再进行文档校对,操作步骤如下。

① 切换到"审阅"功能区,在"校对"组中单击"拼写和语法"按钮,弹出"拼写和语法"对话框,按 F7 键也可弹出此对话框。

② 选中"检查语法"复选框。在"输入错误或特殊用法"文本框中,将以红色、绿色或蓝色字体标识出存在拼写或语法错误的单词或短语。如果确实存在错误,在"输入错误或特殊用法"文本框中进行更改,并单击"更改"按钮。如果标识出的单词或短语没有错误,可以单击按"忽略一次"或"全部忽略"按钮忽略关于此单词或词组的修改建议。可以单击"词典"按钮,将标示出的单词或词组加入 Word 2010 内置的词典中,单击"忽略一次"按钮。

③ 完成拼写和语法检查,在"拼写和语法"对话框中单击"关闭"或"取消"按钮。

自动拼写和语法检查功能的关闭,操作步骤如下。

① 切换到"审阅"功能区。在"校对"组中单击"拼写和语法"按钮,弹出"拼写和语法"对话框。

② 选中"检查语法"复选框。

③ 执行下列一项或两项操作。

方法一:要关闭自动拼写检查功能。清空"键入时检查拼写"复选框选项。

方法二:要关闭自动语法检查功能,清空"键入时检查语法"复选框选项。

6. 文档显示

(1) 视图

文档文窗口中不同的显示方式,称为视图。在编辑过程中,常常因不同的编辑目的而突出文档中的部分内容,以便有效地对文档进行编辑。

(2) 视图的分类

Word 2010 中提供了多种视图模式供用户选择。这些视图模式包括"页面视图"、"阅读版式视图"、"Web 版式视图"、"大纲视图"和"草稿视图"。

① "页面视图"就是以页面显示文档,从而使文档看上去就像是在纸上一样,可以查看到整个文档的版面设计效果,几乎与打印输出没有区别,可以起到预览文档的作用。在页面视图可以看到包括正文及正文区之外版面上的所有内容。

② "阅读版式视图"以图书的分栏样式显示 Word 2010 文档,"文件"按钮、功能区等窗口元素被隐藏起来。在阅读版式视图中,用户还可以单击"工具"按钮选择各种阅读工具。

③ "Web 版式视图"以网页的形式显示 Word 2010 文档,Web 版式视图适用于发送电子邮件和创建网页。

④ "大纲视图"主要用于设置 Word 2010 文档的标题和显示标题的层级结构,并可以方便地折叠和展开各种层级的文档。大纲视图广泛用于 Word 2010 长文档的快速浏览和设置中,如图 2-17 所示。

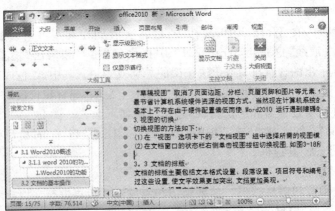

图 2-17　"大纲视图"显示方式

⑤ "草稿视图"取消了页面边距、分栏、页眉页脚和图片等元素,仅显示标题和正文,是最节省计算机系统硬件资源的视图方式。当然现在计算机系统的硬件配置都比较高,基本上不存在由于硬件配置偏低而使 Word 2010 运行遇到障碍的问题。

(3) 视图的切换

切换视图的方法如下。

① 在"视图"选项卡下的"文档视图"组中,选择所需的视图模式。

② 在文档窗口的状态栏右侧,单击"视图"按钮切换视图,如图 2-18 所示。

图 2-18　视图按钮

2.1.3　文档的排版

文档的排版主要包括设置文本格式、段落的格式化、边框和底纹的设置项目符号和编号的设置、使用样式等。通过这些设置,可使文字效果更加突出、文档更加美观。

1. 设置文本格式

一个文档中的文字可由多种字体组成,字体通常又有字形、字号及修饰作用的成分(如下画线、字符边框等)所构成。

(1) 利用"字体"对话框设置

利用"字体"对话框设置字体格式,操作步骤如下。

① 选定文本。

② 单击"开始"选项卡下"字体"组中的下三角按钮,弹出"字体"对话框,如图 2-19 所示。

③ 通过对"字体"显示在对话框中的各选项的配置,可以指定显示文本的方式。设置效果会显示在"预览"框中。

④ 在"字体"选项卡下,可以对已选定的文本设置中文字体、西文字体、字形、字号、下画线及下画线线型、下画线颜色、字符颜色、着重号,还可以为选定的文本设置显示效果,如删除线、空心、阴影等。

⑤ 在"高级"选项卡下的"字符间距"区和"OpenType 功能"区中进行相应的设置,如图 2-20 所示。

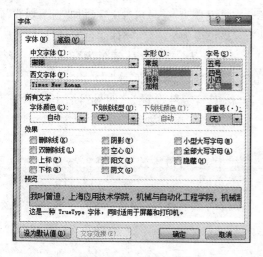

图 2-19　"字体"对话框

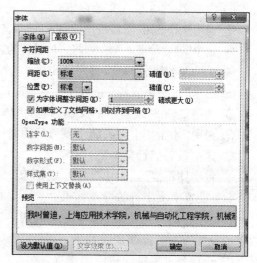

图 2-20　"字体"的"高级"选项卡

⑥ 单击"文字效果"按钮,弹出"设置文本效果格式"对话框,如图2-21所示。可以进行文字填充、文本边框、轮廓样式阴影等设置。

提示　"字体"对话框,也可通过右键快捷菜单中的"字体"选项弹出。

(2) 利用快速工具栏设置

利用"开始"选项卡下"字体"组工具栏,也可以设置字体格式,如图2-22所示。

图2-21　"设置文本效果格式"对话框

图2-22　"字体组"快速工具栏

(3) 利用"格式刷"按钮设置

利用"开始"选项卡下的"剪贴板"组下的"格式刷"按钮,可以快速将指定段落或文本的格式沿用到其他段落或文本上,以避免重复操作,提高排版效率。操作步骤如下。

① 选择设置好格式的文本。

② 在功能区的"开始"选项卡下的"剪贴板"组中,单击"格式刷"按钮,这时指针变为画笔图标。

③ 将鼠标移至要改变格式的文本的开始位置,拖动鼠标完成设置。

提示　单击"格式刷"按钮,使用一次后,按钮将自动弹起,不能继续使用;如要连续多次使用,可双击"格式刷"按钮。如要停止使用,可按键盘上的Esc键,或再次单击"格式刷"按钮。

下面将对"杂志封面"案例进行格式设置。操作步骤如下。

① 参照图2-23输入文档内容。

② 选中文档的第一行,将字体设置为"华文宋体",字号设置为"三号",对文字添加"粗下划线"。

③ 选中"读者珍藏本"文本,将字体设置为"黑体",字号设置为"二号",字体颜色设为"黄色"。

④ 选中"卷首语精品",将字体设置为"隶书",字号设置为"72",字体颜色为"红色"。

⑤ 选中"张绍民曾辉/主编",将字体设置为"仿宋",字号设置为"四号"。

⑥ 选中如图2-24所示的文档内容,字体设置为"仿宋",字号设置为"四号",居中显示。

⑦ 选中"才能从中得到滴水藏海的力量……"文本,添加"单下划线"。

⑧ 选中最后三行文本。

⑨ 将字体设置为"宋体",字号设置为"小四号",居中显示,最终效果如图2-25所示。

(4) 设置中文字符的特殊效果

中文字符的特殊效果主要包括:带圈字符和拼音指南。下面以"拼音指南"为例介绍特殊效果的设置方法。操作步骤如下。

① 选择要设置拼音指南的文本。

② 单击"开始"选项卡"字体"组中的"拼音指南"按钮,弹出"拼音指南"对话框,如图2-26所示。

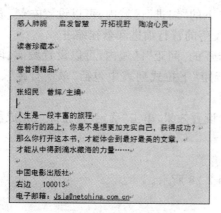

图 2-23 "杂志封面"文档内容

图 2-24 "封面"案例文档的内容被选中

图 2-25 "杂志封面"案例

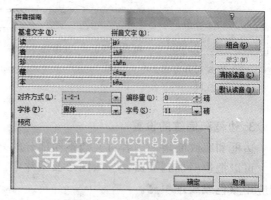

图 2-26 "拼音指南"对话框

③ 在"拼音指南"对话框中的基准文字和拼音文字自动出现,如果拼音有误可以修改。

④ 通过"对齐方式"、"偏移量"、"字体"以及"字号"下拉式列表中的选项,进行相应的设置。

⑤ 单击"确定"按钮。

2. 段落的格式化

设置段落格式主要包括三个方面:一是段落的对齐方式;二是段落的缩进设置;三是段落的间距设置。可以用"段落"对话框设置,也可用"段落"组的快速工具栏设置。

(1)利用"段落"对话框设置段落格式

操作步骤如下。

① 选定内容,单击"开始"选项卡下的"段落"组中的下三角按钮,弹出"段落"对话框,如图 2-27 所示。

② 对齐方式设置。在"缩进和间距"选项卡下的

图 2-27 "段落"对话框

"常规"区域内可以进行"对齐方式"和"大纲级别"的设置。

③ 段落的缩进设置。在"缩进和间距"选项卡下的"缩进"区域内,可以设置左侧、右侧缩进的字符数及特殊格式设置。特殊格式设置包括段落的首行缩进和悬挂缩进。

④ 段落的间距设置。在"缩进和间距"选项卡下的"间距"区域内,可以设置段前、段后间距及行距。行距设置文本行之间的垂直间距。"行距"下拉式列表中包括"单倍行距"、"最小值"、"固定值"等选项,根据需要选择相应行距类型。

⑤ 预览。设置完毕后,在"预览"框中可以查看设置效果,单击"确定"按钮即可完成段落的设置。

(2)利用格式工具栏设置段落格式

使用格式对齐方式工具栏设置段落格式,如图 2-28 所示。

(3)利用标尺设置段落格式

用文档窗口中的水平标尺上的段落缩进标记,可以设置段落左缩进、右缩进、首行缩进、悬挂缩进等,方法简单,但不够精确。标尺显示如图 2-29 所示。

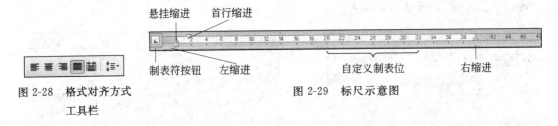

图 2-28　格式对齐方式
　　　　　工具栏

图 2-29　标尺示意图

3. 边框和底纹的设置

边框和底纹能增加读者对文档不同部分的兴趣、注意程度,还可以提高文档的美观度。

可以把边框加到页面、文本、图形及图片中。可以为段落和文本添加底纹,可以为图形对象应用颜色或纹理填充。

方法一:单击"开始"选项卡下的"段落"组中的"边框和底纹"按钮,弹出"边框和底纹"对话框,如图 2-30 所示。

方法二:单击"边框和底纹"右侧的下三角按钮,弹出如图 2-31 所示的下拉式列表。单击其中的"边框和底纹"选项,可弹出相应的对话框。该对话框中有"边框"、"页面边框"、"底纹"

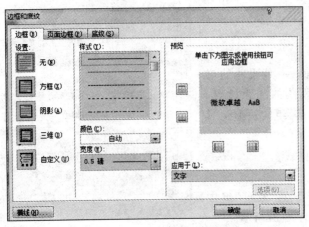

图 2-30　"边框和底纹"对话框

图 2-31　"段落组"的边框和底纹

三个选项卡。

（1）边框的设置

操作步骤如下。

① 选定文本内容，在"边框和底纹"对话框中选择"边框"选项卡。

② 在"设置"区选择所需的边框样式，如方框等。

③ 在"样式"列表中选择线型，在"颜色"下拉式列表中定义边框颜色，在"宽度"下拉式列表中定义边框宽度。

④ 在"应用于"下拉式列表中，选定"段落"或"文字"选项。

⑤ 此时预览区会显示边框的预览效果。

⑥ 单击"确定"按钮，即可完成边框设置。

应用于段落的双线型边框添加边框效果对比图，如图 2-32 所示。

应用于行的双线型边框添加边框效果对比图，如图 2-33 所示。

图 2-32　应用于段落的文字边框　　　　图 2-33　应用于文字的文字边框

 提示　　如果要对选定的段落附加简单的边框（框线宽度为 0.5 磅）和底纹（15％灰色），可以在选定段落后，单击"字体"组下的"字符边框"和"字符底纹"按钮，即可完成。

（2）页面边框的设置

在 Word 2010 中，不仅可以对文字添加边框，还可以对整个页面添加边框。操作步骤如下。

① 在"边框和底纹"对话框中，单击"页面边框"选项卡，如图 2-34 所示。

② 利用与边框设置相同的方法，设置页面边框的边框样式、线型、颜色和宽度。

③ 在"艺术型"下拉式列表中选择艺术型边框。

④ 在"应用于"下拉式列表中选择"整篇文档"或"本节"等选项。

⑤ 单击"确定"按钮，效果如图 2-35 所示。

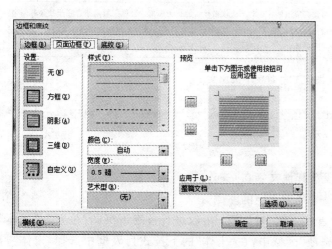

图 2-34　"页面边框"选项卡

图 2-35　带页面边框的"自传"案例

（3）底纹的设置

操作步骤如下。

① 在"边框和底纹"对话框中，单击"底纹"选项卡，如图 2-36 所示。

② 在"填充"区设置底纹颜色，在"图案"区的"样式"下拉式列表中设置图案样式；在"应用于"下拉式列表，选择"文字"或"段落"选项。

③ 单击"确定"按钮完成。

应用于段落添加底纹效果对比图，如图 2-37 所示。

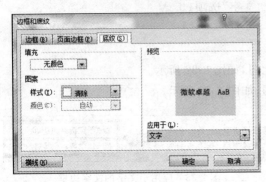

图 2-36　"底纹"选项卡

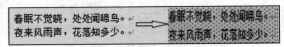

图 2-37　应用于文字的底纹图

（4）边框和底纹的清除

在"边框和底纹"对话框中，在"边框"和"页面边框"选项卡下的"设置"区中单击"无"按钮，之后单击"确定"按钮，即可完成文本边框及页面边框的清除操作。

在"底纹"选项卡中，选择"填充"下拉式列表中的"无颜色"清除选项可清除颜色填充，选择"图案"下拉式列表中的"清除"选项可清除图案填充，之后单击"确定"按钮完成。

（5）首字下沉效果的设置

首字下沉有两种效果："下沉"和"悬挂"。其中：使用"下沉"效果时首字下沉后将和段落其他文字在一起；使用"悬挂"效果时，首字下沉后将悬挂在段落其他文字的左侧。图 2-38 为设置首字下沉效果的案例，操作步骤如下。

　　道德是人们为了我们群体的利益而约定俗成的我们应该做什么和不应该做什么的行为规范。公德一般是指存在于社会群体中间的道德，是生活于社会中的人们为了我们群体的利益而约定俗成的我们应该做什么我们应该做什么和不应该做什么的行为规范。私德是指存在于小于社会大众的小群体或个人中间的道德。

图 2-38　首字下沉原文

① 把光标放在要设置首字下沉的段落上，单击"插入"选项卡，在"文本"组中单击"首字下沉"按钮，弹出下拉菜单，如图 2-39 所示。

"无"：取消段落的首字下沉。

"下沉"：首字下沉后首字将和段落其他文字在一起。

"悬挂"：首字下沉后将悬挂在段落其他文字的左侧。

② 单击"首字下沉选项"，弹出"首字下沉"对话框，可以进行首字下沉的"位置"、"字体"、"下沉行数"、"距正文"等设置。在"选项"区域中，在"宋体"的下拉式列表框中选择"宋体"，在"下沉行数"下拉式列表框中设置下沉行数为"3"，"距正文"为"0 厘米"，如图 2-40 所示。

图 2-39 "首字下沉"下拉菜单

图 2-40 "首字下沉"对话框

③ 单击"确定"按钮。设置后的效果如图 2-41 所示。

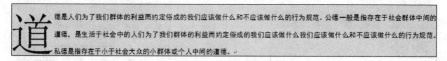

图 2-41 首字下沉效果图

（6）中文版式的设置

中文版式主要包括：纵横混排、合并字符、双行合一和字符缩放。下面我们以"合并字符"为例介绍。操作步骤如下。

① 选择要进行合并的文本（至多 6 个字符）。

② 在"开始"选项卡下的"段落"组中单击"中文版式"按钮，弹出如图 2-42 所示的下拉菜单。

③ 单击"合并字符"选项，弹出"合并字符"对话框，如图 2-43 所示。

④ 在"文字"文本框中显示已选择的文本，如"电子信箱"。用户可以根据需要对文本进行修改。

图 2-42 "中文版式"下拉菜单

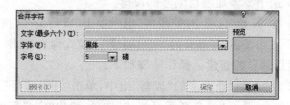

图 2-43 "合并字符"对话框

⑤ 通过"字体"、"字号"下拉式列表进行相应的设置。

⑥ 单击"确定"按钮。

4. 项目符号和编号的设置

在 Word 2010 文档中，适当采用项目符号和编号可使文档内容层次分明，重点突出。创建项目符号和编号，可以在输入文档时自动创建，也可以先输入文档内容，再为其添加项目符号和编号。

（1）项目符号

在 Word 2010 中内置有多种项目符号，用户可以在 Word 2010 中选择合适的项目符号，也可以根据实际需要定义新的项目符号。

项目符号的添加,操作步骤如下。

① 选中要添加项目符号的段落。

② 在"开始"选项卡的"段落"组中,单击"项目符号"按钮,完成添加操作。也可以单击"项目符号"下三角按钮,在展开的"项目符号"下拉式列表(见图2-44)中选择所需的项目符号样式。

项目符号的新建。如果已有的项目符号不能满足需求时,用户可新建项目符号。操作步骤如下。

① 在"开始"选项卡的"段落"组中单击"项目符号"下三角按钮。在展开的"项目符号"下拉式列表中,选择"定义新项目符号"选项,弹出"定义新项目符号"对话框,如图2-45所示。

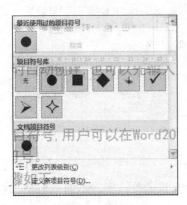

图2-44 "定义新项目符号"按钮

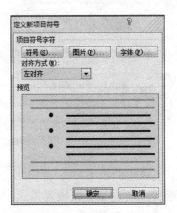

图2-45 "定义新项目符号"对话框

② 可以通过单击"符号"、"图片"和"字体"按钮,创建新的项目符号。

③ 单击"确定"按钮。

(2) 项目编号

项目编号的添加。操作步骤如下。

① 选中要添加项目编号的段落。

② 在"开始"选项卡的"段落"组中单击"项目编号"按钮,完成添加操作。也可以单击"项目编号"下三角按钮,在展开的"项目编号"下拉式列表(见图2-46)中选择所需的项目编号样式。

项目编号的新建。操作步骤如下。

① 在"开始"选项卡的"段落"组中,单击"项目编号"下三角按钮。在展开的"项目编号"下拉式列表中,选择"定义新编号格式"选项,弹出"定义新编号格式"对话框,如图2-47所示。

② 可以通过设置"编号样式"、"编号格式"、"对齐方式"和"字体",创建新的项目编号。

③ 单击"确定"按钮。

多级列表的添加。多级列表是指 Word 文档中项目编号列表的嵌套,以实现层次效果。操作步骤如下。

① 选中要添加多级列表的段落。

② 在"开始"选项卡的"段落"组中单击"多级列表"按钮,在展开的"多级列表"下拉式列表中选择所需的多级列表样式。

5. 使用样式

样式是多个格式排版命令的集合。使用样式,可以通过一次操作完成多种格式的设置,从而简化排版操作,节省排版时间。

（1）样式的使用

操作步骤如下。

① 选定要设置样式的文本。

② 单击"开始"选项卡下的"样式"组中的"样式"按钮 。也可以单击"样式"组的展开按钮，在弹出的"样式"下拉式列表中选择更多的样式，如图 2-48 所示。

 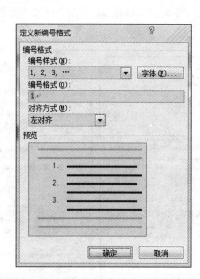 

图 2-46　"编号"组的下拉式列表　　图 2-47　"定义新编号格式"对话框　　图 2-48　"样式"下拉式列表

（2）样式的创建

将常用的文字格式定义为样式，以方便使用，可以采用"新建样式"方法。操作步骤如下。

① 在"样式"下拉式列表中单击"新建样式"按钮，弹出"根据格式设置创建新样式"对话框，如图 2-49 所示。

② 在属性区域的"名称"文本框中，输入新定义的样式名称，通过"样式类型"、"样式基准"和"后续段落样式"下拉式列表进行相应的设置。例如，在"名称"文本框中输入"目录标题 2"，在"样式类型"下拉式列表框中选择"段落"。在"样式基准"下拉式列表中选择"标题 2"，在"后续段落样式"下拉式列表中选择"目录标题 2"。

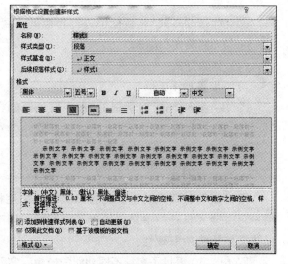

图 2-49　"根据格式设置创建新样式"对话框

③ 在格式区域中的"字体"、"字号"、"字体颜色"等下拉式列表中进行相应的格式设置。例如，设置字体为"黑体"，字号为"三号"，选择

字体"加粗",字体颜色为"自动",如图 2-50 所示。

④ 可以单击"格式"按钮进行更多格式的设置。也可以通过选择"添加到快速样式列表"复选框,将创建的样式添加到快速样式列表中。

⑤ 单击"确定"按钮。

(3) 样式的修改

在编辑文档时,已有的样式不一定能完全满足要求,需要在原有的样式基础上进行修改,使其符合要求。操作步骤如下。

① 单击"开始"选项卡下"样式"组的展开按钮,在弹出的"样式"下拉式列表中单击"管理样式"按钮 ,弹出"管理样式"对话框,单击其中的"修改"按钮,弹出"修改样式"对话框,如图 2-51 所示。

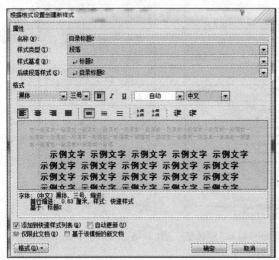
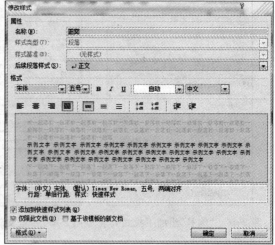

图 2-50　新建样式案例　　　　　　　　图 2-51　"修改样式"对话框

② 在"修改样式"对话框中进行相应的设置,设置方法可参照"样式的创建"。

③ 单击"确定"按钮。

(4) 删除样式

操作步骤如下。

① 在"管理样式"对话框的"选择要编辑的样式"列表中,选中要删除的样式。

② 单击"删除"按钮,弹出确认是否删除的对话框。

③ 单击"是"按钮,完成删除操作。

6. 模板的使用

模板是一种预先设置好的特殊文档。使用模板创建文档时,由于模板内的格式都已确定,用户只需输入自己的信息就可以了。因此,使用模板不仅可以节省格式化编排的时间,还能够保持文档格式的一致性。

Word 2010 提供了多种不同功能的模板。实际上,前面创建的空白文档,也是 Word 2010 提供的一种称为"普通(Normal)"的模板。与其他模板不同的是,在这个模板中未预先定义任何格式。

(1) 模板的新建

在 Word 2010 中创建模板,可以根据原有模板创建新模板,也可以根据原有文档创建模板。

新建模板的操作步骤如下。

① 打开 Word 2010 文档窗口,在当前文档中设计自定义模板所需要的元素,如文本、图片、样式等。

② 完成模板的设计后,在"快速访问工具栏"中单击"保存"按钮。在打开的"另存为"对话框中,在"保存位置"中选择 C:\Documents and setting\Administrator\Application Data\Microsoft\Templates 文件夹。

③ 单击"保存类型"下三角按钮,并在下拉式列表中选择"Word 模板"选项。

④ 在"文件名"文本框中输入模板名称。

⑤ 单击"保存"按钮。

（2）模板的修改

模板创建完成后,可以随时对其中的设置内容进行修改。修改模板的操作步骤如下。

① 单击"文件"选项卡的"打开"命令,然后找到并打开要修改的模板。如果"打开"对话框中没有列出任何模板,单击"文件类型"下拉式列表中"Word 模板"选项。

② 更改模板中的文本和图形、样式、格式等设置。

③ 单击"快速访问"工具栏中的"保存"按钮。

7. 页面设置和打印

为了打印一份令人赏心悦目的文档,必须在打印前进行页面设置,以使文档的布局更加合理,同时为了突出文档的特征,有必要进行页眉和页脚的插入,而且在打印前要充分利用打印设置和打印预览等功能。

（1）分栏排版

所谓分栏,就是将 Word 2010 文档的全部页面或选中的内容设置为多栏。Word 2010 提供多种分栏方法。分栏的创建操作步骤如下。

① 选中需要设置分栏的内容,如果不选中特定文本,则为整篇文档或当前节设置分栏。

② 在"页面布局"选项卡的"页面设置"组中单击"分栏"按钮,在展开的"分栏"下拉式列表（见图 2-52）中选择所需的分栏类型,如一栏、两栏等。

图 2-53 所示的是文档利用"分栏"按钮建立两栏的效果图。

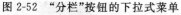

图 2-52 "分栏"按钮的下拉式菜单

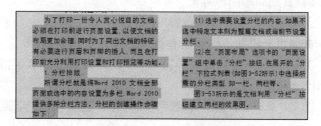

图 2-53 两栏效果图

（2）分隔符的设置

分页符、分节符、换行符和分栏符,统称为分隔符。分隔符与制表符、大纲符号、段落标记等,称为编辑标记。分页符始终在普通视图和页面视图中显示。若看不到编辑标记,单击"常用"工具栏中的"显示/隐藏编辑标记"按钮。

分页符的插入,操作步骤如下。

① 单击要开始新页的位置。

② 在"插入"选项卡下的"页"组中,单击"分页"按钮。将光标移至要删除的分页符前,按 Delete 键。

分节符,可以将文档分为若干节,对每一节分别进行页面格式设置。

分节符的插入,操作步骤如下。

① 将光标放在要分页的位置,确定插入点位置。

② 在"页面布局"选项卡下的"页面设置"组中,单击"分页符"按钮,弹出下拉式列表,如图 2-54 所示。

③ 单击要使用的分节符类型。

选中"下一页",插入一个分节符,并在下一页上开始新节。

选中"连续",插入一个分节符,新节从同一页开始。

选中"奇数页",插入一个分节符,新节从奇数页开始。

选中"偶数页",插入一个分节符,新节从偶数页开始。

分节符的删除,操作步骤如下。

① 单击"草稿"视图,以便可以看到双虚线分节符。

② 选择要删除的分节符。

③ 按 Delete 键。

（3）页眉和页脚

图 2-54   "分页符"按钮下拉式列表

页眉和页脚分别位于文档页面的顶部和底部。在页眉和页脚中,可以插入页码、日期、图片、文档标题和文件名,也可以输入其他信息。双击已有的页眉和页脚,可激活页眉和页脚。

添加页眉和页脚的操作步骤如下。

① 单击"插入"选项卡,在"页眉和页脚"组中单击"页眉"或"页脚"按钮。

② 在打开的"页眉"或"页脚"下拉式列表中,单击"编辑页眉"或"编辑页脚"按钮,自动进入"页眉"或"页脚"编辑区域,系统自动切换到了"页眉和页脚工具"下的"设计"选项卡(见图 2-55)。

③ 在"页眉"或"页脚"编辑区域内输入文本内容,还可以在打开的"设计"选项卡中选择插入页码、日期和时间等对象。

④ 单击"关闭页眉和页脚"按钮。

奇偶页上添加不同页眉和页脚的操作步骤如下。

① 双击页眉区域或页脚区域(靠近页面顶部或页面底部),打开"页眉和页脚工具"下的"设计"选项卡。

② 在"页眉和页脚工具"选项卡的"选项"组中,选中"奇偶页不同"复选框,如图 2-56 所示。

图 2-55   "页眉和页脚工具"选项工作组

图 2-56   设计不同的页面和页脚复选框

③ 在其中一个奇数页上,添加要在奇数页上显示的页眉、页脚或页码编号。

④ 在其中一个偶数页上,添加要在偶数页上显示的页眉、页脚或页码编号。

删除页眉和页脚的操作步骤如下。

① 双击页眉、页脚或页码。

② 选择页眉、页脚或页码。

③ 按 Delete 键。

④ 对具有不同页眉、页脚或页码的每个分区,重复步骤①～③。

（4）页面设置

页面设置主要包括页面大小、页边距、边框效果以及页眉版式等。合理地设置页面,将使整个文档的编排清晰、美观。

页边距的设置。页边距是页面四周的空白区,默认页边距符合标准文档的要求。通常插入的文字和图形在页边距内,某些项目可以伸出页边距。

调整文档页边距的操作步骤如下。

① 打开文档,单击“页面布局”选项卡下的“页面设置”组中的“页边距”下三角按钮,在展开的下拉式列表中,选择一种页边距样式,也可以单击“自定义页边距”选项,弹出“页面设置”对话框,如图 2-57 所示。

② 在“页边距”选项卡下,可以对“页边距”、“方向”和“页码范围”等进行设置。

③ 单击“确定”按钮。

设置纸张大小的操作步骤如下。

① 打开文档,单击“页面布局”选项卡下的“页面设置”组中的“纸张大小”下三角按钮。在展开下拉式列表中,选择一种纸张样式,也可以单击“其他页面大小”选项,弹出“页面设置”对话框,如图 2-58 所示。

图 2-57　“页边距”选项卡

图 2-58　“纸张”选项卡

② 在“纸张”选项卡下可以对“纸张大小”、“纸张来源”和“打印选项”等进行设置。

③ 单击“确定”按钮。

在文档排版时,有时需要对文字方向进行重新设置。设置文字方向的操作步骤如下。

① 单击"页面布局"选项卡下的"页面设置"组中的"文字方向"下三角按钮。

② 在展开的下拉式列表中,可选择所需的文字方向,或单击"文字方向选项……"弹出"文字方向-主文档"对话框(见图 2-59)。

③ 在打开的对话框中进行相应的文字方向的设置。

④ 单击"确定"按钮。

(5)页面背景

设置页面颜色的操作步骤如下。

① 打开需要添加背景的 Word 文档。

② 单击"页面布局"选项卡下的"页面背景"组中的"页面颜色"下三角按钮,展开下拉式列表。

③ 在展开的"页面颜色"下拉式列表中,选择所需的背景颜色。

④ 弹出"颜色"对话框,选择所需的颜色。

⑤ 如单击"填充效果"选项,弹出"填充效果"对话框,如图 2-60 所示。背景主题可以设置成渐变、纹理、图案或图片。

⑥ 单击"确定"按钮。

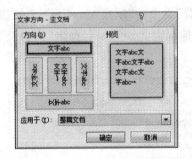

图 2-59　"文字方向-主文档"对话框

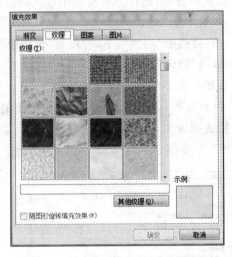

图 2-60　"填充效果"下的"纹理"选项卡

设置水印的操作步骤如下。

① 单击"页面布局"选项卡下的"页面背景"组中的"水印"下三角按钮,在展开的下拉式列表中选择一种内置的水印效果。

② 水印通常是用文字作为背景的。若想用图片作为水印背景,选择"自定义水印"选项,弹出"水印"对话框。

③ 在"水印"对话框中,可以设置图片水印或文字水印,如图 2-61 所示,左图选择的是"图片水印",右图选择的是"文字水印"。

④ 若要取消水印,单击"无水印"按钮。

⑤ 单击"确定"按钮。

(6)文档打印

文档编辑完成并设置好页面版式后,就可以打印。在打印前,应先预览打印的整体效果。如果对效果不满意,可以对文档再次进行修改。操作步骤如下。

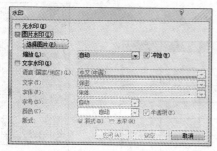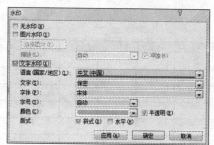

图 2-61　"水印"对话框

① 打开 Word 2010 文档窗口,单击"文件"选项卡下的"打印"命令,弹出"打印"窗口,如图 2-62 所示。

② 在打开的"打印"窗口右侧预览区域,可以查看 Word 2010 文档打印预览效果。

③ 单击"打印"按钮。

2.1.4　表格的基本操作

在日常的学习和工作中,经常会看到或用到各种各样的表格,如成绩单、课程表、销售统计表等。一般情况下,表格是由许多行和列组成的,而这些行和列交叉部分所组成的网格就是单元格。在单元格中输入文字、数据或图形后,就应形成了一张表格。

图 2-63 是 Word 2010 制作的一张学生成绩表。完成这样的表格,涉及的知识点有:表格的创建、表格数据的输入、表格的编辑、表格的格式化等。

1. 表格的创建

Word 2010 通过以下四种方法来插入表格。

方法一:使用表格模板插入表格。

方法二:使用"表格"菜单指定需要的行数和列数插入表格。

方法三:使用"插入表格"对话框插入表格。

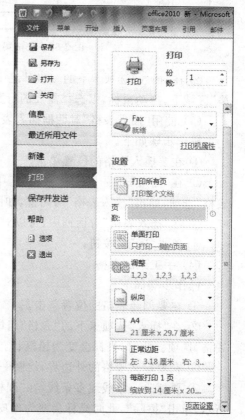

图 2-62　"文件"下的"打印"窗口

方法四:手工绘制插入表格。

(1) 使用表格模板插入表格

操作步骤如下。

① 在要插入表格的位置单击。

② 在"插入"选项卡下的"表格"组中,单击"表格"下三角按钮,在展开的下拉式列表中(见图 2-64)选中"快速表格",在弹出的右侧菜单中,选择所需要的模板。

③ 使用所需的数据替换模板中的数据。

(2) 使用"表格"菜单插入表格

操作步骤如下。

① 在要插入表格的位置单击。

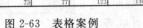

报考专业	考试科目1	考生编号	科目1成绩	科目2成绩	科目3成绩	科目4成绩	总分	报名数
机械工程	控制理论基础		75	71	146	147	439	643
机械工程	控制理论基础		69	69	140	145	423	643
机械工程	控制理论基础		70	68	140	145	423	613
机械工程	控制理论基础		74	72	124	145	415	643
机械工程	机械原理与设计		74	69	140	132	415	643
机械工程	控制理论基础		71	68	131	145	415	643
机械工程	控制理论基础		79	67	139	130	415	643
机械工程	机械原理与设计		83	64	133	135	414	643
机械工程	机械原理与设计		80	63	132	139	414	643
机械工程	控制理论基础		73	77	123	140	413	643

图 2-63　表格案例

图 2-64　"表格"下拉式列表

② 在"插入"选项卡下的"表格"组中,单击"表格"按钮,在展开的下拉式列表中的"插入表格"区域下,拖动鼠标,以选择需要的行数和列数(最大为 8 行 10 列)。

(3) 使用"插入表格"对话框插入表格

操作步骤如下。

① 在要插入表格的位置单击。

② 在"插入"选项卡下的"表格"组中,单击"表格"按钮,在展开的下拉式列表中单击"插入表格"选项,弹出"插入表格"对话框,如图 2-65 所示。

③ 在"插入表格"对话框中,可以对表格尺寸、自定义套用格式等进行设置。

④ 单击"确定"按钮。

(4) 手工绘制表格

操作步骤如下。

① 在要创建表格的位置单击。

② 在"插入"选项卡下的"表格"组中,单击"表格"按钮,在展开的下拉式列表中单击"绘制表格"选项。此时,光标会变为铅笔状。

③ 在要定义表格的外边界,绘制一个矩形,然后在该矩形内绘制列线和行线。

④ 要擦除一条线或多条线,在"表格工具"下"设计"选项卡的"绘制边框"组中,如图 2-66 所示,单击"擦除",此时光标会变为橡皮状。

图 2-65　"插入表格"对话框

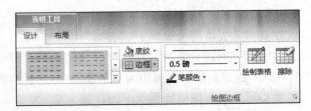

图 2-66　"表格工具"下的"设计"选项卡

⑤ 单击要擦除的线条,删除此线条。

2. 表格的编辑

创建空白表格后,可以根据需要对表格进行编辑与修改。

（1）表格的选定

利用鼠标或键盘可以选定表格中的某一单元格、一组单元格、连续一行、连续一列的单元格,选定方法见表 2-1 所示。

表 2-1　选定表格的操作方法

选 定 区 域	鼠标或菜单操作
单元格	移至单元格左下角,当光标变为黑色实心箭头时单击
一组相邻的单元格	选中起始单元格,并拖动鼠标
一行	在文档中该行的左页边距处单击,或在右键快捷菜单中执行"选择"→"行"命令
多行	在文档的左页边距处单击并拖动鼠标
一列	光标放在该列的最上方,当光标变为向下的实心箭头时单击,或在右键快捷菜单中执行"选择"→"列"命令
多列	选中一列后,拖动到要选定的各列
整张表格	光标放在表格左上角的移动控制柄处单击,或在右键快捷菜单中执行"选择"→"表格"命令

（2）表格的移动与缩放

将光标指向表格左上角的移动控制柄上,如图 2-67 所示,按住鼠标左键并拖动,即可将表格移动到文档的其他位置。将光标指向表格右下角的表格大小控制柄上,按住左键并拖动,可缩放表格。

（3）行、列或单元格的删除

若要删除表格中的文字,可以使用在文档中删除文本的方法。如果要删除行、列或单元格,操作步骤如下。

① 选择要删除的行、列或单元格。

② 右击,在弹出的快捷菜单中单击"删除行"、"删除列"或"删除单元格"命令。删除单元格时,会弹出如图 2-68 所示的"删除单元格"对话框,选择相应的方式后,单击"确定"按钮。

（4）表格行、列和单元格的插入

可以在表格的任意位置插入行、列或单元格。插入操作可以利用快捷菜单,也可以使用"表格工具"下的"布局"选项卡,如图 2-69 所示。

移动控制手柄　表格大小控制柄

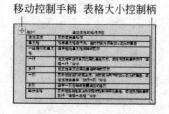

图 2-67　表格的控制柄

图 2-68　"删除单元格"对话框

行插入的操作步骤如下。

① 在要添加行处的上方或下方的单元格内右击。

② 在快捷菜单上,指向"插入",在级联菜单中,单击"在上方插入行"或"在下方插入行"命令。

图 2-69　"表格工具"下的"布局"选项卡

列插入的操作步骤如下。

① 在要添加列处的左侧或右侧的单元格内右击。

② 在快捷菜单上,指向"插入",在级联菜单中,单击"在左侧插入列"或"在右侧插入列"命令。

单元格插入的操作步骤如下。

① 将光标定位到要插入的位置,右击。

② 在快捷菜单上,指向"插入",在级联菜单中,单击"插入单元格"命令,弹出"插入单元格"对话框,如图 2-70 所示,选择相应的方式后,单击"确定"按钮。

(5) 表格单元格的合并和拆分

单元格的合并。单元格的合并是指将相邻的几个单元格合并成一个单元格。操作步骤如下。

① 选定要合并的单元格。

② 单击"表格工具"下的"布局"选项卡下的"合并单元格"按钮,或者右击,在弹出的快捷菜单中选择"合并单元格"命令。图 2-71 所示为合并单元格前后的效果。

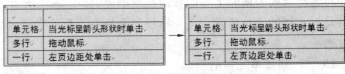

图 2-70　"插入单元格"对话框　　　　　　图 2-71　合并单元格前后的效果

单元格的拆分。拆分单元格是将一个单元格拆分成多个单元格。操作步骤如下。

① 选定单元格,右击。

② 在弹出的快捷菜单中选择"拆分单元格"命令,弹出"拆分单元格"对话框,如图 2-72 所示。

③ 在"拆分单元格"对话框中输入需要拆分后的列数与行数,单击"确定"按钮。

表格的拆分。拆分表格是把一张表格从指定的位置拆分成两张表格。操作步骤如下。将插入点移动到表格的拆分位置上,单击"表格工具"下的"布局"选项的"拆分表格"命令。拆分后的表格效果如图 2-73 所示。

图 2-72　"拆分单元格"对话框　　　　　　图 2-73　表格拆分后的效果图

(6) 单元格、行、列的移动和复制

在表格的单元格中移动或复制文本,与普通文本的移动或复制基本相同,可以采用使用工具栏的按钮、使用鼠标拖动、使用文件菜单命令等方法。

3. 表格的格式化

为了使表格更加规范和美观,在完成表格的创建后,可以对表格进行格式化的设置,如图 2-63 所示,涉及的知识点包括表格边框与底纹的设置、表格的位置、环绕方式和文本的对齐方式等。

(1) 表格边框和底纹的设置

在 Word 2010 中,不仅可以在"表格工具"选项卡中设置表格边框,还可以在"边框和底纹"对话框中设置表格边框。设置表格边框的操作步骤如下。

① 在 Word 表格中,选中需要设置边框的单元格或整个表格。在"表格工具"下的"设计"选项卡下的"表格样式"组中,单击"边框"下三角按钮,在展开的菜单中选择"边框和底纹"命令,弹出"边框和底纹"对话框,切换到"边框"选项卡,如图 2-74 所示。

② 可以设置"样式"、"颜色"、"宽度"等。

③ 单击"确定"按钮。

设置表格底纹的操作步骤如下。

① 在"边框和底纹"对话框中,切换到"底纹"选项卡,如图 2-75 所示。

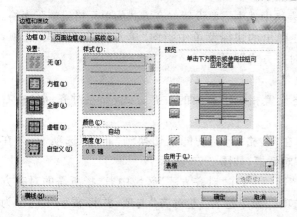

图 2-74　"边框"选项卡

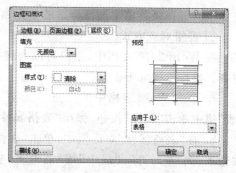

图 2-75　"底纹"选项卡

② 分别在"填充"、"图案"的下拉式列表中进行底纹的颜色和图案的设置。

③ 单击"确定"按钮。

(2) 套用表格样式

表格样式是一组事先设置了表格边框、底纹、对齐方式等格式的表格模板。Word 2010 中提供了多种适用于不同用途的表格样式。

用户可以单击表格中的任意单元格,在"表格工具"下的"设计"选项卡中,将鼠标指向"表格样式"组中的表格样式列表,即可选择表格样式。

(3) 表格单元格的文本对齐方式和表格对齐方式

① 表格的文字对齐

在 Word 2010 表格中,用户主要可以通过三种方法设置单元格中文本的对齐方式,即在"表格工具"功能区设置、在"表格属性"对话框中设置和在快捷菜单中设置。

利用"表格工具"功能区设置对齐方式的操作步骤如下。

a. 打开 Word 2010 文档窗口,在 Word 表格中选中需要设置对齐方式的单元格或整张表格。

b. 在"表格工具"功能区中,切换到"布局"选项卡,然后在"对齐方式"组中选择所需的对齐方式,如"靠上两端对齐"、"靠上居中对齐"、"靠上右对齐"、"中部两端对齐"、"水平居中"、"中部右对齐"、"靠下两端对齐"、"靠下居中对齐"和"靠下右对齐"对齐方式,如图2-76所示。

利用"表格属性"对话框设置对齐方式的操作步骤如下。

a. 打开Word 2010文档窗口,在Word表格中选中需要设置对齐方式的单元格或整张表格。

b. 在"表格工具"功能区中,切换到"布局"选项卡,在"表"组中单击"属性"按钮(见图2-77),弹出"表格属性"对话框。在打开的"表格属性"对话框中单击"单元格"选项卡,然后在"垂直对齐方式"区域选择合适的垂直对齐方式,并单击"确定"按钮。

图2-76　"布局"选项卡

图2-77　"表格工具—布局—表"组

利用快捷菜单设置对齐方式的操作步骤如下。

a. 打开Word 2010文档窗口,在Word表格中选中需要设置对齐方式的单元格或整张表格。

b. 右击被选中的单元格或整张表格,在弹出的快捷菜单中指向"单元格对齐方式"选项,在弹出的下一级菜单中选择合适的单元格对齐方式即可。

② 表格对齐方式

在Word 2010文档中,用户可以为表格设置相对于页面的对齐方式,如左对齐、居中、右对齐。操作步骤如下。

a. 单击Word表格中的任意单元格。在"表格工具"功能区切换到"布局"选项卡,并在"表"组中单击"属性"按钮,弹出"表格属性"对话框,如图2-78所示。

b. 在"表格属性"对话框中,单击"表格"选项卡,在"对齐方式"区域中,选择所需的对齐方式选项,如"左对齐"、"居中"或"右对齐"选项。如果选择"左对齐"选项,并将文字环绕设为"无"选项,可以设置"左缩进"数值(与段落缩进的作用相同),如图2-79所示。

图2-78　"表格属性"下的"单元格"选项卡

图2-79　"表格属性"下的"表格"选项卡

c. 单击"确定"按钮。

4. 表格的处理

在表格制作的案例中,其中"总分"与"平均分"两列的内容,可以通过计算求得,还可以对表格中的数据按一定的条件加以重新排序。

（1）表格的计算

使用"公式"对话框可以对表格中的数据进行多种运算，如数学运算、统计运算、条件运算等。

利用公式可以求得案例表格中每个人的平均分，操作步骤如下。

① 将光标定位在"平均分"下的第一个单元格（即 H2 单元格）。

② 切换到"表格工具"功能区的"页面布局"选项卡下，单击"数据"组的"fx 公式"命令，弹出"公式"对话框。

③ 在"公式"对话框的"公式"文本框中，输入"＝AVERAGE（B2:F2）"，或者在"粘贴函数"下拉式列表框中选择"AVERAGE"，在"AVERAGE"后的括号中填入"B2:F2"，如图 2-80 所示。

④ 单击"确定"按钮。

其他行的"平均分"同样按以上方法计算。图 2-81 为表格案例已求得总分和平均分的效果图。

图 2-80　"公式"对话框

	数学	英语	物理	计算机	化学	总分	平均
黎明	98	99	97	75	87	456	91.2
刘明	88	87	87	79	90	431	86.2
王华	99	98	83	91	87	458	91.6
刘洋	99	87	98	65	89	438	87.6
王菲	76	54	44	61	67	302	60.4

图 2-81　表格案例的效果图

（2）表格的数据排序

表格排序案例制作的操作步骤如下。

① 选择案例表格的第 2 行到第 6 行。

② 在"表格工具"功能区，切换到"布局"选项卡，并单击"数据"组中的"排序"按钮，弹出"排序"对话框。

③ 在"排序"对话框的"列表"选项区域中，选择"有标题行"单选按钮，在"主要关键字"下拉式列表中选择排序的依据"总分"，在"类型"下拉式列表框中选择用于指定排序依据的值的类型"数字"，再选择"降序"单选按钮。

④ 如果"总分"相同，按"数学"的数值降序排列。在"次要关键字"的下拉式列表框中选择"数学"，"类型"选择"数字"，并选中"降序"单选按钮。如图 2-82 所示。

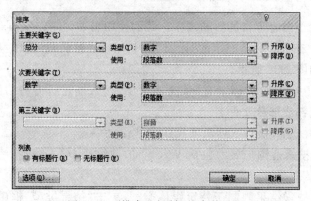

图 2-82　"排序"对话框的参数设置

⑤ 单击"确定"按钮。排序效果如图 2-83 所示。

5. 由表生成图

由表格中的数据生成图表的操作步骤如下。

(1) 切换到"插入"功能区,在"插图"组中单击"图表"按钮。

(2) 打开"插入图表"对话框,在左侧的图表类型列表中选择需要创建的图表类型,在右侧的图表子类型列表中选择合适的图表,并单击"确定"按钮。

(3) 在并排打开的 Word 窗口和 Excel 窗口中,首先需要在 Excel 窗口中编辑图表数据。例如,修改系列名称和类别名称,并编辑具体数值。在编辑 Excel 表格数据的同时,Word 窗口将同步显示图表结果。

(4) 完成 Excel 表格数据的编辑后,关闭 Excel 窗口。在 Word 窗口中,可以看到创建完成的图表,如图 2-84 所示。

	数学	英语	物理	计算机	化学	总分	平均分
王华	99	98	83	91	87	458	91.6
黎明	98	99	97	75	87	456	91.2
刘洋	99	87	98	65	89	438	87.6
刘明	88	87	87	79	90	431	86.2
王菲	76	54	44	61	67	302	60.4

图 2-83　排序后的表格案例

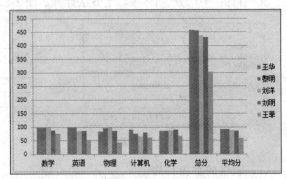

图 2-84　由案例表格生成的图表

2.1.5　图文混排

1. 图片的使用

Word 2010 不仅有强大的文字和表格处理功能,同时也具有强大的图形处理功能。

Word 2010 可以将其他软件的图形、数据等插入 Word 2010 文档内,制作图文并茂的文档。

图 2-85 是"杂志封面"案例的进一步美化的效果图。若要制作带有图片背景的"杂志封面"文档,涉及的知识有:图片的插入、图片的编辑、图片位置及图片格式的设置。

(1) 剪贴画的插入

Word 2010 提供了内容丰富的剪贴画库。我们使用剪贴画制作"杂志封面"案例。

① 插入剪贴画:在"插入"功能区的"插图"组中,单击"剪贴画"按钮,屏幕右侧出现了"剪贴画"的任务窗格,如图 2-86 所示。

② 在"剪贴画"任务窗格的"搜索文字"文本框中,输入描述所需剪贴画的单词或词组,或输入剪贴画文件的全部或部分文件名。

③ 若要修改搜索范围,执行下列两项操作或其中之一。

方法一:若要将搜索范围扩展为包括 Web 上的剪贴画,单击"包括 Office.com 内容"复选框。

方法二:若要将搜索结果限制于特定媒体类型,单击"结果类型"框中的箭头,并选中"插图"、"照片"、"视频"或"音频"旁边的复选框。

图 2-85　"杂志封面"案例美化后的效果图　　　　图 2-86　"剪贴画"的任务窗格

④ 单击"搜索",如图 2-87 所示。图中显示的是在"搜索文字"的文本框中输入"自然"的搜索结果。

⑤ 在结果列表中,单击所选剪贴画,即可将其插入。

(2) 来自文件图片的插入

文档中不仅可以插入 Word 2010 自身剪贴画库中的剪贴画,还可以插入其他程序所创建的图片文件。操作步骤如下。

① 将插入点定位在要插入图片的位置。

② 在"插入"功能区的"插图"组中,单击"图片"按钮,弹出"插入图片"对话框,如图 2-88 所示。

图 2-87　输入"自然"后显示　　　　　　　图 2-88　"插入图片"对话框
　　　　的搜索结果

③ 在"插入图片"对话框的"查找范围"下拉式列表框中,选择图片文件所在的位置,在"文件类型"下拉式列表框中,选择插入图片的文件类型。

④ 单击要插入文档的图片名称。

⑤ 单击"插入"按钮。

(3) 图片的编辑

在文档中插入图片后,根据需要可以对文件进行编辑,如图片大小、位置、环绕方式、裁剪图片等。编辑图片使用"图片工具格式"功能区的"调整"、"图片样式"、"排列"和"大小"组进行修改,如图2-89所示。

图2-89　"图片工具"下的"格式"选项卡

可以调整图片的颜色浓度和色调、对图片重新着色或者更改图片中某个颜色的透明度,可以将多个颜色效果应用于图片。

① 图片颜色浓度的更改

操作步骤如下。

a. 单击要更改颜色浓度的图片。

b. 在"图片工具"功能区的"格式"选项卡下的"调整"组中,单击"颜色"按钮。弹出下拉式列表,如图2-90所示。

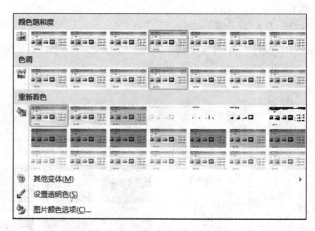

图2-90　"颜色"下拉式列表

c. 若要选择其中一个最常用的"颜色饱和度"调整,单击"预设"按钮,单击所需的缩略图。

d. 若要微调浓度,单击"图片颜色选项"按钮。

② 图片色调的更改

操作步骤如下。

a. 单击要为其更改色调的图片。

b. 在"图片工具"功能区的"格式"选项卡下的"调整"组中,单击"颜色"按钮。

c. 若要选择其中一个最常用的"色调"调整,单击"预设"按钮,单击所需的缩略图。

d. 若要微调浓度,单击"图片颜色选项"按钮。

③ 图片的重新着色

可以将一种内置的风格效果(如灰度或褐色色调)快速应用于图片,操作步骤如下。

a. 单击要重新着色的图片。

b. 在"图片工具"功能区中的"格式"选项卡下的"调整"组中,单击"颜色"按钮。

c. 若要选择其中一个最常用的"重新着色"调整,单击"预设"按钮,单击所需的缩略图。

d. 若要使用更多的颜色,包括主题颜色的变体、"标准"选项卡下的颜色或自定义颜色单击"其他变体"按钮。

④ 颜色透明度的更改

操作步骤如下。

a. 单击要创建透明区域的图片。

b. 在"图片工具"功能区的"格式"选项卡下的"调整"组中,单击"颜色"按钮。

c. 单击"设置透明色"按钮,然后单击图片或图像中要使之变透明的颜色。

⑤ 图片效果的添加或更改

操作步骤如下。

a. 单击要添加效果的图片。

b. 在"图片工具"功能区的"格式"选项卡下的"图片样式"组中,单击"图片效果"按钮,弹出下拉式列表,如图 2-91 所示。

c. 根据需要,可选择"阴影"、"映像"、"发光"、"柔化边缘"、"棱台"、"三维旋转"等效果的缩略图。

⑥ 图片亮度和对比度的更改

操作步骤如下。

a. 单击要更改亮度的图片。

b. 在"图片工具"功能区的"格式"选项卡下的"调整"组中,单击"更正"按钮。弹出"更正"下拉式列表,如图 2-92 所示。

c. 在"亮度和对比度"区域中,单击所需的缩略图。

图 2-91　"图片效果"下拉式列表

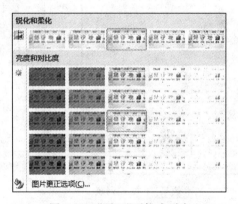

图 2-92　"更正"下拉式列表

⑦ 将艺术效果应用于图片

操作步骤如下。

a. 单击要应用艺术效果的图片。

b. 在"图片工具"功能区的"格式"选项卡下的"调整"组中,单击"艺术效果"下三角按钮。弹出"艺术效果"下拉式列表,如图 2-93 所示。

c. 单击所需的艺术效果。

⑧ 图片的裁剪

操作步骤如下。

a. 选择要裁剪的图片。

b. 在"图片工具"功能区的"格式"选项卡下的"大小"组中,单击"裁剪"按钮。

c. 执行下列操作之一。

方法一:若要裁剪某一侧,将该侧的中心裁剪控点向里拖动。

方法二:若要同时均匀地裁剪两侧,在按住 Ctrl 键的同时将任一侧的中心裁剪控点向里拖动。

方法三:若要同时均匀地裁剪全部四侧,在按住 Ctrl 键的同时将一个角部裁剪控点向里拖动。

方法四:若要放置裁剪,移动裁剪区域(通过拖动裁剪方框的边缘)或图片。

d. 按 Esc 键,完成裁剪。

⑨ 文字环绕方式的设置

操作步骤如下。

a. 选中图片。

b. 在"图片工具"功能区的"格式"选项卡的"排列"组中,单击"位置"按钮,在弹出菜单中单击"其他布局选项"命令,弹出"布局"对话框。

c. 在"布局"对话框中,切换到"文字环绕"选项卡,如图 2-94 所示。在"环绕方式"区域,选中所需文字环绕方式(如"嵌入型")。

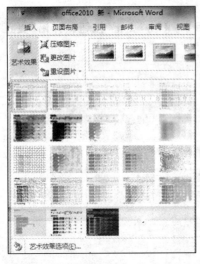

图 2-93 "艺术效果"下拉式列表

图 2-94 "布局"对话框

d. 单击"确定"按钮。如果用户希望在 Word 2010 文档中设置更丰富的文字环绕方式,可以在"排列"组中单击"自动换行"按钮,在弹出的菜单中选择合适的文字环绕方式。

在本案例中,将插入的剪贴画的"文字环绕"设置为"衬于文字下方",作为文档的背景。

⑩ 图片大小和位置的设置

方法一:选中图片,将鼠标指针移到图片对角的某个控制点上。当鼠标指针变化为双向箭头形状"↗"或"↖"时,拖动控制点,然后根据缩放图片虚线框的大小,在适当的位置松开鼠标。如果移动图片,选中图片,当指针变化为"✛"形状时,拖动鼠标,也可以按住 Alt 键进行微调。

方法二：在"格式"功能区指定自选图形尺寸。

如果对 Word 2010 自选图形的尺寸有精确要求，可以指定自选图形的尺寸。选中自选图形，在自动打开的"绘图工具/格式"功能区中，设置"大小"组中的高度和宽度数值即可。

方法三：在"布局"对话框指定自选图形尺寸。操作步骤如下。

a. 右击自选图形，在弹出的快捷菜单中选择"其他布局选项"命令，弹出"布局"对话框。

b. 在"布局"对话框中，切换到"大小"选项卡。在"高度"和"宽度"区域分别设置绝对值数值。

c. 单击"确定"按钮。

方法四：还可以利用"设置图片格式"对话框，对图片进行相应的设置。操作步骤如下。

a. 选中图片。

b. 右击，在快捷菜单中选择"设置图片格式"命令，弹出"设置图片格式"对话框，如图 2-95 所示。

c. 根据所需，单击所对应的选项卡，完成各项设置。

图 2-96 所示的是一个"多媒体技术培训中心优秀学生"印章的案例，完成印章案例制作，涉及的知识点有文本框、艺术字的使用及图形的绘制操作。

图 2-95　"设置图片格式"对话框　　　　图 2-96　印章案例

2. 文本框的使用

通过使用文本框，用户可以将 Word 文本很方便地放置到 Word 2010 文档页面的指定位置，而不必受到段落格式、页面设置等因素的影响。Word 2010 内置有多种样式的文本框，供用户选择使用。

（1）文本框的插入

操作步骤如下。

① 在"插入"功能区的"文本"组中，单击"文本框"命令。

② 在弹出的内置文本框面板中，选择合适的文本框类型。

③ 在插入的文本框的编辑区内输入内容。

（2）文本框格式的设置

尺寸的改变。单击文本框，将鼠标移动到边框线上任意位置的尺寸控点，光标变为双箭头光标，按住左键拖曳至所需大小即可。

边框的改变。操作步骤如下。

① 单击以选中文本框。

② 在"格式"功能区中的"形状样式"组中,单击"形状轮廓"下三角按钮,弹出"形状轮廓"下拉式列表,如图 2-97 所示。

③ 在"主题颜色"和"标准色"区域中设置文本框的边框颜色;选择"无轮廓"命令可以取消文本框的边框;将鼠标指向"粗细"选项,在弹出的下一级菜单中可以选择文本框的边框宽度;将鼠标指向"虚线"选项,在弹出的下一级菜单中可以选择文本框虚线边框形状。

背景的设置。操作步骤如下。

① 选中文本框。

② 在"绘图工具"下的"格式"功能区中的"形状样式"组中,单击"形状填充"下三角按钮,弹出"形状填充"下拉式列表,如图 2-98 所示。

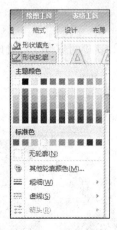

图 2-97　形状轮廓

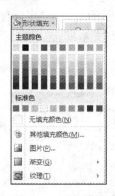

图 2-98　形状填充

③ 在"主题颜色"和"标准色"区域可以设置文本框的填充颜色;单击"其他填充颜色"按钮,可以在弹出的"颜色"对话框中选择更多的填充颜色。

④ 如果希望为文本框填充渐变颜色,在"形状填充"下拉式列表中,将鼠标指向"渐变"选项,并在弹出的下一级菜单中选择"其他渐变"命令。在弹出的"设置形状格式"对话框中,自动切换到"填充"选项卡,选中"渐变填充"单选按钮,可以选择"预设颜色"、"渐变类型"、"渐变方向"和"渐变角度",并且还可以自定义渐变颜色。设置完毕,单击"关闭"按钮。"填充"选项卡如图 2-99 所示。

⑤ 要想为文本框设置纹理填充,可以在"填充"选项卡中选中"图片或纹理填充"单选按钮,如图 2-100 所示。单击"纹理"下拉三角按钮,在纹理列表中选择合适的纹理。

⑥ 如果希望为文本框填充来自其他文件、剪贴板、剪贴画等的图片或纹理,在"填充"选项卡中选中"图片或纹理填充"单选按钮,单击"文件"按钮,选中合适的图片,返回"填充"选项卡。

⑦ 如果想为文本框填充图案,在"填充"选项卡中选中"图案填充"单选按钮,选中图案样式。设置背景色。

⑧ 单击"关闭"按钮。

(3) 文本框文字环绕方式的设置

文字环绕方式,就是指 Word 2010 文档文本框周围的文字,以何种方式环绕文本框。默认设置为"浮于文字上方"环绕方式。用户可以根据 Word 2010 文档版式的需要设置文本框文字环绕方式。操作步骤如下。

图 2-99　"填充"选项卡

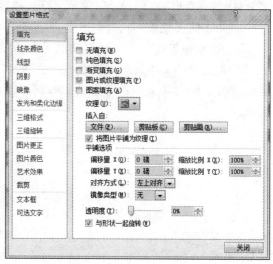

图 2-100　设置纹理填充

① 选中文本框,在"文本框工具"下的"格式"功能区的"排列"组中,单击"位置"按钮。

② 在打开的位置列表中,提供了嵌入型和多种位置的四周型文字环绕方式,如果这些文字环绕方式不能满足用户的需要,单击"其他布局选项"命令,弹出"布局"对话框。

③ 在"布局"对话框中,切换到"文字环绕"选项卡,可以看到 Word 2010 提供了"四周型"、"紧密型"、"衬于文字下方"、"浮于文字上方"、"上下型"、"穿越型"等多种文字环绕方式,选择合适的环绕方式。

④ 单击"确定"按钮。

在图 2-96 所示的案例中,创建文本框,输入"优秀学生",设置字体为"华文行楷"、字号为"四号"、颜色为"红色",在"线条"栏下的"颜色"下拉式列表框中选择"无"。

3. 艺术字的使用

Office 中的艺术字(英文名称为 WordArt)结合了文本和图形的特点,能够使文本具有图形的某些属性,如设置旋转、三维、映像等效果,在 Word、Excel、PowerPoint 等 Office 组件中,都可以使用艺术字功能。

(1)艺术字的插入

操作步骤如下。

① 将插入点移动到准备插入艺术字的位置。在"插入"功能区中,单击"文本"组中"艺术字"下三角按钮,在打开的艺术字预设样式列表中选择合适的艺术字样式,如图 2-101 所示。

② 打开艺术字文字编辑框,直接输入艺术字文本即可。用户可以对输入的艺术字分别设置字体和字号。

设计图 2-96 的印章案例。在"插入"功能区中,单击"文本"组中的"艺术字"下三角按钮,在打开的艺术字预设样式列表中选择第 5 行第 3 列的艺术字样式,在弹出的"艺术字编辑"框中输入"多媒体技术培训中心",字体为"华文新魏"、字号为"16"号。

(2)艺术字的编辑

① 艺术字形状的设置

Word 2010 提供的多种艺术字形状,使得可以在 Word 2010 文档中实现丰富多彩的艺术字效果,如三角形、V形、弧形、圆形、波形、梯形等。操作步骤如下。

　　a. 单击需要设置形状的艺术字,使其处于编辑状态。

　　b. 在"绘图工具"下的"格式"功能区中,单击"艺术字样式"组中的"文本效果"下三角按钮。

　　c. 在打开的文本效果列表中,指向"转换"选项,在弹出的艺术字形状列表中选择需要的形状。当鼠标指向某一种形状时,Word文档中的艺术字将即时呈现实际效果,如图2-102所示。

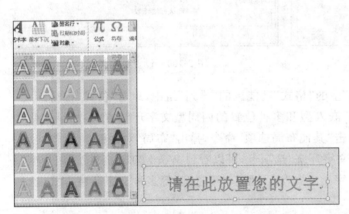

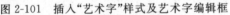

图2-101　插入"艺术字"样式及艺术字编辑框

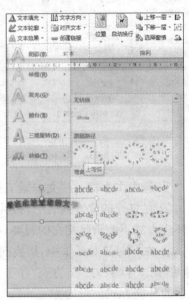

图2-102　"艺术字"形状转换的下拉式列表

　　在图2-96案例的制作中,选定艺术字,在"绘图工具"下的"格式"功能区中,单击"艺术字"字样式组中的"文本效果"下三角按钮。打开文本效果列表,指向"转换"选项,在打开的艺术字形状列表中选择"上弯弧"形状。效果如图2-103所示。

多媒体技术培训

图2-103　案例艺术字效果图

　　② 艺术字文字环绕的设置

　　因为艺术字具有图片和图形的很多属性,所以可以为艺术字设置文字环绕方式。默认情况下,Word 2010中的艺术字文字环绕为"浮于文字上方"方式。操作步骤如下。

　　a. 选中需要设置文字环绕方式的艺术字。

　　b. 在"绘图工具"下的"格式"功能区中,单击"排列"组中的"位置"下三角按钮。

　　c. 在打开的位置列表中,用户可以选择"嵌入文本行中"选项,使艺术字作为Word文档文本的一部分参与排版,也可以选择"文字环绕"组中的一种环绕方式,使其作为一个独立的对象参与排版。在位置列表中显示的文字环绕,只有"嵌入型"和"四周型"两种方式,如果用户还有更高的版式要求,则可以在"位置"列表中单击"其他布局选项"命令,以进行更高级的设置。

　　d. 打开"布局"对话框,切换到"文字环绕"选项卡。在"环绕方式"区域显示出"嵌入型"、"四周型"、"紧密性"、"穿越型"、"上下型"、"衬于文字下方"和"衬于文字上方"等Word 2010文档支持的几种环绕方式。其中,"四周型"、"紧密性"、"穿越型"、"上下型"这四种环绕方式,可以分别设置自动换行方式和与正文之间的距离。选择合适的文字环绕方式。

　　e. 单击"确定"按钮。

③ 艺术字背景的设置

艺术字的背景设置可参照"文本框"的背景设置,可以设为纯色、渐变、图片或纹理、图形等各种背景填充效果。

4. 绘制自选图形

Word 2010 中的自选图形是指用户自行绘制的线条和形状,还可以直接使用 Word 2010 提供的线条、箭头、流程图、星星等形状组合成更加复杂的形状。

(1) 自选图形的绘制

操作步骤如下。

① 在"插入"的"插图"组中,单击"形状"下三角按钮,在打开的形状面板中单击需要绘制的形状。

② 将鼠标指针移动到文档的相应位置,按下左键拖动鼠标,即可绘制相应的图形。如果在释放左键以前按下 Shift 键,则可以成比例绘制形状;如果按住 Ctrl 键,则可以在两个相反方向同时改变形状大小。将图形大小调整至合适的大小后,释放左键,即完成了自选图形的绘制。

(2) 自选图形的编辑

① 自选图形中文字的添加

单击以选取绘制的自选图形,在该图形内右击,在弹出的快捷菜单中选择"添加文字"命令,随时自选图形中会出现一个插入点,输入需要添加的文字即可。

② 自选图形的自由旋转

单击以选取需要旋转的自选图形,用鼠标指向图形中的绿色旋转控制点,当鼠标指针变成形状 时,按住鼠标左键并拖动,将以图形中央为中心进行旋转。旋转效果如图 2-104 所示。

③ 自选图形的 90°旋转

如果进行 90°旋转,则可以在"绘图工具"下的"格式"功能区进行设置。选中自选图形,在自动打开的"绘图工具"→"格式"功能区,单击"排列"组中的"旋转按钮",在打开的菜单中选择"向右旋转 90°"或"向左旋转 90°"命令。

图形向左旋转 90°的效果如图 2-105 所示。

④ 自选图形的精确旋转

如果需要精确旋转自选图形,则可以在"布局"对话框中指定旋转角度,操作步骤如下。

a. 右击自选图形,在弹出的快捷菜单中单击"其他布局选项"命令,弹出"布局"对话框,如图 2-106 所示。

图 2-104 以图形单元为中心进行旋转效果

图 2-105 左翻转 90°效果图

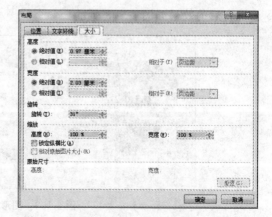

图 2-106 自选图形

b. 在"布局"对话框中,切换到"大小"选项卡,在"旋转"区域设置旋转角度。

c. 单击"确定"按钮。

⑤ 多个图形的叠放次序

在 Word 2010 中插入或绘制多个对象时,用户可以设置对象的叠放次序,以决定哪个对象在上层、哪个对象在下层。操作步骤如下。

a. 选择要叠放的对象。

b. 在"绘图工具"下的"格式"功能区的"排列"组中,选择相应的操作。

"上移一层":可以将对象上移一层。

"置于顶层":可以将对象置于最前面。

"浮于文字之上":可以将对象置于文字的前面,挡住文字。

"下移一层":可以将对象下移一层。

"置于底层":可以将对象置于最后面,很可能会被前面的对象挡住。

"浮于文字之下":可以将对象置于文字的后面。

还可以利用快捷菜单来进行设置,即右击已选中的文本,在弹出的快捷菜单中选择"上移一层"或"下移一层",然后再选择相应的子菜单。叠放效果如图 2-107 所示。

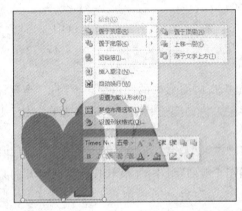

图 2-107　图形的叠放效果

⑥ 多个图形的组合

将多个图形组合成一个图形,以便进行统一的设置或编辑操作。操作步骤如下。组合时先按住 Shift 键,然后依次单击需要组合的图形,再右击,在弹出的快捷菜单中执行"组合"命令。组合后的效果如图 2-108 所示。

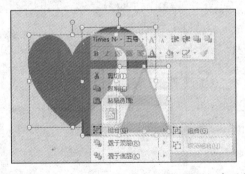

图 2-108　图形组合后的效果

⑦ 印章案例的制作

图 2-96 所示的印章案例的制作,其操作步骤如下。

a. 单击"插入"功能区"插图"组中的"形状"按钮,并在打开的形状列表中单击"基本形状"下的"椭圆"图形。按住 Shift 键,同时在文档编辑处按住鼠标左键,绘制出一个圆形。

b. 选中图形,右击,在弹出的快捷菜单中执行"设置形状格式"命令,弹出"设置形状格式"对话框,单击"填充"选项卡,选择"无填充"。

c. 单击"线条颜色"选项,选择"实线"单选按钮,在"颜色"下拉式列表中选择"红色";单击"线型"选项,选择"复合类型"下的"双线"型,"宽度"设为"3 磅",效果如图 2-109 所示。

d. 单击"星与旗帜"下的"五角星"。

e. 将鼠标光标移到红色圆形中心的位置,按住 Shift＋Ctrl键,按住鼠标左键,画出正五角星图形。

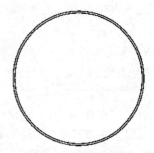

图 2-109　双线圆形效果图

f. 选中五角星图形,将其宽度和高度均设为 1.41 厘米,将线条颜色和填充颜色均设成红色,效果如图 2-110 所示。

g. 先选中五角星图形,按住 Shift 键,单击红色圆形,在选中的图形上右击,在弹出的快捷菜单中执行"组合"命令。

h. 将创建的艺术字"多媒体技术培训中心"拖到圆形和五角星组合图形的相应位置,将光标置于艺术字左下角的黄色菱形控制块上,按住左键向下拖动。此时,艺术字呈现出一条弧线的状态,向下拖动可以改变弧线的长度,使艺术字沿圆形增长,如图 2-111 所示。

i. 将创建的文本框"优秀学生",拖到五角星的下方,效果如图 2-112 所示。

j. 选定所有图形,右击,在弹出的快捷菜单中执行"组合"命令。

图 2-110　效果图 1

图 2-111　效果图 2

图 2-112　最终效果图

5. 公式编辑器的使用

在文档的编辑中,经常会遇到一些数学公式或化学公式,运用基本的编辑方法是无法完成的。Word 2010 提供了"公式编辑器",通过公式编辑器,用户可以像输入文字一样完成烦琐的公式编辑。

Word 2010 对访问公式的方法进行了大的修改。要访问公式功能,单击"插入"功能区中"公式"工具右侧的箭头。"公式"按钮有两种用法:一是单击"公式"按钮,会直接转到"公式设计"模式,单击箭头会显示"公式库"和其他选项。二是单击"插入新公式"选项,也会转到"公式设计"模式。

（1）公式的插入

若要编写公式,可使用 Unicode 字符代码和"数学自动更正"项将文本替换为符号。在输入公式时,Word 可以将该公式自动转换为具有专业格式的公式。操作步骤如下。

① 在"插入"功能区的"符号"组中,单击"公式"下三角按钮,弹出下拉式列表,如图 2-113 所示。

② 在下拉式列表中的"内置"区域,找到所需公式,直接单击。公式插入完成以后,功能区中将会随机打开"公式工具"下的"设计"功能区,如图 2-114 所示。用户可以根据需求来选择相应的符号类型。

③ 建立新公式,单击下拉式列表中的"插入新公式"按钮,进入公式设计模式。

④ 在打开的"公式工具"下的"设计"功能区中,选择所需的符号输入。

(2) 公式的显示方式

Word 2010 提供了两种方法来显示公式:"专业型"和"线型",默认为专业型,如图 2-115 所示。

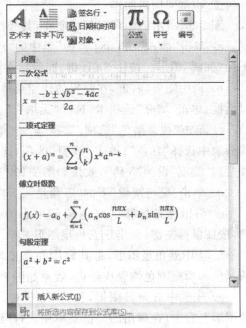

图 2-113　公式

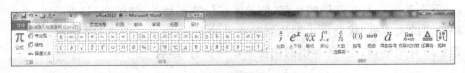

图 2-114　"公式工具"下的"设计"功能区

$$(x + a)^n = \sum_{k=0}^{n} \binom{n}{k} x^k a^{n-k}$$

$(x + a)^n = \sum\_(k = 0)^n \llbracket (n \vert k) x^k a^{\wedge}(n - k) \rrbracket$

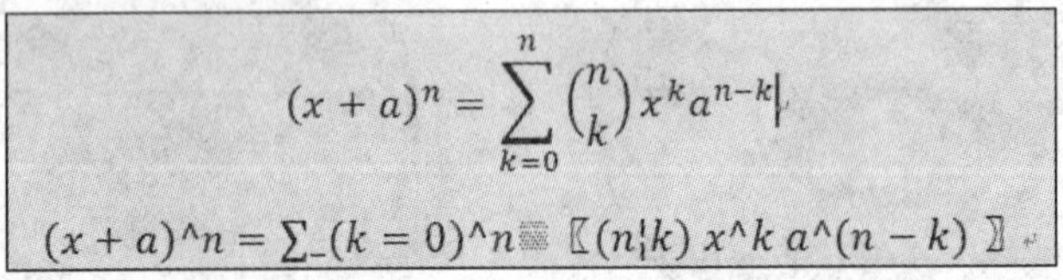

图 2-115　公式的"专业型"和"线型"显示方式

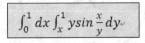

图 2-116　公式案例

(3) 案例制作

在 Word 2010 中,编辑如图 2-116 所示的公式。操作步骤如下。

① 在"插入"功能区的"符号"组中,单击"公式"下三角按钮,在弹出的下拉式列表中单击"插入新公式"命令,进入公式设计模式。

② 在"公式工具"功能区的"结构"组中,单击"积分"按钮,在弹出的下拉式列表中单击按钮,在相应的位置输入公式的表达式 0、1 及 dx。

③ 重复步骤②,输入 x、1 和 y。

④ 输入 sin 后,单击"分式"按钮,在弹出的下拉式列表中单击 按钮。

⑤ 在分子上输入 x,在分母上输入 y。

⑥ 输入 dy,完成公式的输入。

如果制作完公式后想对其进行修改,直接双击公式,即可返回到"公式编辑器"窗口重新编辑公式。

6. SmartArt 的使用

(1) SmartArt 图形的使用

Word 2010 提供的 SmartArt 图形有全部、列表、流程、循环、关系、矩阵等多种类型,用于制作各种类型的图示内容,以增强视觉效果、更清晰地表达相关信息。

(2) 创建 SmartArt 图形并向其中添加文字

操作步骤如下。

① 在"插入"功能区的"插图"组中,单击 SmartArt 按钮,之后弹出"选择 SmartArt 图形"对话框,如图 2-117 所示。

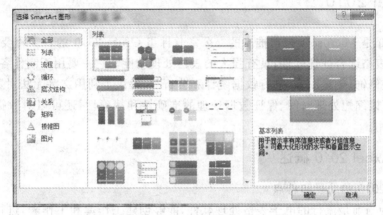

图 2-117　"选择 SmartArt 图形"对话框

② 在"选择 SmartArt 图形"对话框中,单击所需的类型和布局。

③ 为图形添加文字,使用以下方法。

方法一:单击"文本"窗格中的"文本",然后输入文字。

方法二:从其他位置或程序复制文本,单击"文本"窗格中的"文本",然后粘贴文本。

方法三:单击 SmartArt 图形中的一个框,然后输入文本。

(3) SmartArt 图形中形状的添加或删除

操作步骤如下。

① 单击要向其中添加另一个形状的 SmartArt 图形。

② 单击最接近新形状添加位置的现有形状。

③ 在"SmartArt 工具"下的"设计"功能区的"创建图形"组中,单击"添加形状"下三角按钮。

④ 在弹出的下拉菜单中选择"在后面添加形状"或"在前面添加形状"。

(4) 整个 SmartArt 图形颜色的更改

更改整个 SmartArt 有两种方法。

方法一:可以将来自主题颜色的颜色变体应用于 SmartArt 图形中的形状。操作步骤如下。

① 单击 SmartArt 图形。

② 在"SmartArt 工具"下的"设计"功能区的"SmartArt 样式"组中,单击"更改颜色"按钮。

③ 单击所需的颜色变体。

方法二:将 SmartArt 样式应用于 SmartArt 图形。操作步骤如下。

① 单击 SmartArt 图形。

② 在"SmartArt 工具"下的"设计"功能区的"SmartArt 样式"组中,单击所需的 SmartArt 样式。

(5)形状颜色的更改

操作步骤如下。

① 单击 SmartArt 图形中要更改的形状。

② 在"SmartArt 工具"下的"格式"功能区的"形状样式"组中,单击"形状填充"下三角按钮,然后单击所需的颜色;若要选择无颜色,单击"无填充"按钮。

2.2 Excel 2010

Excel 2010 是 Microsoft 公司推出的办公室软件组 Office 2010 的一个重要成员,是当今最流行的电子表格综合处理软件,具有强大的表格处理功能。它主要用于制作各种表格,进行数据处理、表格修饰、创建图表,进行数据统计和分析等,解决了利用文字无法对数据进行清楚描述等问题,可以缩短处理时间、保证数据处理的准确性和精确性,还可以对数据进行进一步的分析和再利用。

2.2.1 Excel 2010 概述

1. Excel 2010 的功能和特点

Excel 作为当前最流行的电子表格处理软件,能够创建工作簿和工作表,进行多工作表间计算,利用公式和函数进行数据处理、表格修饰、创建图表,进行数据统计和分析等。Excel 2010 在继承了前一版本(Excel 2007)传统基础上,又增加了许多实用功能。Excel 2010 拥有新的外观、新的用户界面,用简单明了的单一机制取代了 Excel 早期版本中的菜单、工具栏和大部分任务窗格。新的用户界面旨在帮助用户在 Excel 中更高效、更容易地找到完成各种任务的合适功能、发现新功能并且效率更高;新增的迷你图、Excel 表格增强功能、图表增强功能、数据透视表增强功能、条件格式设置增强功能、数学公式、Office 自动修订等功能,使计算及显示都更加便捷、直观,真正实现了数据的可视化,大大提高了工作效率。

2. Excel 2010 的启动与退出

(1)Excel 2010 的启动

启动 Excel 2010 的方法很多,常用方法有三种。

方法一:双击 Excel 快捷图标。如果 Windows 桌面上有"Microsoft Excel 2010"的快捷方式图标,双击该图标即可启动 Excel 2010,如图 2-118 所示。

方法二:双击已创建好的 Excel 文件。双击一个已创建好的 Excel 2010 文件,进入 Excel 2010 编辑窗口。

图 2-118　Excel 快捷图标

方法三:利用"开始"菜单。单击"开始"按钮,鼠标指向"程序"下的 Microsoft Office,在级联菜单中单击 Microsoft Office Excel 2010 命令,如图 2-119 所示。

(2)Excel 2010 的退出

退出 Excel 2010 的常用方法有三种。

方法一：单击 Excel 窗口标题栏右上角的"关闭"按钮。

方法二：单击"文件"选项卡下的"退出"命令。

方法三：按 Alt＋F4 键。

小窍门　退出 Excel 的其他方法

双击 Excel 2010 窗口左上角的控制菜单图标，单击 Excel 2010 窗口左上角的菜单控制图标，出现窗口控制菜单，选择"关闭"命令。

3. Excel 2010 的窗口组成

Excel 2010 窗口主要由标题栏、选项卡、功能区、编辑栏、状态栏和 Excel 文档窗口等组成，如图 2-120 所示。

在 Excel 2010 的窗口中，标题栏、选项卡、状态栏等部分的作用已在前面相关章节中详细讲解了，这里不再赘述。在工作表编辑区域的下部，标有 A、B、C 等字母的是列标签，如 A　B　C　D （只截取了其中部分列）；工作表左部标有 1、2、3 等数字的是行标签，如　；工作表中的一个个小方格，称为单元格，单元格均用列标和行号表示，如 A1、B3、C10 等，可通过列标或行号间的边线调节列宽或行高。下面详细介绍 Excel 2010 特有的几个部分。

图 2-119　从"开始"菜单启动 Excel 2010

（1）编辑栏

工具栏下方是编辑栏，编辑栏用于对单元格内容进行编辑操作，包括名称框、确认区和公式区，如图 2-121 所示。

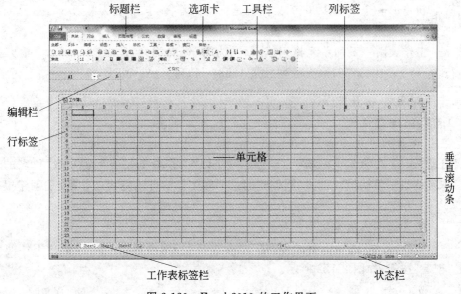

图 2-120　Excel 2010 的工作界面

名称框：显示活动单元格的地址。

确认区：当用户进行编辑时，确认区会显示 ✗ ✓ 两个按钮。✗ 按钮为取消按钮，✓ 按钮

图 2-121   编辑栏

为检查按钮。编辑完成单击按钮或按 Enter 键,就可确认输入内容。

公式区:用来输入或修改数据,可直接输入数据,该数据直接被填入当前光标所在单元格中,也可输入公式,公式计算的结果填入单元格中,同时当选中某个单元格时,该单元格中的数据或公式会相应地显示在公式区。

(2) 工作表标签

工作表标签位于工作表区的底端,用于显示工作表的名称。在 Excel 2010 中,一个工作簿默认有三个工作表,其默认名称为 Sheet1、Sheet2、Sheet3。单击工作表标签,将激活相应的工作表。使之成为当前的工作表。当工作表很多时,可以通过工作表标签左边的一排 ◄◄ ◄ ► ►◄ 按钮进行标签队列的切换,各按钮(从左至右)功能如下。

◄◄ :激活工作表队列中的第一张工作表为当前工作表。

◄ :激活当前工作表的前一个工作表为当前工作表。

► :激活当前工作表的后一个工作表为当前工作表。

►◄ :激活工作表队列中的最后一张工作表为当前工作表。

Excel 2010 在工作表标签处新增了一个插入工作表按钮 ,单击此按钮即可快速新增一张工作表。

(3) 工作簿、工作表和单元格的概念和关系

在 Excel 2010 中,单元格是其中最小的单位,工作表是由单元格构成的,一个或多个工作表又构成了工作簿。

工作簿:新建的一个 Excel 2010 文件就是一个工作簿,扩展名为".xlsx",一个工作簿可以由多个工作表组成,默认有三个工作表。

工作表:工作表由一系列单元格组成,横向为行、纵向为列,Excel 2010 允许最大行数是 1048576 行,行号 1~1048576,最大的列数是 16384 列,列名 A~XFD 列。

4. 工作簿的建立、打开与保存

(1) 工作簿的建立

① 空白工作簿的建立

每次启动 Excel 2010 时,系统将自动创建一个以"工作簿 1. xlsx"为默认文件名的新工作簿。新工作簿是基于默认模板创建的,创建的这个新工作簿即为空白工作簿,是创建报表的第一步。

创建空白工作簿的方法有以下两种。

方法一:单击"文件"选项卡下的"新建"命令。在"可用模板"中单击"空白工作簿"按钮,然后单击"创建"按钮,如图 2-122 所示。

方法二:按 Ctrl+N 键。

② 用模板建立工作簿

Excel 2010 已建立了众多类型的内置模板工作簿,用户可通过这些模板快速建立与之类似的工作簿。

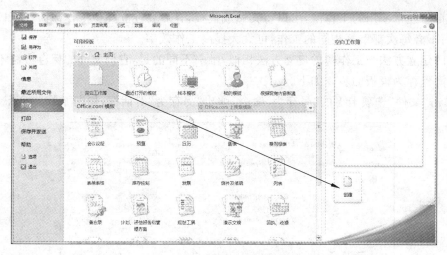

图 2-122　新建空白工作簿

在如图 2-122 所示的"可用模板"下，单击"样本模板"按钮，会弹出"模板"页面，如图 2-123 所示，选择所需工作簿类型的模板，系统会在右侧显示所选模板的预览效果。单击"创建"按钮即完成了创建工作。如图 2-124 所示为选择"个人月预算"模板的最终效果。

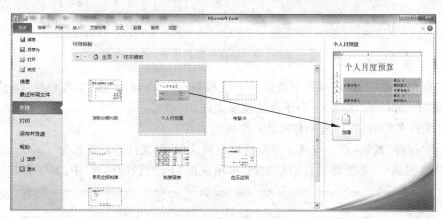

图 2-123　用模板创建工作簿

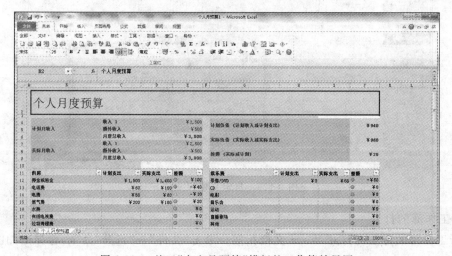

图 2-124　基于"个人月预算"模板的工作簿效果图

　　对于自己经常使用的工作簿,可以将其做成模板,日后要建立类似工作簿时就可以用模板来建立,而不必每次都重复相同的工作,可大大提高工作效率。

　　模板的建立方法与工作簿的建立方法相似,唯一不同的是,它们文件的保存方法不同。将一个工作簿保存为模板的步骤如下。

　　a. 单击"文件"选项卡下的"另存为"命令,弹出"另存为"对话框,如图 2-125 所示。

图 2-125　保存自己的模板

　　b. 在"保存类型"下拉式列表中选择"Excel 模板(＊ . xltx)"。在"保存位置"下拉式列表中自动出现"Templates"文件夹,用于存放模板文件。

　　c. 在"文件名"下拉式列表中自定义一个模板名称。

　　d. 单击"保存"按钮,原工作簿文件将以模板格式保存,文件的扩展名为".xltx"。

　　模板创建完成后,系统将其自动添加到"可用模板"下的"我的模板"中,如图 2-126 所示。

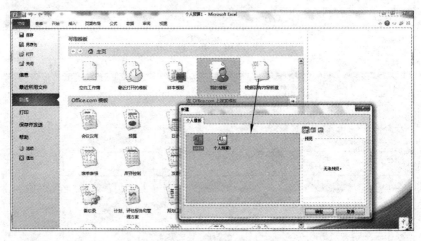

图 2-126　自定义模板文件

　　(2)工作簿的打开

　　打开工作簿的方法与打开 Word 文档相似。单击"文件"→"打开"命令,会弹出如图 2-127

所示的"打开"对话框。单击"查找范围"右侧的下拉式列表选择文件位置,选择需要打开的工作簿文件名,单击"打开"按钮,即可打开该文件。用户也可以单击"打开"按钮旁边的向下按钮，在弹出的下拉菜单中选择一种打开方式,以指定的打开方式打开工作簿,如图 2-127 所示。

（3）工作簿的保存

在进行 Excel 2010 电子表格处理时,随时保存是非常重要的。保存方法有如下 4 种。

方法一：单击"文件"选项卡下的"保存"命令。

方法二：单击标题栏左侧"快速访问"工具栏中"保存"按钮。

方法三：按 Ctrl＋S 键保存文件。

方法四：若更改文件名或路径,需要另存文件,单击"文件"选项卡下的"另存为"命令。

以上四种方法会弹出如图 2-128 所示的"另存为"对话框,在"保存位置"下拉列表中选择存放文件的驱动器和目录,在"文件名"文本框中输入新名字,之后单击"保存"按钮。

图 2-127　"打开"对话框

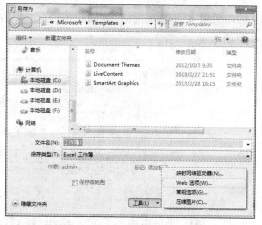

图 2-128　"另存为"对话框

保存工作簿的同时可以为工作簿加密,通过单击"另存为"对话框左下角"工具"按钮旁边的向下按钮，弹出一个下拉菜单,如图 2-128 所示。选择"常规选项",会弹出如图 2-129 所示的"常规选项"对话框,可以设置打开文件、修改文件的密码,以及是否只读和备份。清除"打开权限密码"和"修改权限密码"文本框中的密码,可以取消对文件设置的读/写权限。

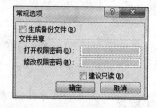

图 2-129　"常规选项"对话框

2.2.2　工作表的编辑和管理

图 2-130 所示的是学生基本信息表。本案例主要学习工作表中数据的编辑、工作表的编辑以及工作簿窗口的管理,熟练掌握数据的各种常用输入方法及如何对单元格进行编辑和调整等设置。

1. 数据的编辑

Excel 2010 允许向单元格中输入各种类型的数据：文字、数字、日期、时间、公式和函数等。输入单元格的这些数据,称为单元格的内容。输入操作总是在活动单元格内进行,所以首

	A	B	C	D	E	F	G
1	学生基本信息表						
2	学校	南岗中心学校					
3	班级	学号	姓名	性别	民族	出生年月日	家庭住址
4	七(1)班	20120101	房龙贵	男	瑶	1999年6月13日	横坑高浪坪
5	七(1)班	20120102	唐国威	男	瑶	1998年7月31日	东芒三村1号
6	七(1)班	20120103	唐亚土吊	男	瑶	1998年9月22日	油岭42号
7	七(1)班	20120104	房水生	男	瑶	1999年1月11日	提高洞
8	七(1)班	20120105	邓三贵	男	瑶	1998年2月15日	吴公田
9	七(1)班	20120106	房金文	男	瑶	1997年7月21日	吴公田
10	七(1)班	20120107	沈三贵	男	瑶	1998年3月18日	百斤洞新寨

图 2-130 学生基本信息表

先应该选择单元格,然后输入数据。

(1) 单元格的选取

单元格是最基本的数据存储单元,制作表格首先需要将数据输入单元格中,所以我们首先了解一下活动单元格和单元格区域的概念。活动单元格是指正在使用的(被选中的)单元格,活动单元格周围有一个黑色的粗方框,可以在活动单元格中输入数据,如图 2-131 所示为选中的活动单元格 C7。

	A	B	C	D	E	F	G
1	学生基本信息表						
2	学校	南岗中心学校					
3	班级	学号	姓名	性别	民族	出生年月日	家庭住址
4	七(1)班	20120101	房龙贵	男	瑶	19990613	横坑高浪坪
5	七(1)班	20120102	唐国威	男	瑶	19980731	东芒三村1号
6	七(1)班	20120103	唐亚土吊	男	瑶	19980922	油岭42号
7	七(1)班	20120104	房水生	男	瑶	19990111	提高洞
8	七(1)班	20120105	邓三贵	男	瑶	19980215	吴公田

图 2-131 活动单元格

单元格区域是指由多个单元格组成的区域,它的表示方法由单元格区域左上角的单元格名称和右下角的单元格名称组成。例如,单元格区域 B2:D6 表示处于单元格 B2 右下方和单元格 D6 左上方的一块区域。单元格区域也可以是由不相邻的单元格组成的区域。

① 选定单元格

要选定一个单元格,可单击相应的单元格,或按键盘上的方向键移到相应的单元格中。被选中的单元格会被突出显示。

小妙招 在 Excel 中除了用鼠标选择单元格外,还可以利用快捷键在工作表中快速定位,使用 Ctrl+↓键可以看到最后一行(1048576 行);使用 Ctrl+→键可以看到最后一列。

② 选定单元格区域

选定某个连续的单元格区域。如要选中出 B3:D8,步骤如下:单击单元格区域的第一个单元格 B3。按住左键不放,拖到要选定区域的最后一个单元格 D8 上,或按住 Shift 键的同时单击要选定区域的最后一个单元格,选中的单元格呈高亮显示,如图 2-132 所示。

选择不相邻的单元格区域。先选定第一个单元格或单元格区域。然后按住 Ctrl 键,同时单击要选择的单元格或拖动鼠标,以选定其他单元格区域,如图 2-133 所示。

单击要选择行的行标签上的行号,即可选定该行,如图 2-134 所示。

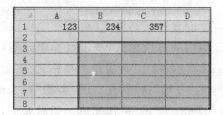

图 2-132　选择连续的单元格区域 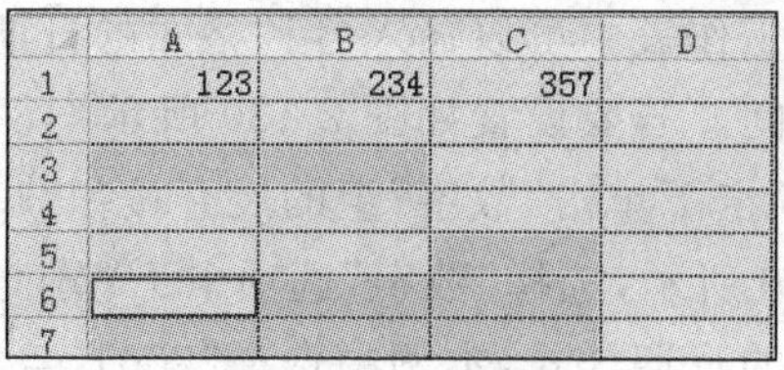　　　　图 2-133　选择不连续的单元格区域

单击要选择列的列标签上的列号，即可选定该列，如图 2-135 所示。

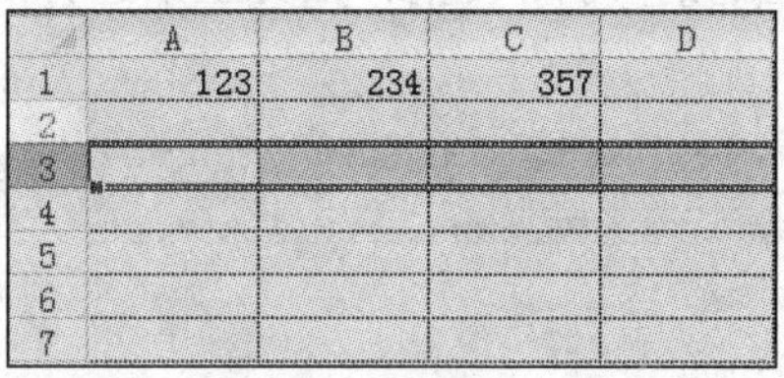

图 2-134　选择整行　　　　　　　　图 2-135　选择整列

单击工作表左上角行列相交的空白按钮或按 Ctrl＋A 键，可以选中整张工作表中的所有单元格，如图 2-136 所示。

（2）单元格数据的输入

向表格中输入数据是 Excel 中最基本的操作。Excel 2010 为用户提供了多种数据输入的方法，其中输入的原始数据包括数值、文本和公式，数值包括日期、货币、分数、百分比等。它们的输入方法类似，大致有两种：一是直接在单元格中输入数据；二是在编辑栏中输入数据。

① 在单元格中输入数据

选中单元格，直接输入数据，然后按 Enter 键，将确认输入并默认切换到下方单元格；也可双击单元格，当单元格中出现闪烁的光标时输入数据，然后按 Enter 键。这时编辑栏中也出现相应的数据，如图 2-137 所示。

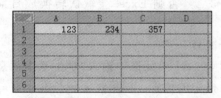

图 2-136　选择整个工作表

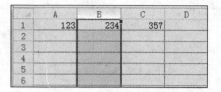

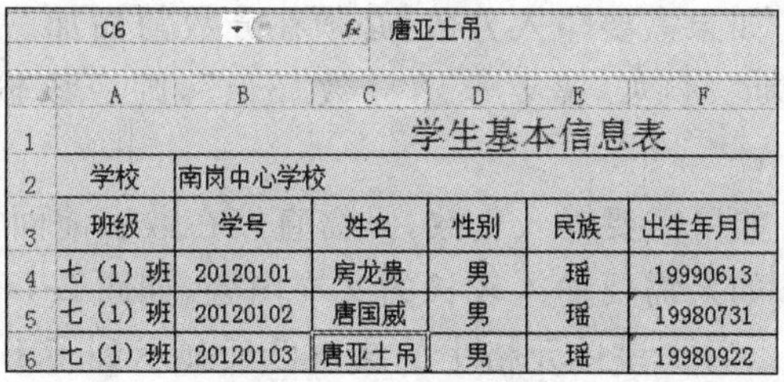

图 2-137　在单元格中输入数据

② 在编辑栏中输入数据

选中单元格，再用鼠标单击编辑栏，当其中出现闪烁的光标时输入需要的数据，然后按 Enter 键或单击编辑栏左侧的 ✔ 按钮。这时单元格中也出现相应的数据。

小妙招　当输入的内容与前面的内容相同时，可以通过按 Alt＋↓ 键将已有的录入项列表进行选择输入，或右击，在弹出的快捷菜单中选择"从下拉式列表中选择"选项来显示已有的录入项列表。

③ 日期与时间的输入

在工作表中可以输入各种格式的日期和时间,在"设置单元格格式"对话框中可以设置日期和时间。若要设置如图 2-130 所示案例的出生日期列的日期形式,单击目标单元格,在"开始"选项卡下单击"数字"组的展开按钮![图标],如图 2-138 所示,弹出"设置单元格格式"对话框,如图 2-139 所示,选择"数字"选项卡下"分类"列表框中的"日期"选项,在右侧"类型"列表框中选择需要的日期样式,本例中选择"2001 年 3 月 14 日",单击"确定"按钮完成。如需要在目标单元格中显示出生日期为"1991 年 8 月 17 日",在目标单元格中直接输入"1991-8-17"或"1991/8/17"即可,此单元格会自动显示所设置的日期样式。

时间的设置同日期方法类似,选择"分类"列表框中的"时间"选项,在类型中选择所需的时间样式即可。

图 2-138　单击启动器按钮

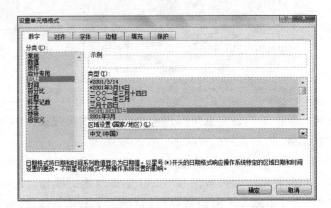

图 2-139　"设置单元格格式"对话框

④ 特殊数据的输入

操作步骤如下。

a. 在学生基本信息表中的学号列,要填入"001",正常输入会自动变为"1",可以在前面加一个英文单引号,如"′001",再按 Enter 键。

b. 如果需要输入分数,必须在分数前面加一个 0 和空格,否则 Excel 可能会将其看作是一个日期。例如,需要显示分数"3/4",则应该输入"0 3/4",否则 Excel 会默认转换成日期"3 月 4 日"。

c. 如果需要输入负数,只需直接在数字前面加一个减号"—"。

d. 如果需要输入较长的文本内容,如图 2-140 所示,在 A1 单元格中输入"学生基本信息表",可以看到该单元格中的文本已经显示到了 B1 单元格中的位置。如果需要较长文本在一个单元格中显示,则可以设置单元格格式为自动换行。方法是选择目标单元格,在"开始"选项卡下"对齐方式"组中单击"自动换行"按钮![图标]。如图 2-141 所示为设置自动换行后的效果,单元格中内容没有超出单元格的列宽,而是在单元格的边框处自动换至第 2 行。

也可以通过缩小字体填充方式,使文本缩小到在一个单元格中显示,不占用两行。方法是选择目标单元格,在"开始"选项卡下单击"对齐方式"组的展开按钮![图标],弹出"设置单元格格式"对话框,如图 2-142 所示,在"对齐"选项卡下选中"缩小字体填充"复选框,取消对"自动换行"复选框的选择,之后单击"确定"按钮。如图 2-143 所示为缩小字体填充的效果。

⑤ 成批填充数据

利用成批填充数据功能,可以将一些有规律的数据或公式方便快速地填充到需要的单元

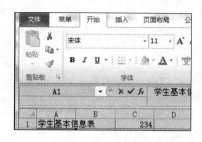

图 2-140　在单元格中输入文本数据

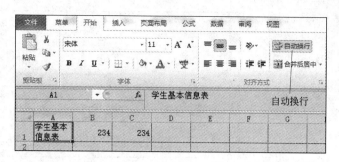

图 2-141　设置自动换行

图 2-142　设置缩小字体填充

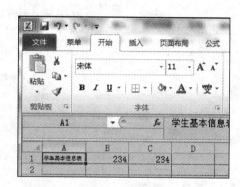

图 2-143　设置缩小字体填充的效果

格中,从而减少重复操作,提高工作效率。操作步骤如下。

a. 在 A1 单元格中输入"星期一"。

b. 现要将"星期二"至"星期日"填充在 B1 至 G1 单元格中。要想快速填充,选择 A1 单元格,并将指针移至该单元格右下角,当指针变成"十"字形状时,按住左键不放向右拖动,如图 2-144 所示,拖动至 G1 单元格松开,则 B1 至 G1 单元格区域自动填充为"星期二"至"星期日",效果如图 2-145 所示。

图 2-144　自动填充

c. 若想填充相同数据,如填充内容均为"星期一",则拖动时按住 Ctrl 键即可。

d. 在成批数据填充完成后的最后一个单元格右下角,会自动显示"自动填充选项"按钮,如图 2-145 所示,单击此按钮,会弹出向下菜单,如图 2-146 所示,显示填充形式,可以根据需要选择填充形式。

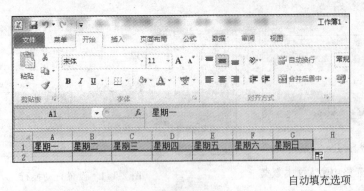

图 2-145　自动填充效果

e. 用户还可以对具有等差或等比的数据进行填充。如需要输入 1 后的偶数,先在 A3、B3 单元格依次输入"2"、"4",选择 A3:B3 单元格,将指针指向 B3 单元格右下角,当光标变成"十"字形状时,向右拖动鼠标至 G3 单元格松开,则 A3～G3 单元格效果如图 2-147 所示。

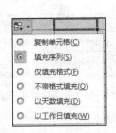

图 2-146　自动填充选项

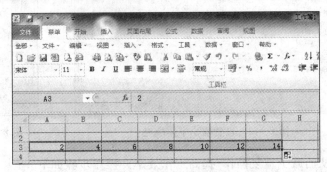

图 2-147　等差数据填充

除上述方法外,还可以在输入 A3、B3 单元格数据后,选中 A3:G3,选择"开始"选项卡下的"编辑"组中的"填充"下三角按钮，如图 2-148 所示,在弹出的列表中选择"系列"选项,弹出"序列"对话框,如图 2-149 所示,在该对话框中,"步长值"自动设置为 A3 和 B3 的差值 2,之后单击"确定"按钮。

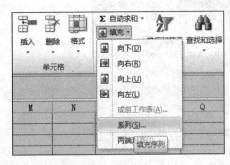

图 2-148　"填充"列表

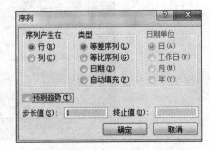

图 2-149　"序列"对话框

提示　如输入数据后,单元格中并不显示所输入的数据,反而出现符号"＃＃＃＃＃",不用担心,这些不是乱码,只是因为单元格的宽度不够容纳这么长的数据,此时只需将光标移动到单元格所在列的列标签的边线上,当光标变为双向箭头时,按住左键拖动加大列宽,即可显示出数据。

(3) 单元格内容的修改和清除

① 单元格内容的修改

将单元格的内容部分改动：双击待修改的单元格，直接对其内容做相应修改，或在编辑栏处修改，按 Enter 键确认所做改动，按 Esc 键取消所做改动。

将单元格的内容完全修改：单击待修改的单元格，输入新内容。按 Enter 键，即可用新数据代替旧数据。

② 单元格内容的清除

输入数据时，不但输入了数据本身，还输入了数据的格式及批注，因此，要根据具体情况确定清除单元格中的内容。如果直接按 Delete 键清除单元格中的内容，但是格式依然存在，可以选中单元格后，在“开始”选项卡下单击“编辑”组下的“清除”按钮 清除 的向下箭头，弹出“清除”级联菜单，如图 2-150 所示，可以根据需要选择清除的内容。

(4) 单元格的插入、移动、复制和删除

除了对单元格数据进行增删改外，还可以对这些数据进行移动、复制等基本操作，以及对单元格进行增、删、改、移等操作。

① 一行或一列单元格的插入

用右击插入行上方的行标签，在弹出的快捷菜单中执行“插入”命令，即在当前行上方插入一行单元格，效果如图 2-151 所示。

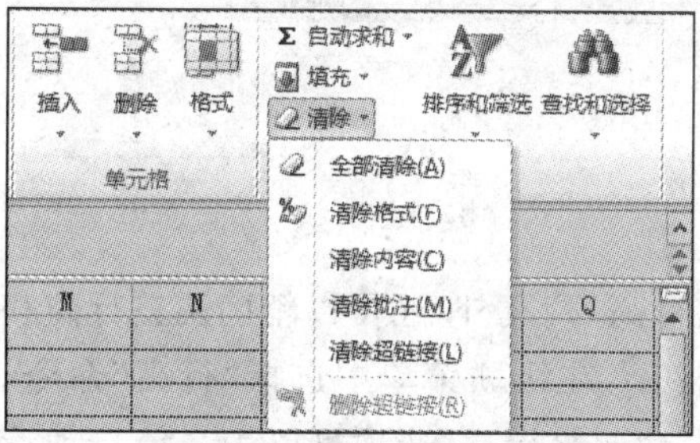

图 2-150 “清除”级联菜单

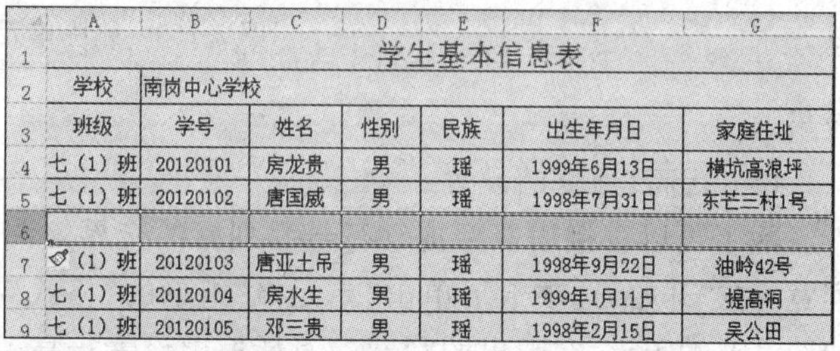

	A	B	C	D	E	F	G
1	学生基本信息表						
2	学校	南岗中心学校					
3	班级	学号	姓名	性别	民族	出生年月日	家庭住址
4	七（1）班	20120101	房龙贵	男	瑶	1999年6月13日	横坑高浪坪
5	七（1）班	20120102	唐国威	男	瑶	1998年7月31日	东芒三村1号
6							
7	（1）班	20120103	唐亚土吊	男	瑶	1998年9月22日	油岭42号
8	七（1）班	20120104	房水生	男	瑶	1999年1月11日	提高洞
9	七（1）班	20120105	邓三贵	男	瑶	1998年2月15日	吴公田

图 2-151 插入整行单元格

插入一列单元格的方法与插入一行单元格的方法类似，只是在列标签上右击，在弹出的快捷菜单中选择“插入”命令，即在选中列的左侧插入一列。

② 一个空白单元格的插入

右击要在当前位置插入单元格的单元格，在弹出的快捷菜单中执行“插入”命令，弹出“插入”对话框，在其中选择插入单元格的位置，如“活动单元格右移”或“活动单元格下移”，单击“确定”按钮插入一个单元格，如图 2-152 所示为将活动单元格下移的效果图。

③ 单元格的移动/复制

移动和复制单元格与剪切和复制 Word 数据的操作步骤类似，可以用快捷键或鼠标拖动实现，也可选中单元格区域，将鼠标放在区域边界框，当光标变成“十”字形状时拖动，即完成移动操作，按住 Ctrl 键拖动即完成复制操作。

④ 单元格的删除

选中要删除的单元格或单元格区域，之后右击，在弹出的快捷菜单中执行“删除”命令，如图 2-153 左图所示，在弹出的“删除”对话框中选中相应的单选按钮，再单击“确定”按钮，将选定的单元格或单元格区域删除，如图 2-153 右图所示为选中“下方单元格上移”单选按钮的

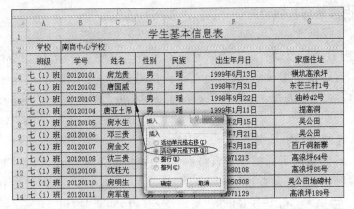

图 2-152　插入一个单元格

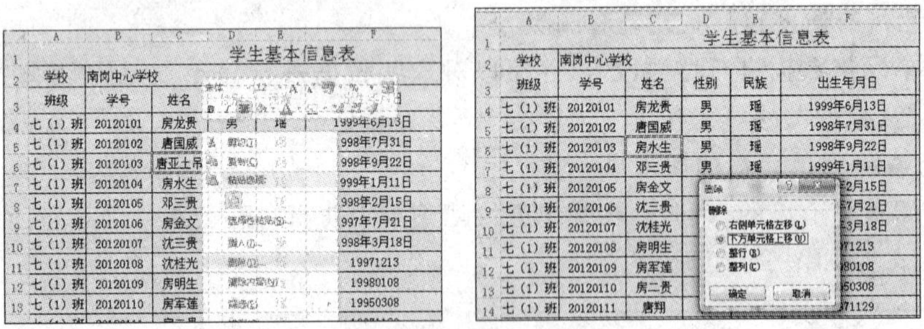

图 2-153　删除单元格

效果。

（5）行高、列宽的设置

除了可以直接用鼠标拖动行号和列标的交界处调整行高、列宽外，还可以精确调整行高和列宽：在"开始"选项卡下单击"单元格"组下的"格式"按钮，在级联菜单中选择"行高"命令，如图 2-154 所示，在弹出的"行高"对话框中设置行高，"自动调整行高"选项可以为系统自动计算行高以适应所填入数据。

同理，设置列宽的方法和行高类似，此处不再赘述。

2. 工作表的编辑

（1）工作表的添加、删除和重命名

工作簿由工作表组成，一个工作簿默认有三张工作表，工作表的操作在使用 Excel 中有着非常重要的作用。

① 工作表的添加

默认情况下，工作簿只显示出 3 个工作表标签，用户可以根据需要添加新的工作表。例如，将案例中的学生基本信息表按每个班做一个工作表，如果一个年级有 20 个班，可以在一个工作簿中创建 20 个工作表，分别存储 20 个班的学生的基本信息。添加工作表的方法主要有以下三种。

方法一：单击"开始"选项卡下的"单元格"组中的"插入"下三角按钮，如图 2-155 所示，选择下拉式列表中的"插入工作表"选项。

方法二：右击任意一个工作表标签，在弹出的快捷菜单中执行"插入"命令，弹出"插入"对话框，如图 2-156 所示。选择"常用"选项卡下的"工作表"图标，单击"确定"按钮，即在选择的

图 2-154　设置行高

图 2-155　插入工作表

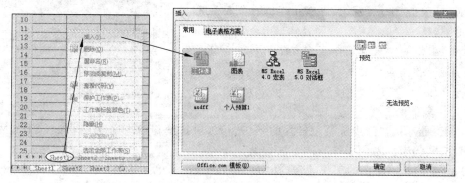

图 2-156　添加工作表

工作表前面插入一张新空白工作表。用户还可以通过"电子方案表格"选项卡插入几种特定模板类型的工作表。

方法三：用单击工作表标签栏中的"插入工作表"按钮，则自动在工作表标签中按顺序插入一张新空白工作表。

② 工作表的删除

在需要删除的工作表标签上右击，在弹出的快捷菜单中执行"删除"命令，即可将当前工作表删除。

③ 工作表的重命名

Excel 2010 中每个工作表名称均默认为"Sheet＋序号"，如 Sheet1、Sheet2、Sheet3。这种名称不直观又不好记，用户可根据需要对不同工作表进行重命名。通常需要为工作表取一个见名知意的名称，如"学生基本信息表"、"学生成绩表"等。常用的重命名方法有以下三种。

方法一：右击要重命名的工作表，在弹出的快捷菜单中执行"重命名"命令，工作表标签名变为选中状态，此时输入新名称，按 Enter 键确认。

方法二：在工作表标签处双击要重命名的工作表名，在高亮显示的标签名上输入新名称，按 Enter 键确认。

方法三：选择"开始"选项卡下的"单元格"组下的"格式"下三角按钮，在下拉式列表中选择"重命名工作表"选项，工作表标签名会变成选中状态，输入新名称，按 Enter 键确认。

（2）工作表的移动、复制和隐藏

对于工作簿中的工作表，还可以对其进行移动、复制或隐藏等操作。

①　在同一个工作簿中移动/复制工作表

选中要移动的工作表标签,按住鼠标左键向左或向右拖动,同时有一个小三角形跟随移动,当小三角形达到需要的位置时松开左键,即将工作表标签移到小三角形所在的位置。

复制工作表的方法与移动工作表类似,只需在拖动时按住 Ctrl 键。

②　在不同工作簿中移动/复制工作表

可以在不同的工作簿中移动工作表,方法是:右击要移动的工作表,在弹出的快捷菜单中执行"移动或复制"命令,弹出"移动或复制工作表"对话框,如图 2-157所示,在"工作簿"下拉式列表中选择目标工作簿,在"下列选定工作表之前"下面的列表框中选择它位于哪个工作表的前面,单击"确定"按钮,即将工作表移到指定的目标工作簿中。

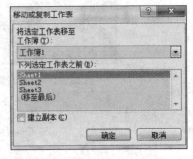

图 2-157　"移动或复制工作表"对话框

在不同工作簿中复制工作表的方法与移动工作表类似,只是需要在"移动或复制工作表"对话框中选中"建立副本"复选框。

③　工作表的隐藏

为了某种需要,如减少屏幕上显示的工作表数、对比或修改两个相隔较远的工作表,可以将工作表隐藏起来。隐藏工作表的方法如下。

方法一:选择要隐藏的工作表,选择"开始"选项卡下"单元格"组下"格式"下三角按钮,选择"隐藏和取消隐藏"级联菜单下的"隐藏工作表"选项,如图 2-158 所示。

如果要取消隐藏,选择"隐藏和取消隐藏"级联菜单下的"取消隐藏工作表"选项,在弹出的"取消隐藏"对话框中选择要取消隐藏的工作表,单击"确定"按钮。

方法二:右击工作表标签中的目标工作表,在弹出的快捷菜单中选择"隐藏"选项,即可将当前工作表隐藏。选择"取消隐藏",则可以将已经隐藏的工作表取消隐藏。

同样,还可以隐藏工作表中的某些行或列,选中要隐藏的行或列,右击,在弹出的快捷菜单中执行"隐藏"命令,如图 2-159 所示。

图 2-158　隐藏工作表

图 2-159　隐藏行/列

如果想取消隐藏行或列,可先选择被隐藏行或列的前后两行或两列,右击,在弹出的快捷菜单中执行"取消隐藏"命令。

3. 工作簿窗口的管理

工作簿窗口的管理,包括新建窗口、重排窗口以及窗口的拆分与撤销、窗格的冻结与撤销等。

(1) 新建窗口

和 Word 新建窗口一样,Excel 2010 也允许为一个工作簿另开一个或多个窗口,这样就可以在屏幕上同时显示并编辑操作同一个工作簿的多个工作表,或者同一个工作表的不同部分。还可以为多个工作簿打开多个窗口,以便在多个工作簿之间进行操作。

单击"视图"选项卡下的"新建窗口"命令,就可以为当前活动的工作簿打开一个新的窗口。

新窗口的内容与原工作簿窗口的内容完全一样,即新窗口是原窗口的一个副本,对文档所做的各种编辑在两个窗口中同时有效。使用原本、副本窗口,可以同时观看工作表的不同部分。所不同的是,如果原工作簿窗口的名称为"学生基本信息表",则现在变为"学生基本信息表.xlsx:1",而新窗口的名称为"学生基本信息表.xlsx:2";若需要两个窗口同时查看,则单击"视图"选项卡下的"并排查看"按钮 并排查看,如图 2-160 所示,此时可以通过滚动条分别查看上下两个窗口。当并排查看后,"同步滚动"按钮 同步滚动 为可选状态,若"视图"选项卡下的"同步滚动"按钮为选中状态,则滚动鼠标滚轮时上下两个窗口将同时滚动查看。

(2) 重排窗口

重排窗口可以将打开的各工作簿窗口按指定方式排列,以方便同时观察、更改多个工作簿窗口的内容。具体方法是,单击"视图"选项卡下的"全部重排"命令,弹出"重排窗口"对话框,如图 2-161 所示。

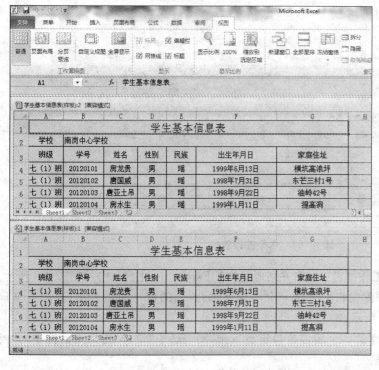

图 2-160　并排查看同一工作簿的两个窗口　　　　图 2-161　"重排窗口"对话框

在"排列方式"栏中,分为"平铺"、"水平并排"、"垂直并排"、"层叠"四个单选项,含义如下。

若选择"平铺",则各工作簿窗口均匀摆放在 Excel 2010 主窗口内,如图 2-162 所示。

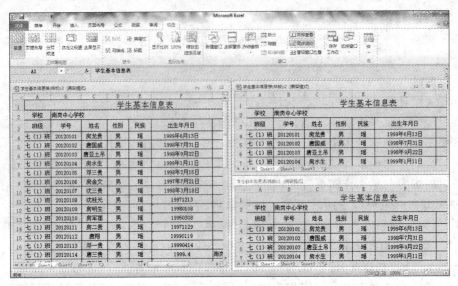

图 2-162　窗口平铺效果

若选择"水平并排",则各工作簿窗口上下并列地摆放在 Excel 2010 主窗口内,如图 2-163 所示。

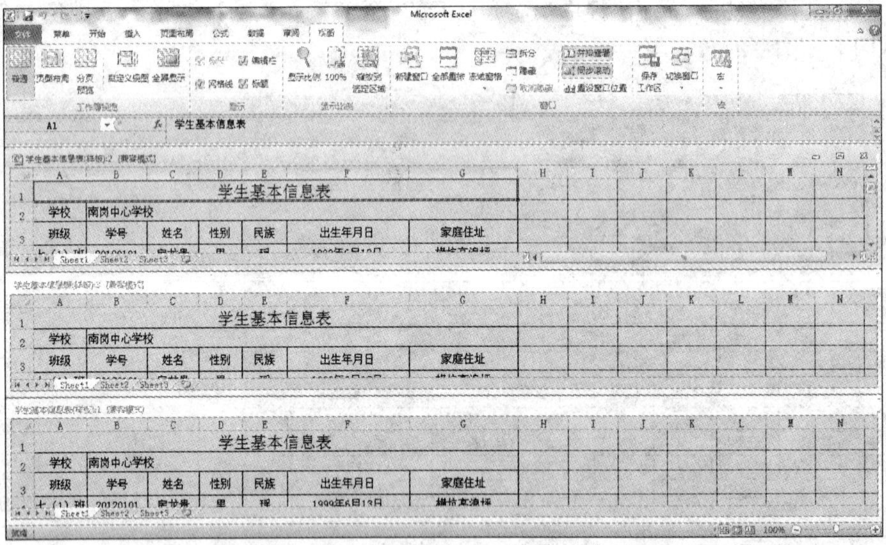

图 2-163　水平并排效果

若选择"垂直并排",则各工作簿窗口左右并列地摆放在 Excel 2010 主窗口内,如图 2-164 所示。

若选择"层叠",则各工作簿窗口一个压一个地排列,最前面的窗口完整显示,其余各窗口依次露出标题栏,如图 2-165 所示。

如果只对当前活动工作簿的各个新建窗口进行重排,则需选中"重排"窗口对话框中的"当前活动工作簿的窗口"复选框。

当单击窗口中的内容时,就激活了该窗口。被激活的窗口即为当前窗口,便可以对其进行

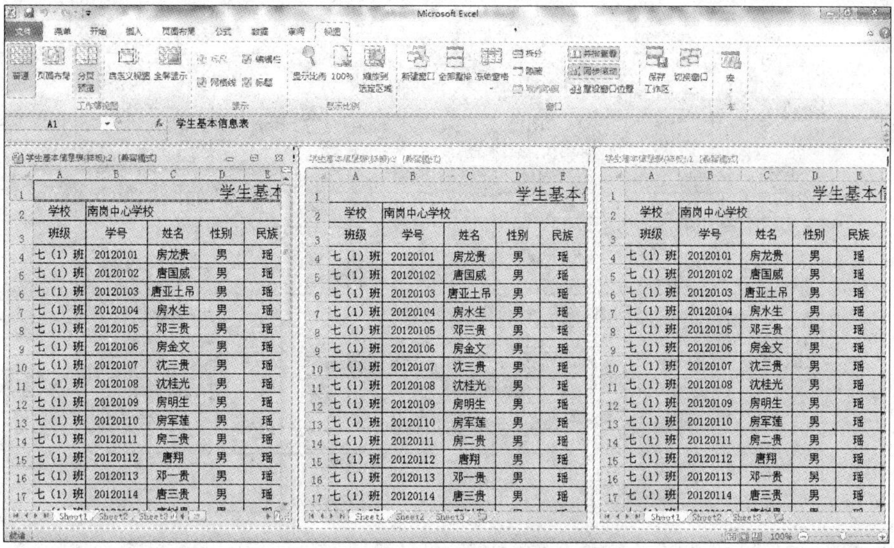

图 2-164　垂直并排效果

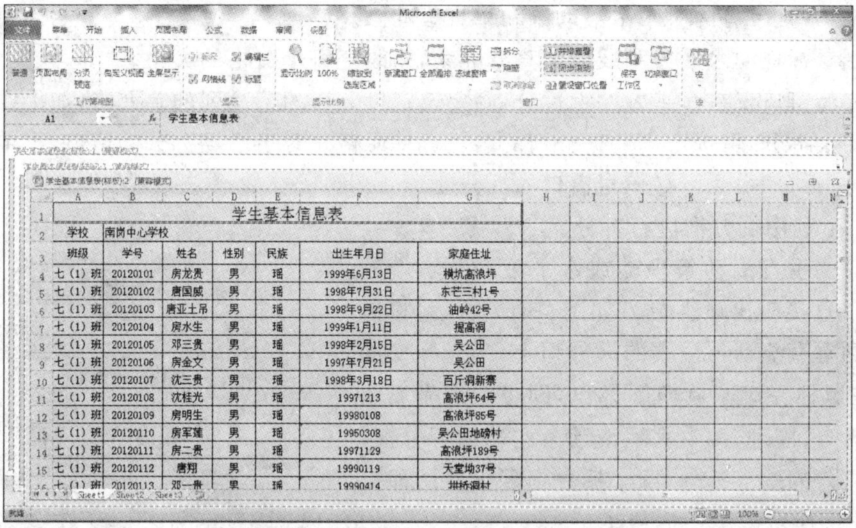

图 2-165　层叠效果

相应的修改等操作。可以按住 Ctrl 键，再反复按 F6 键，依次激活各工作簿。

（3）窗口的拆分与撤销

在 Word 2010 表格的应用中，有拆分表格的情况；对于工作表的拆分也是类似的。工作表被拆分后，相当于形成四个窗格，各有一组水平或垂直滚动条，这样能在不同的窗格内浏览一个工作表中的各个区域的内容。尤其对于庞大的工作表，用户在对比数据时常常使用滚动条，若使用拆分工作表的功能，将大大提高工作效率。可以用以下两种方式对窗口进行拆分。

方法一：利用窗口菜单进行拆分，操作步骤如下。

① 选择欲拆分窗口的工作表。

② 选定要进行窗口拆分位置处的单元格，即分隔线右下方的第一个单元格，如图 2-166 所示。

	A	B	C	D	E	F	G
					学生基本信息表		
2	学校	南岗中心学校					
3	班级	学号	姓名	性别	民族	出生年月日	家庭住址
4	七(1)班	20120101	房龙贵	男	瑶	1999年6月13日	横坑高浪坪
5	七(1)班	20120102	唐国威	男	瑶	1998年7月31日	东芒三村1号
6	七(1)班	20120103	唐亚土吊	男	瑶	1998年9月22日	油岭42号
7	七(1)班	20120104	房水生	男	瑶	1999年1月11日	提高洞
8	七(1)班	20120105	邓三贵	男	瑶	1998年2月15日	吴公田
9	七(1)班	20120106	房金文	男	瑶	1997年7月21日	吴公田
10	七(1)班	20120107	沈三贵	男	瑶	1998年3月18日	百斤洞新寨
11	七(1)班	20120108	沈桂光	男	瑶	19971213	高浪坪64号
12	七(1)班	20120109	房明生	男	瑶	19980108	高浪坪85号
13	七(1)班	20120110	房军莲	男	瑶	19950308	吴公田地磅村
14	七(1)班	20120111	房二贵	男	瑶	19971129	高浪坪189号
15	七(1)班	20120112	唐翔	男	瑶	19990119	天堂坳37号

图 2-166　拆分窗口

③ 单击"视图"选项卡下的"拆分"命令,原窗口从选定的单元格处将窗口分成上、下、左、右四个窗格,并且带有两对水平滚动条和垂直滚动条。

可以用鼠标拖动水平分割线或竖直分隔线,以改变每个窗格的大小。

如果要将窗口仅在水平方向上拆分,则要选定拆分行的第一列的单元格;如果要将窗口仅在垂直方向上拆分,可选定需要拆分列的第一行单元格。对于已经拆分的窗口,再单击"视图"选项卡下的"拆分"命令可撤销对窗口的拆分。

方法二:利用拆分框进行拆分。

用窗口中垂直滚动条顶端或水平滚动条右端的拆分框可以直接对窗口拆分。如图 2-167 所示,将鼠标指针放到垂直滚动条顶端的拆分框上,当光标变成 ÷ 时,按住鼠标左键不放向下拖曳,即将窗口完成上下的水平拆分;同理,调节水平滚动条右端的拆分框,可以完成窗口的垂直拆分;两个拆分框混台使用即完成如图 2-166 所示的十字拆分。

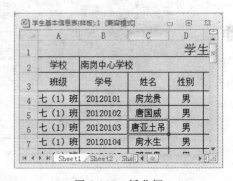

图 2-167　拆分框

双击分割线可取消当前分割线;双击垂直分隔线和水平分隔线的交叉处,可同时取消垂直和水平拆分。

(4) 窗格的冻结与撤销

当查看一个大的工作表的时候,常常希望将工作表的表头(即表的行列标题)锁住,只滚动表中的数据,使数据与标题能够对应。此时就可以冻结窗格。冻结窗格可以是首行、首列或者所选中单元格的左上方区域。如图 2-168 所示为冻结选中单元格的左上方区域的形式,无论用户怎样移动工作表的滚动条,被冻结的区域始终不动,始终显示在工作表中。在处理表格时,如要经常比照标准数据,用冻结的方法将大大提高工作效率。

可以先进行窗口拆分,然后再冻结窗格;也可以直接冻结窗格。下面介绍直接冻结窗格的方法。

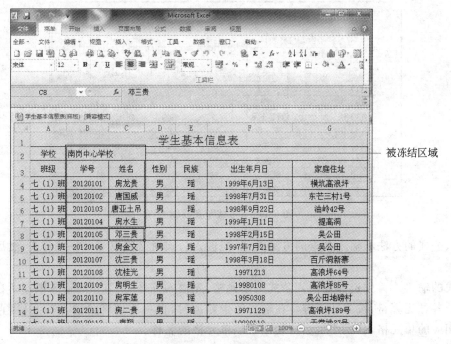

图 2-168　冻结窗格

方法一：选择要冻结窗格的工作表。

方法二：选定要进行窗格冻结位置处的单元格，如图 2-168 所示，选中 C8 单元格。

方法三：单击"视图"选项卡下的"冻结窗格"命令，会出现级联菜单，如图 2-169 所示。在级联菜单中选择"冻结拆分窗格"选项，则会将工作表冻结成如图 2-168 所示的效果。若需要首行的数据不随滚动条滚动而移动，则选择"冻结首行"选项；若需要首列的数据不随滚动条滚动而移动，则选择冻结首列选项。

若要取消冻结，单击"视图"选项卡下的"冻结窗格"命令，在级联菜单中选择"取消冻结窗格"选项即可。

图 2-169　"冻结窗格"级联菜单

2.2.3　公式与函数

Excel 2010 除了能进行一般的表格处理外，还具有强大的计算功能。在工作表中使用公式和函数，能对数据进行复杂的运算和处理。公式与函数是 Excel 2010 的精华之一，本节介绍公式的创建以及一些常用函数的使用方法。

图 2-170 所示的是学生考试考查成绩表，通过公式和函数的计算，求出每个学生各门课程总分和平均分字段的值。

1. 公式的使用

在 Excel 2010 中，公式是对工作表中的数据进行计算操作的最为有效的方式之一，用户可以使用公式来计算电子表格中的各类数据得到结果。

（1）公式的创建

使用公式可以执行各种运算。公式是由数字、运算符、单元格引用和工作表函数等组成

	A	B	C	D	E	F	G	H
1	考试考查成绩表							
2	学校	南岗中心学校						
3	班级	学号	姓名	数学	英语	应用技术	总分	平均分
4	七(1)班	20120101	房龙贵	98	65	88	251	83.66667
5	七(1)班	20120102	唐国威	86	86	76	434	82.66667
6	七(1)班	20120103	唐亚土吊	76	88	98	262	87.33333
7	七(1)班	20120104	房水生	77	88	88	253	84.33333
8	七(1)班	20120105	邓三贵	67	88	99	254	84.66667
9	七(1)班	20120106	房金文	77	88	99	264	88
10	七(1)班	20120107	沈三贵	56	77	89	222	74
11	七(1)班	20120108	沈桂光	77	88	99	264	88

图 2-170   考试考查成绩表

的。输入公式的方法与输入数据的方法类似,但输入公式时必须以等号"="开头,然后才是公式表达式。

公式的输入。首先选择要输入公式的单元格,先输入等号"=",然后输入数据所在的单元格名称及各种运算符,按 Enter 键。在输入每个数据时,也可不用键盘输入单元格,直接用鼠标单击相应的单元格,公式中也会自动出现该单元格的名称。

图 2-170 所示的案例,要计算一个班级中每位学生的总分,操作步骤如下。

① 选中第一个学生所在的总分字段的单元格 G4。

② 直接输入等号"=",再输入要相加的各科成绩所在的单元格 D4 至 F4 相加的表达式,即形成公式"=D4+E4+F4",编辑栏中也同时出现相应的公式。

③ 按 Enter 键,即得到四科成绩相加的结果,如图 2-171 所示。

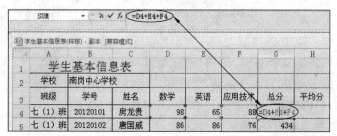

图 2-171   利用公式求总分

在工作表中显示公式和数值。在工作表中,如果希望显示公式内容或显示公式结果,按 Ctrl+' 键,便可进行二者之间的切换。

(2) 公式的复制和移动

Excel 2010 在进行数据处理时,有对复杂公式的修改和重复输入,此时可以利用移动、复制公式功能。其操作与移动和复制单元格的操作类似,只是公式的复制会使单元格地址发生变化,它们会对结果产生影响。

例如,在本案例中计算出第一个学生的成绩后,可以将这个学生的公式复制到其他学生的相应单元格中。操作步骤如下。

① 选中一个包含公式的单元格,这里选中单元格 G4。

② 将光标移动到此单元格的右下角,此时鼠标指针变为“十”字形状。

③ 按住左键向下拖动,直到选中该表格中 G 列的最后一个学生的总分单元格,即单元格 G11,如图 2-172 所示。

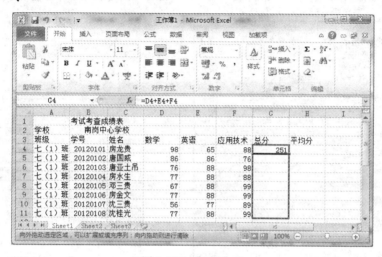

图 2-172　复制公式

④ 松开左键,G 列其他单元格的计算结果自动出现在相应单元格中,如图 2-173 所示。

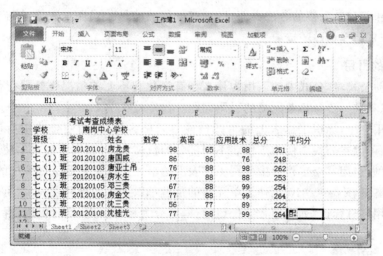

图 2-173　复制公式后的结果

如果复制公式的单元格不是连续的,则无法使用上述方法,可直接对公式复制,然后选择粘贴即可。从上面的例子可以看出,Excel 2010 的公式复制功能对大量的统计计算很方便。但是,如果有时需要复制总分列的结果,而不想复制公式,直接粘贴会默认复制公式,并不是用户想要的数据,此时可以通过“选择性粘贴”来实现数值的复制。操作步骤如下。

① 选中带有公式的单元格,右击,在弹出的快捷菜单中执行"复制"命令。

② 右击目标单元格或单元格区域,在弹出的快捷菜单中把光标指向"选择性粘贴"选项处,会自动出现级联菜单,将以功能按钮的形式显示所有粘贴的样式。

③ 当光标停留在每个"粘贴"按钮上时,会提示粘贴名称,单击需要的样式即可。如图 2-174 所示为快捷菜单中"选择性粘贴"级联菜单效果。

若对级联菜单不熟悉,可以单击"选择性粘贴"命令,则弹出"选择性粘贴"对话框,此对话框以文字形式显示粘贴形式,如图 2-175 所示,用户可以根据需要选中"粘贴"下的一个单选按钮。例如,需要粘贴计算结果时,可以选择"数值"单选按钮,之后单击"确定"按钮。

图 2-174　"选择性粘贴"级联菜单　　　图 2-175　"选择性粘贴"对话框

移动公式和移动单元格的方法类似,区别在于移动的是公式还是数值,同样可以根据"选择性粘贴"命令来选择粘贴的选项。

2. 单元格的引用

复制和移动公式时,公式中的引用为什么会有变化和不变的情况呢? 要想彻底明白这个问题,需要了解和进一步分析单元格的引用问题。

引用的作用在于,标识工作表上的单元格或单元格区域,并指明公式中所使用的数据位置。通过引用,可以在公式中使用工作表不同部分的数据,或者在多个公式中使用同一个单元格的数值,还可以引用一个工作簿中不同工作表上的单元格以及其他工作簿中的数据。

在默认状态下,Excel 2010 工作表单元格的位置都以列标和行号来表示,称为 A1 引用类型。这种类型用字母标识"列"、用数字标识"行",可分为相对引用、绝对引用、混合引用和三维引用。

(1) 相对引用

相对引用是指当前单元格与公式所在单元格的相对位置。Excel 2010 系统默认,所有新创建的公式均使用相对引用。

例如,将本案例中的单元格 G4 中的相对引用公式"=D4+E4+F4"复制到单元格 G5 中,列号相同,行号下移一位,则复制后的相对引用公式中的行号也随之下移一位,G5 单元格中的公式自动变成"=D5+E5+F5",复制到 G6 至 G11,同理,如图 2-176 所示。

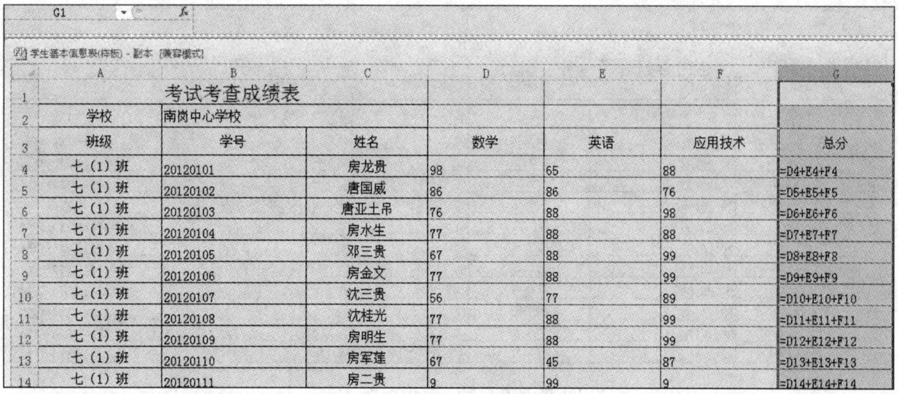

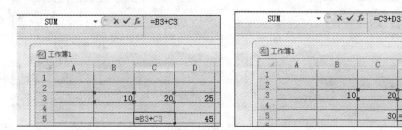

图 2-176　成绩相对引用

图 2-177 示例的操作步骤如下。

图 2-177　相对引用示例

① 在 B3、C3、D3 单元格中,分别输入 10、20、25。

② 在 C5 单元格中,输入公式"＝B3+C3"。

③ 将 C5 单元格复制到 D5 单元格,D5 单元格中的公式改为"＝C3+D3",即相对于 C5 公式中的列标加 1。

（2）绝对引用

绝对引用是指把公式复制或填入新位置时,公式中引用的单元格地址保持固定不变。在 Excel 2010 中,绝对引用通过对单元格地址的"绑定"来达到目的,即在列号和行号前添加美元符号"＄",采用的格式是＄C＄3。＄C＄3 和 C3 的区别在于:使用相对引用时,公式中引用的单元格地址会随着单元格的改变而相对改变;使用绝对引用时,公式中引用的单元格地址保持绝对不变。

例如,将 G4 单元格中的公式改为"＝＄D＄4＋＄E＄4＋＄F＄4",则同样复制到 G5 至 G14,效果如图 2-178 所示,所有公式引用的单元格是完全一样的,并不随着单元格的改变而改变。

（3）混合引用

混合引用是指在公式中既使用相对引用,又使用绝对引用。当进行公式复制时,绝对引用部分保持不变,相对引用部分随单元格位置的变化而变化。

例如,在图 2-177 例子中,将单元格 G5 引用公式改为"＝＄B＄3＋C3",结果为 30,其含义为:无论复制到任何位置,B3 是绝对不变的。C3 相对变化,将单元格 C5 复制到 D5,则 D5 单元格中的公式自动变为"＄B＄3＋D3",结果为 35,即公式中第一个单元格仍然是 B3 中的数

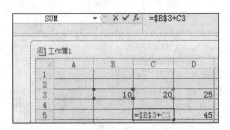

图 2-178　成绩的绝对引用

值 10 不变,第二个单元格相对从 C3 移至 D3,如图 2-179 所示。

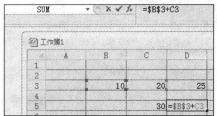

图 2-179　混合引用示例

同样,也有形如"=$B3+C$3"样式的混合引用,其含义为:$B3 指列标"B"绝对不变,行号"3"相对变化;C$3 指列标"C"相对变化,行号"$3"绝对不变。

小妙招　运用快捷方式设置引用类型。在公式中使用引用时,可以通过多次按快捷键 F4 来选择哪种引用效果,光标在哪个引用名字上就变化哪个引用效果。例如,单元格 F4 中输入的是"=C5+B6",当光标放在 B6 的位置时,按 F4 快捷键则 B6 的位置依次变化为"B$6"、"$B6"、"B6"和"B6"。

(4) 三维引用

三维引用的含义是:在同一工作簿中引用不同工作表中单元格或区域中的数据。一般格式如下:

工作表名称!单元格或区域

例如,要计算某学生学年总分,需将学生第一学期总成绩和第二学期总成绩相加,两个学期总成绩在一个工作簿的两个工作表中,分别在 Sheet1 和 Sheet2 中,则在 Sheet2 中的学年总分单元格 B2 中应输入公式"=Sheet!H4+A2"形式的公式,如图 2-180 所示。

图 2-180　三维引用示例

三维引用的创建步骤如下。

① 选择需要设置三维引用公式的单元格。

② 输入"＝"字符表示公式开始,公式中的非三维引用部分可以直接输入或直接选择输入。

③ 要输入三维引用的部分,单击以选择切换到三维引用所需的工作表,并选定要使用的单元格或区域。

④ 输入完成后,按 Enter 键或单击选择输入按钮。

3. 函数的使用

函数是一些预定义的公式,是对一个或多个执行运算的数据进行指定的计算,并且返回计算值的公式。执行运算的数据(包括文字、数字、逻辑值),称为函数的参数;经函数执行后传回来的数据,称为函数的结果。

(1) 函数的分类

Excel 2010 中提供了大量可用于不同场合的各类函数,分为财务、日期与时间、数学与三角函数、统计、查找与引用、数据库、文本、逻辑和信息等。这些函数极大地扩展了公式的功能,使数据的计算、处理更为容易,更为方便,特别适用于执行繁长或复杂的计算公式。

(2) 函数的语法结构

Excel 2010 中函数最常见的结构以函数名称开始,后面紧跟左小括号,然后以逗号分隔输入参数,最后是右小括号结束。格式如下:

函数名(参数 1,参数 2,参数 3,…)

例如:

SUM(number1,number2, number3,…)

函数的调用方法有两种。一种方法为"公式"选项卡下的"自动求和"下三角按钮,如图 2-181 所示,单击"自动求和"右侧的向下箭头弹出下拉菜单,显示五种最常用的函数以及最下方的其他函数,此种方法更为方便,不易出错。另一种方法是直接输入函数,操作步骤如下。

① 单击"公式"选项卡下的"插入函数"按钮 f_x。

② 在"插入函数"对话框中,选择"搜索函数"中的"选择类别"下拉式列表及"选择函数"列表对应的函数名,如图 2-182 所示。

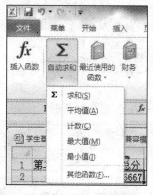

图 2-181　自动求和菜单

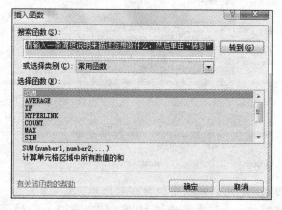

图 2-182　"插入函数"对话框

③ 单击"确定"按钮,弹出相应的"函数参数"对话框。

④ 输入"number1,number2,number3,…"中的参数,单击"确定"按钮。

(3) 常用函数

① 求和函数 SUM。函数格式如下:

SUM(number1,number2,number3, …)

功能:返回参数表中所有参数的和。

例如,在"考试考查成绩表"案例中,学生总分用加法公式计算稍显麻烦。可以用求和函数计算,直接在 G4 单元格中输入"＝SUM(D4:F4)",或者单击"公式"选项卡下"自动求和"按钮 Σ,选中需要求和的单元格区域"D4:F4",按 Enter 键,如图 2-183 所示。如要计算不连续单元格的和,则与不连续单元格选取的方法类似,单击"自动求和"按钮后,选取第一个需要求和的单元格,再按住 Ctrl 键不放,选取不连续的需要求和的单元格,按 Enter 键确认结束。

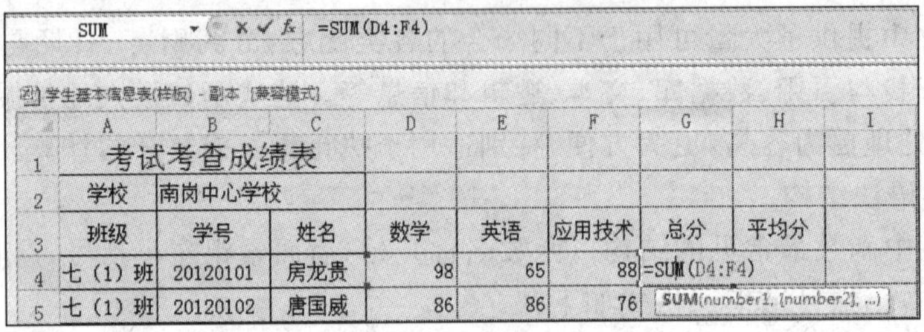

图 2-183　用求和函数计算总分

② 求平均值函数 AVERAGE。函数格式如下:

AVERAGE(number1, number2, number3, …)

功能:返回参数表中所有参数的平均值。

例如,在"考试考查成绩表"案例中计算学生的平均分,与自动求和类似,可以直接在 H4 单元格中输入"＝AVERAGE(D4:F4)"。或者使用"自动求和"按钮右侧的向下箭头,在弹出的下拉菜单中选择"平均值"选项,选择"D4:F4"单元格区域,如图 2-184 所示,再按 Enter 键即完成。

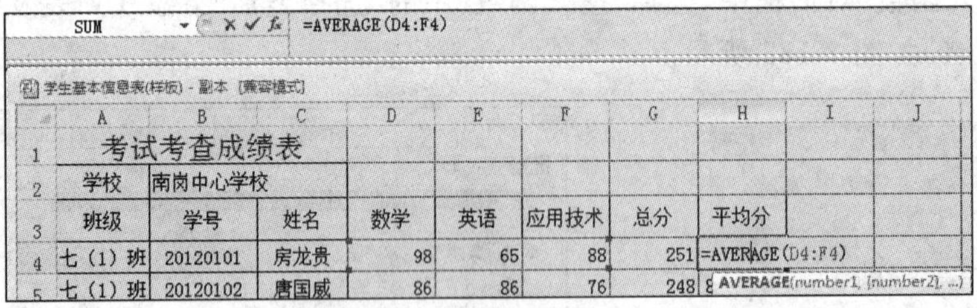

图 2-184　用函数求平均分

③ 求最大值函数 MAX。函数格式如下:

MAX(number1,number2,number3,…)

功能:返回参数表中所有参数的最大值。

例如,在"考试考查成绩表"案例中,添加一行计算数学课程的最高分。选取单元格 D15,直接输入"＝MAX(D4:D14)",或者选择"自动求和"按钮菜单中的"最大值"选项,选取

D4:D16，如图 2-185 所示，再按 Enter 键即完成。

④ 求最小值函数 MIN。函数格式如下：

`MIN(number1,number2,number3,…)`

功能：返回参数表中所有参数的最小值。求值方法与 MAX 函数相同。

⑤ 计数函数 COUNT。函数格式如下：

`COUNT(number1, number2, …, numbern)`

功能：返回参数表中数字项的个数。COUNT 属于统计函数。

COUNT 函数最多可以有 30 个参数，函数
COUNT 在计数时，将数字、日期或以文本代表的数字计算在内，错误值或其他无法转换成数字的文字将被忽略。例如，公式"＝COUNT(B4:D7,F10,15,"abc")"，表示判断"B4：D7"单元格区域和"F10"单元格中，是否包含数字、日期或以文本代表的数字，如果有，则统计个数，15 为数字数值，计数加 1，"abc"为文本英文字符，不进行计数。

⑥ IF 函数。函数格式如下：

`IF(logical_test, value_if_true,value_if_false)`

功能：判断条件表达式的值，根据表达式值的真假，返回不同结果。

其中，logical_test 为判断条件，是一个逻辑值或具有逻辑值的表达式。如果 logical_test 表达式为真时，显示 value_if_true 的值；如果 logical_test 表达式为假时，显示 value_if_false 的值。

例如，评价数学成绩，60 分以上的显示"及格"，小于 60 分的显示"不及格"，在评价单元格"E4"中直接输入公式"＝IF(D4＞＝60,"及格","不及格")"，或者单击常用工具栏中的"自动求和"右侧的向下按钮，在弹出的下拉菜单中选择"其他函数"中的 IF 函数，弹出"函数参数"对话框，在相应单元格中输入，如图 2-186 所示，最终效果如图 2-187 所示。

图 2-185 中的表格内容如下：

A	B	C	D	E	F
考试考查成绩表					
学校	南岗中心学校				
班级	学号	姓名	数学	英语	应用技术
七(1)班	20120101	房龙贵	98	65	88
七(1)班	20120102	唐国威	86	86	76
七(1)班	20120103	唐亚土吊	76	88	98
七(1)班	20120104	房水生	77	88	88
七(1)班	20120105	邓三贵	67	88	99
七(1)班	20120106	房金文	77	88	99
七(1)班	20120107	沈三贵	56	77	89
七(1)班	20120108	沈桂光	77	88	99
七(1)班	20120109	房明生	77	88	99
七(1)班	20120110	房军莲	67	45	87
七(1)班	20120111	房二贵	9	99	9
			=MAX(D4:D14)		

图 2-185　求数学成绩最高分

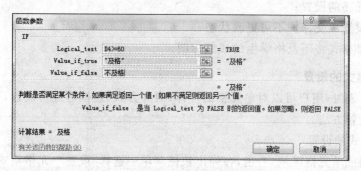

图 2-186　IF "函数参数"对话框

函数可以嵌套，当一个函数作为另一个函数的参数时，称为函数嵌套。函数嵌套可以提高公式对复杂数据的处理能力，加快函数处理速度，增强函数的灵活性。IF 函数最多可以嵌套 7 层。如将数学评价改进，将评价等级细分，分成优、良、中、及格、不及格 5 个等级，就要用函

数嵌套的形式了,logical_test 为最高的条件 D4＞＝90、value_if_true 等级为"优秀",而在 value_if_false 中为小于 90 分的情况,所以以此为前提再细分,又是一个 IF 函数,以此类推, 则公式为"＝IF(D4＞＝90,"优",IF(D4＞＝80,"良",IF(D4＞＝70,"中",IF(D4＞＝60,"及 格","不及格"))))",最终效果如图 2-188 所示。

	A	B	C	D	E
1	考试考查成绩表				
2	学校	南岗中心学校			
3	班级	学号	姓名	数学	评价
4	七(1)班	20120101	房龙贵	98	及格
5	七(1)班	20120102	唐国威	86	及格
6	七(1)班	20120103	唐亚土吊	76	及格
7	七(1)班	20120104	房水生	77	及格
8	七(1)班	20120105	邓三贵	67	及格
9	七(1)班	20120106	房金文	77	及格
10	七(1)班	20120107	沈三贵	56	不及格
11	七(1)班	20120108	沈桂光	77	及格
12	七(1)班	20120109	房明生	77	及格
13	七(1)班	20120110	房军莲	67	及格
14	七(1)班	20120111	房二贵	9	不及格

图 2-187　成绩评价效果图

	A	B	C	D	E
1	考试考查成绩表				
2	学校	南岗中心学校			
3	班级	学号	姓名	数学	评价
4	七(1)班	20120101	房龙贵	98	优
5	七(1)班	20120102	唐国威	86	良
6	七(1)班	20120103	唐亚土吊	76	中
7	七(1)班	20120104	房水生	77	中
8	七(1)班	20120105	邓三贵	67	及格
9	七(1)班	20120106	房金文	77	中
10	七(1)班	20120107	沈三贵	56	不及格
11	七(1)班	20120108	沈桂光	77	中
12	七(1)班	20120109	房明生	77	中
13	七(1)班	20120110	房军莲	67	及格
14	七(1)班	20120111	房二贵	9	不及格

图 2-188　使用 IF 嵌套的成绩评价效果图

2.2.4　工作表的格式化

在 Excel 2010 中,用户可根据需要对工作表中的单元格数据设置不同的格式进行修饰。 Excel 2010 提供了丰富的格式化设置选项,使工作表和数据格式的设置更加便于编辑、更加美观。

工作表的格式化包括设置数字格式、设置对齐格式、设置字体格式、设置边框和底纹格式等。图 2-189 是修饰后的成绩表,本案例需对上节案例中的"考试考查成绩表"进行格式化,格式设置如下。

① 表格字体字号以及数字格式的合理设置;

② 表格文字对齐方式的合理设置;

③ 边框和底纹的合理设置;

④ 合并单元格的设置;

⑤ 将表格设置成受保护不可更改状态;

⑥ 利用条件格式将不及格学生的成绩标明。

1. 单元格格式的设置

在制作工作表时,用户可以对单元格的字体、对齐方式、边框等进行设置,下面将分别介绍单元格格式的设置方法。

(1) 数字格式的设置

选定单元格或单元格区域,右击,在弹出快捷菜单中选择"设置单元格格式"选项,弹出"设置单元格格式"对话框,选择"数字"选项卡,在"分类"框中选择某一个选项,会在"示例"框显示所选单元格应用所选格式后的外观,如图 2-190 所示。

在图 2-189 所示的案例中,"学号"列需设置数字格式为"文本","平均分"列应设置为"数值",且"小数位数"设置为"2"位,则在图 2-190 的"示例"框中显示"70.50"效果,也可根据单元格需要选择"负数"列表框中的负数表达方式,如图 2-190 所示。

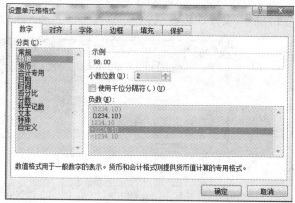

图 2-189 修饰成绩表　　　　　　　　图 2-190 "数字"选项卡

除使用"设置单元格格式"对话框方式设置数字格式外,还可以使用"开始"选项卡下"数字"组中的"数字格式"下拉式列表设置数字格式。

（2）对齐格式的设置

选择"设置单元格格式"对话框中的"对齐"选项卡,如图 2-191 所示,可以设置水平对齐方式、垂直对齐方式及文本方向等。在本案例中,表格标题的水平对齐和垂直对齐都为居中对齐;"班级"、年月日为靠右对齐;"制表人"为靠左对齐。在"开始"菜单下"对齐方式"组中工具栏的 ☰ ☰ ☰ 对齐按钮,分别表示靠左、居中和靠右对齐。在"方向"栏中可以设置文字角度;"文本控制"中的"合并单元格"复选框作用与"开始"菜单下"对齐方式"组中工具栏的 ☒ 按钮作用相同;"自动换行"复选框和"缩小字体填充"复选框已在数据编辑中讲过,这里不再赘述。本案例中的标题、年月日及班级均设置了合并单元格。

（3）字体格式的设置

单击"设置单元格格式"对话框中的"字体"选项卡,如图 2-192 所示,其中的设置与 Word 2010 中的类似,这里不再赘述。

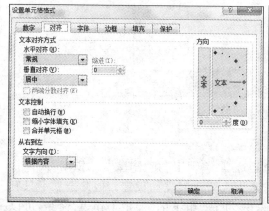

图 2-191 "对齐"选项卡

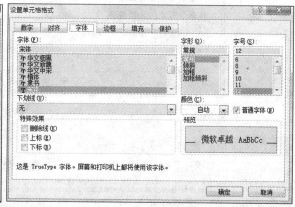

图 2-192 "字体"选项卡

（4）边框格式的设置

单击"开始"菜单下"字体"组中的 ▦ ▾ 按钮可以设置单元格边框;同时,在"设置单元格格式"对话框中的"边框"选项卡中,可以更详细地设置丰富的边框样式及边框颜色,以及自定义有无各个边框及斜线。如图 2-193 所示为本案例的表格边框设置,设置时要先选择样式和颜色,再单击设置的边框线。

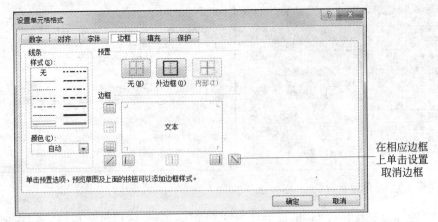

图 2-193　"边框"选项卡

(5) 图案格式的设置

单击"开始"菜单下"字体"组中的 ◇▾ 按钮,只能为表格添加不同颜色的底纹,但不能添加图案样式;而在"设置单元格格式"对话框中的"填充"选项卡下,可以设置更为丰富的颜色和自己喜欢的图案样式,如图 2-194 所示。在本案例中分别设置了学生成绩表格表头、表格标题、落款的图案样式。

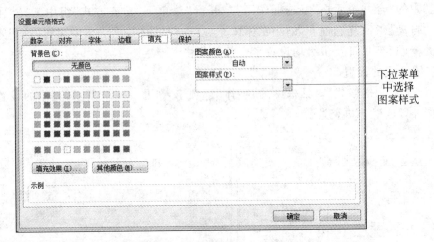

图 2-194　"填充"选项卡

(6) 保护的设置

如图 2-195 所示为"保护"选项卡,只包含两个复选框:"锁定"和"隐藏"。"锁定"用于锁定单元格,"隐藏"用于隐藏公式,这是为了安全,防止别人修改数据而设定。但此选项卡只有当工作表为保护状态时才有效。单击"审阅"选项卡下"更改"组下的"保护工作表"命令,可以进行保护工作表设置。

2. 设置工作表背景

在 Excel 2010 中,用户可以为整个表格设置背景,以达到美化工作表的目的。设置工作表背景的步骤如下:单击"页面布局"选项卡下"页面设置"组下的"背景"命令,如图 2-196 所

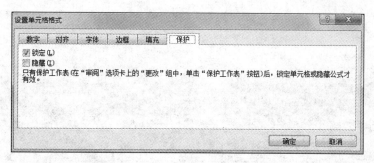

图 2-195　"保护"选项卡

示,弹出"工作表背景"窗口,通过"查找范围"下拉菜单选择背景图片所在路径,如图 2-197 所示,单击"插入"按钮,即可插入背景。如图 2-198 所示为设置背景后的效果。

图 2-196　设置背景

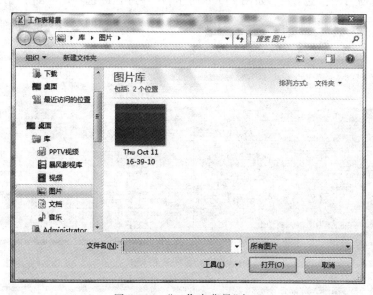

图 2-197　"工作表背景"窗口

如需删除工作表背景,则单击"页面布局"选项卡下"页面设置"组下的"删除背景"命令即可。

3. 自动套用格式

对于制作完成的表格,如想提高工作效率,可以使用 Excel 2010 中提供的自动套用格式功能来格式化工组表中的表格。Excel 2010 中包含更多种可用的表格样式,用户可以根据需要选择一种进行设置来完成既美观又快捷的表格制作。操作步骤如下。

(1)选定预设置格式的单元格区域,单击"开始"选项卡下"样式"组下的"套用表格格式"

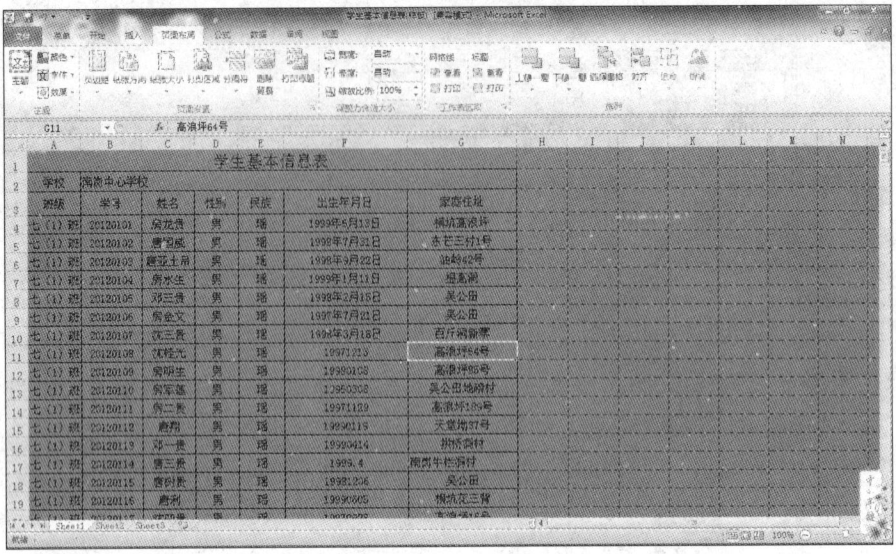

图 2-198　设置背景的效果图

命令 ，在展开的下拉菜单中显示各个表格样式，如图 2-199 所示。为"考试考查成绩表"设置了下拉菜单中"中等深浅"下"表样式中等深浅 13"的表格效果。应用完表格套用效果后，Excel 会自动新增"设计"选项卡，如图 2-200 所示，用户可在此选项卡中进行格式的修改。

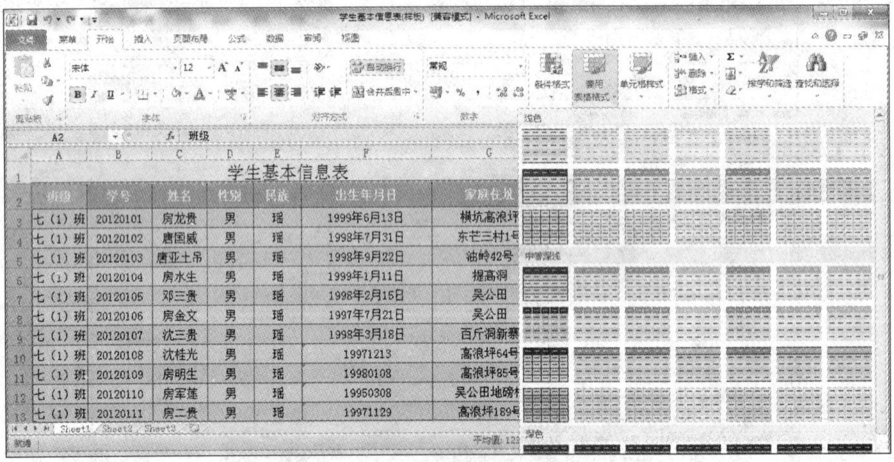

图 2-199　套用表格格式

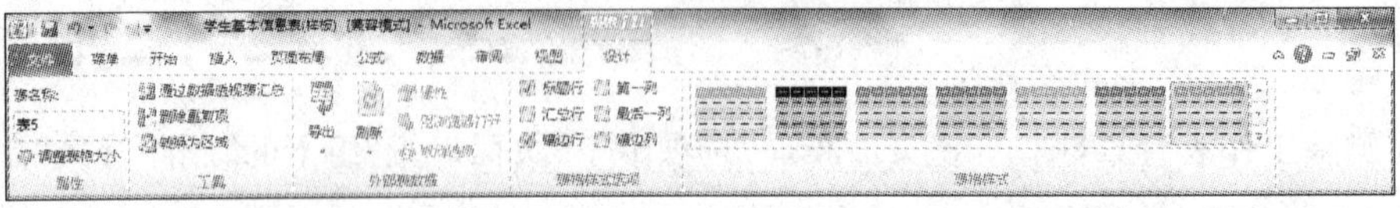

图 2-200　"设计"选项卡

　　(2) 若套用表格格式已确定，无须更改，则可以将套用表格转换为普通区域，单击"设计"选项卡下"工具"组下的"转换为区域"命令，在弹出的对话框中单击"是"按钮即可。转换后，Excel 将自动取消"设计"选项卡。

　　(3) 在"自动套用格式"对话框中选择一种表格样式，单击"选项"按钮可以选择应用的格式,图 2-200 是将本案例设置成了"序列 2"样式的表格样式。

4. 条件格式

在成绩表案例中,需要将学生的不及格分数用底纹和红色字突出显示出来,如果一个一个去作很麻烦,此时可以用 Excel 2010 提供的条件格式功能快速把整个工作表中的不及格分数突出显示出来。

所谓条件格式是指:当单元格中的数据满足指定条件时所设置的显示方式,一般包含单元格底纹或字体颜色等格式。如果需要突出显示公式的结果或其他要监视的单元格的值,可应用条件格式标记单元格。Excel 2010 通过使用数据条、色阶和图标集改进了旧版本条件格式的设置,条件格式设置可以轻松地突出显示所关注的单元格或单元格区域、强调特殊值和可视化数据。

(1) 条件格式的设置

① 选取要设置条件格式的单元格或单元格区域,如本例中将学生单科不及格的成绩以红色字显示,应选取单元格区域 D4:G13。

② 单击"开始"选项卡下"样式"组下的"条件格式"命令,在弹出的下拉菜单中选择"突出显示单元格规则"级联菜单中的"小于"选项,如图 2-201 所示,弹出"小于"对话框。

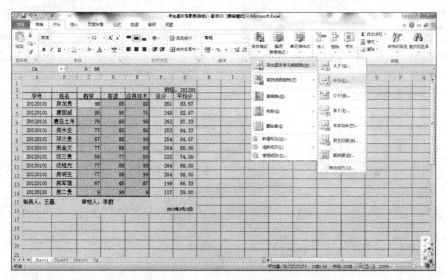

图 2-201 "条件格式"菜单

③ 在常量框中输入"60",或单击常量框后面的获取源数据按钮,可以设置单元格中的条件,在"设置为"后面的下拉式列表中选择待设置的格式或自定义格式,如图 2-202 所示,其含义为,当所选区域数据小于 60 时,单元格格式设置为"浅红填充色深红色文本"。

图 2-202 "小于"对话框

(2) 条件格式的删除

若想删除条件格式,则选择"条件格式"菜单下"清除规则"级联菜单中的"清除所选单元格的规则"选项或"清除整个工作表的规则"选项。如图 2-203 所示。

Excel 2010 可以设置更丰富的条件格式,使条件格式的设置更加灵活方便,"条件格式"菜单列表中各个选项的含义如下。

① "突出显示单元格规则":主要用于基于比较运算符设置的特定单元格的格式。

② "项目选取规则":用于统计数据,可以很容易突出数据范围内,高于/低于平均值的数据,或者按百分比找出数据,如图 2-204 所示为项目选取规则的级联菜单。

图 2-203　删除条件格式

图 2-204　项目选取规则设置

③ "数据条":帮助用户查看某个单元格相对于其他单元格的值,数据条的长度代表单元格中的值,数据条越长,表示值越高;数据条越短,表示值越低。在观察大量数据中较高值和较低值时,数据条尤为有用,如节假日销售报表中最畅销和最滞销的礼品。如图 2-205 所示为设置渐变填充数据条效果。

④ "色阶":作为一种直观的指示,帮助用户了解数据分布和数据变比,在一个单元格区域中显示双色渐变或三色渐变,通过颜色的深浅来表述数据的大小,如图 2-206 所示为色阶子菜单。

图 2-205　数据条格式设置

图 2-206　色阶格式设置

⑤ "图标集"：使用"图标集"可以对数据进行注释，并可以按阈值将数据分为 3～5 个类别。每个图标代表一个值的范围。例如，在三向箭头图标集中，绿色的上箭头代表较高值，黄色的横向箭头代表中间值，红色的下箭头代表较低值，图 2-207 所示为设置图标集格式的菜单。

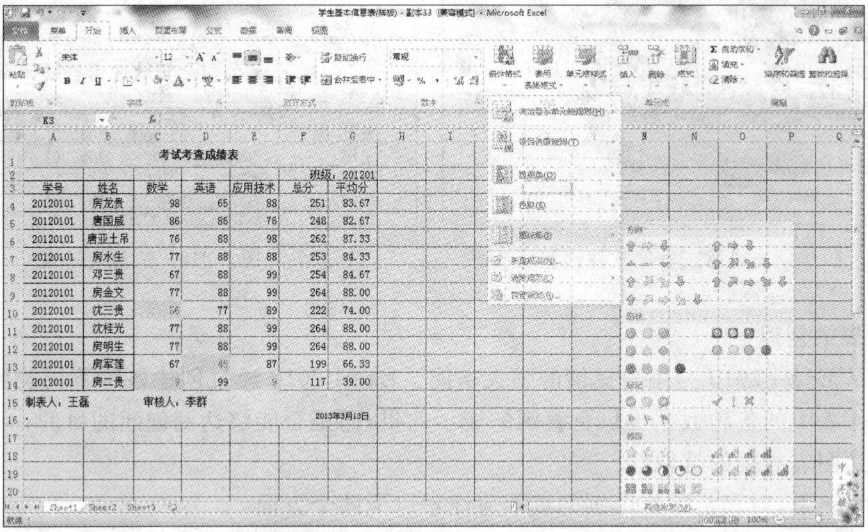

图 2-207　设置图表集格式的菜单

⑥ "新建规则"：可以自定义条件格式规则。

⑦ "管理规则"：可以对设置好的条件格式进行增、删、改管理。

2.2.5　图表的制作

对于大量的数据，往往用图形更能表示出数据之间的相互关系，并能增强数据的可读性和直观性。Excel 2010 提供了强大的图表生成功能，可以方便地将工作表中的数据以不同形式的图表方式展示出来，当工作表中的数据源发生变化时，图表中相应的部分会自动更新。

图 2-208 和图 2-209 为某公司四个分公司的销售统计图，本案例利用所提供的全年软件销售统计表（见图 2-210）进行创建、编辑、修饰图表。本案例重在练习根据数据分析的目的和要求，选择适合的图表。图 2-208 分析比较每个季度四个分公司销售明细，重点看南京分公司的销售趋势；图 2-209 分析比较第三季度四个分公司的销售明细和比例，同时对图表进行修饰美化。

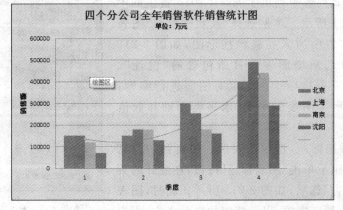

图 2-208　某公司四个分公司全年软件销售统计图

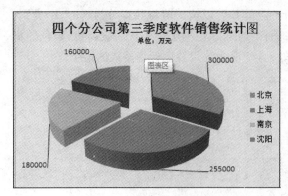

图 2-209　四个分公司第三季度软件销售统计图

A	B	C	D	E	F
某公司全年软件销售统计表					
		单位：万元			
	季度一	季度二	季度三	季度四	总计
北京	150000	150000	300000	400000	1000000
上海	150000	180000	255000	490000	1075000
南京	120000	180000	180000	440000	920000
沈阳	70000	130000	160000	290000	650000
总计	490000	640000	895000	1620000	3645000

图 2-210　销售统计表

1. 图表的创建

图表是 Excel 2010 为用户提供的强大功能。Excel 2010 通过创建各种不同类型的图表，为分析工作表中的各种数据提供更直观的表示效果，而是否能够达到创建的目的，一个重要的决定因素是图表数据的选取。

一般情况下，对表格数据范围的选取应注意以下两个方面。

(1) 创建图表必须清楚地描述要达到的目标，目标决定成图的数据范围，多余数据将影响成图及分析效果。

(2) 创建图表选取数据源时，要包含"上表头"和"左表头"文字内容及相关数据区域。以柱形图为例，上表头信息作为图表的"X 轴标签"显示在 X 轴位置；左表头信息作为图表的"图例"默认显示图表右侧。图 2-208 所示为选择了上表头和左表头。

例如，针对某公司全年软件销售统计表，需要创建四个分公司的全年销售统计图。制图目标是为了对比分析每个季度各个分公司的销售情况。选取数据应包括公司名称字段和各个季度销售额字段(包含季度上表头)，注意：不能包含总计字段。创建图表的步骤如下。

(1) 选择所需数据区域，本例中的第一个图表——每个季度各个分公司全年销售明细图——应选择单元格区域(A3:E7)，注意不要多选、漏选。

(2) 单击"插入"选项卡下"图表"组下的"柱形图"命令，在展开的下拉式列表中列出了 Excel 2010 提供的图表类型，如图 2-211 所示。本例选择"簇状柱形图"图表类型，在当前工作表中插入一簇状柱形图，如图 2-212 所示。Excel 会自动新增图表工具所包含的"设计"、"布局"及"格式"三个选项卡。可以对图表进行编辑，插入的图表只显示了图表的图例、水平类别轴和数值轴刻度。

(3) 为图表添加标题，选中图表区。切换到"布局"选项卡，在"标签"组下单击"图表标题"按钮，在展开的菜单中选择"图表上方"选项，如图 2-213 所示。此时，图表上方显示了图表标题文本框，以及相应的提示文本，用户

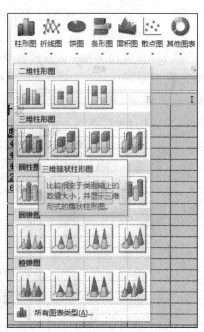

图 2-211　柱形图的级联菜单

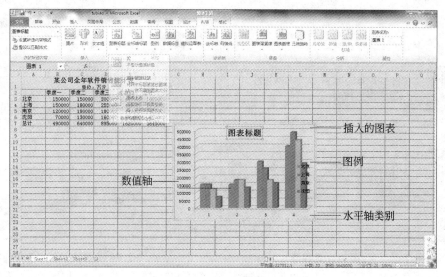

图 2-212　插入簇状图

只需删除其中的文本,再输入新标题名称即可。在本例中输入"四个分公司全年软件销售统计图"。对标题可以进行字体字号设置及位置调整。添加坐标轴标题方法类似,可以设置"主要横坐标轴标题"和"主要纵坐标轴标题"。图 2-214 显示了"主要纵坐标轴标题"级联菜单;图 2-215 所示为本例中设置图表标题、主要横坐标轴标题和主要纵坐标轴标题,纵坐标轴标题选择了"旋转过的标题"。

图 2-213　设置图表标题

图 2-214　设置坐标轴标题

若创建图 2-209 所示的四个分公司第三季度销售统计图,步骤相似,需要注意以下几点区别。

① 在选择图表数据区域时,应选取不连续的数据区域,按住 Ctrl 键。

② 插入的图表应选择"饼图"中的"分离型三维饼图"子图。

③ 为饼图设置数据标签中的"值"和"引导线",如图 2-216 所示。

④ 饼图无坐标轴标题。

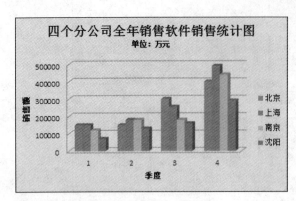

图 2-215　为图表设置标题

图 2-216　为饼图设置数据标签

提示　选中单元格区域后,按 F11 键可直接作为新工作表生成柱形图表。

2. 图表的编辑与格式化

用户可能会对生成的图表感到不满意,特别是快速创建的图表、中间步骤没有详细设置的图表尤其如此。因此,学会对图表进行修改是非常重要的。

(1) 图表的组成

要想很灵活地编辑图表,首先要了解图表的组成结构,以及图表的可编辑对象,图 2-217所示为图表的组成。

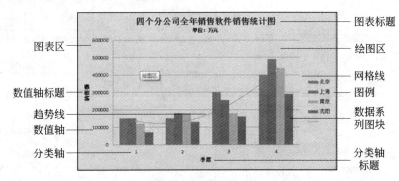

图 2-217　图表的组成

图表中各组成部分及其功能如下。

① 图表标题:用于显示图表标题名称,位于图表顶部。

② 图表区:表格数据的成图区,包含所有图表对象。

③ 绘图区:图表主体区,用于显示数据关系的图形信息。

④ 图例:用不同色彩的小方块和名称,以区分各个数据系列。

⑤ 分类轴和数值轴:分别表示各分类的名称和各数值的刻度。

⑥ 数据系列图块:用于标识不同系列,表现不同系列间的差异、趋势及比例关系,每一个系列自动分配一种唯一的图块颜色,并与图例颜色匹配。

（2）图表设置的修改

图表创建后，如果发现图表创建时设置的各种值和图表选项与想要的效果不一致，可以进行更改。

① 更改图表类型

单击"图表区"空白处，单击"设计"选项卡下"类型"组中的"更改图表类型"按钮，弹出"更改图表类型"对话框，如图 2-218 所示。可以选择需要的图表类型，如图所示选择了折线图中的"带数据标志的折线图"子项，单击"确定"按钮即可。此时图表的类型已经改变，Excel 自动切换至"设计"选项卡，单击"图表样式"组中的快翻按钮，在展开的图表样式库中选择需要的样式，如图 2-219 所示。

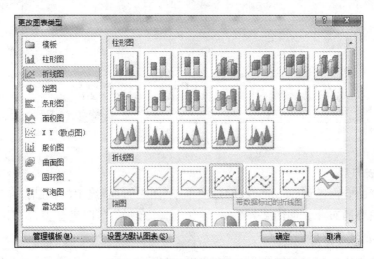

图 2-218　更改图表类型对话框

图 2-219　图标样式

除上述方法外，还可以右击图表区空白处，在弹出的快捷菜单中选择"更改图表类型"选项，弹出"更改图表类型"对话框后，再进行更改。

② 更改数据源

若设置图表前选择的数据源有问题需要更改，则可以随时更改图表数据源。选择图表区空白区域,单击"设计"选项卡数据组下的"选择数据"按钮,弹出"选择数据源"对话框,如图 2-220 所示。单击"图表数据区域"后面的按钮可以重新选择数据源,此对话框还可以切换行和列,如图 2-220 所示。图表含义为某公司四个季度各个分公司销售统计,若要使用图表来表达各个分公司每个季度的销售统计,则单击此对话框的"切换行/列"按钮,单击"确定"按钮。如图 2-221 所示,分类轴变为分公司名,图例变为季度,也可通过单击"设计"选项卡的"切换行/列"按钮实现行和列的切换。

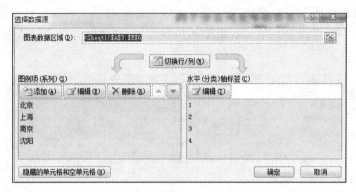

图 2-220　"选择数据源"对话框

③ 更改图表布局

选中图表区的空白区域,单击"设计"选项卡下"图表布局"组中的快翻按钮,在展开的图表布局库中选择需要的布局。如图 2-222 所示,如选择"布局 5",图表会变成如图 2-223 所示的效果,在图表下方显示数据表形式。

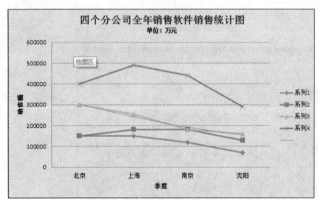

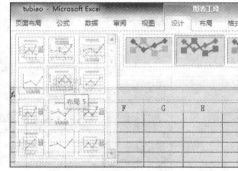

图 2-221　行列转换效果　　　　　　　　　图 2-222　图表布局

④ 更改图表位置

图表默认与工作表在同一工作表中,如需将图表作为单独工作表显示,则可以更改图表位置,单击"开始"选项卡"位置"组下的"移动图表"按钮,弹出"移动图表"对话框。如图 2-224 所示,选择"新工作表"单选按钮后,即可以为新工作表命名,工作表名默认为 Chart1,单击"确定"按钮完成。

⑤ 更改图例和数据标签

图例的更改,可以单击"开始"选项卡"标签"组下的"图例"按钮,在展开的菜单中选中"其他图例按钮"选项,弹出"设置图例格式"对话框,如图 2-225 所示。可以通过"图例选项"、"填

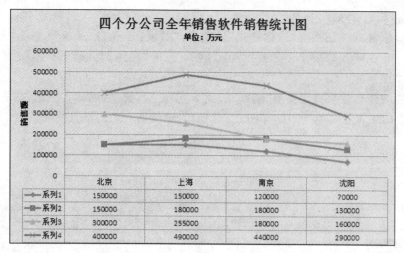

图 2-223　对图表应用布局

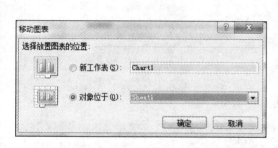

图 2-224　"移动图表"对话框

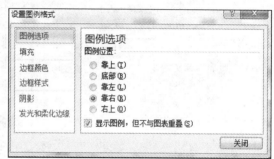

图 2-225　"设置图例格式"对话框

充"、"边框颜色"、"边框样式"、"阴影"、"发光和柔化边缘"几个选项卡更改图例格式。

（3）图表的修饰

图表的大小、位置，均可以通过相应的调整进行修饰。想修饰哪个区域，最快捷的方法就是双击哪个区域。

① 图表区的修饰

若将本案例图表区修饰成淡蓝色背景、深蓝色虚线边框、预设形状并对图表区文字格式等进行设置，操作步骤如下。

a. 双击图表区空白处，弹出"设置图表区格式"对话框，如图 2-226 所示，通过"填充"、"边框颜色"、"边框样式"等选项卡设置图表区的格式。本案例中，在"填充"选项卡中选择"纯色填充"单选按钮，在"填充颜色"处"颜色"项单击颜色选取按钮，在展开的颜色中选择"蓝色，淡色 60%"。

b. 设置边框颜色。切换至"边框颜色"选项卡，选择"实线"单选按钮，颜色设置同填充方

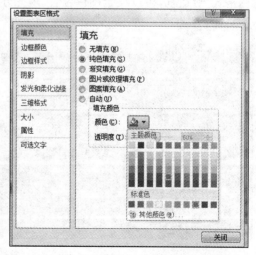

图 2-226　"设置图表区格式"对话框

法,选择"深蓝,深色25％"。

c. 设置边框样式。切换至"边框样式"选项卡,"宽度"选择"1.75磅",单击"短划线类型"后面的 ▦▾ 按钮,在展开的菜单中选择"方点",将下方的"圆角"复选框选中,设置边框为圆角矩形,如图2-227所示。

d. 设置图表阴影效果。切换至"阴影"选项卡,单击"预设"后的 ▢▾ 按钮,在展开的菜单中选择"外部"栏中的"向下偏移"子项,如图2-228所示,最终图表区的设置效果如图2-229所示。

图2-227　设置图表区边框的样式

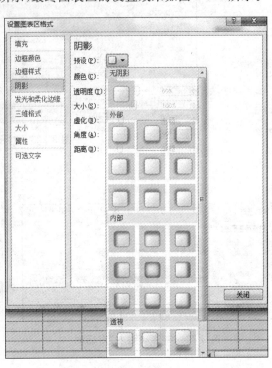

图2-228　设置图表区的阴影

② 图例的修饰

选中图例,右击,弹出快捷菜单,如图2-230所示。选择"设置图例格式"选项,弹出"设置图例格式"对话框,可以设置图例位置、填充、颜色等,设置方法与图表区格式的设置类似,这里不再赘述。

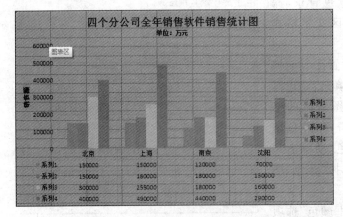

图2-229　图表区格式的设置效果

图2-230　图例设置

③ 坐标轴格式的设置

若要修改图表坐标轴的格式,直接双击要设置的 X 坐标轴或 Y 坐标轴,则弹出"设置坐标轴格式"对话框。如图 2-231 所示为 X 坐标轴的"设置坐标轴格式"对话框,如图 2-232 所示为 Y 坐标轴的"设置坐标轴格式"对话框,用户可根据需要修改。

图 2-231   "设置坐标轴格式"对话框——X 轴   图 2-232   "设置坐标轴格式"对话框——Y 轴

图表的上述格式设置均可以通过快捷菜单和"图表工具"中的"格式"选项卡中的"设置所选内容格式"按钮设置。

(4)趋势线

① 添加趋势线

在本案例中,为南京各个季度的销售情况添加趋势线。添加趋势线的操作步骤如下。

a. 单击需要添加趋势线的数据系列。本例中,单击南京数据系列。右击,在弹出的快捷菜单中选择"添加趋势线"命令,弹出"设置趋势线格式"对话框,如图 2-233 所示。

b. "设置趋势线格式"对话框包括"趋势线选项"、"线条颜色"、"线型"、"阴影"、"发光和柔化边缘"五个选项卡。在"趋势线选项"选项卡中的趋势预测/回归分析类型中,包括"指数"、"线性"、"对数"、"多项式"、"幂"和"移动平均"六种趋势线。每种趋势线含义如下。

"指数":"指数"趋势线是一种曲线,它适用于速度增减越来越快的数据值。如

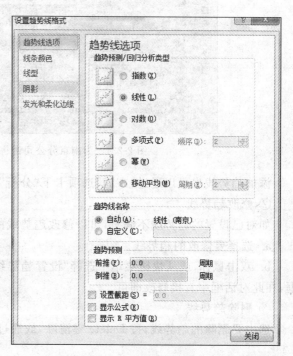

图 2-233   "设置趋势线格式"对话框

果数据值中含有零或负值,就不能使用指数趋势线。

"线性":"线性"趋势线是适用于简单线性数据集的最佳拟合直线。如果数据点构成的图案类似于一条直线,则表明数据是线性的。线性趋势线通常表示事物是以恒定速率增加或减少。

"对数":如果数据的增加或减小速度很快,但又迅速趋近于平稳,那么"对数"趋势线是最佳的拟合曲线。"对数"趋势线可以使用正值和负值。

"多项式":"多项式"趋势线是数据波动较大时适用的曲线,用于分析大量数据的偏差。多项式的顺序表示阶数,阶数可由数据波动的次数或曲线中拐点(峰或谷)的个数确定。二阶多项式趋势线通常仅有一个峰或谷,三阶多项式趋势线通常有一个或两个峰或谷,四阶通常多达三个。

"幂":"幂"趋势线是一种适用于以特定速度增加的数据集的曲线,如赛车 1 秒内的加速度。如果数据中含有零或负数值,就不能创建"幂"趋势线。

"移动平均":移动平均趋势线平滑处理了数据中的微小波动,从而更清晰地显示了图案和趋势。移动平均使用特定数目的数据点(由"周期"选项设置),取其平均值,然后将该平均值作为趋势线中的一个点。例如,"周期"设置为 2,说明头两个数据点的平均值是移动平均趋势线中的第一个点,第二个和第三个数据点的平均值就是趋势线的第二个点,以此类推。

c. 本例中选择"多项式"趋势线,顺序选择"3"即可,效果如图 2-234 所示,用户可根据需要更改"趋势线名称"、"趋势预测"等项的内容,之后单击"确定"按钮。

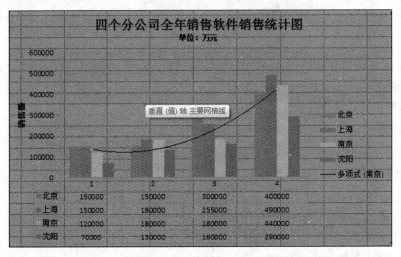

图 2-234　为南京分公司销售添加多项式趋势线

添加趋势线也可以通过"布局"选项卡下"分析"组中的"趋势线"按钮设置。

② 修改趋势线

如对已设置的趋势线不满意,可以修改趋势线的设置,步骤如下。

a. 选择要修改的趋势线。

b. 双击鼠标,或从快捷菜单中选择"设置趋势线格式"选项,弹出"设置趋势线格式"对话框,在此对话框中直接修改即可。

③ 删除趋势线

选中要删除的趋势线,按 Delete 键清除,或通过快捷菜单中的"删除"选项来清除趋势线。

2.2.6　迷你图的使用

迷你图是 Excel 2010 的一个新增功能。它是绘制在单元格中的一个微型图表，用迷你图可以直观地反映数据系列的变化趋势。与图表不同的是，当打印工作表时，单元格中的迷你图会与数据一起打印。创建迷你图后，还可以根据需要对迷你图进行自定义，如高亮显示最大值和最小值、调整迷你图颜色等。

1. 迷你图的创建

迷你图包括折线图、柱形图和盈亏图三种类型。在创建迷你图时，需要选择数据范围和放置迷你图的单元格。图 2-235 所示为某公司各分公司的销售情况以迷你图的形式直观显示的效果图。

若要完成如图 2-235 所示的迷你图效果，操作步骤如下。

(1) 单击当前销售表格所在工作表的任意单元格，单击“插入”选项卡下“迷你图”组下的“折线图”按钮，弹出“创建迷你图”对话框，如图 2-236 所示。单击“数值范围”后面的按钮，选取创建迷你图所需的数据范围。本例先为北京分公司创建迷你图，则数据范围选择 B3:E3，放置迷你图的位置范围选择 G3，单击“确定”按钮，即完成迷你图的创建，效果如图 2-237 所示。Excel 自动切换到迷你图工具的“设计”选项卡。

	A	B	C	D	E	F	G
1	某公司全年软件销售统计表 单位：万元						
2		季度一	季度二	季度三	季度四	总计	
3	北京	150000	150000	300000	400000	1000000	
4	上海	150000	180000	255000	490000	1075000	
5	南京	120000	180000	180000	440000	920000	
6	沈阳	70000	130000	160000	290000	650000	
7	总计	490000	640000	895000	1620000	3645000	

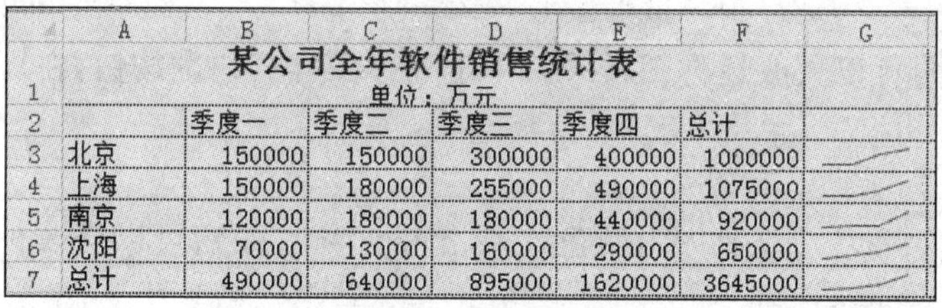

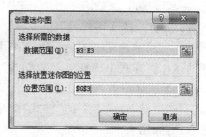

图 2-235　迷你图效果图

图 2-236　“创建迷你图”对话框

(2) 其他分公司迷你图的创建与北京分公司方法相同，可以通过选中 G4 单元格，拖动单元格右下角的十字形填充柄复制获得，效果如图 2-238 所示。

	A	B	C	D	E	F	G
1	某公司全年软件销售统计表 单位：万元						
2		季度一	季度二	季度三	季度四	总计	
3	北京	150000	150000	300000	400000	1000000	
4	上海	150000	180000	255000	490000	1075000	
5	南京	120000	180000	180000	440000	920000	
6	沈阳	70000	130000	160000	290000	650000	
7	总计	490000	640000	895000	1620000	3645000	

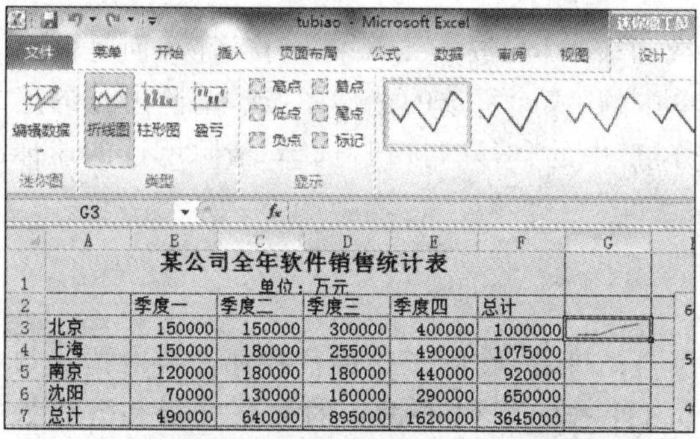

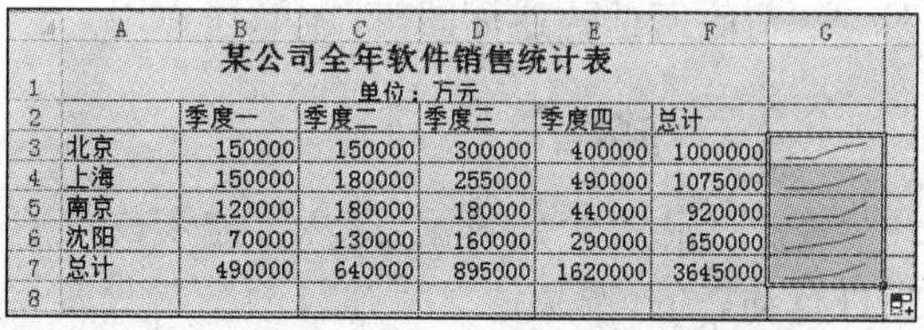

图 2-237　为北京分公司创建迷你图

	A	B	C	D	E	F	G
1	某公司全年软件销售统计表 单位：万元						
2		季度一	季度二	季度三	季度四	总计	
3	北京	150000	150000	300000	400000	1000000	
4	上海	150000	180000	255000	490000	1075000	
5	南京	120000	180000	180000	440000	920000	
6	沈阳	70000	130000	160000	290000	650000	
7	总计	490000	640000	895000	1620000	3645000	
8							

图 2-238　为所有分公司创建迷你图

2. 迷你图的编辑

在创建迷你图后，用户可以对其进行编辑，如更改迷你图的类型、应用迷你图样式、在迷你图中显示数据点、设置迷你图和标记的颜色等，以使迷你图更加美观，具体方法如下。

（1）为迷你图显示数据点

选中迷你图,勾选"设计"选项卡"显示"组中的"标记"复选框,则迷你图自动显示数据点,如图 2-239 所示。

（2）更改迷你图类型

在"设计"选项卡下的"类型"组中,可以更改迷你图类型,可更改为折线图、柱形图或盈亏图,如图 2-239 所示。

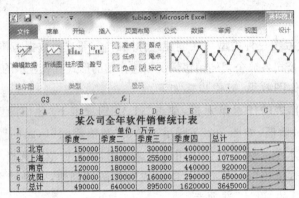

图 2-239　为迷你图显示数据点

图 2-240　标记颜色菜单

（3）更改迷你图样式

在"设计"选项卡下的"样式"组中,可以更改迷你图样式。单击迷你图样式快翻按钮,在展开的迷你图样式中选择所需的样式即可。

（4）迷你图颜色的设置

在"设计"选项卡下的"样式"组中,可以修改迷你图颜色。单击 [标记颜色] 按钮可以修改标记颜色,如图 2-240 所示。

（5）迷你图源数据及位置的更改

迷你图创建完成后,可以更改迷你图的源数据及显示位置。单击"设计"选项卡下的"迷你图"组中的"编辑数据"按钮菜单,在弹出的级联菜单中可以更改所有迷你图或单个迷你图的源数据和显示位置,重新选取即可。

（6）迷你图的清除

迷你图的清除,并不能像单元格内其他文本或图表一样,按 Delete 键直接清除,而是需要右击,在弹出的快捷菜单中选择"迷你图"级联菜单中的"清除所选的迷你图"或"清除所选的迷你图组"删除迷你图,或者单击"设计"选项卡下"分组"中的"清除"按钮,选择"清除所选的迷你图"或"清除所选的迷你图组"删除迷你图。

2.2.7　数据管理

对于工作表中的数据,用户可能不仅仅满足于自动计算,实际工作中往往还需要对这些数据进行动态的、按某种规则进行的分析处理。Excel 工作表提供了强大的数据分析和数据处理功能,其中包括对数据的筛选、排序和分类汇总等。恰当地使用这些功能,可以极大地提高用户的日常工作效率。

1. 数据列表

（1）数据清单

数据清单是指工作表中一个连续存放了数据的单元格区域;可把一个二维表格看成是一

个数据清单。例如,一张考试成绩单,包含学号、姓名、各科成绩、总成绩、平均成绩等多列数据,如图 2-241 所示。

	A	B	C	D	E	F	G	H	I
1	考试考查成绩表								
2	学校	南岗中心学校							
3	班级	学号	姓名	数学	英语	应用技术	总分	平均分	
4	七(1)班	20120101	房龙贵	98	65	88	251	83.66667	
5	七(1)班	20120102	唐国威	86	86	76	248	82.66667	
6	七(1)班	20120103	唐亚土吊	76	88	98	262	87.33333	
7	七(1)班	20120104	房水生	77	88	88	253	84.33333	
8	七(1)班	20120105	邓三贵	67	88	99	254	84.66667	
9	七(1)班	20120106	房金文	77	88	99	264	88	
10	七(1)班	20120107	沈三贵	56	77	89	222	74	

图 2-241　考试成绩数据清单

数据清单作为一种特殊的二维表格,其特点如下。

① 清单中的每一列为一个字段,存放相同类型的数据。每列必须有列标题,且这些列标题必须唯一,每个列标题还必须在同一行上。

② 列标题必须在数据的上面。

③ 每一行为一个记录,即由各个字段值组合而成。

④ 清单中不能有空行或空列,最好不要有空单元格。

数据清单的建立和编辑,与一般的工作表的建立和编辑方法类似。此外,为了方便编辑数据清单中的数据,Excel 还提供了数据记录单功能。用户创建了数据库后,系统自动生成记录单,可以利用记录单来管理数据,如对记录方便地查找、添加、修改及删除等操作。

Excel 2010 的记录单,并未显示在可见功能区内。若要显示,可以单击"文件"选项卡下的"选项"命令,弹出"Excel 选项"对话框,如图 2-242 所示。单击左侧的"快速访问工具栏",在右

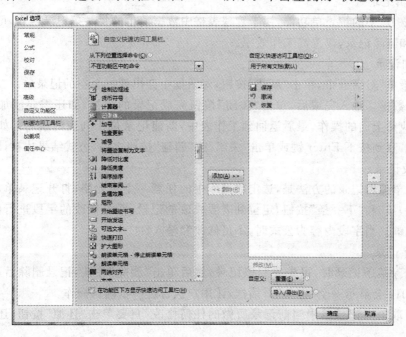

图 2-242　"Excel 选项"对话框

侧的"从下列位置选择命令"下面的下拉式列表中选择"不在功能区中的命令",在下面的列表中找到"记录单"功能,单击"添加"按钮,将记录单功能添加到右侧的快速访问工具栏,则在Excel 标题栏左侧的快速访问工具栏中出现"记录单"按钮 。

（2）查找记录

使用记录单查找记录的操作步骤如下。

① 选择数据清单内的需要放在记录单中的单元格区域。本例选择 A3:F3 单元格区域。

② 单击"快速访问工具栏"中的"记录单"命令,弹出记录单对话框,如图 2-243 所示。在记录单对话框中,对话框左侧显示各字段名称及当前记录的各字段内容,其内容为公式的字段显示公式计算的结果,右侧分别显示"新建"、"上一条"、"条件"等控制按钮,其中右上角显示的"1/10"的含义为共有 10 条记录,当前是第 1 条。

③ 单击"上一条"、"下一条"按钮可查看各记录内容,此外,利用滚动条也可以快速浏览记录。

图 2-243　记录单对话框

④ 如果要快速查找符合一定条件的记录,则单击"条件"按钮,此时每个字段值的文本框均为空,同时"条件"按钮变成"表单"按钮,在相应的文本框中输入查找条件。例如,查找数学成绩在 70 分以上、英语成绩在 89 分以上的学生记录,可在"数学"字段后对应的文本框中输入">70",在"英语"字段后输入">89"的条件。

⑤ 单击"表单"按钮结束条件设置。

⑥ 单击"上一条"或"下一条"按钮,从当前记录开始向上或向下查看符合条件的记录。

如果要取消所设置的条件,需在设置条件窗口中单击"清除"按钮,删除条件。

（3）编辑记录

Excel 2010 中的记录单功能,用于管理表格中数据清单的每一条记录内容,可以很方便地添加、修改和删除记录,以提高工作效率。

① 添加记录

在"记录单"对话框中,单击"新建"按钮,对话框中会出现一个空的记录单。在各字段的文本框中输入数据。输入完成后,单击"关闭"按钮完成记录的添加,如还需要添加其他记录内容,则重新执行上面的操作,最后返回到工作表中,新建记录位于列表的最后。如果添加含有公式的记录,直到按下 Enter 键或单击"关闭"或"新建"按钮之后,公式结果才被计算。

② 修改记录

用记录单编辑记录的方法是,选定数据库中的任意一个单元格,打开记录单,拖动滚动条或单击"上一条"和"下一条"按钮,定位到需要修改的记录,对需修改的字段进行修改,完成修改后按回车键。当字段内容为公式时,不可修改和输入。

③ 删除记录

当要删除某条记录时,可先找到该记录,然后单击"删除"按钮,记录删除后不可恢复,因此,Excel 2010 会显示一个"警告"对话框,让用户执行进一步确认操作。

如果要取消对记录单中当前记录所做的任何修改,只要单击"还原"按钮,还原为原来的数值。

2. 数据排序

排序是数据库的基本功能之一,为了数据查找方便,往往需要对数据清单进行排序而不再保持输入时的顺序。使用排序命令,可以根据数据清单中的数值对数据清单的行列数据进行排序。排序的方式有升序和降序两种。使用特定的排序次序,对单元格中的数据进行重新排列,以方便用户对整体结果的比较。

(1)排序原则

为了保证排序正常进行,需要注意排序关键字的设定和排序方式的选择。排序关键字是指排序所依照的数据字段名称,由此作为排序的依据。Excel 2010 提供了多层排序关键字,即主要关键字、次要关键字多个,按照先后顺序优先。在进行多重条件排序时,只有主要关键字相同的情况下,才按照次要关键字进行排序,否则次要关键字不发挥作用,后面的次要关键字以此类推。

(2)按单关键字排序

如果只须根据一列中的数据值对数据清单进行排序,则只要选中该列中的任意一个单元格,然后单击“常用”工具栏中的“升序”按钮或“降序”按钮完成排序。例如,在图 2-241 所示的数据清单中,对班级学生进行成绩总体排名,按总分由高到低对数据清单进行排序。在本案例中,有标题和班级行,所以要选中单元格区域 A4:H14,依次单击“数据”→“排序和筛选”→“排序”按钮,弹出“排序”对话框,如图 2-244 所示,在“主要关键字”下拉式列表中选择“总分”列,“排序依据”选择“数值”,次序选择“降序”,单击“确定”按钮完成排序,最终效果如图 2-245 所示。

图 2-244 “排序”对话框

	A	B	C	D	E	F	G	H
1	考试考查成绩表							
2	学校	南岗中心学校						
3	班级	学号	姓名	数学	英语	应用技术	总分	平均分
4	七(1)班	20120106	房金文	77	88	99	264	88
5	七(1)班	20120108	沈桂光	77	88	99	264	88
6	七(1)班	20120109	房明生	77	88	99	264	88
7	七(1)班	20120103	唐亚土吊	76	88	98	262	87.33333
8	七(1)班	20120105	邓三贵	67	88	99	254	84.66667
9	七(1)班	20120104	房水生	77	88	88	253	84.33333
10	七(1)班	20120101	房龙贵	98	65	88	251	83.66667
11	七(1)班	20120102	唐国威	86	86	76	248	82.66667
12	七(1)班	20120107	沈三贵	56	77	89	222	74
13	七(1)班	20120110	房军莲	67	45	87	199	66.33333
14	七(1)班	20120111	房二贵	9	99	9	117	39

图 2-245 按总分降序排序后的效果图

提示　如"学号"等列名在第一行,则单击"总分"字段列中的任意单元格,然后单击降序按钮⬇️,即可完成总分的降序排列。

(3) 按多关键字排序

有时按单个关键字排序后,会出现两个或两个以上数值相同的情况。例如,想排数学单科成绩,有两名学生的分数是一样的,这就需要再设定一个排序依据,即按多关键字排序,也叫多重排序。在图 2-241 所示的案例中,要排数学成绩从高分到低分,并且如果数学成绩相等,按姓名姓氏笔画升序排序,其方法如下。

① 选中单元格区域 A4:H14,单击"数据"选项卡下"排序和筛选"组下的"排序"按钮。

② 弹出"排序"对话框,在对话框的"主要关键字"下拉式列表中选择"数学"字段,"排序依据"选择"数值",次序选择"降序"。

③ 单击"添加条件"按钮,在下面的关键字框中新增一行"次要关键字"排序设置,"次要关键字"下拉式列表中选择"姓名"字段,"排序依据"选择"数值",次序选择"升序",如图 2-246 所示。

④ 单击"选项"按钮,弹出"排序选项"对话框,如图 2-247 所示,在"方向"中选择"按列排序"单选按钮,在"方法"中选择"笔画排序"单选按钮,单击"确定"按钮。

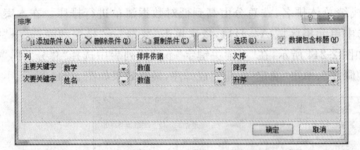

图 2-246 "排序"对话框

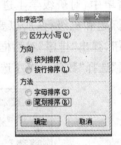

图 2-247 "排序选项"对话框

为避免字段名也成为排序对象,在每次单击"确定"按钮前,应选中"排序"对话框第一行的"数据包含标题"复选框,后面的次要关键字效果类似。

3. 数据筛选

数据筛选功能是查找和处理数据列表中数据子集的快捷方法,将数据清单中满足条件的记录显示出来,而将不满足条件的记录暂时隐藏。使用筛选功能可以提高查询效率,实现的方法是使用筛选命令的"自动筛选"或"高级筛选"。

(1) 自动筛选

自动筛选是进行简单条件的筛选。例如,图 2-248 所示为教师 3 月工资表,若要筛选出所有副教授的工资信息,则操作步骤如下。

① 选择数据区域 A3:H16,单击"数据"选项卡下"排序和筛选"组下的按钮,在数据清单各字段头右侧出现下拉箭头目,如图 2-249 所示。

提示　如果表头字段为首行,则选取数据清单中的任意单元格,单击"筛选"按钮即可完成上述操作,但如果表头字段不是首行,就必须选中以表头开始的数据区域。

② 选择筛选条件产生的字段旁边的▼按钮,本例选择"职称"旁的▼按钮,弹出如图 2-250所示的筛选条件框。

③ 在筛选条件框中选择所需条件,本例选择"副教授",筛选结果如图 2-251 所示,"职称"

	A	B	C	D	E	F	G	H
1				教师工资表				
2							月份:	三月
3	教师编号	姓名	性别	职称	学历	奖金	加班费	工资
4	2	潘学武	男	教授	博士	680	527	1520
5	3	汪家明	男	讲师	硕士	680	673	3420
6	4	胡能胜	男	教授	博士	680	643	1520
7	5	李 萍	女	助教	本科	680	613	8520
8	6	韩家好	男	教授	博士	680	834	3520
9	7	解明茹	女	教授	博士	680	799	3520
10	8	卫功平	女	教授	博士	680	767	3520
11	9	郭宏武	男	教师	硕士	680	767	1520
12	10	童庆好	女	副教授	博士	680	869	1520
13	11	郭立俊	女	副教授	博士	680	365	3520
14	12	何玉明	女	副教授	博士	680	834	1520
15	13	王祥胜	男	副教授	博士	680	904	1520
16	14	郭本秀	女	副教授	博士	680	555	1520

图 2-248　教师工资表

	A	B	C	D	E	F	G	H
1				教师工资表				
2							月份:	三月
3	教师编号▾	姓名▾	性别▾	职称▾	学历▾	奖金	加班▾	工资▾
4	2	潘学武	男	教授	博士	680	527	1520
5	3	汪家明	男	讲师	硕士	680	673	3420
6	4	胡能胜	男	教授	博士	680	643	1520
7	5	李 萍	女	助教	本科	680	613	8520
8	6	韩家好	男	教授	博士	680	834	3520
9	7	解明茹	女	教授	博士	680	799	3520
10	8	卫功平	女	教授	博士	680	767	3520
11	9	郭宏武	男	教师	硕士	680	767	1520
12	10	童庆好	女	副教授	博士	680	869	1520
13	11	郭立俊	女	副教授	博士	680	365	3520
14	12	何玉明	女	副教授	博士	680	834	1520
15	13	王祥胜	男	副教授	博士	680	904	1520
16	14	郭本秀	女	副教授	博士	680	555	1520

图 2-249　自动筛选

图 2-250　职称筛选下拉式列表

	A	B	C	D	E	F	G	H
1				教师工资表				
2							月份:	三月
3	教师编号▾	姓名▾	性别▾	职称▾	学历▾	奖▾	加班▾	工资▾
12	10	童庆好	女	副教授	博士	680	869	1520
13	11	郭立俊	女	副教授	博士	680	365	3520
14	12	何玉明	女	副教授	博士	680	834	1520
15	13	王祥胜	男	副教授	博士	680	904	1520
16	14	郭本秀	女	副教授	博士	680	555	1520

图 2-251　职称筛选结果

列只显示满足"副教授"职称的教师工资信息,其他行隐藏,此时"职称"字段旁的按钮▾向下箭头变成▾形状,对应行的行号也变成了蓝色。

筛选列表中各项的操作方法如下。

方法一:将列表中某一数据复选框选中,筛选出与被单击数据相同的记录。

方法二:单击"升序排列"或"降序排列",则整个数据清单按该列排序。

方法三:单击"全选"复选框,可显示所有行,即取消对该列的筛选。

方法四:因"职称"列为文本内容,则菜单中有"文本筛选"选项,如图 2-252 所示,可筛选出符合关系运算符的记录,此选项根据所选列的类型

图 2-252　"文本筛选"级联菜单

名称不同而不同,如数值列此选项为"数字筛选",日期列为"日期筛选"。

方法五:单击"文本筛选"级联菜单中的"自定义筛选",可自己定义筛选条件,可以是简单条件也可以是组合条件。

例如,需要显示 3 月教师工资为 3000～4000 元之间的教师职工工资信息,操作步骤如下。

① 选择数据区域 A3:H16,执行"数据"选项卡下"排列和筛选"组下的"筛选"命令。

② 选择"工资"字段旁的按钮 ,选择"数字筛选"选项,在级联菜单中选择"自定义筛选"命令,弹出"自定义自动筛选方式"对话框,如图 2-253 所示。

③ 在弹出的"自定义自动筛选方式"对话框中,在第一个条件左边的下拉式列表中选择运算符为"大于或等于",比较值为 3000,在第二个条件左边的下拉式列表中选择运算符为"小于或等于",比较值为 4000。确定两个条件的逻辑运算关系为"与"运算,单击"确定"按钮完成,工资筛选结果如图 2-254 所示。

图 2-253　"自定义自动筛选方式"对话框　　　　图 2-254　工资筛选结果

提示　在"自定义自动筛选方式"对话框中,查询条件中可以使用通配符进行模糊筛选,其中,"?"代表单个字符,"*"代表任意多个字符。例如,查询所有姓王的教师,则为"王*";查询"王某"的信息,则为"王?"。

若需要取消自动筛选,只须要将选中的"数据"选项卡下的"排序和筛选"组下的"筛选"按钮取消即可。

(2) 高级筛选

自动筛选一次只能对一个字段进行筛选,不能使用多个字段太复杂的条件。如果要对多个字段执行复杂的条件,用自动筛选就要执行多次,稍显复杂。此时,就必须使用高级筛选。

高级筛选设置的条件较复杂,系统规定必须创建一个矩形的筛选条件单元格区域,用来输入高级筛选条件,在筛选条件区域设置筛选条件时,必须具备以下条件。

① 条件区域中可以包含多列,并且每个列必须是数据库中某个列标题及条件,即上、下各占一单元格。

② 条件区域中的列标题行及条件行之间不能有空白单元格。

③ 其他各条件可以与第一个条件同行或同列。多个条件同行时,各条件间为逻辑与的关系;多个条件同列时,各条件间为逻辑或的关系。

④ 条件行单元格中的条件格式是,比较运算符(如>、=、<、>=等),后跟一个数据,不写比较运算符表示"=",但不允许用汉字表示比较,如"大于"。

例如,在教师工资表中,显示所有学历为硕士研究生的男教师且奖金在 500 元以上的教师工资信息。本案例条件为多重条件,使用高级筛选可以简化操作步骤。本例中涉及条件字段为"学历"、"性别"和"奖金",首先要选择筛选条件数据区,设置三个条件。第一个条件是:"学历”为"硕士研究生";第二个条件是:"性别"为"男";第三个条件是"奖金"为">=500"。三组条件的关系为"与"的关系。

完成本案例的操作步骤如下。

① 选择工作表表格数据区域以外的区域,设置如图 2-255 所示的筛选条件。

② 选择 3 月工资表数据区域 A3:H16,单击"数据"选项卡下"排序和筛选"组下的"高级"按钮 ，弹出"高级筛选"对话框,如图 2-256 所示。

③ 在"高级筛选"对话框中,可以选择"在原有区域显示筛选结果"单选按钮,筛选结果将显示在原数据库所在位置;选择"将筛选结果复制到其他位置"单选按钮,将把筛选结果显示到"复制到"所选中的位置。在"列表区域"编辑框中可以输入要筛选的数据区域,也可以单击 按钮在工作表中重新选择数据区域;在"条件区域"编辑框中可以输入前面设

	A	B	C	D	E	F	G	H
1				教师工资表				
2							月份:	三月
3	教师编号	姓名	性别	职称	学历	奖金	加班费	工资
4	2	潘学武	男	教授	博士	680	527	1520
5	3	汪家明	男	讲师	硕士	680	673	3420
6	4	胡能胜	男	教授	博士	680	643	1520
7	5	李 萍	女	助教	本科	660	613	8520
8	6	韩家好	男	教授	博士	680	834	3520
9	7	解明茹	女	教授	博士	680	799	3520
10	8	卫功平	女	教授	博士	680	767	3520
11	9	郭宏武	男	教师	硕士	680	767	1520
12	10	童庆好	女	副教授	博士	680	869	1520
13	11	郭立俊	女	副教授	博士	680	385	3520
14	12	何玉明	女	副教授	博士	680	834	1520
15	13	王祥胜	男	副教授	博士	680	904	1520
16	14	郭本秀	女	副教授	博士	680	555	1520
17								
18				学历	性别	奖金	条件区域	
19				硕士	男	>=500		

图 2-255　定义筛选条件区域

置的条件区域。如选中"选择不重复的记录"复选框,则重复记录只显示一条,否则重复的记录会全部显示出来。

本案例中,方式选择"在原有区域显示筛选结果"单选按钮,单击"确定"按钮,得到如图 2-257 所示的筛选结果。

图 2-256　"高级筛选"对话框

	A	B	C	D	E	F	G	H
1				教师工资表				
2							月份:	三月
3	教师编号	姓名	性别	职称	学历	奖金	加班费	工资
5	3	汪家明	男	讲师	硕士	680	673	3420
11	9	郭宏武	男	教师	硕士	680	767	1520
64								

图 2-257　高级筛选结果

提示　如选择"将筛选结果复制到其他位置"单选按钮,在选择"复制到"单元格时,需选取显示结果的位置,此时可以只选中一个空白单元格,且此行及显示结果所占用的行均是空白单元格。如选中单元格区域,不可选中比显示内容小的区域,否则数据会丢失。

如需取消高级筛选,需单击"数据"选项卡下"排序和筛选"组下的"清除"按钮,即可恢复到筛选前的状态。

4. 分类汇总

分类汇总是对数据表格进行管理的一种方法。汇总的内容由用户指定,既可以汇总同一类记录的记录总数,也可以对某些字段值进行计算,通过对数据进行汇总可以完成一些基本的统计工作。

例如,对教师工资表进行分类汇总,查询每个职称的平均工资,利用分类汇总的方法,效果便会一目了然。

(1) 分类汇总的前提条件

先排序,后汇总。必须先按照分类字段进行排序,针对排序后的数据记录进行分类汇总。针对本案例,先对职称进行排序。

(2) 分类汇总的方法

选择数据区 A3:H16,单击"数据"选项卡下"分级显示"组下的"分类汇总"按钮,弹出"分类汇总"对话框,如图 2-258 所示。

在"分类汇总"对话框中,可以进行以下操作:在"分类字段"下拉式列表中选择一个分类字段,这个分类字段必须是进行排序的关键字段;在"汇总方式"下拉式列表中选择一种汇总方式,如求和、平均值、最大值、最小值、计数等;在"选定汇总项"列表框选择需要进行计算的字段,可以选择一个或多个字段;如选中"替换当前分类汇总"复选框,以前设置过的分类汇总将被替换,反之则新建一个分类汇总结果;如选中"汇总结果显示在数据下方"复选框,汇总的结果将放在数据下方,否则汇总结果放在数据上方。

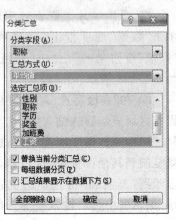

图 2-258　"分类汇总"对话框

本案例先按"职称"字段进行排序。在"分类字段"下拉式列表中选择"职称"字段,在"汇总方式"下拉式列表中选择"平均值",在"选定汇总项"列表框中选择"工资"字段,如图 2-258 所示。

单击"确定"按钮,效果如图 2-259 所示,生成分类汇总记录。其中,在行号左侧的 ▬ 标记表示数据记录处于展开状态,🞢 标记表示数据记录处于折叠状态。同时与列标同行的最左端有三个按钮 1 2 3,分别单击这些按钮,可以显示不同级别的分类汇总。选中 3 按钮效果

	A	B	C	D	E	F	G	H
1				教师工资表				
2							月份:	三月
3	教师编号	姓名	性别	职称	学历	奖金	加班费	工资
4	2	潘学武	男	教授	博士	680	527	1520
5				教授 平均值				1520
6	3	汪家明	男	讲师	硕士	680	673	3420
7				讲师 平均值				3420
8	4	胡能胜	男	教授	博士	680	643	1520
9				教授 平均值				1520
10	5	李 萍	女	助教	本科	680	613	8520
11				助教 平均值				8520
12	6	韩家好	男	教授	博士	680	834	3520
13	7	解明茹	女	教授	博士	680	799	3520
14	8	卫功平	男	教授	博士	680	767	3520
15				教授 平均值				3520
16	9	郭宏武	男	教师	硕士	680	767	1520
17				教师 平均值				1520
18	10	童庆好	女	副教授	博士	680	869	1520
19	11	郭立俊	女	副教授	博士	680	365	3520
20	12	何玉明	女	副教授	博士	680	834	1520
21	13	王祥胜	男	副教授	博士	680	904	1520
22	14	郭本秀	女	副教授	博士	660	555	1520
23				副教授 平均值				1920
24				总计平均值				2820
25								
26				学历	性别	奖金		
27				硕士	男	>=500		

图 2-259　分类汇总效果图

如图 2-259 所示,选中 ② 按钮效果如图 2-260 所示,选中 ① 按钮效果如图 2-261 所示。也可以通过"数据"选项卡下"分级显示"组下的"显示明细数据"按钮 或"隐藏明细数据"按钮 进行汇总数据,以显示明细的显示和隐藏。

1 2 3		A	B	C	D	E	F	G	H
	1				教师工资表				
	2							月份：	三月
	3	教师编号	姓名	性别	职称	学历	奖金	加班	工资
	5				教授 平均值				1520
	7				讲师 平均值				3420
	9				教授 平均值				1520
	11				助教 平均值				8520
	15				教授 平均值				3520
	17				教师 平均值				1520
	23				副教授 平均值				1920
	24				总计平均值				2820
	25								
	26			学历		性别	奖金		
	27			硕士		男	>=500		
	28								

图 2-260　显示每一项汇总结果

1 2 3		A	B	C	D	E	F	G	H
	1				教师工资表				
	2							月份：	三月
	3	教师编号	姓名	性别	职称	学历	奖金	加班	工资
	24				总计平均值				2820
	25								
	26			学历		性别	奖金		
	27			硕士		男	>=500		

图 2-261　显示总计数据

如想删除分类汇总,只需选中数据区域,在弹出的"分类汇总"对话框中选择"全部删除"按钮即可。

5. 数据透视表与透视图

数据透视表是一种能够对大量数据进行快速汇总和建立交叉列表的交互式表格。Excel 2010 的数据透视表综合了"排序"、"筛选"、"分类汇总"等功能。通过数据透视表,用户可以从不同的角度对原始数据或单元格数据区域进行分类、汇总和分析,从中提取出所需信息,并用表格或图表直观表示出来,以查看源数据的不同汇总结果。通常情况下,数据库表格中的字段有两种类型:数据字段(含有数据的字段)和类别字段。数据透视表中可以包括任意多个数据字段和类别字段。创建数据透视表的目的是为了查看一个或多个数据字段的汇总结果。类别字段中的数据,以行、列或页的形式显示在数据透视表中。

（1）数据透视表的创建

例如,将教师工资表进行整体清晰明了的总体分析,分析比较不同学历、不同职称的每个教师的平均工资,需要用透视表或透视图方能得到原本复杂的过程。具体步骤如下。

① 选择数据区域 A3:H16,单击"插入"选项卡下的"数据透视表"按钮,在展开的菜单中选择"数据透视表",弹出"创建数据透视表"对话框,如图 2-262 所示。在此对话框中,包含分析的数据和透视表位置两

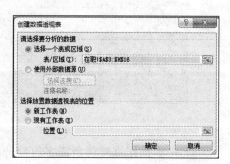

图 2-262　"创建数据透视表"对话框

个部分。本例中,分析数据中选择"选择一个表或区域"单选按钮,因已选择了数据区域,则在"表/区域"后显示了分析的数据区域,在透视表位置处选择"新工作表"单选按钮,之后单击"确定"按钮。

② Excel自动切换到新工作表中,此时可以看到该工作表中显示了创建的空数据透视表,以及"数据透视工具"选项卡,如图2-263所示。

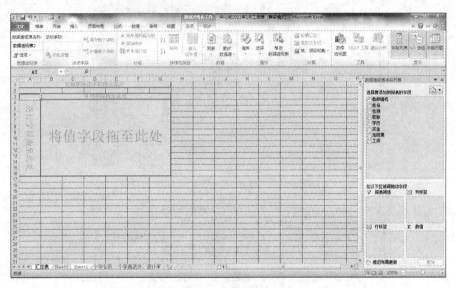

图 2-263　空数据透视表

③ 在右侧"数据透视表字段列表"窗格中的"选择要添加到报表的字段"列表中将需要的字段勾选上,本案例中需要显示的信息有:姓名、学历、职称和工资,所以将这四个字段选中,可以看到所选字段已经添加到透视表中,如图2-264所示。

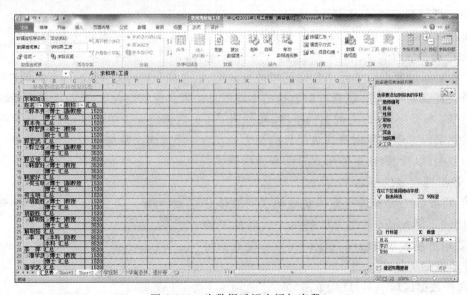

图 2-264　为数据透视表添加字段

④ 上一步操作直接将所需字段勾选上,创建的数据透视表有点乱。此种勾选将所选字段直接放在了默认的位置上,不能清晰显示出所要看到的效果,因此需要做位置的调整。在透视

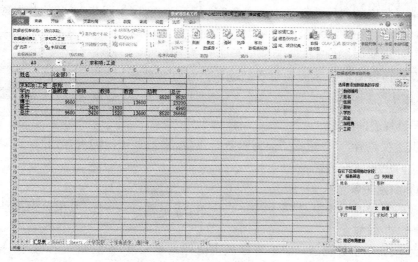

图 2-265　移动字段位置

表布局中，需设定透视表的页、行、列及数据，"数据透视表字段列表"窗格中的"在以下区域间拖动字段"栏下，已经将勾选的字段显示在了相应位置，只需重新调整位置即可。同样，拖曳后感觉不合适，也可以从相应板块拖出。在本案例中，将"姓名"字段拖曳到"报表筛选"区域、将"职称"字段拖曳到"列标签"区域、将"工资"字段拖曳到"数据"区域，如图 2-265 所示。此时，工资默认为求和项，本例要求平均工资，单击 求和项：工资 ▼ 按钮，在弹出的菜单中选择"值字段设置"选项，弹出"值字段设置"对话框，如图 2-266 所示，"计算类型"选择"平均值"，之后单击"确定"按钮。

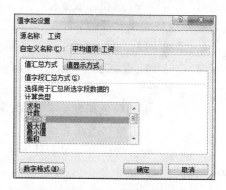

图 2-266　"值字段设置"对话框

　　⑤ 在"在以下区域间拖动字段"栏下的"数值"区域，求和项：工资 ▼ 按钮变成了 平均值项：工资 ▼ 按钮。图 2-267 所示为设置好的数据透视表。单击"姓名"、"学历"、"职称"旁

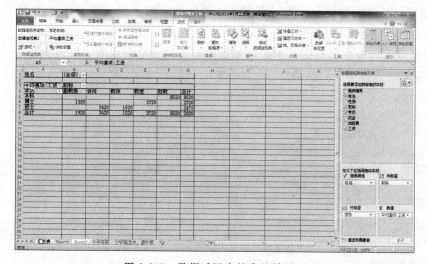

图 2-267　数据透视表的完整效果图

的 ▼ ,即可选择相应的项目进行显示。图 2-268 所示为选择"解明茹"老师的数据透视表。

图 2-268　满足条件的数据透视表

提示　　在创建数据透视表时,在右侧"数据透视表字段列表"窗格中的"选择要添加到报表的字段"列表中的字段可以直接将需要字段曳至下方的"在以下区域间拖动字段"栏中的相应板块上。

（2）数据透视表的编辑

创建数据透视表后,可以根据需要对其进行设置,重新显示所需内容,并且当源数据中的数据发生变化时更新数据透视表。

① 添加和删除字段

在已完成的数据透视表中,如需删除一个字段,或添加一个字段,可用鼠标拖动字段选项进行设置。操作步骤如下。

a. 删除字段。单击数据透视表编辑区域中的任意单元格,在右侧显示"数据透视表字段列表"窗格,单击"在以下区域间拖动字段"栏相应板块中需要删除的字段按钮,在弹出的菜单中选择"删除字段"选项。或直接将需要删除的字段按钮拖到板块区域外,然后松开鼠标,也可实现删除透视表中字段的效果。

b. 添加字段。添加字段的方法与创建透视表中将所需字段勾选或拖到"在以下区域间拖动字段"栏中的相应板块方法一致,只需将新增字段拖动到需要显示的板块即可,这里不再赘述。

② 更新数据

当工作表中的源数据发生变化时,需更新数据透视表,有如下两种方法。

方法一：单击数据透视表编辑区的任意单元格,右击弹出快捷菜单,选择"刷新"命令。

方法二：单击数据透视表工具下的"选项"选项卡"数据"组中的"刷新"按钮,在展开的菜单中选择"刷新"命令。

提示　　若单击"选项"选项卡"数据"组下的"全部刷新"按钮,则本工作簿中的所有数据透视表或数据透视图的数据都更新。

③ 显示/隐藏数据

在页、行、列字段下拉式按钮中,可以通过字段复选框是否选中来显示和隐藏满足条件的数据,同时也可以显示和隐藏数据透视表中无法看到的明细数据并生成新的工作表。在本例中,若要显示"学历"字段明细数据后隐藏,操作步骤如下。

a. 选中行或列标签中的数据。本例选中行标签下的任意字段名,如"本科",单击右键,在弹出的快捷菜单中选择"展开/折叠"级联菜单中的"展开"选项,弹出"显示明细数据"对话框,如图 2-269 所示。

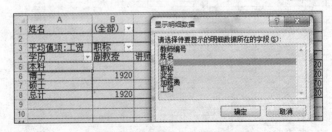

图 2-269　显示明细数据设置

b. 本例选择"性别"字段,单击"确定"按钮,如图 2-270 所示,含义为学历是博士的教师按性别显示的工资明细效果。若选择"展开/折叠"级联菜单中的"展开整个字段"选项,则所有学历字段均显示性别明细数据。

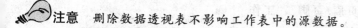

图 2-270　显示"博士"学历教师按性别显示的明确效果

c. 隐藏明细操作同显示类似,只需选择"展开/折叠"级联菜单中的"折叠"或"折叠整个字段"即可。

提示　要"展开整个字段"和"折叠整个字段",也可使用"数据"选项卡下"分级显示"组中的"展开"按钮和"折叠"按钮。

当双击数据区域的数据单元格,则会自动生成一个工作表,显示此生成数据的明细数据。

④ 筛选数据

数据透视表中也可进行筛选,可以单击数据透视表中行标签或列标签的向下箭头 ▼,或将鼠标放在"数据透视表字段列表"窗格中的"选择要添加到报表的字段"列表中作为行标签或列标签的字段上,单击向下箭头 ▼。在展开的菜单中,选择"标签筛选"可以筛选出所选的行标签或列标签符合筛选条件的记录,选择"值筛选"可以筛选出放在"数值"板块中的字段符合筛选条件的数据,或直接通过下方数据复选框的勾选和取消来筛选符合条件的记录,如图 2-271 所示。

(3) 数据透视表的删除

删除数据透视表的步骤如下。

① 单击数据透视表中的任意单元格。

② 单击数据透视表工具中"选项"选项卡下"操作"组中的"选择"按钮,在展开的菜单中选择"整个数据透视表"命令,则数据透视表被全部选中,按 Delete 键则可删除整个数据透视表。

注意　删除数据透视表不影响工作表中的源数据。

(4) 数据透视图的创建

单击数据透视表中的任意一个单元格,再单击数据透视表工具中"选项"选项卡下"工具"组中的"数据透视图"按钮,弹出"插入图表"对话框。此步与图表的插入方法类似,本例选择"簇状柱形图",则自动插入此透视表对应的数据透视图。如图 2-272 所示为本案例对应的数据透视图,用户可以通过"姓名"后面的向下按钮显示某位教师的工资情况,通过"学历"、"职称"后面的向下按钮进行数据筛选等操作。

(5) 数据透视图的修改

可以为数据透视图设置图表效果,如更改图表类型、设置图表标题、设置图表填充效果等。对数据透视图格式的修改与图表格式的修改方法类似,用户可以使用数据透视图工具下的"设计"选项卡来更改数据透视图的图表类型、图表样式、图表位置等;使用"布局"选项卡来更改数

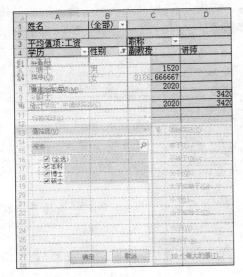

图 2-271　筛选数据

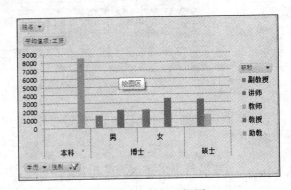

图 2-272　数据透视图

据透视图的标签格式、坐标轴格式、趋势线等；使用"格式"选项卡来更改数据透视表的形状样式等；使用"分析"选项卡来更改数据透视表的显示/隐藏等。

（6）数据透视图的删除

选中数据透视图，之后按 Delete 键即可。

2.2.8　页面设置和打印

工作表设计完成后，最终结果也许需要打印出报表，为了打印出精美而准确的工作报表，以下将介绍打印的相关设置。

1. 页面设置

文件打印之前，要对文件进行页面设置，包括打印方向、缩放比例、页边距、纸张大小、页眉/页脚设置等一系列设置。单击"页面布局"选项卡下的"页边距"按钮，在展开的菜单中选择"自定义边距"选项，弹出"页面设置"对话框，如图 2-273 所示，页面设置包含"页面"、"页边距"、"页眉/页脚"、"工作表"四个选项卡。

（1）页面的设置

通过页面的设置可以设置页面纸张的方向、缩放比例、纸张大小、打印质量和起始页码。

（2）页边距的设置

通过"页边距"选项卡的设置，可以设置页的上下左右边距、页眉页脚边距及页面的水平和垂直居中方式，如图 2-274 所示。

（3）页眉/页脚的设置

在"页眉/页脚"选项卡中，可以对页面/页脚内容进行设置。"页眉/页脚"选项卡如图 2-275 所示。

图 2-273　"页面设置"对话框

图 2-274　"页边距"选项卡

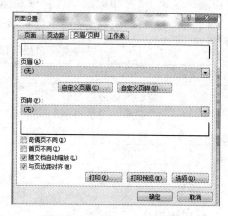

图 2-275　"页眉/页脚"选项卡

在"页眉"、"页脚"下拉菜单中,可以设置预定义好的页眉页脚格式。单击"自定义页眉"按钮,弹出如图 2-276 所示的"页眉"对话框,可以在"左"、"中"、"右"三个列表框中直接输入相应位置需显示的内容。设置完成后,单击"确定"按钮,即回到"页眉/页脚"选项卡。

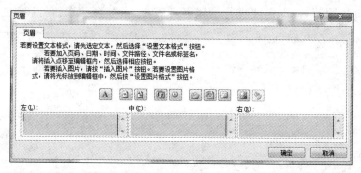

图 2-276　"页眉"对话框

单击"自定义页脚"按钮,弹出"页脚"对话框,如图 2-277 所示,可同自定义页眉一样直接输入页脚内容。其中,"页眉"对话框中间一排按钮的含义如表 2-2 所示。

在"页眉/页脚"选项卡下,单击"打印预览"按钮可以看到预览效果。

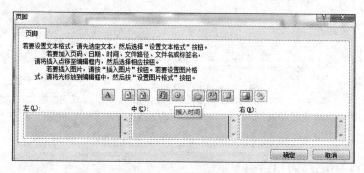

图 2-277　"页脚"对话框

(4) 标题行和标题列的设置

在"工作表"选项卡下,可以设置打印区域、打印顶端标题行、左端标题行、打印顺序等,如图 2-278 所示。如对学生成绩表而言,学生人数超过一页,则在打印时第二页及以后各页自动添加标题。如单击"打印标题"中的"顶端标题行"后面的  按钮,选中需要设置成顶端标题的行,本例选中第三行,在打印过程中每页均会在顶端显示学号、姓名等字段。

表2-2　"页眉"对话框中的工具按钮及其功能

按钮	功　　能	按钮	功　　能
A	定义页眉中的字体		插入页码
	插入总页码		插入当前日期
	插入当前时间		插入当前工作簿路径和文件名
	插入工作簿名		插入工作表名
	插入图片		对插入图片格式的设置

2. 打印输出

页面设置完成后,在打印预览中没有问题,则要进行打印设置。单击"页面设置"对话框中的"打印"按钮,或执行"文件"选项卡下的"打印"命令,进入打印页面,如图2-279所示。在"设置"中的第一个下拉式列表中,有"打印活动工作表"、"打印整个工作簿"、"打印选定区域"三个选项,用户可根据需要选择打印范围;在"份数"中可设定打印份数;"页数"后可设定打印页面,以及打印纸张、页边距等,根据需要进行设置。之后,单击"确定"按钮打印。

图2-278　"工作表"选项卡

图2-279　打印设置

2.3　PowerPoint 2010

PowerPoint 2010 是一种进行电子文稿制作和演示的软件,由于文稿中可以带有文字、图像、声音、音乐、动画和影视文件,并且放映时以幻灯片的形式演示,所以在教学、学术报告和产品演示等方面应用非常广泛。PowerPoint 2010 软件功能强大,即使从未使用过 Microsoft

Office 2010 办公软件,也很容易上手。借助它,可以在最短的时间内完成一份图文并茂、生动活泼的演示文稿,还可以设置声音与动画效果,让文稿不再是一成不变的文字内容。PowerPoint 2010 是美国微软公司生产的 Microsoft Office 2010 办公自动化套装软件之一,其操作使用比较简便,通过短期学习即可掌握电子文稿的使用和制作过程。

2.3.1　PowerPoint 2010 概述

1. PowerPoint 2010 的功能

PowerPoint 2010 与早期的 PowerPoint 版本相比,新增了许多功能,主要表现在以下三个方面。

(1) 轻松快捷的制作环境

① 可通过幻灯片中插入的图片等对象,自动调整幻灯片的版面设置。

② 通过快捷的任务窗格,对演示文稿进行编辑和美化。

③ 提供了可见的辅助网格功能。

④ 在打印之前,可以预览输出的效果。

⑤ 在幻灯片视图中,可以通过左侧列表的幻灯片缩略图快速浏览幻灯片内容。

⑥ 文字自动调整功能,同一演示文稿可用多个设计模板效果。

(2) 强大的图片处理功能

① 可以同时改变多个图片的大小,自动自由旋转。

② 可以插入种类繁多的组织结构图和图表等,并添加样式、文字和图画效果等。

③ 可以将背景或选取的部分内容直接保存为图片,并可创建 PowerPoint 2010 相册,从而方便以后图片的插入和选取。

(3) 全新的动画效果和动画方案

① 提供了比旧版本 PowerPoint 更加丰富多彩的动画效果。

② 提供了操作便捷的动画方案任务窗格,只需选择相应的动画方案,即可创建出专业的动画效果。

③ 可以自定义个性化的任务窗格。

2. PowerPoint 2010 的启动和退出

(1) PowerPoint 2010 的启动

通常用以下三种方法启动 PowerPoint。

方法一:利用"开始"菜单启动。单击"开始"菜单,选择程序中 Microsoft Office,然后选择右侧菜单中的 Microsoft PowerPoint 2010 命令,即可启动 PowerPoint 2010,如图 2-280 所示。

方法二:利用已有的 PowerPoint 演示文稿启动。双击已有的 PowerPoint 演示文稿。

方法三:利用快捷方式启动。双击桌面上已经建立的快捷方式,可以直接启动 PowerPoint 2010。

(2) PowerPoint 2010 的退出

通常使用以下三种方法退出 PowerPoint。

方法一:单击"文件"功能区,在弹出的下拉菜单中单击"退出"命令,如图 2-281 所示。

方法二:单击标题栏中的"关闭"按钮退出。

方法三:单击 PowerPoint 2010 窗口,按 Alt+F4 键退出。

图 2-280　PowerPoint 2010 启动界面　　　　图 2-281　退出选项

3. PowerPoint 2010 窗口的组成

PowerPoint 2010 的窗口,由快速访问工具栏、标题栏、功能区、"帮助"按钮、工作区、状态栏和视图栏等组成,如图 2-282 所示。

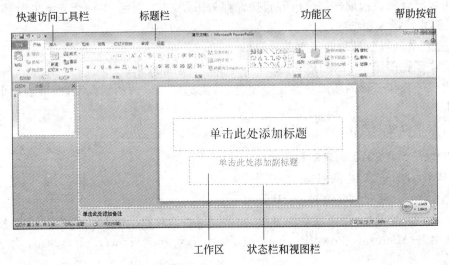

图 2-282　PowerPoint 2010 窗口

(1) 标题栏

标题栏位于窗口最上方,用来显示应用程序的名字和当前正在编辑文档的名称。单击最左边的 PowerPoint 2010 的图标,在弹出的下拉菜单中可以关闭窗口。最右方的三个图标分别为"最小化"、"最大化"、"关闭"的命令,单击"最大化"可以变成"还原"按钮。这三个图标可以改变窗口的大小、还原或关闭窗口。

(2) 快速访问工具栏

快速访问工具栏位于 PowerPoint 2010 工作界面的左上角,由最常用的工具按钮组成,如

"保存"按钮、"撤销"按钮和"恢复"按钮等。

（3）功能区

功能区位于快速访问工具栏的下方，功能区所包含的选项卡主要有"开始"、"插入"、"设计"、"切换"、"动画"、"幻灯片放映"、"审阅"、"视图"和"开发工具"9 个选项卡，如图 2-283 所示。下面简述在这些选项卡中可进行的设置。

图 2-283　功能区选项卡

"开始"选项卡：包括"剪贴板"、"幻灯片"、"字体"、"段落"，对幻灯片的字体和段落进行相应的设置，如图 2-284 所示。

图 2-284　"开始"选项卡

"插入"选项卡：包括"表格"、"图像"、"插图"、"链接"、"文本"、"符号"和"媒体"等。通过"插入"选项卡的相关"表格"和"图像"等相关设置，可以将幻灯片图文并茂地显示在浏览者的眼前，如图 2-285 所示。

图 2-285　"插入"选项卡

"设计"选项卡：包括"页面设置"、"主题"和"背景"等。通过"设计"选项卡可以设置幻灯片的页面和颜色，如图 2-286 所示。

图 2-286　"设计"选项卡

"切换"选项卡：包括"预览"、"切换到此幻灯片"和"计时"等。通过"切换"选项卡，可以对幻灯片进行切换、更改和删除等操作。如图 2-287 所示。

图 2-287　"切换"选项卡

"动画"选项卡：包括"预览"、"动画"、"高级动画"和"计时"等。通过"动画"选项卡，可以对动画进行增加、修改和删除等操作。如图 2-288 所示。

"幻灯片放映"选项卡：包括"开始放映幻灯片"、"设置"和"监视器"等。通过"幻灯片放

图 2-288　"动画"选项卡

映"选项卡,可以对幻灯片的放映模式进行设置。如图 2-289 所示。

图 2-289　"幻灯片放映"选项卡

"审阅"选项卡:包括"校对"、"语言"、"中文简繁转换"、"批注"及"比较"等。通过"审阅"选项卡,可以检查拼写、更改幻灯片中的语言。如图 2-290 所示。

图 2-290　"审阅"选项卡

"视图"选项卡:包括"演示文稿视图"、"母版视图"、"显示"、"显示比例"、"颜色/灰度"、"窗口"及"宏"等。使用"视图"选项卡,可以查看幻灯片母版和备注母版、进行幻灯片浏览,进行相应的颜色或灰度设置等操作。如图 2-291 所示。

图 2-291　"视图"选项卡

"开发工具"选项卡:"开发工具"选项卡包括 Visual Basic、"宏"等组,如图 2-292 所示。

图 2-292　"开发工具"选项卡

（4）工作区

PowerPoint 2010 的工作区,包括位于左侧的"幻灯片/大纲"以及位于右侧的"幻灯片"窗格和"备注"窗格,如图 2-293 所示。

"幻灯片/大纲"窗格:在普通视图模式下,"幻灯片/大纲"窗格位于"幻灯片"窗格的左侧,用于显示当前幻灯片的数量和位置。"幻灯片/大纲"窗格包括"幻灯片"和"大纲"两个选项卡,单击选项卡的名称可以在不同的选项卡之间切换。

"幻灯片"窗格:位于 PowerPoint 2010 工作界面的中间,用于显示和编辑当前的幻灯片,可在虚线边框标识占位符中添加文本、音频、图像和视频等对象。

"备注"窗格:是在普通视图中显示的、用于输入关于当前幻灯片的备注。

（5）状态栏

状态栏提供正在编辑的文稿所包含幻灯片的总张数(分母),当前处于第几张幻灯片(分子),以及该幻灯片使用的设计模板名称。

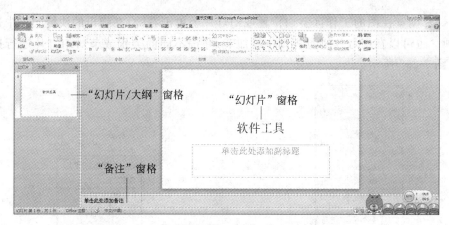

图 2-293　工作区

4. PowerPoint 2010 的视图

视图是演示文稿在屏幕上的显示方式。PowerPoint 2010 提供了六种模式的视图,分别是普通视图、幻灯片浏览视图、备注页视图、幻灯片放映视图、阅读视图和母版视图。

（1）普通视图

普通视图是主要的编辑视图,可用于书写和设计演示文稿。普通视图包含"幻灯片"选项卡、"大纲"选项卡、"幻灯片"窗格和"备注"窗格 4 个工作区域,如图 2-294 所示。

图 2-294　普通视图

（2）幻灯片浏览视图

幻灯片浏览视图可以查看缩略图形式的幻灯片。通过此视图,在创建演示文稿以及准备打印文稿时,可以对演示文稿的顺序进行组织,如图 2-295 所示。

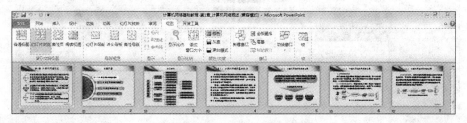

图 2-295　幻灯片浏览视图

在幻灯片浏览视图的工作区空白位置或幻灯片上单击右键,在弹出的快捷菜单中选择"新增节"选项。也可以在幻灯片浏览视图中添加节,并按不同的类别或节对幻灯片进行排序,如图 2-296、图 2-297 所示。

图 2-296　新增节(1)　　　　　　　　　图 2-297　新增节(2)

(3) 阅读视图

在"视图"选项卡下的"演示文稿视图"组中单击"阅读视图"按钮,或单击状态栏上的"阅读视图"按钮,都可以切换到阅读视图模式。

(4) 母版视图

通过幻灯片母版视图,可以制作和设计演示文稿中的背景、颜色和视频等,操作步骤如下。

① 单击"视图"选项卡下的"母版视图"组中的"幻灯片母版"按钮,如图 2-298 所示。

图 2-298　幻灯片模板

② 在弹出的"幻灯片母版"选项卡中,可以设置颜色、显示的比例和幻灯片的方向等。母版的背景可以设置为纯色、渐变或图片等效果。

③ 在"幻灯片母版"选项卡下的"背景"组中,单击"背景样式"按钮。在弹出的下拉式列表中选择合适的背景样式,如图 2-299 所示。

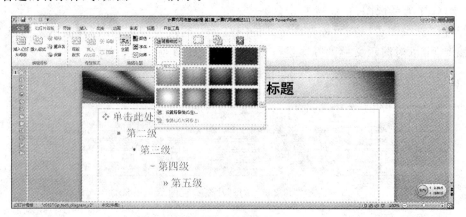

图 2-299　背景样式

④ 选择合适的背景颜色或背景图片,就可应用在当前的幻灯片上,如图 2-300 所示。

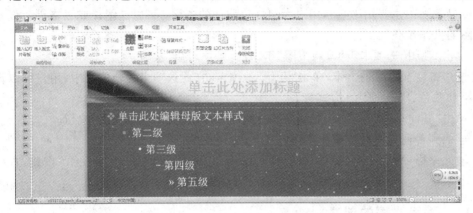

图 2-300　选择合适的背景颜色或图片

⑤ 在"开始"选项卡中,对"字体"组和"段落"组进行相应的设置。例如,对文本设置字体、字号和颜色的设置,对段落进行段落对齐的设置等,如图 2-301 所示。

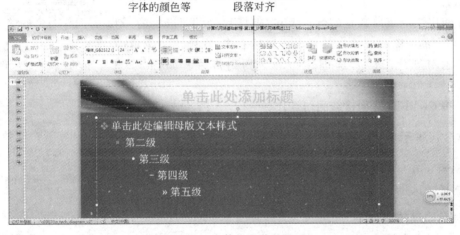

图 2-301　字体和段落的设置

(5) 讲义母版视图

讲义母版视图的用途,就是可以将多张幻灯片显示在同一页面中,以方便打印和输出。设置讲义母版视图的操作步骤如下。

① 单击"视图"选项卡下"母版视图"组中的"讲义母版"按钮。

② 单击"插入"选项卡下"文本"组中的"页眉和页脚"按钮。

③ 在弹出的"页眉和页脚"对话框中,单击"备注"和"讲义"选项卡,为当前讲义母版中添加页眉和页脚效果。设置完成后,单击"全部应用"按钮,如图 2-302 所示。

④ 新添加的页眉和页脚将显示在编辑窗口上。

图 2-302　页眉和页脚的设置

(6) 备注母版视图

备注母版视图主要用于显示用户为幻灯片添加的备注,可以是图片或表格等。设置备注模板视图的操作步骤如下。

① 单击"视图"选项卡下"母版视图"组中的"备注母版"按钮。

② 选中备注文本区的文本,单击"开始"选项卡,在此选项卡的功能区中,用户可以设置字体的大小和颜色、段落的对齐方式等。

③ 单击"备注母版"选项卡,在弹出的功能区中单击"关闭母版视图"按钮。

④ 返回到普通视图,在"备注"窗格中输入要备注的内容。

⑤ 输入完毕,然后单击"视图"选项卡下"演示文稿视图"组中的"备注页"按钮,查看备注的内容及格式。

2.3.2　演示文稿的创建

幻灯片的新建通常有三种方法。

(1) 通过功能区的"开始"选项卡新建幻灯片。单击"开始"选项卡,在"幻灯片"组中单击"新建幻灯片"按钮,即可直接创建一个新的幻灯片。

(2) 使用快捷菜单新建幻灯片。在"幻灯片/大纲"窗格的"幻灯片"选项卡的缩略图或空白位置上用鼠标右击,在弹出的菜单中选择"新建幻灯片"选项,即创建一个新的幻灯片。如图 2-303 所示。

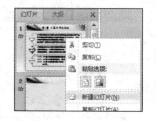

图 2-303　新建幻灯片

(3) 按 Ctrl+M 键创建新的幻灯片。

2.3.3　演示文稿的制作

PowerPoint 2010 对演示文稿的制作主要包括:幻灯片编辑、幻灯片复制、幻灯片删除。

1. 演示文稿的编辑

(1) 幻灯片的复制

复制幻灯片的常用方法有两种。

方法一:

① 在"幻灯片/大纲"窗格的"幻灯片"选项卡下的缩略图上用右击,在弹出的菜单中选择"复制幻灯片"选项。

② 系统会自动添加一个与复制的幻灯片具有相同布局的新幻灯片,其位置位于所复制的幻灯片的下方,如图 2-304 所示。

方法二:

① 单击"开始"选项卡中"剪贴板"组中的"复制"命令,或在"幻灯片/大纲"窗格的"幻灯片"选项卡下的缩略图上右击,在弹出的菜单中选择"复制"选项,完成幻灯片的复制操作。

② 通过"开始"选项卡中"剪贴板"组中的"粘贴"命令,或在"幻灯片/大纲"窗格的"幻灯片"选项卡下的缩略图上右击,在弹出的菜单中选择"粘贴"选项,都可完成幻灯片的粘贴操作。

（2）幻灯片的删除

操作步骤如下。

① 选择要删除的幻灯片。

② 在缩略图上用右键单击，在弹出的快捷菜单中选择"删除幻灯片"命令或按 Delete 键。

（3）幻灯片的移动

操作步骤如下。

① 在"幻灯片/大纲"窗格的"幻灯片"选项卡下的缩略图上，选择要移动的幻灯片。

② 按住鼠标左键不放，将其拖到相应的位置，然后松开鼠标即可，如图 2-305 所示。

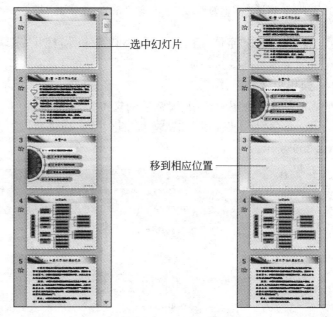

选中幻灯片

移到相应位置

图 2-304　复制幻灯片　　　　　　图 2-305　幻灯片移动后

提示　如果同时选择多个不连续幻灯片，可以单击某个要移动的幻灯片，然后在按住 Ctrl 键的同时，依次选中要移动的其他幻灯片。

2. 幻灯片的编辑

文字和符号是幻灯片中主要的信息载体，幻灯片的文本编辑与处理的方法，包括在文本框中输入文本、编辑文本、设置超链接文本、设置段落格式、插入公式和符号、插入图片和艺术字。

（1）文本的编辑

① 文本框的插入

操作步骤如下。

a. 单击"插入"选项卡下"文本"组中的"文本框"按钮，或单击"文本框"按钮下的下拉按钮，从中选择要插入的文本框为横排文本框或垂直文本框，如图 2-306 所示。

b. 如选择"横排文本框"后，在幻灯片中单击，然后按住鼠标左键并拖动鼠标指针，按所需大小绘制文本框，如图 2-307 所示。

c. 松开鼠标左键后显示出绘制的文本框。可以直接在文本框内输入所要添加的文本。选中文本框，当光标变为"十"字形状时，就可以调整文本框的大小。

② 文本框中的字体设置

选中要设置的文本后,可以在"开始"选项卡下的"字体"组中进行文本的大小、样式和颜色等的设定,如图2-308所示。

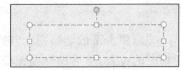

图2-306　选择文本框的形式　　　　图2-307　绘制文本框　　　　图2-308　文本的设置

也可以单击"字体"组右下角的小斜箭头，打开"字体"对话框,对文字进行设置。

③ 文本超链接的添加

操作步骤如下。

a. 在普通视图中选中,要链接的文本。

b. 单击"插入"选项卡下"链接"组中的"超链接"按钮，弹出"插入超链接"对话框,如图2-309所示。

图2-309　超链接的设置

c. 在弹出的"插入超链接"对话框中,选择要链接的演示文稿的位置。

(2) 段落格式的设置

在PowerPoint 2010中,可以设置段落的对齐方式、行间距和缩进量等。对段落的设置,单击"开始"选项卡"段落"组中的各命令按钮来执行,如图2-310所示。

① 对齐方式的设置

单击"开始"选项卡下"段落"组中的"左对齐"按钮，即可将文本进行左对齐。同理,可以设置文本的右对齐、居中对齐、两端对齐和分散对齐。

② 缩进的设置

段落的缩进方式主要包括左缩进、右缩进、悬挂缩进和首行缩进。本部分主要介绍悬挂缩进和首行缩进。

悬挂缩进设置的操作步骤如下。

a. 将光标定位在要设置的段落中,单击"开始"选项卡下"段落"组右下角的按钮，弹出"段落"对话框,如图2-311所示。

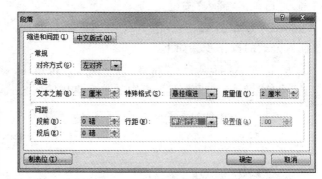

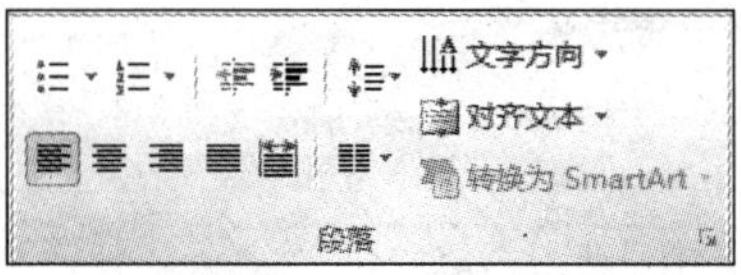
文字方向
对齐文本
转换为 SmartArt
段落

图 2-310　“段落”组

段落
缩进和间距(I)
中文版式(H)
常规
对齐方式(G): 左对齐
缩进
文本之前(R): 2 厘米
特殊格式(S): 悬挂缩进
度量值(Y): 2 厘米
间距
段前(B): 0 磅
行距(N): 单倍行距
设置值(A) .00
段后(E): 0 磅
制表位(T)...
确定
取消

图 2-311　“段落”对话框

b. 在“段落”对话框的“缩进”区域的“特殊格式”下拉式列表中，选择“悬挂缩进”选项，在“文本之前”文本框中输入“2 厘米”，在“度量值”文本框中输入“2 厘米”。

c. 单击“确定”按钮，完成段落的悬挂缩进，效果如图 2-312 所示。

首行缩进设置的操作步骤如下。

a. 将光标定位在要设置的段落中，单击“开始”选项卡下“段落”组右下角的按钮，弹出“段落”对话框。

b. 在“段落”对话框的“缩进”区域的“特殊格式”下拉式列表中，选择“首行缩进”选项，在“度量值”文本框中输入“2 厘米”。

c. 单击“确定”按钮，完成段落的首行缩进，如图 2-313 所示。

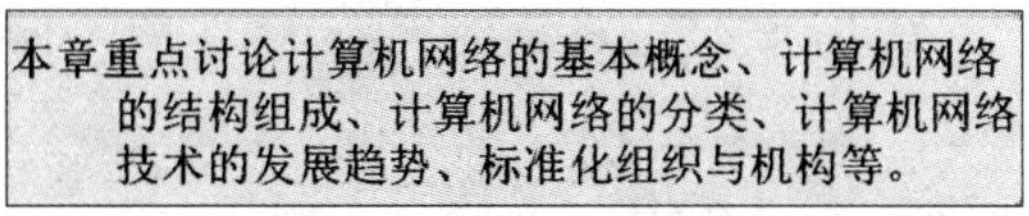
本章重点讨论计算机网络的基本概念、计算机网络
的结构组成、计算机网络的分类、计算机网络
技术的发展趋势、标准化组织与机构等。

图 2-312　悬挂缩进的效果

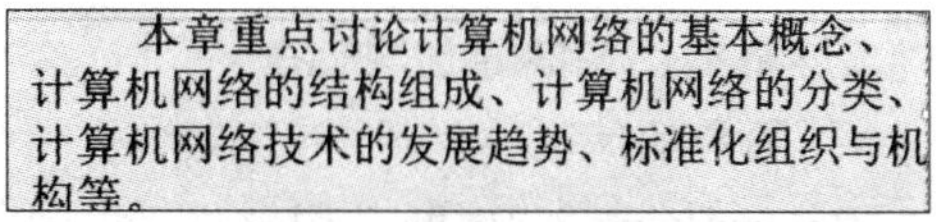
本章重点讨论计算机网络的基本概念、
计算机网络的结构组成、计算机网络的分类、
计算机网络技术的发展趋势、标准化组织与机
构等。

图 2-313　首行缩进的效果图

③ 行间距的设置

操作步骤如下。

a. 将光标定位在要设置的段落中，单击“开始”选项卡下“段落”组右下角的按钮，弹出“段落”对话框。

b. 在“段落”对话框的“间距”区域的“段前”和“段后”文本框中均输入“10”，在“行距”下拉式列表中选择“1.5 倍行距”选项。

c. 单击“确定”按钮。

(3) 符号和公式的插入

在 PowerPoint 2010 中，可以通过“插入”选项卡“符号”组中的“公式”和“符号”选项来完成公式和符号的插入操作。

符号的插入。操作步骤如下。

① 单击“插入”选项卡下“符号”组中的符号按钮，弹出“符号”对话框，如图 2-314 所示。

符号
字体(F): (普通文本)
子集(U): 基本拉丁语
近期使用过的符号(R):
空格
字符代码(C): 0020
来自(M): Unicode(十六进制)
插入(I)
取消

图 2-314　“符号”对话框

② 在弹出的“符号”对话框中选择相应

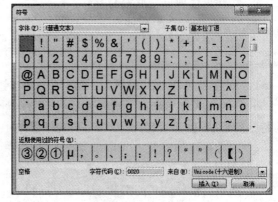

的符号,之后单击"插入"按钮。

③ 单击"关闭"按钮。

插入公式的操作步骤如下。

① 单击"插入"选项卡下"符号"组中的公式按钮π。可以在文本框中利用功能区出现"公式工具"中的"设计"选项卡下各组中的选项直接输入公式,如图 2-315 所示。

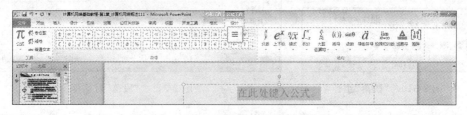

图 2-315　输入公式

② 单击"插入"选项卡下"符号"组中的"公式"按钮,从弹出的快捷菜单中选择相应的公式,如图 2-316 所示。

（4）图片的设置

① 图片的插入

方法一：选中要插入图片的幻灯片,单击"幻灯片"窗格中的"插入来自文件的图片"按钮。

方法二：单击"插入"选项卡下的"图片"、"剪贴画"、"屏幕截图"和"相册"按钮。

② 图片的编辑

PowerPoint 2010 可以调整图片的大小、裁剪图片和为图片设置效果。

图片大小调整的操作步骤如下。

a. 选中插入的图片,将鼠标指针移至图片的尺寸控制点上。

b. 按住鼠标左键进行拖动,就可以更改图片的大小。

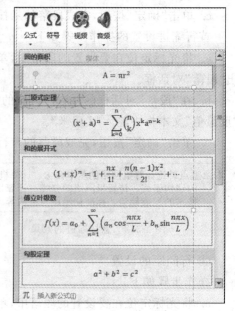

图 2-316　插入公式

c. 松开鼠标即可完成调整操作。

裁剪图片的操作步骤如下。

a. 裁剪图片时,必须先选中该图片,然后在"图片工具"下的"格式"选项卡下的"大小"组中单击"裁剪"按钮,进行裁剪操作。

b. 单击"大小"组中"裁剪"按钮的下三角按钮,弹出下拉式列表,如图 2-317 所示。

裁剪的方式有"裁剪"、"裁剪为形状"、"纵横比"、"填充"和"调整"。如果需要将图片裁剪为特定的形状,选择"裁剪为形状",再在子菜单中选择一个特定的形状。

③ 图片效果的设置

图片样式设置的操作步骤如下。

a. 选中要添加效果的图片。

b. 单击"图片工具"下的"格式"选项卡下的"图片样式"组中的"其他"按钮,在弹出的菜单中选择相应的图片样式。

图片效果设置的操作步骤如下。

a. 选中要添加效果的图片。

b. 单击"图片工具"下的"格式"选项卡下的"图片样式"组中的"图片效果"按钮,在弹出的下拉菜单中选择相应的图片效果,如图 2-318 所示。

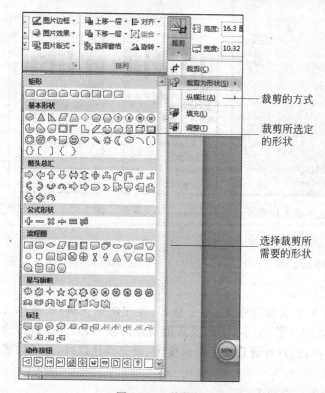

图 2-317　裁剪样式

图 2-318　图片效果

艺术效果设置的操作步骤如下。

a. 选中幻灯片中的图片。

b. 单击"图片工具"下的"格式"选项卡下的"调整"组中的"艺术效果"按钮。在弹出的下拉式列表中,选中其中的一个艺术效果选项,如图 2-319 所示。

(5) 艺术字的设置

艺术字插入的操作步骤如下。

① 单击"插入"选项卡下的"文本"组中的"艺术字"按钮。

② 在弹出的"艺术字"下拉式列表中,选择一个艺术字的样式,如图 2-320 所示。

③ 幻灯片中即可自动生成一个艺术字框。单击文本框,输入相关的内容,单击幻灯片其他地方,即可完成艺术字的添加。

艺术字样式设置的操作步骤如下。

① 单击"绘图工具"下的"格式"选项卡下的"艺术字样式"组中的"其他"按钮,在弹出的菜单中可以选择文字所需要的样式。

② 单击"艺术字样式"组中的"文本填充"按钮 和"文本轮廓"按钮右侧的下三角按钮,分别弹出相应的下拉菜单,如图 2-321、图 2-322 所示,可以用来设置填充文本的颜色和文本轮廓

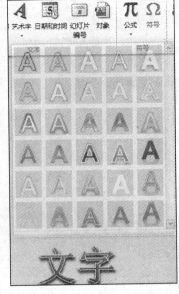
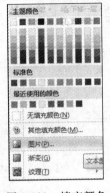
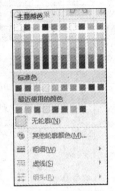

图 2-319　图片的艺术效果　　　图 2-320　艺术字下拉列表　　　图 2-321　填充颜色　　图 2-322　轮廓颜色

的颜色等。

　　③ 艺术字的最终效果如图 2-323 所示。

3. 幻灯片背景和填充颜色的设置

　　PowerPoint 2010 在幻灯片版式设置上的功能强大,用于修饰、美化演示文稿,使演示文稿更加漂亮。它还为用户提供了幻灯片的背景、文本、图形及其他对象的颜色,对文稿进行合理、美观的搭配。在 PowerPoint 2010 中,幻灯片背景除了可以设置、填充颜色以外,还可以添加底纹、图案、纹理或图片。

　　幻灯片背景和填充颜色的设置,操作步骤如下。

　　(1) 选中幻灯片,单击“设计”选项卡下的“背景”组中“背景样式”下三角按钮,在弹出的下拉式列表中选择“设置背景格式”命令,之后弹出“设置背景格式”对话框,如图 2-324 所示。

图 2-323　最终效果

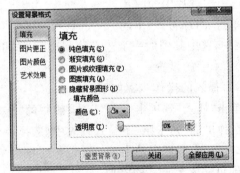

图 2-324　设置背景格式

　　(2) 在“填充”区域中,可以设置“纯色填充”、“渐变填充”、“图片或纹理填充”、“图案填充”和“隐藏背景图形”的填充效果。

　　(3) 单击“全部应用”按钮。

　　(4) 单击“关闭”按钮。

4. 幻灯片设计模板的使用

操作步骤如下。

（1）单击"文件"选项卡，从弹出的菜单中选择"新建"命令。

（2）在"新建"菜单命令的右侧，弹出"可用的模板和主题"窗口。

（3）单击选择"样本模板"选项，从弹出的样本模板中选择需要创建的模板，如图 2-325 所示。

（4）所应用的幻灯片模板效果如图 2-326 所示。

图 2-325　选择要创建的模板

图 2-326　应用幻灯片模板的效果

5. 幻灯片母版的制作

制作一份演示文稿的时候，通常不可能只有一张幻灯片，大多数情况都会需要许多张幻灯片来描述一个主题。PowerPoint 2010 中提供了"母版"的功能，可以一次将多张幻灯片设定为统一的格式。操作步骤如下。

（1）单击"视图"选项卡下的"母版视图"组中的"幻灯片母版"按钮。

（2）系统会自动切换到幻灯片母版视图，单击"幻灯片母版"选项卡下的"编辑主题"组中的"主题"下三角按钮,在弹出的下拉式列表中选择相应的主题,如图 2-327 所示。

图 2-327   选择主题

(3)系统即会自动地为演示文稿添加相应的幻灯片母版,如图 2-328 所示。

(4)单击"幻灯片母版"选项卡"关闭"组中的"关闭母版视图"按钮,返回普通视图。

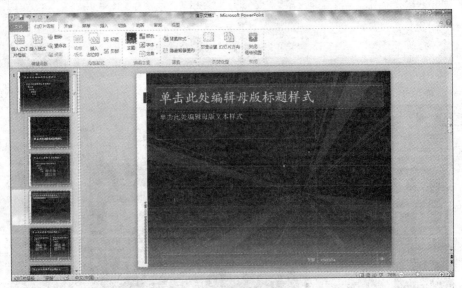

图 2-328   添加的幻灯片母版

6. 配色方案的使用

幻灯片设计中使用颜色的配色方案,分别用于背景、文本、线条、阴影、标题文本、填充、强调和超链接,用户可根据幻灯片的需要进行颜色设计。

应用标准配色方案在制作演示文稿时,通常利用系统提供的幻灯片标准配色方案。**操作步骤如下。**

(1)单击"设计"选项卡。

(2)在"主题"组列表中,选取一个模板。

(3)在选中的模板上单击右键,在弹出的快捷菜单中选择相应的设置。可以设置相应的配色方案,如图 2-329 所示。

如果要把某种配色方案应用于所有幻灯片,则选择"应用于所有幻灯片";如果要把某种配色方案只应用于当前一张幻灯片,在弹出的快捷菜单中选择"应用于选定幻灯片"即可,如果要把某种配色方案设置为默认的主题,在弹出的快捷菜单中选择"设置为默认主题"。

7. 影音文件的插入

在幻灯片设计中,有时需要插入影音文件、添加视频对象,使得幻灯片放映时产生很好的效果、更具有感染力。

图 2-329　主题配色方案应用于幻灯片

(1) 视频格式

PowerPoint 2010 支持的视频格式如表 2-3 所示。

表 2-3　PowerPoint 支持的视频格式

视　频	视　频　格　式
Windows Media 文件(asf)	＊.asf、＊.asx、＊.wpl、＊.wm、＊.wmx、＊.wmd、＊.wmz
Windows 视频文件(avi)	＊.avi
电影文件(mpeg)	＊.mpeg、＊.mpg、＊.mpe、＊.mlv、＊.m2v、＊.mod、＊.mp2、＊.mpv2、＊.mp2v、＊.mpa
Windows Media 视频文件(wmv)	＊.wmv、＊.wvx
QuickTime 视频文件	＊.qt、＊.mov、＊.3g2、＊.3pg、＊.dv、＊.m4v、＊.mp4
Adobe Flash Media	＊.swf

(2) 视频的嵌入

操作步骤如下。

① 在普通视图下,单击要向其嵌入视频的幻灯片。

② 在"插入"选项卡的"媒体"组中,单击"视频"的下三角按钮,单击"视频"命令,弹出"插入视频文件"对话框,如图 2-330 所示。

图 2-330　"插入视频文件"对话框

③ 在"插入视频文件"的对话框中选择相应的视频文件,单击"插入"按钮。

(3) 音频格式

PowerPoint 2010 支持的音频格式如表 2-4 所示。

表 2-4　PowerPoint 2010 支持的音频格式

音 频 文 件	音 频 格 式
AIFF 音频文件(aiff)	＊.aif、＊.aifc、＊.aiff
AU 音频文件(au)	＊.au、＊.snd
MIDI 音频文件(midi)	＊.mid、＊.midi、＊.rmi
MP3 音频文件(mp3)	＊.mp3、＊.m3u
Windows 音频文件(wma)	＊.wav
Windows Media 音频文件(wma)	＊.wma、＊.wax
QuickTime 音频文件(aiff)	＊.3g2、＊.3gp、＊.aac、＊.m4a、＊.m4b、＊.mp4

(4) 音频的嵌入

操作步骤如下。

① 在普通视图下,单击要向其嵌入音频的幻灯片。

② 在"插入"选项卡的"媒体"组中,单击"视频"的下三角按钮,单击"文件中的音频"命令,弹出"插入音频"对话框,如图 2-331 所示。

③ 在"插入音频"对话框中,单击要嵌入的音频文件,之后单击"插入"按钮。

图 2-331　"插入音频"对话框

8. 对象的使用

(1) 表格的插入

在 PowerPoint 2010 里创建表格常用有三种方法。

方法一:

① 在演示文稿中选中要添加表格的幻灯片,单击"插入"选项卡下的"表格"组中的"表格"按钮。

② 在弹出的"插入表格"下拉式列表中,直接选择相应的行数和列数,即可在幻灯片中创

建表格,如图 2-332 所示。

方法二:

① 单击"插入表格"下拉式列表中的"插入表格"选项,弹出"插入表格",如图 2-333 所示。

图 2-332　"表格"下拉式列表　　　　　　　图 2-333　"插入表格"对话框

② 在"行数"和"列数"文本框中,分别输入要创建表格的行数和列数的数值,在幻灯片中创建相应的表格。

方法三:

① 单击"插入表格"下拉式列表中的"绘制表格"选项。

② 在幻灯片空白位置处单击,拖动画笔,然后到适当位置释放,即完成表格的创建。

(2) 图表的插入

在 PowerPoint 2010 中,可以插入不同形式的图表。本节主要以柱形图为例,介绍图标插入的方法。操作步骤如下。

① 单击"插入"选项卡下的"插图"组中的"图表"按钮 。

② 在弹出的"插入图表"对话框中,选择"柱形图"区域的"三维簇状柱形图",然后单击"确定"按钮。

③ 系统自动弹出 Excel 的界面,在单元格中输入相关的数据,如图 2-334 所示。

④ 输入完毕后,关闭 Excel 表格,即可在幻灯片中插入一个柱形图,如图 2-335 所示。

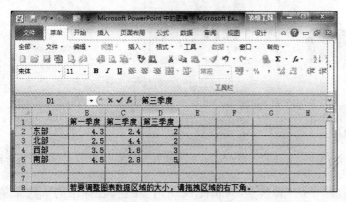

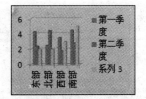

图 2-334　在 Excel 中输入　　　　　　　　图 2-335　柱形图效果

(3) SmartArt 图形的插入

在 PowerPoint 2010 中增加了一个 SmartArt 图形工具。SmartArt 图形主要用于演示流程、层次结构、循环或关系。

　　单击"插入"选项卡"插图"组中的 SmartArt 按钮,在弹出的 SmartArt 对话框,可看到内置的 SmartArt 图形库,如图 2-336 所示。其中提供了不同类型的模板,有列表、流程、循环、层次结构、关系、矩阵、棱锥图和图片 8 大类。

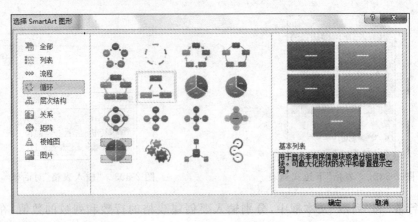

图 2-336　SmartArt 图形库

　　下面以插入一个循环结构的图形为例,说明 SmartArt 的基本用法。

　　选择"循环"中的"块循环",单击"确定"按钮,在左边的框中输入汉字,就可以显示在图表中,如图 2-337 所示。

　　在选中 SmartArt 图形时,工具栏就会出现 SmartArt 工具,其中包括"设计"与"格式"两大功能区,可以对图形进行美化操作。在"格式"选项卡中选择"形状样式"组中的"形状填充"按钮 。在弹出的下拉菜单中,选择要填充的颜色或者图片,如图 2-338 所示。

　　(4) 将文本转换为 SmartArt 图形

　　操作步骤如下。

　　① 单击文字内容的占位符边框,如图 2-339 所示。

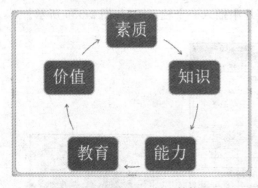
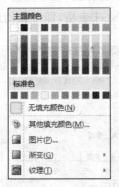

图 2-337　SmartArt 循环结构图　　　图 2-338　填充颜色　　图 2-339　选中占位符边框

　　② 单击"开始"选项卡"段落"组中的"转换为 SmartArt 图形"按钮,在弹出的下拉菜单中单击 其他SmartArt 图形(M)... 按钮,弹出"选择 SmartArt 图形"对话框,如图 2-340 所示。

　　③ 在系统自动生成的 SmartArt 图形中输入相关文本,效果如图 2-341 所示。

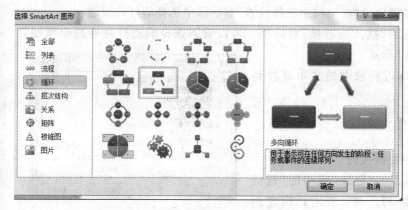

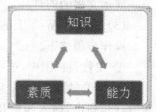

图 2-340　"选择 SmartArt 图形"对话框　　　　图 2-341　最终效果

2.3.4　演示文稿的动画设置

1. 创建超链接

（1）链接到同一演示文稿的幻灯片

操作步骤如下。

① 在普通视图中，选中要链接的文本。

② 单击"插入"选项卡下的"链接"组中的"超链接"按钮，则弹出"插入超链接"对话框，如图 2-342 所示。

③ 在"插入超链接"对话框中，选择"本文档中的位置"。

④ 单击"确定"按钮，即可将幻灯片链接到另一幻灯片。

（2）链接到不同演示文稿的幻灯片

操作步骤如下。

① 在普通视图中，选中要链接的文本。

② 单击"插入"选项卡下的"链接"组中的"超链接"按钮，弹出"插入超链接"对话框，如图 2-342 所示。

图 2-342　"插入超链接"对话框

③ 在弹出的"插入超链接"对话框中，选择"现有文件或网页"选项，选中要作为链接幻灯片的演示文稿。

④ 单击"书签"按钮,在弹出的"在文档中选择位置"对话框中选择幻灯片标题。

⑤ 单击"确定"按钮,返回"插入超链接"对话框。可以看到选择的幻灯片标题也添加到"地址"文本框中,如图 2-343 所示。

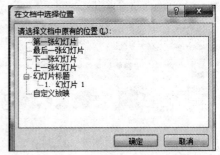

⑥ 单击"确定"按钮,即可将选中的文本链接到另一演示文稿的幻灯片。

(3) 链接到 Web 上的页面或文件

操作步骤如下。

① 在普通视图中,选中要链接的文本。

② 单击"插入"选项卡下的"链接"组中的"超链接"按钮,弹出"插入超链接"对话框。在对话框左侧的"链接到"列表框中,选择"现有文件或网页"选项,在"查找范围"文本框右侧,单击"浏览 Web"按钮 。

图 2-343 "在文档中选择位置"对话框

③ 在弹出的网页浏览器中找到并选择要链接到的页面或文件,然后单击"确定"按钮。

(4) 链接到电子邮件地址

操作步骤如下。

① 在普通视图中,选中要链接的文本。

② 单击"插入"选项卡下的"链接"组中的"超链接"按钮,弹出"插入超链接"对话框。

③ 在弹出的"插入超链接"对话框左侧的"链接到"列表框中,选择"电子邮件地址"选项,在"电子邮件地址"文本框中输入要链接到的电子邮件地址 11768478@QQ. COM,在"主题"文本框中输入电子邮件的主题"计算机学科概论",如图 2-344 所示。

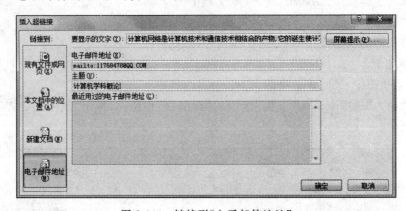

图 2-344 链接到"电子邮件地址"

④ 单击"确定"按钮,即可将选中的文本链接到指定的电子邮件地址。

(5) 链接到新文件

操作步骤如下。

① 在普通视图中,选中要链接的文字。

② 单击"插入"选项卡下的"链接"组中的"超链接"按钮,弹出"插入超链接"对话框。

③ 在弹出的"插入超链接"对话框左侧的"链接到"列表框中,选择"新建文档"选项,在"新建文档名称"文本框中输入要链接到的文件的名称"计算机学科概论",如图 2-345 所示。

④ 单击"确定"按钮。

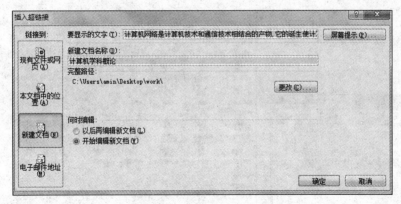

图 2-345　链接到"新建文档"

2. 动作按钮的使用

在 PowerPoint 2010 中，可以用文本或对象创建超链接，也可以用动作按钮创建超链接。操作步骤如下。

（1）选择幻灯片。

（2）单击"插入"选项卡下的"插图"组中的"形状"按钮，在弹出的下拉式列表中，选择"动作按钮"区域的"动作按钮：后退或前一项"，如图 2-346 所示。

图 2-346　动作按钮

（3）选中"动作按钮"，单击右键，选择"编辑超链接"，弹出"动作设置"对话框，选择"单击鼠标"选项卡，在"单击鼠标时动作"区域中选中"超链接到"单选按钮，并在其下拉式列表中选择"上一张幻灯片"选项，如图 2-347 所示。

（4）单击确定按钮。

3. 使用动画方案

PowerPoint 2010 演示文稿中的文本、图片、形状、表格、SmartArt 图形和其他对象，可以制作成动画，赋予它们进入、退出、大小或颜色变化，甚至移动等视觉效果。PowerPoint 2010 中有以下四种不同类型的动画效果。

"进入"效果。例如，可以使对象逐渐淡入焦点，从边缘飞入幻灯片，或者跳入视图中。

"退出"效果。这些效果的示例包括，使对象缩小或放大，从视图中消失，或者从幻灯片旋出。

"强调"效果。这些效果的示例包括，使对象缩小或放大，更改颜色或沿着其中心旋转。

"动作路径"效果。使用这些效果可以使对象上下移动、左右移动或者沿着星形或圆形图案移动。

（1）"进入"动画的创建

操作步骤如下。

① 选中要添加动画的文本或图片。

② 单击"动画"选项卡下的"动画"组中的"其他"按钮 ，在弹出的下拉式列表中选择"进入"区域的"飞入"选项，创建"进入"的动画效果，如图 2-348 所示。

③ 添加动画效果后，文字或图片对象前面会显示一个动画编号标记 。

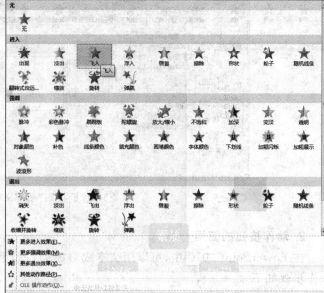

图 2-347　"动作设置"对话框　　　　　　　　图 2-348　选择动画效果

（2）"退出"动画的创建

操作步骤如下。

① 选中要添加动画的文本或图片。

② 单击"动画"选项卡下的"动画"组中的"其他"按钮,在弹出的下拉式列表中选择"退出"区域的"收缩并旋转"选项,创建"退出"动画的效果。

（3）"强调"动画的创建

操作步骤如下。

① 选中要添加动画的文本或图片。

② 单击"动画"选项卡下的"动画"组中的"其他"按钮,在弹出的下拉式列表中选择"强调"区域的"彩色脉冲"选项,创建"强调"动画效果。

（4）"路径"动画的创建

操作步骤如下。

① 选中要添加动画的文本或图片。

② 单击"动画"选项卡下的"动画"组中的"动作路径"区域的"循环"选项,创建"路径"动画效果。

（5）动画的设置

① 动画顺序的调整

在放映过程中,也可以对幻灯片播放的顺序重新进行调整,操作步骤如下。

a. 在普通视图中,选择第 2 张幻灯片。

b. 单击"动画"选项卡下的"高级动画"组中的"动画窗格"按钮,弹出"动画窗格"窗口,如图 2-349 所示。

c. 选择"动画窗格"窗口中需要调整顺序的动画,如选择动画 2,然后单击"动画窗格"窗口下方"重新排序"命令左侧或右侧的向上按钮 或向下按钮 进行调整,如图 2-350 所示。

图 2-349　动画窗格

图 2-350　重新排序

② 动画时间的设置

创建动画之后,可以在"动画"选项卡上为动画指定开始、持续时间或者延迟计时。

设置动画的开始计时的操作步骤如下。

单击"计时"组中"开始"菜单右侧的下三角按钮,从弹出的下拉式列表中选择所需的计时。该下拉式列表包括"单击时"、"上一动画之后"和"与上一动画同时",如图 2-351 所示。

设置动画的持续时间及延时的操作步骤如下。

a. 在"计时"组中的"持续时间"文本框中输入所需的秒数,或者单击"持续时间"文本框后面的微调按钮,来调整动画要运行的持续时间。

b. 在"计时"组中的"延迟"文本框中输入所需有秒数,或者使用微调按钮来调整。如图 2-352 所示。

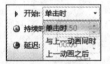

图 2-351　设置动画的开始计时

图 2-352　设置动画的延迟时间

2.3.5　演示文稿的放映

幻灯片的放映方式包括演讲者放映、观众自行浏览和在展台浏览。

1. 设置放映方式

(1) 演讲者放映的设置

操作步骤如下。

① 打开已编辑好的幻灯片。

② 单击"幻灯片放映"选项卡下的"设置"组中的"设置幻灯片放映"按钮,弹出"设置放映方式"对话框,如图 2-353 所示。

③ 在"设置放映方式"对话框的"放映类型"区域中,选中"演讲者放映(全屏幕)"单选按钮。

④ 在"设置放映方式"对话框的"放映选项"区域中,可以设置放映时是否循环放映、放映时是否加旁白及动画等。

⑤ 在"放映幻灯片"区域中,可以选择放映全部幻灯片,也可以选择幻灯片放映的范围。在"换片方式"区域中设置换片方式,可以选择手动或者根据排练时间进行换片。

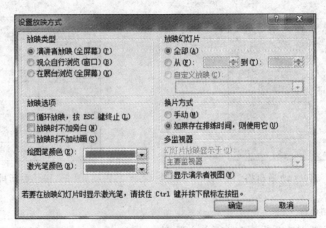

图 2-353　设置放映方式

(2) 观众自行浏览的设置

操作步骤如下。

① 打开已经编辑好的幻灯片。

② 单击"幻灯片放映"选项卡下的"设置"组中的"设置幻灯片放映"按钮,弹出"设置放映方式"对话框。

③ 在"放映类型"区域中选择"观众自行浏览(窗口)"单选按钮。

④ 在"放映幻灯片"区域,选择要播放的幻灯片范围。

⑤ 单击"确定"按钮。

(3) 在展台浏览的设置

操作步骤如下。

① 打开一张已经编辑好的幻灯片。

② 单击"幻灯片放映"选项卡下的"设置"组中的"设置幻灯片放映"按钮,弹出"设置放映方式"对话框。

③ 在"放映类型"区域中,选择"在展台浏览(全屏幕)"单选按钮。

④ 在"放映幻灯片"区域,选择要播放的幻灯片范围。

⑤ 单击"确定"按钮。

2. 设置自定义放映

自定义放映是指在一个演示文稿中,设置多个独立的放映演示分支,这样使一个演示文稿可以用超链接分别指向演示文稿中的每一个自定义放映。操作步骤如下。

(1) 选中要放映的幻灯片。

(2) 单击"幻灯片放映"选项卡下的"开始放映幻灯片"组中的"自定义幻灯片放映"按钮,在弹出的下拉菜单中选择"自定义放映"菜单命令,弹出"自定义放映"对话框,如图 2-354 所示。

(3) 在"自定义放映"对话框中单击"新建"按钮,弹出"定义自定义放映"对话框,如图 2-355 所示。

(4) 在"定义自定义放映"对话框的"在演示文稿中的幻灯片"列表框中,选择需要放映的幻灯片。

(5) 单击"添加"按钮。

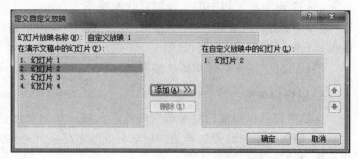

图 2-354　"自定义放映"对话框　　　　　图 2-355　"定义自定义放映"对话框

（6）单击"确定"按钮。

3. 幻灯片的切换和定位

在演示文稿放映过程中,由一张幻灯片进入另一张幻灯片,就是幻灯片之间的切换。为了使幻灯片更具有趣味性,在幻灯片切换时可以使用不同的技巧和效果。

（1）细微型幻灯片效果的设置

操作步骤如下。

① 选中幻灯片。

② 单击"切换"选项卡下的"切换到此幻灯片"组中的"其他"按钮,在弹出的下拉式列表的"细微型"区域中选择-个细微型切换效果。

③ 单击"预览"按钮,用户就可以观看到为幻灯片添加的细微型切换效果。

（2）华丽型幻灯片效果的设置

操作步骤如下。

① 选中演示文稿中的一张幻灯片缩略图,作为要添加切换效果的幻灯片。

② 单击"切换"选项卡下的"切换到此幻灯片"组中的"其他"按钮,在弹出的下拉式列表的"华丽型"区域中选择一个切换效果。

③ 单击"预览"按钮,用户就可以观看到为幻灯片添加的华丽型切换效果。

（3）全部应用型幻灯片效果的设置

操作步骤如下。

① 单击演示文稿中的第一张幻灯片缩略图。

② 单击"切换"选项卡下的"切换到此幻灯片"组中的"其他"按钮,在弹出的下拉式列表的"华丽型"区域中选择百叶窗切换效果。

③ 单击"切换"选项卡下的"计时"组中的"全部应用"按钮,即可为所有的幻灯片设置切换效果,如图 2-356 所示。

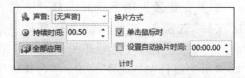

图 2-356　选择全部应用按钮

（4）幻灯片定位

在幻灯片播放过程中,单击鼠标右键,会出现定位幻灯片选项,选取需要切换的幻灯片即可。

4. 设置排练计时

操作步骤如下。

（1）单击演示文稿中的一张幻灯片缩略图。

（2）在"幻灯片放映"选项卡下的"设计"组中，单击以选择"排练计时"按钮，切换到全屏放映模式，弹出"录制"对话框，如图 2-357 所示。

（3）同时记录张幻灯片的放映时间，供以后自动放映。

5. 记录声音旁白

音频旁白可以增强幻灯片放映的效果。如果计划使用演示文稿创建视频，则要使视频更生动些，使用记录声音旁白就是一种非常好的方法。此外，还可以在幻灯片放映期间将旁白和激光笔的使用一起录制。

记录声音旁白的操作步骤如下。

（1）在"幻灯片放映"选项卡下的"设置"组中，单击"录制幻灯片演示"下三角按钮，弹出下拉菜单，如图 2-358 所示。

（2）选择"从头开始录制"命令或"从当前幻灯片开始录制"命令，弹出"录制幻灯片演示"对话框，如图 2-359 所示。

图 2-357   "录制"对话框

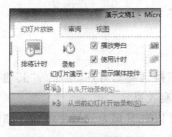

图 2-358   选择录制方式

图 2-359   录制幻灯片演示

（3）在弹出的"录制幻灯片演示"对话框中，选中"旁白和激光笔"复选框，并根据需要选中或取消"幻灯片和动画计时"复选框。

（4）单击"开始录制"按钮，幻灯片开始放映，并自动开始计时。

（5）若要结束幻灯片放映的录制，右击幻灯片，再单击"结束放映"按钮。

6. 打包演示

如果要将幻灯片在另外一台计算机上放映，可以使用打包向导。该打包向导可以将演示文稿所需要的文件和字体打包到一起。操作步骤如下。

（1）在普通视图下打开幻灯片文件。单击"文件"选项卡，在弹出的下拉菜单中选择"保存并发送"命令，在展开的子菜单中选择"将演示文稿打包成 CD"命令，在右侧区域中单击"打包成 CD"按钮，则弹出"打包成 CD"对话框，如图 2-360 所示。

（2）在"打包成 CD"对话框中，选择"要复制的文件"列表框中的选项，单击"添加"按钮。在弹出的"添加文件"对话框中选择要添加的文件，如图 2-361 所示。

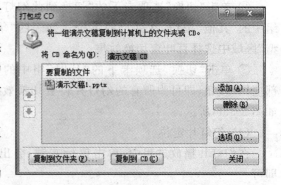

图 2-360   "打包成 CD"对话框

（3）单击"添加"按钮，返回到"打包成 CD"对话框。

图 2-361　选择要添加的文件

（4）单击"选项"按钮，在弹出的"选项"对话框中设置要打包文件的安全性等选项，如图 2-362 所示，如设置打开和修改演示文稿的密码为"12345678"。

（5）单击"确定"按钮，在弹出的"确认密码"对话框中输入两次确认密码，如图 2-363 所示。

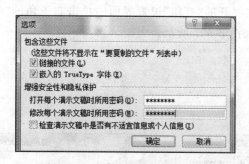

图 2-362　文件打包的安全性设置

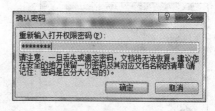

图 2-363　确认密码

（6）单击"确定"按钮，返回到"打包成 CD"对话框。单击"复制到文件夹"按钮，在弹出的"复制到文件夹"对话框的"文件夹名称"和"位置"文本框中分别设置文件夹名称和保存位置，如图 2-364 所示。

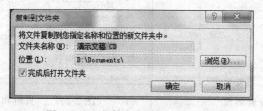

图 2-364　文件夹名称和保存位置

（7）单击"确定"按钮，弹出 Microsoft PowerPoint 提示对话框，单击"是"按钮，系统将自动把文件复制到文件夹，如图 2-365 所示。

图 2-365　系统自动复制文件到文件夹

(8) 复制完成后,系统会自动打开生成的 CD 文件夹。如果所使用的计算机上没有安装 Power Point,操作系统将自动运行 autorun. inf 文件,并播放幻灯片文件。

2.3.6　演示文稿的打印

1. 页面设置

在打印之前,一般要对将打印的幻灯片进行页面设置。操作步骤如下。

(1) 单击“文件”选项卡,在弹出的下拉菜单中选择“打印”选项,弹出打印设置界面,如图 2-366 所示。

(2) 设置完成后,单击“确定”按钮。

2. 页眉与页脚的设置

在母版中看到的页眉和页脚文本、幻灯片号码(或页码)及日期,它们出现在幻灯片、备注或讲义的顶端或底端。页眉和页脚是加在演示文稿中注释的内容。典型的页眉和页脚的内容是日期、时间和幻灯片的编号。

添加幻灯片页眉和页脚的操作步骤如下。

(1) 单击“文件”选项卡下的“打印”命令,在展开的“打印”设置界面中单击右下角的“编辑页眉和页脚”命令,弹出“页眉和页脚”对话框,如图 2-367 所示。

图 2-366　打印设置界面

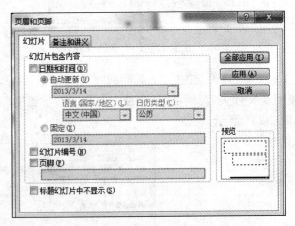

图 2-367　“页眉和页脚”对话框

(2) 该对话框包括“幻灯片”和“备注讲义”两个选项卡。

(3) 单击“幻灯片”选项卡,选中“幻灯片编号”和“页脚”复选框,在其下的文本框中输入需要在“页脚”显示的内容,如“下一页”。单击“备注和讲义”选项卡,选中所有复选框,在“页眉”

和"页脚"文本框中输入要显示的内容。

（4）单击"全部应用"按钮，则在视图中可以看到每张幻灯片的页脚处都有"下一页"的文字和幻灯片的编号。

3. 打印预览及打印演示文稿

（1）打印预览

操作步骤如下。

① 选择"文件"→"打印"设置。

② 选择"文件"→"打印"后，在最右侧的窗口显示了打印幻灯片的预览效果，如图 2-368所示。

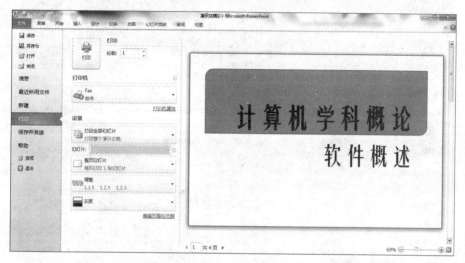

图 2-368　打印预览效果

（2）演示文稿的打印

选择"文件"→"打印"选项，在展开的"打印设置"界面中单击"打印"命令。

2.3.7　典型案例

操作步骤如下。

（1）启动 PowerPoint 2010，进入 PowerPoint 工作界面。

（2）单击"视图"选项卡下的"母版视图"中的"幻灯片母版"按钮，切换到幻灯片母版视图，并在左侧列表中单击第 1 张幻灯片，如图 2-369 所示。

（3）单击"插入"选项卡"图像"组中的"图片"按钮，在弹出的对话框中浏览到"素材\背景.jpg"，单击"插入"按钮。

（4）插入图片并调整图片的位置。

（5）使用工具形状在幻灯片底部绘制 1 个矩形框，并把颜色填充为蓝色，如图 2-370 所示。

（6）使用形状工具绘制 1 个圆角矩形，并拖动圆角矩形左上方的黄点，调整圆角角度。设置"形状填充"为"无填充颜色"，设置"形状轮廓"为"白色"，"粗细"为"4.5 磅"，如图 2-371 所示。

（7）在左上角绘制 1 个正方形，设置"形状填充"和"形状轮廓"为"白色"，并用右键单击，在弹出的快捷菜单中选择"编辑顶点"选项，删除右下角的顶点，并单击斜边中点向左上方拖动，调整如图 2-372 所示。

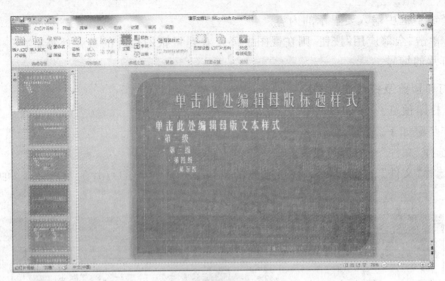

图 2-369　选择幻灯片母版

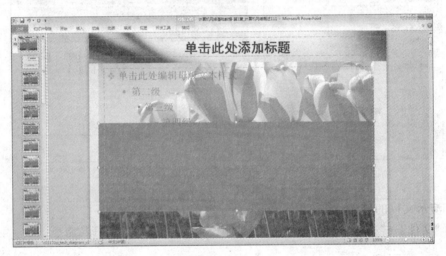

图 2-370　绘制矩形

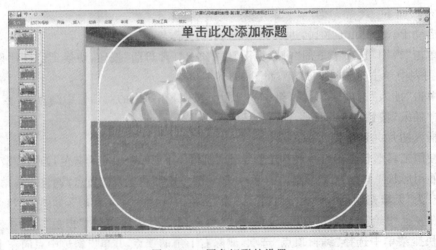

图 2-371　圆角矩形的设置

图 2-372 调整正方形的形状

（8）按照上述操作,绘制并调整幻灯片其他角的形状。

（9）选中标题,将标题置于顶层,如图 2-373 所示。

图 2-373 将标题置于顶层

（10）在幻灯片母版视图中选择左侧列表的第 2 张幻灯片。

（11）选中"幻灯片母版"选项卡下的"背景"组中的"隐藏背景图形"复选框。

（12）右击,在弹出的"设置背景格式"对话框中的"填充"区域中选择"图片或纹理填充"单选按钮,并单击"文件"按钮,在弹出的对话框中选择"素材\首页.jpg",如图 2-374 所示。

（13）按照以上的操作,绘制 1 个圆角矩形框,在四角绘制 4 个正方形,并调整形状顶点。最终结果如图 2-375 所示。

图 2-374 设置背景格式

图 2-375　最终效果

习题

一、选择题

1. 启动 Word 2010 之后,空白文档的名字是(　　)。

　　A. 文档1.docx　　　　　　　　　B. 新文档.docx

　　C. 文档.docx　　　　　　　　　　D. 我的文档.docx

2. Word 2010 常用工具栏中的"格式刷"可用于复制文本或段落的格式,若要将选中的文本或段落格式重复应用多次,应怎样操作?(　　)。

　　A. 单击格式刷　　B. 双击格式刷　　C. 右击格式刷　　D. 拖动格式刷

3. 调整段落左右边界以及首行缩进格式的最方便、直观、快捷的方法是(　　)。

　　A. 菜单命令　　　　B. 工具栏　　　　C. 格式栏　　　　D. 标尺

4. 录入文档时,改写、插入切换方式可按(　　)键。

　　A. Shift　　　　　　B. Delete　　　　C. Insert　　　　D. Ctrl

5. 在 Word 2010 中打开多个文档后,实现文档间快速切换的方法是(　　)。

　　A. 单击"文件"菜单中的"打开"命令

　　B. 单击"打开"按钮

　　C. 单击"窗口"菜单中的"全部重排"命令

　　D. 单击"窗口"菜单下端的相应文件名

6. 在 Excel 2010 的一个工作簿中,最多可以包含(　　)张工作表。

　　A. 3　　　　　　　　B. 8　　　　　　　C. 16　　　　　　　D. 255

7. 在 Excel 2010 中多数据进行排序时,单击"数据"|"排序"命令,在"排序"对话框中必须指定的排序关键字为(　　)。

　　A. 第一关键字　　B. 第二关键字　　C. 第三关键字　　D. 可以不指定

8. 编辑工作表时,要选择一些不连续的区域,须借助(　　)。

　　A. Shift 键　　　　B. Alt 键　　　　　C. Ctrl 键　　　　D. 鼠标右键

9. 在 Excel 2010 中,为活动单元格输入文字型数据时默认为(　　)。

    A. 居中　　　　　　B. 左对齐　　　　　　C. 右对齐　　　　　　D. 随机

10. Excel 2010 中,计算总体个数的函数为(　　)。

    A. Sum　　　　　　B. Average　　　　　C. Count　　　　　　D. If

11. PowerPoint 2010 的主要功能是(　　)。

    A. 创建演示文稿　　　　　　　　　　B. 数据处理

    C. 图像处理　　　　　　　　　　　　D. 文件编辑

12. 对单个幻灯片编辑需在(　　)下进行。

    A. 大纲视图　　　　　　　　　　　　B. 幻灯片浏览视图

    C. 幻灯片视图　　　　　　　　　　　D. 备注视图

13. 在(　　)视图方式下,可以复制、删除幻灯片,调整幻灯片的顺序,但不能对幻灯片的内容进行编辑修改。

    A. 幻灯片　　　　B. 幻灯片浏览　　　　C. 幻灯片放映　　　　D. 大纲

14. 在 PowerPoint 2010 中,若为幻灯片中的对象设置"飞入",应选择(　　)对话框。

    A. 自定义动画　　B. 幻灯片版式　　　　C. 自定义放映　　　　D. 幻灯片放映

15. 每一页讲义可以包含(　　)幻灯片。

    A. 3 张　　　　　　B. 6 张　　　　　　C. 9 张　　　　　　D. 以上均可

二、简答题

1. Word 2010 段落的对齐方式有哪几种?

2. 简述获取联机帮助的常用方法。

3. Word 2010 中文件的"保存"命令和"另存为"命令有什么区别?

4. 在 Word 2010 中,"改写"状态与"插入"状态有什么区别? 如何切换这两种状态?

5. 若在一段中进行分栏和首字下沉,如何操作?

6. 简述 Excel 中工作簿、工作表、单元格之间的关系。

7. 什么是"填充柄"? 简述其"自动填充"功能。

8. 数据清除和数据删除的区别是什么?

9. 单元格地址有哪几种引用方式?

10. 简述 Excel 2010 提供的各种函数的功能。

11. PowerPoint 2010 中有哪些视图? 这些视图以及视图区有什么特点?

12. 为幻灯片设置背景时,在"背景"对话框中,"应用"按钮与"全部应用"按钮有何区别?

13. 如何在演示文稿中为文本添加超链接效果? 写出主要操作步骤。

14. 如何通过排练计时设置幻灯片的放映时间?

15. 简述幻灯片从制作到放映的主要步骤。

Chapter 3

第3章　多媒体技术基础及应用

　　多媒体技术是计算机与微电子、通信和数字化技术的结合产物,是 20 世纪 90 年代快速发展而成的一门综合性技术,特别是进入新世纪后,数字媒体应用的需求越来越多,和人们的工作、生活也越来越紧密。现在所说的多媒体技术,是指通过计算机对媒体信息进行处理和应用的一整套技术,多媒体技术在很大程度上依赖于计算机中对数字化技术和交互式应用的处理能力。

　　本章主要介绍多媒体技术基本概念、多媒体常用处理软件的基本方法,包括图像处理、动画制作、音频编辑等内容,具有较强的实用性和可操作性。

3.1　多媒体技术概述

3.1.1　多媒体技术基本概念

　　多媒体技术是利用计算机技术把数字、文字、图形、声音、影像等多种媒体进行有效组合,并能够对这些媒体进行获取、编辑、显示、储存和通信等的加工处理的综合技术。

1. 多媒体技术的特征

　　多媒体技术具有集成性、多样性、交互性和实时性等主要特征。

　　(1) 集成性

　　多媒体技术的集成性是指以计算机为中心综合处理多种信息媒体,主要表现在两个方面。一方面,是指将文本、图形、图像、音频、视频等各种媒体信息有效地集成为一个完整的多媒体,即信息媒体集成。另一方面,集成性还表现在对处理这些媒体信息的设备或工具的集成,即多媒体设备功能的集成。

　　(2) 多样性

　　多样性主要指的是表示媒体的多样性,表现在信息采集、传输、处理和显示的过程中。例如,多媒体处理的文字信息、图形和图像信息、声音和视频信息等。而多样的信息载体使得计算机变得更具有人性化、操作更显人机交互的特点。

　　(3) 交互性

　　交互性是多媒体技术的关键特征,指用户可以与计算机的多种信息媒体进行交互操作,从而为用户提供了更加有效的控制和使用信息的手段。

　　多媒体技术的交互性不仅可以增加用户对信息的注意力和理解力,延长信息显示时间,为用户提供更加自然的信息存取手段。而且借助交互活动,用户可以获取更多的信息,可以参与信息的控制和传播过程,这是许多只能被动接受单一媒体(如书刊、电影等)的信息所无法比拟的模式。

（4）实时性

多媒体技术中集成的信息媒体中很多都与时间相关,例如音频、视频、动画等,这就决定了多媒体技术必须有严格的时序要求和很高的速度要求。同时,实时性也是传统的多媒体技术向更高层次的多媒体系统技术发展过程中所遇到的新特性。因为,随着计算机网络的发展和普及,多媒体应用已经扩大到了网络范围,对多媒体系统结构、各种媒体信息传输和同步、多媒体应用等都提出了更高的实时性要求。

2. 多媒体元素的组成

多媒体主要由文本、图形、图像、声音、动画和视频等基本元素组成。

（1）文本

文本是指各种文字信息,包括各种字体、大小、格式和色彩的文本。通过不同格式的文字编排,使得多媒体系统中所显示的信息更容易被阅读和理解。这些文本内容可以直接输入,也可以通过文本编辑工具(如记事本、Word、WPS 等软件)生成后再转入到多媒体系统中。

（2）图形

图形通常是指由计算机绘制的画面,如通过点、线、面到三维空间的黑白或彩色几何图。在图形文件中记录着图形的生成算法和图上的某些特征点信息。图形可进行移动、旋转、缩放、扭曲等操作,并且在放大时不会失真。

由于图形文件只保存算法和特征点信息,所以文件占用的存储空间较小。目前图形一般用来制作简单线条的图画、工程制图或卡通类的图案。

（3）图像

图像是由图像输入设备(例如数码相机、扫描仪)采集的实际场景画面,也可以是数字化形式存储的任意画面。

图像由排列成行列的像素点组成,计算机存储每个像素点的颜色信息,因此图像也称为位图。图像显示时通过显卡合成显示。图像通常用于表现层次和色彩比较丰富、包含大量细节的图,一般数据量都较大,例如数码照片。

（4）声音

计算机获取、处理、保存人类能够听到的所有声音都称为音频。声音也是媒体的重要信息,它包括噪音、语音、音乐等。音频可以通过声卡和音乐编辑处理软件采集、处理。储存下来的音频文件可以通过特定的音频程序播放。

数字音频可分为波形声音和 MIDI 音乐。波形声音是对声音进行采样量化,将声音数字化后再处理并保存,如常见的 WAV 格式或 MP3 格式。MIDI 音乐是波表化了的声音,它将乐谱元素转变为符号媒体形式。MIDI 音乐文件记录再现声音的一组指令,由声卡将指令还原成声音。

（5）动画

动画的实质是一幅幅静态图像的连续播放,比较适合于描述与运动有关的过程。计算机动画按制作方法可以分成造型动画和帧动画。按空间的视觉效果角度来分,计算机动画又可以分为平面动画和三维动画。计算机动画制作通常采用关键帧动画制作方式,目前常用的动画制作软件有 Flash、3ds Max 等。

（6）视频

视频也由单独的画面序列组成,这些画面以每秒超过 24 帧的速率连续地投射在屏幕上,使观察者产生平滑连续的视觉效果。计算机中的视频信息是数字的,可以通过视频卡采集将模拟视频信号转变成数字视频信号,并进行压缩编码后存储到计算机中。播放视频时,通过硬件设备和软件将压缩的视频文件进行解压回放。

3. 多媒体计算机系统

多媒体计算机系统是指能够提供完成交互式处理文本、图像、声音、影像等多种媒体信息的计算机系统,它包括多媒体硬件系统和多媒体软件系统。

(1) 多媒体硬件系统

多媒体硬件系统主要包括计算机主要硬件配置、各种外部设备以及相关的多媒体接口。

(2) 多媒体软件系统

多媒体软件系统包括多媒体操作系统、驱动软件、多媒体应用软件、多媒体创作工具等。

4. 多媒体技术的应用领域

多媒体技术的发展也同时扩大了计算机应用的范围,目前的计算机应用有较大部分是多媒体技术的应用,如多媒体教学、网络应用、数字声像、媒体广告、电子出版、家庭娱乐等,并正在不断完善和高速发展中,可以说多媒体技术现在“无孔不入”。

(1) 多媒体教学

现代教育和培训是多媒体技术应用最多领域之一。图文并茂、音影相随的教学性模式,可以吸引学生的注意力,更能使他们身临其境。而多媒体技术和网络技术的结合,又可将传统教学模式变成现代化的远程教学方式,跨地区、跨国界和跨时间多种多样的教学都离不开多媒体技术。

(2) 数字声像

音乐、电影的数字化,使得媒体播放变得种类多样,除了在计算机上实现数字回放外,网络播放、移动播放已日益普及,高清影视的到来,更是推动了数字影像技术的发展。

(3) 电子出版物

多媒体技术的发展,也推动了电子出版物和数字阅读技术的普及,通过网络或购买版权,电子图书、电子杂志、电子光盘和电子相册等正在作为新的媒体形式出现。多媒体电子出版物是计算机多媒体技术与文化、艺术、教育等多种学科完美结合的产物,也将是今后影响较大的新一代信息纪实之一。

(4) 媒体广告

数字媒体广告也正在逐渐覆盖传统的平面(纸质类)广告,且有着非常好的发展前景。在信息的高速传播时代,数字媒体广告正发挥着它巨大的视觉效应,并随着电子商务的日益繁荣而得到广泛应用。

(5) 网络应用

随着计算机网络技术的发展和通信带宽的不断增加,多媒体技术在互联网上也得到了快速发展。多媒体技术在网络上的应用包括家用可视电话、视频点播、多媒体视听会议、远程医疗诊断、远程网络教学、数据共享等。

(6) 家庭娱乐

计算机多媒体技术的发展,改变着人们未来的家庭生活,丰富多彩的娱乐应用平台,使得人们足不出户就可以享受各种各样的数字生活,如高清影视、远程教育、游戏娱乐、电子地图等。

3.1.2　多媒体数据压缩和编码

多媒体计算机需要对文字、图形、图像、声音、动画和视频进行实时处理,特别是图像、声音和视频这些媒体信息数字化后的数据量非常大,这给计算机的储存、传输和运行都带来不便。使用数据压缩技术可以减少信息的数据量,对媒体信息以压缩编码的方式进行存储和传输,既可减少储存空间,又可提高传输速度,是现在常用的处理手段。

1. 多媒体数据压缩技术

数据压缩是计算机多媒体的关键技术之一,数据压缩是基于数字化媒体数据的,其存在大量冗余信息,包括空间冗余、时间冗余和感觉冗余等。一分钟没有压缩的立体声音频需要10MB 存储空间,一分钟标准的视频信息需要多达 1300MB 的存储空间,所以若不对这些媒体信息进行编码压缩,在计算机和数码产品上开展多媒体技术应用是非常困难的,也不易普及。

(1) 空间冗余

空间冗余是图像数据中的一种冗余。在同一幅图像中,规则物体和规则背景的表面物理特性具有相关性,这些相关性的光点成像结果在数字化图像中就表现为空间冗余。

比如图像中存在相同颜色、亮度的几何区域,这就是空间冗余。

(2) 时间冗余

时间冗余主要是数字影像数据的一种冗余。对视频而言,时间冗余反映在图像序列中就是相邻帧图像之间有较大的相关性,一帧图像中的某物体或场景可以由其他帧图像中的物体或场景重构出来,也即多帧图像间有许多相同的内容序列。

(3) 感觉冗余

感觉冗余只要是针对人的知觉而言,可以分为听觉冗余和视觉冗余。

听觉冗余:人耳对不同频率的声音的敏感性是不同的,且人耳并不能察觉所有频率的变化,所以有些声频是多余的,因此就存在听觉冗余。

视觉冗余:人眼对于图像清晰度的注意是非均匀的,人眼并不能察觉图像像素的所有变化。比如人类视觉的一般分辨能力为 25 灰度等级,而一般图像的量化采用的是大于 28 灰度等级,因此也存在着视觉冗余。

除此之外,还有结构冗余、知识冗余、信息熵冗余等。

数据压缩是一项复杂的算法工程,既要有最大的压缩量,又要保证较小的损失,还要求软件和硬件都能快速实现压缩和解压过程。

2. 多媒体常用文件编码

不同的媒体类型有着各自的压缩编码方式,并产生了不同的文件格式,特别是图像、动画、音频、视频方面。下面介绍一些目前常用的媒体文件格式。

图像文件格式:常用有 BMP、GIF、JPEG、PNG、PSD 格式等。

音频文件格式:常见有 WAV、MID、MP3、WMA 格式等。

动画文件格式:常用有 GIF、FLIC、SWF 格式等。

视频文件格式:常用有 AVI、MPEG(包括 MPEG-1、MPEG-2 和 MPEG-4)、MOV、WMV、RM/RMVB、FLV、DIVX 格式等。

3.1.3　多媒体技术应用软件

多媒体技术的快速发展,促进了计算机在媒体处理方面的具体应用,同时也推动了多媒体操作系统和多媒体数据处理软件的发展。

1. 多媒体操作系统

操作系统是计算机的核心,多媒体操作系统必须具有多种媒体信息的任务管理、数据处理和输入输出控制等功能,负责多媒体环境下多任务的调度,保证音频、视频等多媒体数据的同步控制和处理的实时性,提供多媒体信息的各种基本操作和管理,较好地完成多媒体硬件和软件的协调工作。

常见的多媒体操作系统有:微软的 Windows 系列、苹果的 Macintosh OS 系列、开源的 Linux 和移动多媒体操作系统 Android(安卓)等。这些多媒体操作系统都有各自的特点,并广泛应用于各种多媒体技术应用领域。

2. 多媒体技术应用软件

多媒体技术应用软件的应用包括媒体数据的编辑处理、后期制作和技术应用。

(1) 多媒体数据处理

多媒体数据处理软件是为用户提供编辑和处理各种媒体数据的工具,也是为多媒体应用系统的创作所需的素材做准备。这些软件都有功能强大、界面友好、操作规范等特点。常见的有音频、视频采集和编辑处理软件,如 GlodWave、Premiere 等;图形、图像处理软件,如 Photoshop、Illustrator 等;动画设计制作软件,如 Flash、3ds Max 等。

(2) 多媒体创作软件

多媒体创作软件是帮助用户制作多媒体应用软件的集成工具,它可以对文本、图像、动画、声音、视频等媒体素材进行控制和管理,并能按要求建立多媒体交互式应用软件。常用的多媒体创作软件有 Authorware、Director,也包括 Flash 和 Dreamweaver 软件。

(3) 多媒体应用软件

多媒体应用软件是由专业人员利用多媒体创作软件或计算机高级语言,整合媒体素材设计、开发而成的最终多媒体产品,它直接面向用户要求,涉及的应用领域很广,如现代教育、电子广告、互动传媒、影视娱乐、网络游戏等社会生活的方方面面。

3.2　图像处理

图像是多媒体作品中最常用的素材,合理使用图像可以使多媒体作品具有直观的视觉效果,更便于对作品内容的理解。本节介绍图形、图像的基本概念,图像文件的格式类型,Photoshop 图像处理软件的基本使用方法(如对图像进行格式转换、内容编辑、创意合成等操作)。

3.2.1　图像处理基本概念

图像处理的基本概念包括:图形、图像基本概念,图像常用文件格式,图像相关属性参数等。

1. 图形、图像基本概念

(1) 图形与图像

图像是自然界中的景物通过视觉感官在大脑中留下的印记。图像经过数字化后以文件形式保存在计算机中,并可被计算机处理。图像由像素点构成,每个像素点的颜色信息采用一组二进制数描述,因此图像又称为位图。

　　图像的数据量较大,适合表现自然景观、人物、动植物等引起人类视觉感受的事物。

　　图形是计算机对图像进行的一种抽象,也称为矢量图,它使用点、直线和曲线来描述,这些直线和曲线由计算机通过某种算法计算获得。

　　图形文件保存的是绘制图形的各种参数,信息量较小,占用空间小。因此对图形进行放大、缩小或旋转等操作图形都不会失真。图形一般用来表现用直线、曲线表现的图案,不适合表现色彩层次丰富的逼真图像。

　　(2) 图像色彩模式

　　色彩的三要素包括:色调、明度和饱和度 3 个特征。

　　色调也称色相,指色彩的相貌和特征,是色彩的种类和名称,例如红、橙、黄、绿、青、蓝、紫等颜色。

　　明度是指颜色的明暗的变化程度。色彩的明度变化包括 3 种情况:一是不同色相之间的明度变化;二是在某种颜色中添加白色,亮度会逐渐提高,添加黑色亮度就变暗,饱和度也降低;三是相同的颜色,因光线照射的强弱不同也会产生不同的明暗变化。

　　饱和度指的是颜色的纯度,也就是鲜艳程度。原色是纯度最高的色彩。颜色混合的次数越多,颜色纯度就越低。

　　(3) 图像色彩模型

　　自然界中的色彩千变万化,要准确地表示某一种颜色就要使用色彩模型。常用的色彩模型有 RGB、CMYK 以及 HSB 和 CIE Lab 等。

　　通常 RGB 模型用于数码设计、CMYK 模型用于出版印刷。

　　RGB 模型包括:红(Red)、绿(Green)、蓝(Blue)三原色。RGB 模型分别记录 R、G、B 三种颜色的数值并将它们混合产生各种颜色。

　　RGB 色彩模型的混色方式是加色方式,这种方式运用于光照、视频和显示器。在计算机中,每种原色都用一个数值表示,数值越高,色彩越明亮。R、G、B 都为 0 时是黑色,都为 255 时是白色。

　　CMYK 色彩模型包括:青(Cyan)、品红(Magenta)、黄(Yellow)和黑(Black)。CMYK 色彩模型适合彩色打印、印刷等应用领域,CMYK 模型是一种减色方式,使用时从白色光中减去某种颜色,产生颜色效果。CMYK 模型中增加了黑色以适应印刷行业使用黑色油墨产生黑色。

　　(4) 图像分辨率

　　图像由像素点组成,影响图像质量的图案主要包括分辨率和颜色深度。

　　分辨率是数字图像的清晰度的重要指标,它表示图像中像素点的密度,单位是 dpi,表示每英寸长度上像素点的数量。图像分辨率越高,包含的像素越多,表现细节就越清楚。但分辨率高的图像占用磁盘空间大,传送和显示速度慢。

　　(5) 图像色彩深度

　　数字化图像中每个像素点的颜色用二进制数据表示,而表示一个像素需二进制数的位数叫做颜色深度。色彩或灰度图像的颜色可以使用 4 位、8 位、16 位、24 位和 32 位二进制数来表示。

　　颜色深度是图像的另一个重要指标,颜色深度越高,可以描述的颜色数量就越多,图像的色彩质量越好,所占存储空间也随之增大。

（6）图像存储空间计算

图像包含像素越多、颜色深度越大，包含的数据量就越大，图像质量就越好，占用的空间也越大。一幅未经压缩的图像占用的存储空间可以使用以下公式计算（单位是字节）：

$$（长度×分辨率）×（宽度×分辨率）×颜色深度/8$$

例如，一幅 A4（长 29 厘米、宽 22 厘米）大小，分辨率为 300dpi 的 24 位颜色深度的图像占用的存储空间为

$$（29×300/2.54）×（22×300/2.54）×24/8≈25.46MB$$

也可直接用像素大小来计算，如 1024×768 像素大小，24 位颜色深度的图像储存空间为

$$1024×678×24/8＝2304KB≈2.3MB$$

2. 图像常用文件格式

（1）BMP 格式

BMP 是标准的 Windows 和 OS/2 的图像位图格式。BMP 采用位映射存储格式，图像深度可以选择 1bit、4bit、8bit 及 24bit，不采用任何压缩。BMP 图像通用性好，Windows 环境下运行的所有图像处理软件都支持 BMP 图像文件格式，但图像占用空间较大。

（2）GIF 格式

GIF 是一种图像交换格式，只支持 256 种颜色，由于采用无损压缩存储，不影响图像质量，并可以生成很小的文件，特别适合网络传输。随着 GIF 技术发展，它也可以同时存储若干幅静止图像进而形成连续的动画，并且 GIF 支持透明背景。

（3）JPEG 格式

JPEG 图像文件格式是目前应用范围非常广泛的一种图像文件格式。JPEG 是联合图像专家组的缩写，JPEG 格式采用有损压缩方式去除冗余的图像数据，在获得极高压缩率的同时展现生动的图像。JPEG 格式对色彩的信息保留较好，压缩后的文件较小，下载速度快，在因特网上广泛应用。

（4）PNG 格式

PNG 是流式网络图像格式，该格式综合了 GIF 和 JPEG 格式优点，支持多种色彩模式；采用无损压缩算法减小文件占用的空间；采用 GIF 的渐显技术，只需下载 1/64 的图像信息就可以显示出低分辨率的预览图像；支持透明图像的制作，使图像和网页背景能和谐地融合在一起。

（5）PSD 格式

PSD 格式是 Photoshop 图像处理软件的专用文件格式，它支持图层、通道、蒙板和不同色彩模式的各种图像特征，能够将不同的物件以层的方式分离保存，便于修改和制作各种特殊效果。PSD 格式采用非压缩方式保存，所以 PSD 文件占用存储空间较大。

3.2.2　图像处理软件 Photoshop 介绍

Photoshop 具有强大的图像处理功能，能够完成图像编辑、图像绘制、图像色彩校正、文字制作、图像合成等工作。Photoshop 具有广泛的兼容性，支持多种图像格式和色彩模式，采用开放式结构，能够外挂其他处理软件和图像输入/输出设备。

Photoshop 还带有多种内置滤镜，并支持第三方滤镜插件，利用这些滤镜可以制作出多种特殊效果。

Photoshop 图像处理软件是 Adobe 公司的主打产品，从 Photoshop 6.0 开始就深受广大

用户的喜欢,其版本从 6.0、7.0、8.0、CS1 一直发展到现在的 CS5,本节将以 Photoshop CS4 版本为例,介绍 Photoshop 的基本功能和使用方法。

1. Photoshop 软件工作界面

Adobe Photoshop CS4 的主要工作界面包括应用程序栏、菜单栏、工具箱、工具属性栏、编辑窗口、浮动面板和状态栏组成,如图 3-1 所示。界面中各部分说明如下。

图 3-1　Photoshop CS4 工作界面

(1) 应用程序栏

应用程序栏是 CS4 新增的工具栏,在 Photoshop CS4 界面的最上边,它包含工作区切换器、常用视图工具、动态菜单和其他应用程序控件。

(2) 菜单栏

菜单栏在 Photoshop CS4 界面的第 2 行位置,主要包括"文件"、"编辑"、"图像"、"图层"、"选择"、"滤镜"等 9 个菜单。这些菜单的作用如下。

"文件"菜单:主要用于对图像文件的建立、打开、保存和打印等操作。

"编辑"菜单:主要用于对图像进行编辑操作,包括复制、粘贴、变换、填充和设置等。

"图像"菜单:主要用于对图像进行大小、分辨率、色彩、亮度等调整。

"图层"菜单:主要用于对图像中的图层进行增加、删除、合并、样式和蒙板等编辑操作。

"选择"菜单:主要用于选取图像区域、羽化和对选区进行编辑等操作。

"滤镜"菜单:主要用于对图像进行特效制作,如模糊、扭曲、渲染、纹理等。

(3) 工具箱

工具箱在 Photoshop CS4 界面最左边位置,工具箱的列宽可以在 1 列或 2 列之间调整,它提供选择模式、图像处理、图形绘制、颜色选择、填充渐变、文字输入等 25 个工具选项或工具组,工具组包含多个工具选择。

(4) 工具属性栏

工具属性栏在 Photoshop CS4 界面的第 3 行位置,主要用于对当前所选工具进行参数设置,如选择模式、填充和渐变模式、画笔大小、文字属性等。了解每个工具的使用方法和参数设置,是图像处理的操作关键。

(5) 编辑窗口

编辑窗口在 Photoshop CS4 界面的中心位置,用于显示图像文件的编辑状况。Photoshop 可以同时打开多个图像文件,并能进行相互间的编辑处理,编辑窗口可以根据需要调整大小、位置。

(6) 浮动面板

浮动面板的作用是辅助图像处理,浮动面板一般位于 Photoshop CS4 界面的右边,但它可以根据需要随意进行移动、收起、关闭操作。常用浮动面板包括图层、通道、颜色、历史记录、导航、信息等,通过"窗口"菜单能对面板进行排列、打开或者关闭等操作。

(7) 状态栏

状态栏位于 Photoshop CS4 界面的最下面,或者是编辑窗口的底部,用来显示编辑图像的显示比例、文件大小、操作进程等内容。

2. Photoshop 图像处理软件操作流程

使用 Photoshop CS4 软件对图像进行处理的基本步骤包括: 打开图像、选择对象、编辑处理、保存文件。

(1) 新建或打开图像文件

创建一个新的图像文件:执行"文件"→"新建"命令,Photoshop 打开一个"新建"对话框,如图 3-2 所示,并要求用户输入所建图像的基本参数,一般有以下几个参数。

① 图像大小:常用像素或厘米表示,如宽 600 像素、高 400 像素。

② 分辨率:一般用 72dpi(像素/英寸)。

③ 背景颜色:有白色、背景色和透明 3 种。

④ 颜色模式:有 RGB、CMYK 或灰度等,常用 RGB 模式。

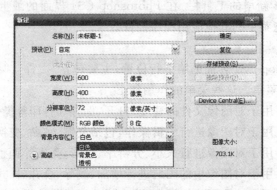

图 3-2　Photoshop CS4 新建图像文件

打开已有图像文件:执行"文件"→"打开"命令,Photoshop 打开一个"打开"对话框,如图 3-3 所示,并选择图像文件的储存路径和文件名称,Photoshop 可同时打开多个图像文件。Photoshop 可以打开多种格式的图像文件,一般有: PSD、JPG、GIF、PNG、BMP 格式等。

(2) 选择图像对象

图像处理中的选择是指被编辑图像中的某个区域的选择操作,也称为"抠图",主要通过工具栏的选择工具来实现。

选择方式有套索、磁性条、魔棒。

图 3-3　Photoshop CS4 打开图像文件

（3）编辑、处理图像对象

图像的编辑、处理主要包括以下内容。

① 编辑：缩放、旋转、裁剪、描边、色度、对比度、变色。

② 填充：实心、渐变、图案。

③ 特效：图层样式、图层透明度、滤镜。

（4）保存图像结果

保存方式：一般用"存储"、"存储为"两种方式，前者是以打开图像文件的原名原格式保存，后者可以更改图像格式、改文件名和保存路径。保存文件的操作方法和图 3-3 所示对话框基本相同。

图像文件保存格式有 PSD、JPG、GIF、PNG 等多种格式。要注意的是，除了 PSD 格式外，其他格式保存的图片都将失去再编辑功能（合并了所有层，并丢失层的特征）。

3.2.3　图像基本编辑

打开一个图像文件后，对图像进行编辑的关键操作就是选择被编辑的图像区域，除了整个图像外，一般都按照先选择，后编辑的操作步骤进行。图像基本编辑主要包括：复制、粘贴、缩放、裁剪、填充、描边、亮度和对比度、色彩和色相调整等。

1. 图像的选择和复制

（1）图像的选择

图像处理中的选择（抠图）是指被编辑图像中某个区域的选择操作，主要通过工具栏的选择相应工具来实现。选择方式有框选、套索、磁性条、魔棒等，如图 3-4 所示。

框选适合所选对象比较规则的区域，有矩形、椭圆形等选择形状，这是最容易操作的选择方式。

套索选择适合不规则区域选取，有套索、多边形套索和磁性套索。对图像选择工具介绍

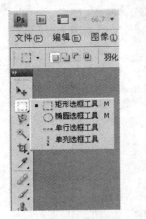

图 3-4 Photoshop CS4 选择工具

如下。

① 套索工具用来在图像中创建不规则选区，用鼠标徒手绘制出随意的选择区域，选区精度高，但操作很麻烦。

② 多边形套索工具方式是用鼠标在图像中通过两点一线方式绘制出选区，所创建的是多边形选区，精度稍低些，但操作比套索方便。

③ 磁性套索是操作最方便的选择工具，它能在图像中根据图像边缘的反差程度勾勒出选择线，也即由图像边缘创建选区。并可通过设置相关属性来提高选择精度，是常用的选择工具。

魔棒工具用于在图像中选择颜色一致（或相似）的部分创建选区，并可通过设置相关属性来提高选择精度，是一种快捷的选择方式。

选区的建立除了以上工具外，创建选区还有 4 种方式，如图 3-5 所示。

① 新选区：创建的是一个新选区，每次操作后，原来创建的选区会消失，也称为单选。

② 添加到选区：指在原有选区的基础上添加选区，将两个选区合并，相当于选区的"加"操作。

图 3-5 Photoshop CS4 选择方式

③ 从选区中减去：指在原有选区中减去新选区内容，将两个选区重叠的部分从原选区中去掉，相当于"减"操作。

④ 与选区交叉：指新选区与原选区重叠的部分作为结果选区，去掉了不交叉的选区部分。

Photoshop 选择工具各有特点，在图像中创建选区时，应根据需要选择合适的工具。如果需要创建的选区是矩形或椭圆组成的区域，应使用选框系列工具。如果要创建的选区是不规则图形或多边形，应使用套索或多边形套索工具。若要创建的选区有明显的轮廓线，应使用磁性套索工具。如果要创建的选区与其他部分有比较相近的颜色，可使用魔棒工具。

根据需要，还可通过执行"选择"→"反选"命令来建立选区。

取消选择可通过执行"选择"→"取消选择"命令完成，也可用按 Ctrl＋D 键来完成取消操作。

创建选区时还可以设置选区边沿的羽化值来达到柔化边缘效果，羽化值越大，创建选区的边缘越柔和。

例 3-1 抠选"飞鸟"。

要求:将校园雕塑图中的"飞鸟"图案选中,为下一步复制做准备。

用"打开"对话框打开图片,选择工具箱中的"放大镜"工具,在图像编辑区上单击以放大(要缩小图像,按住 Alt 键单击),直到"飞鸟"图案清晰可见,如图 3-6 所示。

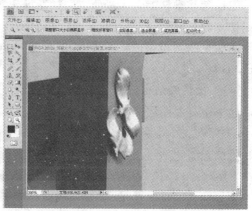

图 3-6 打开图像文件,并放大要选择的图案

由于"飞鸟"图案边缘不规则,可以选用磁性条或魔棒工具,这里选择工具箱中的魔棒工具来抠图。另外,"飞鸟"图案亮度和色彩不均匀,可以采用"添加到选区"方式来连续叠加选择区域。

选择魔棒工具,再单击工具属性条上第 2 个"添加到选区"按钮,容差设置为 30(具体可根据图案的色彩情况调整,其值越小选择越精细)。然后用鼠标在"飞鸟"图案区域连续单击,直到全部选中为止,如图 3-7 所示。

Photoshop 可通过执行"编辑"→"还原"命令撤销刚才的操作,也可以用 Ctrl+Z 键,如果希望恢复到前几步状态,还可用"历史记录"面板来完成,只要用鼠标单击"历史记录"面板中的内容条,就可实现还原功能。

图 3-7 Photoshop CS4 选择操作

Photoshop 把选中的区域用闪动的"蚂蚁线"表示,如果有多余的区域被选中,可以用"从选区中减去"的选择方式再次减去选区,而不必重新选择。

如果要调整选区大小,可以通过执行"选择"→"变换选区"命令实现。此时,用鼠标拖曳边框线或控制点就可以调整选区的大小和位置,完成后按 Enter 键结束操作。

选择图像是一项重要又细致的操作,希望读者能灵活应用选择方式和工具,多练习、多体会。

(2) 图像的复制粘贴

图像的复制粘贴和一般的复制粘贴操作很相似,菜单命令和快捷键也基本相同。区别在于图像复制粘贴后会在原图层上方自动新建复制图层。

图像复制必须先选择图像区域,后通过执行"编辑"→"复制(或拷贝)"命令完成,也可用 Ctrl+C 键实现。

同样,图像粘贴也是执行"编辑"→"粘贴"命令完成,或者用 Ctrl+V 键完成,此时 Photoshop 会新建一个复制图层。

例 3-2　复制"飞鸟"。

继续上面的样例,把选中的"飞鸟"复制两次,为后面的应用做好准备。这里用快捷键 Ctrl+C 完成复制,用 Ctrl+V 键完成粘贴操作。

接着前面的选择操作,确保"蚂蚁线"显示,按一次 Ctrl+C 键,再按两次 Ctrl+V 键后,可以看到在右下方的层面板上,新增了两个图层。用鼠标单击其中的一层,再单击工具箱中的"移动工具",在用鼠标在编辑区上拖曳,可以看到多出一个"飞鸟"图案,表示复制成功,如图 3-8 所示。

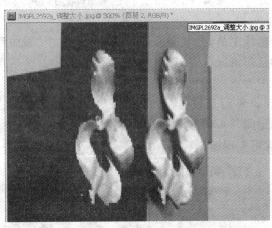

图 3-8　Photoshop CS4 复制操作

2. 图像的缩放和裁剪

Photoshop 可以对整个图像进行缩放,也可以对选区内容进行缩放或旋转,还可以对图像进行裁剪,下面分别介绍各自的操作方法。

(1) 图像的缩放

图像的缩放包括对整个图像的大小调整、所选区域图像的变换操作,如缩放、旋转、扭曲等。

① 对整个图像的缩放。要对整个图像裁剪,不需要先进行选择操作,可直接执行"图像"→"图像大小"命令完成。在打开的"图像大小"对话框中,可以设置图像调整后的宽度和高度、是

否等比缩放、图像分辨率等参数,如图 3-9 所示。

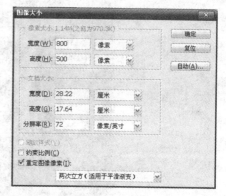

在此,用户可以把图像调整到宽度为 800 像素、高度为 500 像素,取消选中"约束比例"复选框,单击"确定"按钮完成图像缩放。保存编辑后的图像,可通过执行"文件"→"储存"命令完成原名保存,也可通过执行"文件"→"储存为"命令改名储存,文件格式为 PSD。

放大图像时需要注意,如果将图像放得过大可能因为原始图像分辨率不够出现图像模糊(马赛克)现象。

② 对所选区域的缩放。如果要对图像中的局部区域进行缩放,必须先用选择方法抠选所需区域,然后通过执行"编辑"→"变换"→"缩放"命令进行操作。

图 3-9　Photoshop CS4 的图像缩放

例 3-3　缩放"飞鸟"。

继续上面的样例。打开图像文件,选中要缩放的图像图层(已经抠出的"飞鸟"图案),执行"编辑"→"变换"→"缩放"命令,Photoshop 在被缩放的图案四周出现可以调整的控制边框,通过鼠标拖曳边框线或 8 个控制点,可以对选区图案进行任意缩放调整,如图 3-10 所示。

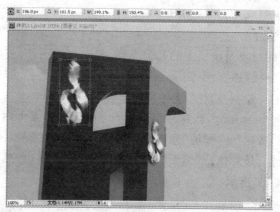

图 3-10　Photoshop CS4 的选区缩放

如果对缩放的尺寸精度要求高,可以在缩放属性栏中输入具体的像素值,或者是缩放的百分比。如果希望等比缩放,按 Shift 键后,再进行鼠标拖曳操作;如果希望同心缩放,可按 Alt 键。注意,必须按 Enter 键完成本次缩放操作。

用同样的方法,对另一"飞鸟"进行缩放布局操作。

最后执行"文件"→"储存"命令,原名保存图像文件。

除了图像缩放外,Photoshop 变换操作还有:图像旋转、图像扭曲、图像透视、图像变形等。它们的操作都很相似,读者可以自己试试。

(2) 图像的裁剪

Photoshop 中的裁剪工具用来截取部分图像,它对所有图层同时有效,并直接改变图像尺寸。

裁剪操作比较简单,选择工具箱中的"裁剪工具",用鼠标在图像编辑区拖放出一个矩形框,并用鼠标拖曳四周边界来调整裁剪大小和位置,如图 3-11 所示,确定后双击,或按 Enter 键即可完成裁剪。

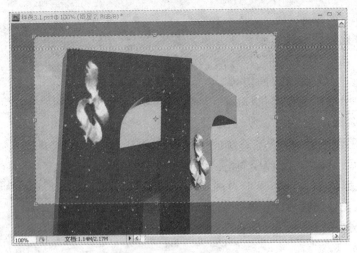

图 3-11　Photoshop CS4 裁剪操作

3. 图像的描边和填充

Photoshop 的描边是指对所选择的边框线,或者是图案区域边缘进行描边。填充有两种模式,油漆桶填充和渐变填充。

(1) 描边

描边的对象是图层中的几何图案、抠选出的图像,或者是选择线(即蚂蚁线)。描边通过执行"编辑"→"描边"命令完成,描边参数设置包括宽度、颜色、位置等。

例 3-4　绘制"边框"图案。

打开 Photoshop,新建一个 600×400 像素、背景为白色、RGB 颜色模式的图像文件。执行"图层"→"新建"→"图层"菜单命令新建一个空白图层,再用"矩形选框工具"在图中拉出一个矩形选择框,最后执行"编辑"→"描边"命令进行描边,描边参数设置为:宽度 5、蓝色、中间位置,如图 3-12 所示。

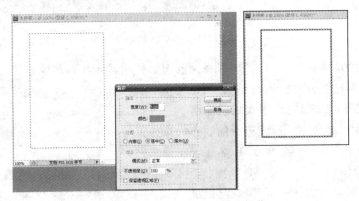

图 3-12　Photoshop CS4 描边操作

描边完成后,按 Ctrl+D 键取消选择线。

(2) 填充

Photoshop 的填充有两种模式,即油漆桶填充和渐变填充,每种模式又有不同的填充方式。

① 油漆桶填充。油漆桶填充模式可以把选定的颜色,或者是选定的图案填充到指定的图像区域上。如果是用颜色填充,需要先设置填充颜色,可单击"前景色"图标,在弹出的对话框中进

行颜色设置。然后选择"油漆桶"填充工具,在所需区域内单击,完成填充操作。

如果是用图案填充,则需要在填充属性栏上,单击"前景"右边的下拉箭头,从"前景"切换到"图案"方式,然后选择图案类型,最后单击填充区域完成。

所填充的图案类型可以通过图案面板右上方的小三角图标来进行添加和改变。

例 3-5　背景填充。

继续上述的面板操作,确认当前图层是边框图层,选择工具箱下方的"前景色"图标,选择填充颜色为黄色,选择"油漆桶填充工具"(如果是渐变图标,可单击,在打开的子菜单中,选择"油漆桶填充工具"),最后在填充区域内单击完成填充操作,如图 3-13 所示。

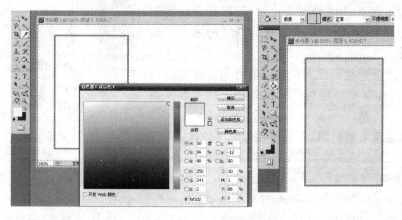

图 3-13　Photoshop CS4 油漆桶填充操作

前景色或者是背景色(两者可以通过单击小箭头图标进行切换)的设置,还可以用 RGB 数据精确定位,数据范围在 0～255 之间,数值越大,色彩越浓,如 RGB 数据相同,表示为灰度,0、0、0 为黑色,255、255、255 为白色。

颜色设置,也可以通过"滴管"取样完成。

下面继续用图案填充方式对背景层进行填充,确认在背景图层和填充工具状态下,单击填充属性栏"前景"列表框右边的下拉箭头,选择"图案"命令切换到图案填充方式。单击"图案"列表右侧的"模式"图标,在打开的样式框内选择"纱布"样式,最后单击填充区域,完成背景填充操作,如图 3-14 所示。

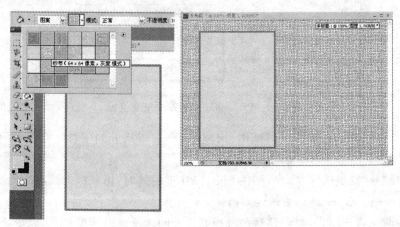

图 3-14　Photoshop CS4 图案填充操作

如果图案填充样式里没有"纱布"样式,可以单击右上方的小三角按钮,从显示的菜单中添加样式,如图 3-15 所示。

② 渐变填充。渐变填充模式可以选定多种颜色,按照一定的规律以渐变的形式填充到指定的图像区域上。渐变填充在属性栏上有 5 种模式可选,分别是线性、径向、角度、对称和菱形。渐变的颜色可以使用"渐变编辑器"中预设的颜色,也可以通过"渐变编辑器"自己设定,渐变颜色可以是两种或两种以上。最后,根据不同的渐变模式进行操作,完成渐变填充。下面介绍两种常用渐变效果的操作方法。

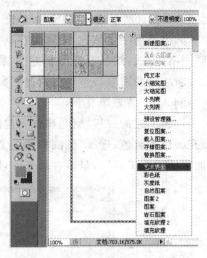

图 3-15   Photoshop CS4 图案填充
的样式添加

线性:选定渐变颜色后,用鼠标在填充区域拉出一条直线路径,线性渐变将沿路径从起始颜色线性填充到终止颜色。

径向:选定渐变颜色后,用鼠标在填充区域拉出一条直线路径,径向渐变将以鼠标起始点作为圆心,到结束点距离为半径,用画圆的方式从一种颜色填充到另一种颜色。

例 3-6   画纽扣和球。

继续上述的油漆桶填充操作,确认当前图层是边框图层,执行"图层"→"新建"→"图层"菜单命令新建一个图层,用"椭圆框选工具"在黄色框图区域拉出一个正圆选择框(同时按 Shift 键)。

单击渐变填充工具图标,再单击渐变编辑区列表框,打开"渐变编辑区"对话框,选择"预设"列表框中"黑、白渐变"项后,单击"确认"按钮返回,如图 3-16 所示。

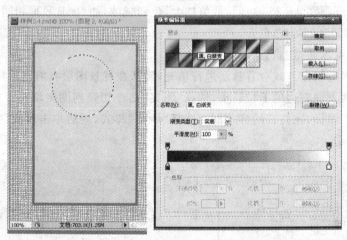

图 3-16   Photoshop CS4 渐变填充设置

单击"线性"模式图标,在圆选择框内,用鼠标沿 45°角从上到下拉一条直线,完成线性渐变填充。

执行"选择"→"变换选区"命令,按住 Shift、Alt 键的同时,用鼠标向圆心方向少许拖曳,使选择圆缩小些,并按 Enter 键结束选区调整。

再用线性渐变填充模式,对调整后的选择圆作和刚才反向的渐变填充,完成纽扣图案的绘制,如图 3-17 所示。

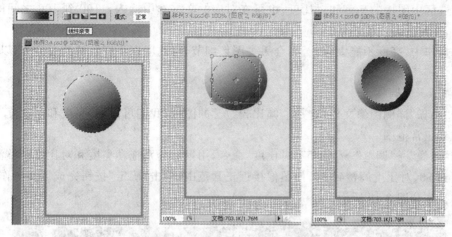

图 3-17 Photoshop CS4 线性渐变填充操作

最后将图像以"纽扣"为名保存为 PSD 格式图像文件。

继续用径向渐变填充方式,制作一个红色的立体效果球。基本操作步骤如下。

在纽扣图层上方,新建一图层,并用"椭圆框选工具"在纽扣图下方拉出一个正圆选择框,选择渐变填充工具,将原来的填充色的白色改成红色(单击渐变编辑器下方右边的白色色标箭头,选择红色),单击圆形选择框的左上方并右下方拖曳到边线后释放,可以看到一个立体的红色圆球显示,如果不是如图 3-18 右图所示效果,则是径向渐变方向反了,可以单击渐变属性栏上的"反向"图标调整。

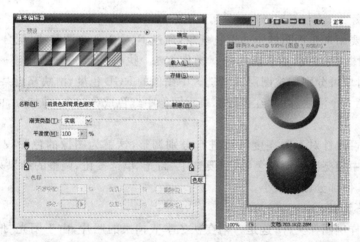

图 3-18 红色立体圆球填充操作

最后,以"填充"为文件名保存为 PSD 格式文件。

4. 图像的明暗度和色彩平衡调整

由于图像采集和数码相机拍摄方法等原因,原始图像会存在一些影调上的不满意现象,通过 Photoshop 可以进行后期调整。数字图像的基本调整包括亮度、对比度和色彩平衡等。

(1)亮度和对比度

亮度主要决定图像的整体明暗程度,而对比度主要反映图像中的光比强度。其操作通过执行"图像"→"调整"→"亮度和对比度"命令完成,操作比较简单,通过相应的滑块可分别调整图层或者选区中图像的亮度和对比度,也可在对应的文本框中输入－100 到 100 之间的数字,其值越大,亮度或对比度越强。

具体操作中,亮度不能太大,否则会丢失图像细节,对比度也不应该调的过分大,以免引起图像失真。

例 3-7 影调调整。

打开"小猫"样例图像文件,这是一幅比较"灰"的图像,我们可以用"亮度和对比度"命令来将其调整到正常范围。

执行"图像"→"调整"→"亮度和对比度"命令,用鼠标分别拖动亮度和对比度调整滑块,把亮度增加到 80,对比度调整到 20,使图像接近正常范围,单击"确定"按钮完成调整操作。

具体操作如图 3-19 所示。

图 3-19　Photoshop CS4 亮度和对比度调节

(2) 色彩平衡

色彩平衡主要用来校正图像中的偏色现象,通过 R、G、B 3 个调整项,配合亮度层次,可以比较方便地校正图像中色彩不平衡问题。操作方法:执行"图像"→"调整"→"色彩平衡"命令,通过相应的滑块可分别调整图层或者选区中图像的 RGB 色度,滑块靠近某个色端,对应加色越多,比如当第一个滑块移到"红色"端,表示图像中红色成分越多,即加红,而"青色"成分就减少。

色彩平衡还可以针对不同亮度区域进行分别调整,这就为图像的色彩校正带来了方便。比如希望对图像中较亮区域调整色彩,只要选中"高光"单选按钮,调整的结果只对图像中的较亮的部分有效,其他部分影响较小。

例 3-8 色彩调整。

打开"跑道"样例图像文件,这是一幅在秋冬季节拍摄的照片,由于阳光"偏黄"的原因,拍摄的照片色彩不平衡。用户可以用"色彩平衡"对话框来将其调整到正常范围。

打开"色彩平衡"对话框,先进行粗调。用鼠标分别拖动"蓝色"调整滑块,增加蓝色成分到 40,拖动"洋红"调整滑块,减少绿色成分到－15,使图像颜色接近正常范围。

选中"阴影"单选按钮,仅对图像中的暗部调整,主要是针对图中的跑道和树叶继续调色,把蓝色成分加到 20,红色成分调整到－25,使整个图像在色彩上更加合理。

最后单击"确定"按钮完成色彩调整操作。

具体操作如图 3-20 所示。

色彩调整还可以用"色相"→"饱和度"和"色阶"命令来完成,要使图像去色,可以通过执行"图像"→"调整"→"去色"菜单命令来完成,也可在"色相"→"饱和度"中操作,把图像的色饱和

图 3-20　Photoshop CS4 色彩平衡调节

度调到较小数值。一般不要使用"黑白"命令,否则不能再对图像进行"上色"操作。

使用 Photoshop 进行图像色彩调整时需注意一些问题。

① 建议对图像的副本图层进行色彩调整,保留原图层,需要使用原始图像时可以调出。

② 在调整颜色和色调之前,先修正图像中的污点和划痕等缺陷内容。

③ 调整图像的颜色或色调时,不要调整得过分。

图像的色彩和光影调整的准确性还受到电脑显示器的显示正确与否、操作人眼睛色彩分辨能力,工作环境亮度等因素影响。要使图像色调还原到自然逼真,还必须综合考虑上述关联因素。

3.2.4　图层与文字

1. 图层的应用

Photoshop 中使用图层可以在不影响图像中其他图素的情况下独立处理某一元素,图层就是一张张叠起来的透明纸,在图层中可以放置不同的图像元素,多个图层效果叠加在一起,形成图像的合成效果。一般用 Photoshop 处理图像往往包含多个图层,图像的特效越多图层数量也越多,因为每个图层的效果可以单独编辑处理。

图层上层覆盖下层,通过更改图层的顺序和属性,可以改变图像的合成效果。一旦合并图层就不能再分层进行编辑修改了。所以,包含多个图层的图像必须使用专用的 PSD 格式保存,PSD 格式文件能保存所有图层信息,并能在打开后进行编辑修改。

(1) 图层编辑

新图层的建立可以通过执行"图层"→"新建"→"图层"命令完成,或者在图层面板上单击"创建新图层"按钮实现新建图层,如图 3-21 所示。

图层名可以通过执行"图层"→"属性"命令更改,或者双击原图层文字重命名。

图层叠加次序可用鼠标选中后上下拖曳调整。

删除图层可通过执行"图层"→"删除"→"图层"命令来完成,也可直接在"图层"面板上单击"删除图层"按钮实现,最底层的背景图,或者是最后一个图层不能删除。

图层最左边的"眼睛"图标,是用来控制该图层内容是否显示。

图 3-21　Photoshop CS4"图层"面板

最底层的背景图,Photoshop 默认是"加锁"状态,这会影响到一些功能的应用。要去除该锁,可用鼠标双击背景图层,在弹出的对话框上,单击"确认"按钮即可,如图 3-22 所示。

图 3-22　Photoshop CS4 背景层属性设置

在 Photoshop 中,创建文字或者是复制粘贴图案对象,会自动建立新图层。

（2）图层特效

在 Photoshop 中,使用图层样式能够为图层添加投影、外发光、斜面和浮雕、光泽、颜色叠加、渐变叠加、描边等特殊效果。

图层样式应用于图层中的不透明图案,并适应于整个图层中的所有内容。

除了图层样式以外,在图层面板中还可以设置图层的不透明度效果。不透明度决定图层遮蔽或显示其下图层图像的程度。不透明度为 0% 的图层是全透明的(图层内容不可见),不透明度为 100% 的图层则完全不透明。

例 3-9　制作照片镜框。

根据图 3-23 所示样张,通过 Photoshop 的图层操作和特效应用,制作一幅有镜框效果的图片,主要用到添加图层、框选填充、缩放图像、图层样式和图层透明度等处理方法。

图 3-23　完成后的照片镜框样图

具体操作步骤如下。

① 打开 Photoshop 软件,新建一个宽为 800 像素、高为 600 像素、白色背景、RGB 模式的图像文件。

② 打开"照片.JPG"图片文件,选中图层把照片拖曳到上述新建的文件中,通过执行"编辑"→"变换"→"缩放"菜单命令调整照片大小为原来的 85% 左右,并移到中心位置。双击图层名文字,重命名图层为"照片"。

③ 单击图层面板右下方的"添加新图层"按钮,新建一个图层,并命名为"镜框"。用矩形框选工具画出一个比照片稍大的选择框,执行"选择"→"反选"菜单命令后形成镜框轮廓线,如

图 3-24 所示。

④ 保持选择状态，用渐变填充工具的"铜色渐变"预设颜色，对边框区域作线性渐变填充（可以以斜的方向填充）。

⑤ 为了能看到镜框的外形效果，需对镜框外框作"变窄"处理。在镜框层上用"矩形选择工具"画出一个比镜框外轮廓稍小的选择框，如图 3-25 所示。反选后按 Delete 键删除，并按 Ctrl+D 键取消。

图 3-24　用选择工具画出镜框轮廓线

图 3-25　镜框变窄操作

⑥ 双击镜框图层，添加图层样式效果，在弹出的"图层样式"对话框中，选中"投影"和"斜面和浮雕"选项，并设置斜面浮雕参数：大小＝10、软化＝5。设置投影参数：距离＝8、扩展＝2、大小＝10，其他默认，如图 3-26 所示。

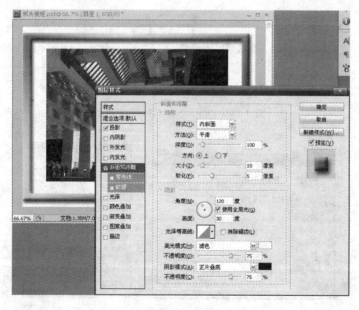

图 3-26　镜框的图层样式设置

⑦ 打开"花边.JPG"图片文件，选中图层把照片拖曳到上述"照片镜框"文件中，重命名"花边"为图层名，调整图像大小和镜框一致，并移动图层到镜框图层下方，同时调整图层透明

度为 40%。

⑧ 观察图像效果,完成后的图层面板如图 3-27 所示,最后以"照片镜框"为文件名、PSD 格式保存图片文件。

2. 文字的创建

图像作品中经常需要添加一些文字说明,在 Photoshop 中文字的输入和编辑可使用工具箱中的文字工具实现。Photoshop 采用矢量形式保留文字轮廓,可以方便地进行缩放调整。

图 3-27 Photoshop CS4 图层属性设置

文字工具包括横排文字、竖排文字、横排文字蒙板和竖排文字蒙板 4 种模式,每种文字模式都有对应的文字属性和文字变形设置,利用文字蒙板工具可以制作特效文字。

(1) 创建文字

选中文字工具,选择横排或竖排文字模式,在图像编辑区单击,确定文字输入位置,然后输入文字信息,此时工具栏变为文字基本属性工具栏。从左到右依次为:文字方向、字体、字号、清晰度、对齐、文字颜色、文字变形和字符工具。

这些文字属性的设置方法和一般的文字编辑很相似,比如一行中的文字可以有不同的大小、颜色等属性,如图 3-28 所示。文字变形效果作用于整个文字图层,文字属性和字符工具设置可以分别作用于选中的文字,如图 3-29 所示。

图 3-28 Photoshop CS4 文字效果

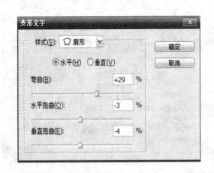 

图 3-29 Photoshop CS4 文字属性设置

文字编辑必须在文字工具下,先选中文字内容,然后进行属性设置。

文字创建过程中 Photoshop 会自动建立文字图层,由于文字是矢量图形类型,一些效果功能无法实现,可通过"栅格化文字"操作将文字转变为位图来解决问题,但转变后就失去文字属性,且不能更改文字内容。

（2）创建蒙板文字

利用文字蒙板工具可以制作特效文字,如描边文字、图像填充文字和镂空文字等。

要注意,蒙板文字建立时不会新建文字图层,这和上述文字建立不同。

① 描边文字制作。选择文字工具的横排文字蒙板模式,在图像编辑窗口中单击,输入文字内容时,背景显示为浅红色（表示处于蒙板状态）。

输入文字完毕,离开文字工具后,当前显示的是文字的轮廓选择框,如要调整文字位置,应执行"选择"→"变换选区"命令,不能直接拖曳。

执行"编辑"→"描边"菜单命令,设置描边颜色和边宽大小等参数,完成描边文字的制作,如图 3-30 所示。

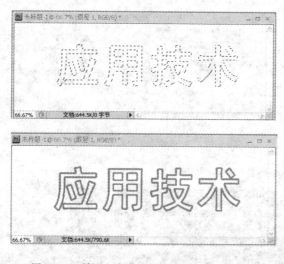

图 3-30　利用文字蒙板工具制作的描边文字

由于 Photoshop 选择框线可以应用到所有图层,所以蒙板文字应尽量建立在新建图层上,然后再根据需要作用在相应的图层上。

② 图像填充文字制作。利用文字蒙板工具所产生的轮廓选择框,可以很方便地制作图像填充效果的文字。

例 3-10　图像填充文字制作。

① 打开"夜景.JPG"图像文件,执行"图层"→"复制"命令复制图层,重命名为"夜景",并关闭背景层的"眼睛"图标,不显示背景层。

② 新建一个图层,选择横排文字蒙板工具,在新建层上输入"夜上海"文字内容,设置文字大小为 160 像素、黑体、加粗,选择任意工具,退出文字蒙板编辑。

③ 执行"选择"→"变换选区"命令,调整蒙板文字选择轮廓的位置,按 Enter 键确认。

④ 单击夜景图片层,执行"选择"→"反选"菜单命令进行反选操作,按 Del 键。

⑤ 按 Ctrl＋D 键,取消选择线。

⑥ 到此,特效文字制作完毕,用户可以用移动工具随意拖动、调整文字。

整个操作过程如图 3-31～图 3-33 所示。

图 3-31　利用文字蒙板工具输入文字

图 3-32　退出后的文字选框

图 3-33　完成图案填充效果的文字

3.2.5　滤镜特效

1. 滤镜的种类

Photoshop 中最有创意的工具是滤镜,通过滤镜的不同应用方式,可以对图像进行艺术化、虚拟化和抽象化的特殊处理效果。

Photoshop CS4 内置的滤镜包括 13 个滤镜组和 4 个特殊滤镜,而每个滤镜组中还包括若干滤镜效果。除了内置滤镜以外,Photoshop 还支持第三方厂商为 Photoshop 所生产的外挂滤镜,这样就更加拓展了 Photoshop 滤镜应用的范围和种类。下面介绍几种常用的滤镜。

（1）模糊类滤镜

模糊类滤镜是图像处理中最常用的一类滤镜,模糊滤镜可以制作出如阴影、虚化等效果,和其他滤镜配合还可以制作出一些特殊的纹理效果。

常用的模糊滤镜有高斯模糊、动感模糊、径向模糊等。

（2）扭曲类滤镜

扭曲类滤镜也是比较常用的滤镜，扭曲滤镜可以制作出球面状、水波浪、极坐标等效果。

（3）渲染类滤镜

渲染类滤镜常原来增加特殊的光影，如产生镜头光晕、灯光照射、云彩等效果。

（4）纹理类滤镜

纹理来滤镜可使图像表面具有非常质感的器质外观效果，如纹理、马赛克、染色玻璃等。

特殊滤镜包括液化、抽出、图案生成器和消失点，它们都具有一些特殊的用途，如局部变形、选择抠图等功能。

2. 滤镜的应用

使用 Photoshop 滤镜可以通过"滤镜"菜单命令实现，用鼠标选择不同的滤镜组，可以显示对应的分类滤镜菜单。使用滤镜时，从滤镜菜单中执行相应命令，每种滤镜有相应的效果参数设置对话框。

滤镜可以添加在图层上，也可以单独添加在选区中。在图像处理过程中，往往是将多个滤镜混合使用以产生特殊效果，非常灵活，也变化莫测。

例 3-11　模糊滤镜应用。

利用模糊滤镜制作图像投影效果是最简便的方法。其具体步骤如下。

（1）打开"电池.JPG"图像文件，使用魔棒选择工具抠出电池，通过按 Ctrl＋C 键和 Ctrl＋V 键复制、粘贴电池图案。

（2）新建一图层，用多边形套索工具画出电池阴影的轮廓，并用黑色填充后取消选择框选，如图 3-34 所示。

（3）执行"滤镜"→"模糊"→"高斯模糊"命令，在弹出的"高斯模糊"对话框中，设置半径为 7.0 左右，单击"确定"按钮完成滤镜添加，如图 3-35 所示。

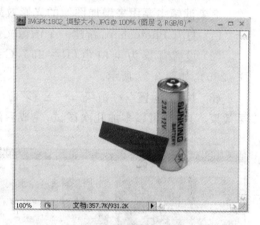

图 3-34　绘制阴影图案

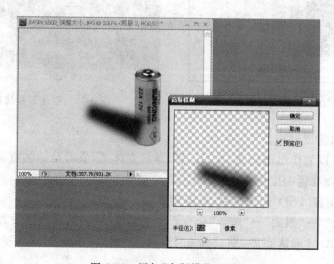

图 3-35　添加"高斯模糊"滤镜

（4）移动阴影层到电池下面,调节阴影层的透明度为 40% 左右,并调整阴影到合适位置,如果觉得阴影形状不满意,可以通过执行"编辑"→"变换"→"扭曲"命令来调整,完成后的效果如图 3-36 所示。

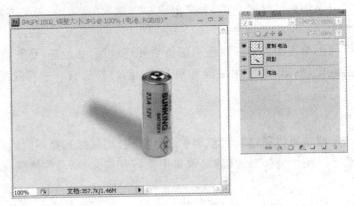

图 3-36　完成后的效果图

例 3-12　渲染滤镜应用。

渲染滤镜主要用来增加图像的光影效果,比如制作云彩效果。渲染滤镜的使用步骤如下。

（1）打开 Photoshop,新建一个图像文件,600×400 像素,RGB 模式。

（2）设置背景为全白色(R=255,G=255,B=255),前景为青蓝色(R=0,G=50,B=255),如图 3-37 所示。

（3）执行"滤镜"→"渲染"→"云彩"命令添加云彩滤镜特效,云彩滤镜没有参数可设置,如果效果不理想,可以多加几次试试,完成后的效果如图 3-38 所示。

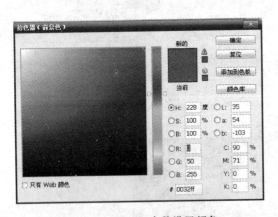

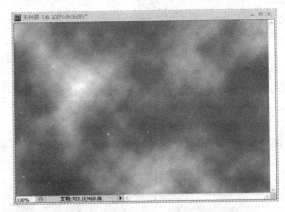

图 3-37　用 RGB 参数设置颜色　　　　　图 3-38　添加云彩滤镜后的效果

例 3-13　扭曲滤镜应用。

扭曲类滤镜可以制作出玻璃面、水面倒影、球的立体感,或者是一些特殊图案。下面以"玻璃面"为例介绍扭曲滤镜的应用。

（1）打开"玻璃窗.PSD"图像文件,选择背景层。

（2）执行"滤镜"→"扭曲"→"玻璃"命令添加玻璃滤镜特效,在参数设置窗口中,设置扭曲度为 6、平滑度为 3、纹理选磨砂、缩放为 80%,单击"确定"按钮完成滤镜的添加,如图 3-39 所示。

(3) 为了增加窗框的立体效果,可对"窗框"图层添加图层样式中的"斜面浮雕"效果,完成后的玻璃窗如图 3-40 所示。

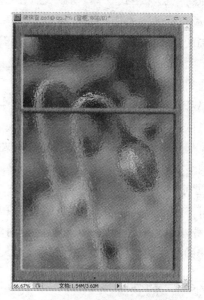

图 3-39 Photoshop CS4 玻璃滤镜参数设置   图 3-40 完成后的玻璃窗效果图

3.3 动画制作

本节介绍计算机动画的基本工作原理、计算机动画类型和使用 Flash 二维动画工具软件制作帧动画的方法步骤。

3.3.1 计算机动画介绍

在多媒体产品的应用范围中,计算机动画以其独特的表现力吸引着用户,动画内容丰富、视觉直观、交互控制、易于理解、制作容易。出色的计算机动画可以提高多媒体作品的展示效果和产品价值,现在动画技术已广泛应用于网络、教育、广告、娱乐等领域。

1. 计算机动画基本概念

动画就是利用人类眼睛具有的"视觉残留效应"现象,将多幅画面快速、连续播放,产生动画效果。动画制作就是采用各种技术为静止的图形或图像添加运动特征的过程。

计算机动画是根据传统的动画设计原理,由计算机完成全部动画制作过程。

按计算机动画的表现形式,动画可以分为二维动画、三维动画。二维动画沿用传统动画的原理,将一系列画面连续显示,使物体产生在平面上运动的效果。三维动画主要表现三维物体和空间运动。

计算机二维动画一般都为帧动画形式。帧动画是指构成动画的基本单位是帧,每帧是一幅静态画面,很多帧组成一部动画。帧动画借鉴传统动画的概念,每帧的内容不同,当连续播放时形成动画视觉效果。

计算机帧动画又分为逐帧动画和关键帧动画,特别是关键帧动画,可以大大提高动画的制作效率,缩短动画制作周期,Flash 动画制作就是利用关键帧实现的计算机动画。

2. 动画类型与文件格式

和图像文件格式一样,动画文件受到制作、播放和空间大小等因素的影响,也有多种格式存在,最常见的有 GIF、SWF 和 FILC 等。

GIF 格式:GIF 动画属于逐帧动画,是由多帧 GIF 图像合成的,制作容易,压缩比高,文件比较小。GIF 动画特别适合网络应用及网页横幅广告,但 GIF 由于图像质量不高,只能做一些卡通类动画。

SWF 格式:SWF 是通过 Flash 软件生成的,由于其采用 Shockwave 技术的流式动画格式,所以 SWF 动画可以一边下载一边观看。SWF 格式的动画有很强的压缩能力,具有丰富的多媒体形式,清晰的显示效果以及具备人机交互控制能力等特点,现在已广泛应用到多媒体产品和网络展示中。

FLIC 格式:FLIC 格式是一种彩色动画文件格式,其中的 FLI 是最初的基于 320×200 像素分辨率的动画文件格式,而 FLIC 采用了更高效的数据压缩技术,所以具有比 FLI 更高的压缩比,分辨率也有所提高,不过目前使用者较少。

动画相关的属性参数有每秒帧数、尺寸大小、播放模式、文件大小等。

3.3.2 动画制作软件 Flash 介绍

Flash 最早是 Macromedia 公司(后被 Adobe 公司收购)推出的一种交互式动画制作软件。设计人员和制作人员可以使用 Flash 来创建平面动画、多媒体应用程序。Flash 可以将文字、图片、声音、视频等多种媒体素材融合在一起,制作出包含丰富媒体信息的 Flash 动画。Flash 软件也渐渐成为多媒体应用程序开发的制作平台。

Flash 动画采用矢量图形、关键帧技术制作动画。生成的动画占用空间小,有利于存储和传输。并且 Flash 采用流媒体技术,用户可以在"边下载边观看"过程中欣赏动画内容,非常适合通过网络传递和播放。

Flash 动画还可以通过添加代码实现界面交互和计算控制,可以创建各种按钮用于控制信息的显示、动画或声音的播放以及对不同鼠标事件响应等。

Flash 动画制作软件是 Macromedia 公司的主打产品,从 Flash 5.0 开始就深受广大用户的喜欢,其版本从 5.0、MX(6.0)、2004(7.0)、8.0,直到被 Adobe 公司收购后,统一把版本改为 CS 系列,一直发展到现在的 CS6,本节将以 Flash CS4 版本为例,介绍 Flash 动画软件的基本功能和使用方法。

1. Flash 软件工作界面

Adobe Flash CS4 的主要工作界面包括菜单栏、工具箱、时间轴、舞台工作区、属性面板和多个其他浮动面板组成,如图 3-41 所示。界面中各部分说明如下。

(1) 菜单栏

菜单栏在 Flash CS4 界面的第 1 行位置,主要包括"文件"、"编辑"、"视图"、"插入"、"修改"、"文本"、"命令"、"控制"、"调试"、"窗口"、"帮助"11 个菜单命令。主要菜单的作用如下。

"文件"菜单主要用于对动画文件的建立、打开、输出发布和媒体素材的导入等操作。

"编辑"菜单主要用于对动画对象进行编辑操作,包括复制、粘贴、设置等。

"修改"菜单主要用于对动画对象进行排列、转换、分离组合等调整。

"控制"菜单主要用于对动画结果进行播放、预览、调试等操作。

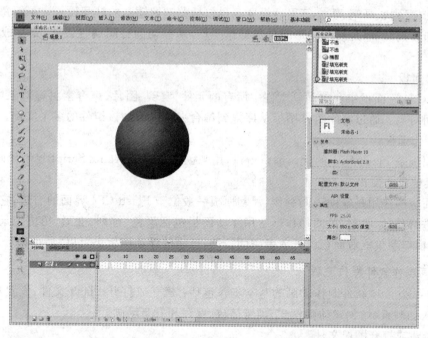

图 3-41 Flash CS4 工作界面

"窗口"菜单主要用于控制各种浮动面板的显示、窗口快速布局等操作。

在菜单栏的最右边,有个"窗口布局"切换菜单,可以快速调整窗口布局,可适应不同操作人员的要求,如基本格式、传统、动画和设计格式等。

(2) 工具箱

工具箱面板一般在 Flash CS4 界面最左边位置,它可以浮动和隐藏,主要用于矢量图形的绘制和编辑。它提供选择、变形、套索、钢笔、文字、画线、画几何体、铅笔、笔刷、油漆桶、橡皮、放大镜和颜色设置等近 20 个工具选项或工具组,工具组由图标右下方的小三角表示。

(3) 时间轴面板

时间轴面板一般在 Flash CS4 界面的下方,主要用于组织和控制 Flash 文档内容播放帧的顺序。Flash 文档将时长分为帧。时间轴面板的主要组成部分是图层控制栏、时间轴。现对时间轴面板的组成部分介绍如下。

时间轴:用于创建动画和控制动画的播放进程,包括普通帧、关键帧、补间(帧)等,可以对帧进行各种操作,如添加、删除、更改等。

图层控制栏:用于控制和管理动画中的图层,Flash 中有普通层、引导层、遮罩层和被遮罩层 4 种图层类型,为了便于图层的管理,还可以建立图层文件夹。

图层中的每个图层,包含着显示在舞台中相互叠加的不同对象,图层是相对独立的。

(4) 舞台工作区

场景主要由舞台和工作区组成,舞台是放置动画内容的矩形区域,是进行动画制作的主要区域。场景好比一个舞台,所有的演示对象和故事情节都在这个舞台上展示。场景有大小、背景颜色、帧速等的设置。场景可以有多个,多场景之间可以转换显示。

(5) 属性面板

工具属性栏在 Flash CS4 界面的右侧位置,主要用于对当前所选工具或动画进行参数设置,如线、几何形状、画笔、填充等属性设置。也包括关键帧动画的补间设置。了解每个工具的使用方法和参数设置,是绘制图形对象的操作要点,掌握动画补间属性设置,是完成动画制作的关键。

(6) 库面板

Flash CS4 库面板中存放动画文件中所有的元件、实例、图片、声音素材等对象内容,也包括动画补间对象。通过将库组件图标从库拖到舞台上可以添加该组件的多个实例。

(7) 动作面板

动作面板是 Flash CS4 的代码编辑窗口,用来创建和编辑 ActionScript 控制代码。

(8) 其他浮动面板

浮动面板的作用是辅助动画制作,浮动面板一般位于 Flash CS4 界面的右边,它可以根据需要随意进行移动、收起、关闭操作。常用浮动面板包括颜色、排列、变形、历史记录、组件、信息等,通过窗口菜单能对面板打开或者关闭控制,显示的浮动面板也可以"最小化"。

2. 动画制作软件操作流程

使用 Flash CS4 软件制作动画的基本步骤包括:建立或打开 Flash 文件、设置场景属性、绘制或导入动画素材、创建动画模式、预览播放、保存和发布动画。

(1) 新建或打开图像文件

运行 Flash 程序,Flash 默认会打开一个向导窗口,选择"新建"区域中的"Flash 文件(ActionScript 2.0)"项,就可创建一个新的动画文件,如图 3-42 所示。

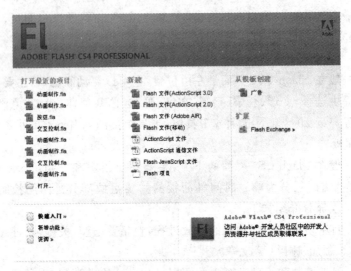

图 3-42   Flash CS4 新建动画文件

要打开已有的动画文件,只要在向导窗口中选择"打开"命令,打开"打开"对话框,如图 3-43 所示,选择动画文件的存储路径和文件名。Flash 一般用来打开的是 FLA 格式的动画原文件。

(2) 设置场景属性

主要设置动画的播放画面大小、背景颜色和播放帧数,可以通过单击右边的属性面板的"属性"选项卡下的"编辑"按钮来设置,如图 3-44 所示。

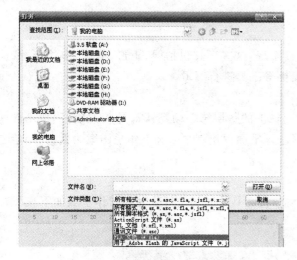 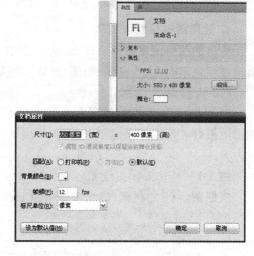

图 3-43　Flash CS4 打开动画文件　　　　　图 3-44　Flash CS4 场景设置

① 大小：一般用像素表示，如宽 600 像素、高 400 像素。

② fps：一般为 12 帧/秒，数值越大，动画播放越精细，但存储空间会增大。

③ 背景颜色：设置动画的整体背景色。

（3）绘制或导入动画素材

动画制作中要用到一些几何图案，Flash 具有一些基本的绘图功能，如要使用图片、音频或视频必须通过执行"文件"→"导入"命令来实现。

① 绘制图案：Flash 可以绘制线条、矩形、椭圆、圆角矩形和任意多边形图案。

② 导入：Flash 可以导入外部媒体素材文件，如 BMP、JPG、GIF、SWF、WAV、MP3、AVI、MPEG 等。

（4）创建动画模式

Flash 动画是关键帧动画，其动画模式有形状补间和动画补间两种。

① 形状补间：指动画对象可以作形状和颜色上的变化。

② 动画补间：指动画对象只能作缩放、旋转、位移等类型的变化，不能变形。

（5）预览播放

Flash 动画预览可以通过拖动时间轴上的滑块，或者通过执行"控制"→"播放"菜单命令实现，也可通过执行"控制"→"测试影片"命令实现，或者按 Ctrl+Enter 键在播放器里观看，后者可以自动生成 SWF 格式的动画播放文件，前者不能。

（6）保存和发布动画

Flash 动画文件保存只有 FLA 格式，通过"文件"菜单完成，一般有"保存"、"另存为"两种方式。FLA 格式是 Flash 动画原文件格式，不能进行播放观看。

要产生播放动画文件，可以通过执行"文件"→"发布"命令实现，更简单的方法就是用上述的 Ctrl+Enter 键实现，此时系统会自动生成一个和 FLA 同文件名的 SWF 播放文件，并存储在相同的路径中。

3.3.3　基本动画的建立

Flash 动画的建立包括：常用图案对象的绘制和编辑、形状补间动画（简称形状补间）的制作、运动补间动画(简称动画补间)的制作。

1. 常用图形绘制和编辑

简单的几何图案可以通过 Flash 绘图工具实现,这些工具包括线、矩形、椭圆、多边形等,再通过颜色填充、大小变换、铅笔、笔刷和橡皮擦等工具进行编辑。

(1) 绘制图案

Flash 的图案都必须绘制在关键帧上,时间轴上的每层第一帧默认都是关键帧,一般不同的图案最好绘制在不同的层上,以方便编辑修改。下面以绘制苹果和五角星图案为例,介绍绘制过程。

例 3-14　Flash 图案绘制。

根据图 3-45 的样例,使用多种绘制工具和编辑工具对图案进行处理的操作步骤如下。

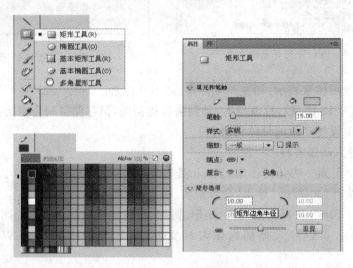

图 3-45　Flash CS4 圆角矩形绘制

① 运行 Flash 软件,新建一个 Flash 文件,场景属性使用默认设置。

② 使用"矩形工具",在矩形"属性"面板中设置参数。设置圆角半径为 10,笔触大小为 15;设置笔触颜色为棕色,设置填充颜色为浅灰色,如图 3-45 所示。

③ 在舞台工作区用鼠标绘制一个圆角矩形的底框图,命名图层为"底框"。

④ 单击时间轴左下方第一个图标,新增一个图层,命名图层名为"绿球"。鼠标单击新增图层的第一帧,选用"椭圆工具",并在"属性"面板中关闭笔触功能,并设置填充色为绿色渐变,如图 3-46 所示。

⑤ 在舞台左下位置,用鼠标绘制一个绿色渐变圆球。

⑥ 再新增一个图层,命名图层名为"五角星"。使用"多角星形工具",并在"属性"面板中设置笔触大小为 3、蓝色,填充为黄色;并单击"工具设置"区域中的"选项"按钮,设置边数为 5 的星形,如图 3-47 所示。

图 3-46　Flash CS4 渐变圆球绘制

图 3-47　Flash CS4 五角星绘制

⑦ 在舞台右上方,用鼠标绘制一个蓝边黄色的五角星。

⑧ 再新增一个图层,命名为"文字"。选用"文本工具"在舞台正下方,输入文字信息"Flash 简单图案绘制",并在属性面板中设置:宋体、黑色、大小 20。

⑨ 最后以"图案绘制"为文件名保存 Flash 文件,效果和时间轴如图 3-48 所示。

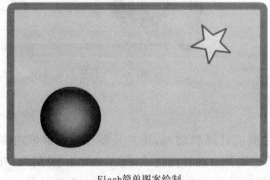

Flash简单图案绘制

图 3-48　完成的效果和时间轴

有几点说明如下。

① 颜色可以在工具面板中设置,也可以在"属性"面板中设置。

② 基本矩形和基本椭圆是一个图案对象,它是一个组合体,绘制后可以调整相关参数。而矩形和椭圆是分离的图案,没有参数调整。

③ 为了便于图像的编辑,要养成"多用图层"的习惯。多图层操作,可以通过时间轴上图层栏中的控制按钮进行管理,如加锁、关闭显示、显示图案轮廓线等。

④ 图层的上下次序调整、重命名、删除方法和 Photoshop 相似。

(2) 编辑修改

绘制好的图案可以再编辑修改,下面继续刚才的样例,对图案进行适当修改。

① 选中"绿球"图层,把鼠标箭头靠近球的底部边缘,当出现一个圆弧标记时,按下左键往

上拖曳,就可改变球的外形。同样,把球的上部往下拖曳,最终变成一个苹果形状,如图 3-49 所示。

② 设置填充色为绿色渐变,用"油漆桶"在苹果左上方单击,可以改变立体光效,再用铅笔工具画一小枝干。

③ 选中"五角星"图层,设置填充色为红色,用"油漆桶"在五角星中间单击,可以改变颜色。

④ 继续用"箭头"工具框选五角星(选中后有网格状显示),通过按 Ctrl+C 键和 Ctrl+V 键命令,复制一个五角星。

⑤ 再选择"任意变换"工具,五角星四周出现 8 个控

图 3-49　修改图案外形操作

制点,如图 3-50 所示。用鼠标调整五角星为原来一半大小,并再复制一个,旋转调整到合适位置。

⑥ 最后以原名保存 Flash 文件,效果如图 3-51 所示。

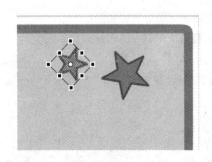

图 3-50　用任意变换工具调整图案　　　　图 3-51　最后的效果图

2. 补间动画

Flash 补间动画就是两个关键帧之间的计算机动画,用户只要设置关键帧内容和动画模式,关键帧之间的动画帧则由计算机通过运算自动补充完成,所以也称为"补间"。补间动画只能在一层中实现,不能跨层。Flash 补间动画有两种模式:形状补间和运动补间。

（1）形状补间动画

形状补间是 Flash 非常重要的表现手法之一,运用它可以变换出各种图案的变形动画效果。创建形状补间动画的条件是:动画图案必须是直接绘制的"分散"型对象,如果是"文字"、"图片"、"元件"等不能直接使用,必须"打散"再变形。

在第一关键帧绘制一个图案形状,然后在下一个关键帧更改形状或绘制另一个图案形状,并在第一关键帧位置右击,选择"创建补间形状"命令,完成动画设置。

变形的图案要求简洁,并少做修改,否则变形过程会变得"凌乱无序"。可以利用变形提示点来控制形状变化过程,但两端的形状也越简单效果越好。

例 3-15　Flash 形状补间动画。

要求:制作一个同时具有图案变形、文字变换的补间动画。

操作步骤如下。

① 运行 Flash 软件,新建一个 Flash 文件,场景属性使用默认设置。

② 在第一帧,用"矩形工具"绘制一个没有边框、绿色渐变填充矩形图案;右击第 30 帧,选择"插入空白关键帧"命令,绘制一个没有边框、红色渐变填充的圆球,如图 3-52 所示。

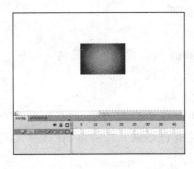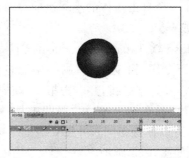

图 3-52　两个关键帧上的图案

③ 右击时间轴面板的第 1 帧,选择"创建补间形状"命令,拖动时间轴帧红色滑块,可以预览动画效果,如图 3-53 所示。

④ 添加新图层,用"文本工具"在第 1 帧输入红色、隶书、50 大小的"变"字,在 30 帧插入关键帧,修改文字为蓝色的"形"字。

⑤ 此时,"创建补间形状"无法使用,原因是文字不能直接变形,必须"打散"(打散后的文字不能再编辑)。分别选中文字对象,执行"修改"→"分离"命令,或者按 Ctrl＋B 键分离文本(如果文本对象为两个以上,要分离两次或两次以上操作),然后在第 1 关键帧处设置"创建补间形状"动画,如图 3-54 所示。

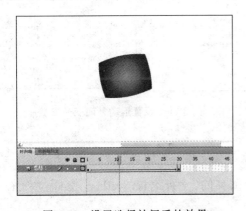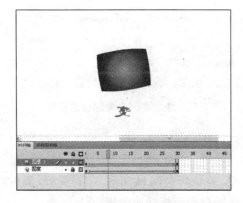

图 3-53　设置选择补间后的效果　　　　　图 3-54　最后的形状补间动画效果

⑥ 最后以"形状补间"文件名保存 Flash 文件,按 Ctrl＋Enter 键观看动画播放效果。

形状补间可以实现一幅图形变为另一幅图形的动画效果。如果在创建补间动画时,时间轴上出现虚线箭头,表示补间不成功,应检查两个关键帧的对象是不是符合做形状补间的条件(必须分离),或者图案是否"跨层"。

(2) 运动补间动画

运动补间动画可以改变元件的大小、位置、角度等。先在第 1 个关键帧放置图案对象,然后在下一个时间"插入关键帧",并改变这个元件的大小、位置等属性,Flash 根据两关键帧之间的对应关系,自动创建补间动画帧。

创建运动补间动画的条件是:动画对象必须是"组合对象",或者是"元件"。如果是元件对象,动画还可以对元件对象的颜色、透明度等属性进行变换,后面会再举例说明。

例 3-16 Flash 运动补间动画。

要求:制作一个自由落体的小球运动补间动画。

操作步骤如下。

① 运行 Flash 软件,新建一个 Flash 文件,设置场景背景色为黄色。

② 在场景下方用"铅笔工具"画一条黑色水平线(按下 Shift 键再画可以保持水平或垂直),线宽为5,样式为锯齿线,并右击第 40 帧插入帧。

③ 新建图层,并在第 1 帧,用"椭圆工具"绘制一个没有边框、红色渐变填充小球图案(按下 Shift 键再画可以保持正圆),并按 Ctrl+G 键组合小球;右击第 20 帧插入关键帧,移动小球到场景底部,如图 3-55 所示。

④ 继续右击第 30 帧插入关键帧,拖动小球到原高度的二分之一位置,再到第 40 帧位置,插入关键帧后,拖动小球回到底部。

⑤ 这里有 4 个关键帧,连续在第 1、第 2、第 3 关键帧位置,设置"创建传统补间"动画模式,并在第 1 帧、第 3 关键帧处设置补间属性中的"缓动"值为-100,表示加速下滑、在第 2 关键帧设置"缓动"值为 100,表示减速上升,如图 3-56 所示。

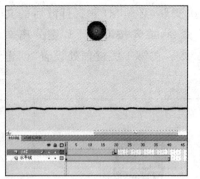 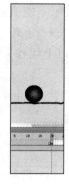  

图 3-55　小球在两个关键帧的位置　　　　图 3-56　设置运动补间变速参数

注意　对于初学者,建议用传统补间模式,这样便于理解和掌握。

⑥ 完成后时间轴如图 3-57 所示,最后以"动画补间"文件名保存 Flash 文件,按 Ctrl+Enter 键观看动画播放效果。

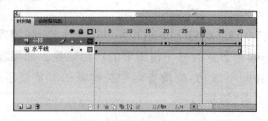

图 3-57　完成后的时间轴面板

帧的删除分为删除帧和清除关键帧,这两种帧性质不同,其删除方法也不同。创建的补间也可删除,方法和创建补间相似,右击帧,在弹出的快捷菜单中选择"删除补间"命令即可。

运动补间可以实现动画对象的缩放、旋转、变色、透明度变换等动画效果。同样,如果在创建补间动画时,时间轴上出现虚线箭头,表示补间不成功,应检查两个关键帧的对象是不是符合做动画补间的条件(要求组合),或者图案是否"跨层"。

3.3.4　元件和特殊动画

在 Flash 中元件是指用户创建、系统自带或者是共享的图形、影片剪辑或者按钮。元件保存在 Flash 库中,可以在当前 Flash 文件或其他 Flash 文件中分享、重复使用这些元件。如果修改了库元件的内容,场景中所有引用元件实例都会一起更改,因此能大大减少 Flash 动画制作的工作量。

在 Flash 中还有两个特殊动画类型:遮罩动画和引导路径动画,使用这两种动画可以做出效果更加丰富、功能更加复杂的 Flash 动画。

1. 图形元件的建立与应用

Flash 中元件包括图形、影片剪辑、按钮 3 种类型。

图形元件是可以重复使用的静态图像,或连接到主影片时间轴上的可播放的动画片段。它可以是一个包含图像和文字的对象,也可以是一段独立的动画片段。

(1) 建立图形元件

图形元件的建立可以通过执行"插入"→"新建元件"命令完成,或者把时间轴上的某帧内容通过执行"修改"→"转换为元件"命令转换得到。如果是单帧的图片或图案对象,只要选中后用转换方式实现,如果是多帧动画,应该用"新建"方法实现。

执行"插入"→"新建元件"命令,或者是转换方式,都会弹出"创建新元件"对话框,选择元件类型为"图形",并设置元件名称,如图 3-58 所示。

图形元件创建后,可以在"库"面板中进行查看、调用、修改、复制、重命名或删除等操作。

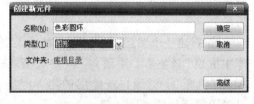

图 3-58　建立元件对话框

(2) 图形元件的应用

例 3-17　图形元件的创建和应用。

要求:制作一个有明暗渐变的图片显示动画,下方显示一排彩色圆环。

操作步骤如下。

① 运行 Flash 软件,新建一个 Flash 文件,设置场景大小为 800×450 像素,黑色背景。

② 执行"文件"→"导入"→"导入到舞台"命令,导入"校园之夜.jpg"图片,并执行"修改"→"转换为元件"命令将图片转为图形元件,命名为"夜景",此时"库"面板如图 3-59 所示。

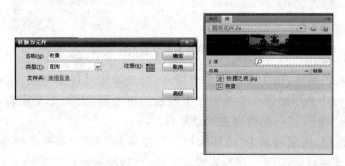

图 3-59　建立"夜景"图形元件

③ 在第 25 帧插入关键帧,选中"夜景"元件,在"属性"面板中单击"样式"下拉列表,选中 Alpha 透明度选项,并设置参数为 20,如图 3-60 所示。

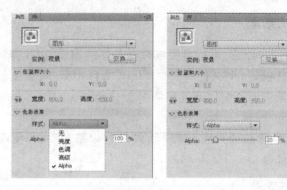

图 3-60　图形元件的 Alpha 参数设置

④ 在第 1 帧创建传统补间,拖动时间轴滑块,图片渐渐边暗(因为背景是黑色的),直至看不清。

⑤ 执行"文件"→"导入"→"导入到库"命令,导入"晚自修.jpg"图片到库,执行"插入"→"新建元件"菜单命令新建"教室"图形元件,再从元件库中把"晚自修"图片拖曳到舞台中央(此时的舞台已切换到元件状态),调整到位后,单击舞台左上方的"场景 1"标签返回主场景舞台,元件库如图 3-61 所示。

⑥ 新建一个图层,右击第 15 帧插入空白关键帧,从元件库中拖曳"教室"元件到舞台,并设置"教室"图形元件的 Alpha 值为 0。继续在新建层的第 40 帧,插入关键帧,同时设置图形元件的 Alpha 值为 100。

图 3-61　元件库显示的内容

⑦ 拖动时间轴滑块,可以看到 2 张图片明暗交替渐渐显示。时间轴如图 3-62 所示。

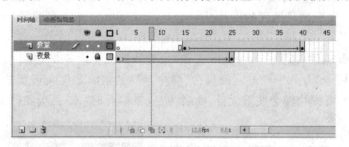

图 3-62　图形渐渐切换的时间轴

⑧ 下面制作彩色圆环,由于要用到多个圆环,应该采用元件来完成。新建一个"圆环"图形元件,在元件舞台中央用绘图工具画出一个橙色的空心圆,大小先大致确定,以后可以对元件进行修改。选择"场景 1"标签返回主场景舞台。

⑨ 再新建一图层,图层命名为"圆环",把元件库中的"圆环"图形元件拖曳到舞台的右下方(此时舞台中的元件成为实例),并列放置 5 个,完成后的舞台和时间轴如图 3-63 所示。

⑩ 最后以"图形元件"为文件名保存动画,按 Ctrl+Enter 键观看动画播放效果。

图 3-63　完成后的效果

说明　用元件制作圆环可以提高制作效益、修改简便、节省储存空间。通过元件属性的"样式"设置,可以改变元件的透明度、亮度和 RGB 色彩。修改元件库中元件的内容,舞台中对应所用到的元件实例同时更改。

2. 影片剪辑元件的建立和应用

影片剪辑元件可以理解为 Flash 动画中的小动画,可以完全独立于主场景时间轴重复播放,还可以带有交互控制功能和音频效果。

（1）建立影片剪辑元件

影片剪辑元件的创建可以通过执行"插入"→"新建元件"命令实现。通常影片剪辑是一个多帧多层的动画,所以不适合用转换方式实现。执行"插入"→"新建元件"命令,会弹出"创建新元件"对话框,选择元件类型为"影片剪辑",并设置元件名称,单击"确定"按钮后进入影片元件制作舞台。

影片剪辑元件创建后,可以在"库"面板中查看、调用,修改、复制、重命名或删除等。

（2）影片剪辑的应用

通过影片剪辑元件,可以提高动画制作效率,并能制作出比较复杂或者是主场景中无法实现的动画效果。

例 3-18　影片剪辑的创建和应用。

要求：制作一个"星光闪耀"的动画。

操作步骤如下。

① 新建一个 Flash 文件,设置场景为黑色背景,其他不变。

② 执行"插入"→"新建元件"命令,创建一个影片剪辑元件,命名为"星光"。

③ 在元件舞台窗口的第 1 帧绘制一个白色的四角星形（顶点大小为 0.2）,并转换为图形元件"星",如图 3-64 所示。

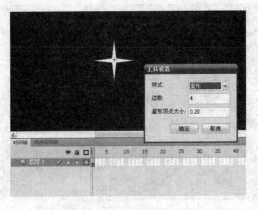

图 3-64　星形元件图案

④ 在元件舞台的第 20 帧,插入关键帧,继续在第 30 帧位置插入关键帧。然后对第 20 帧处的星光元件设置其透明度为 20、旋转 90°,接着在第 1 帧、第 20 帧位置创建传统补间动画。

⑤ 返回主场景舞台,把影片剪辑"星光"从库中拖曳到第 1 帧上,重复几次,并适当调整影片剪辑元件位置、大小不等,如图 3-65 所示。

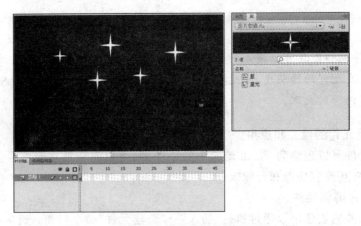

图 3-65　完成后的星光效果和"库"面板内容

⑥ 最后以"影片剪辑"为文件名保存动画,按 Ctrl＋Enter 键观看动画播放效果。

元件可以在多个 Flash 文件中相互共享,比如 A 文件要享用 B 文件中的元件,只要同时打开 A、B 文件,从 B 文件的库中把元件拖曳到 A 文件的舞台中就可以实现。请读者试把上述的"星光"影片剪辑共享到前面的"校园夜景"动画中。

影片剪辑能够在主场景停止,或者只有 1 帧情况下循环播放,图形元件不能如此。

元件可以相互嵌套使用,这样就可以把复杂的动画细分为一个个影片剪辑或图形元件,使得 Flash 动画制作变得非常灵活、有效。

3. 遮罩层动画

遮罩是一种特殊的图层,遮罩动画是 Flash 中一个很特殊的动画类型,通过遮罩动画可以制作如探照灯、放大镜、动感打字等丰富的动画效果。

遮罩层就像一张黑卡纸,一旦在遮罩层中放置图案或对象实例,其图案或实例的形状就等于镂空区域,透过镂空区域可以看到下面被遮罩层中的内容。

遮罩层可以是一个补间动画,被遮罩层也可以是补间动画,一个遮罩层可以遮罩多个被遮罩的图层。

（1）创建遮罩动画方法

首先完成要被遮罩的动画层制作,这和前面介绍的动画制作没什么区别。然后在要被遮罩层之上添加新层,并放置遮罩对象。

遮罩对象可以是绘制的图案,或者是元件实例,如使用形状补间或者动画补间进行动画操作,可以为遮罩增加动感效果。

右击时间轴左边的图层管理区的图层栏,在弹出的快捷菜单中,选择"遮罩层"完成遮罩设置,其下层自动转为被遮罩层,并用缩进和加锁表示,如图 3-66 所示。

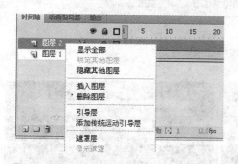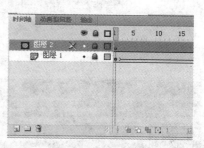

图 3-66　创建遮罩层

如果要对遮罩层或被遮罩层编辑,必须单击锁标记符将它们打开,解锁后,遮罩效果也会消失,要显示遮罩效果必须重新锁定遮罩层和被遮罩层。

（2）遮罩层动画应用

例 3-19　遮罩动画制作。

要求:制作一个"探照灯和广告字"动画。

操作步骤如下。

① 新建一个 Flash 文件,设置场景大小为 600×400 像素,黑色背景。

② 导入一张"外滩夜景.jpg"图片,作为画面素材,并在第 50 帧位置插入帧,重命名图层为"背景图"。

③ 新建图层并命名为"探照灯",用"绘制椭圆"工具在舞台左侧画出一个正圆,在第 25 帧、第 50 帧位置分别插入关键帧,并将第 25 帧处的圆移到舞台中心、放大,将第 50 帧处的圆移到舞台右侧。

④ 在第 1、第 25 关键帧处分别创建补间形状动画。

⑤ 右击时间轴左边的图层管理区的"探照灯"图层,在弹出的快捷菜单中,选择"遮罩层"完成遮罩设置。拖动时间滑块可以看到遮罩效果,如图 3-67 所示。

⑥ 在"探照灯"图层上添加新层,命名为"广告文字",并在上方输入文字"来上海不游夜外滩终身遗憾",设置文字属性为:橙色、隶书、40 像素大小。

⑦ 继续添加一层,命名为"展开",并在第 1 帧用"矩形工具"在文字中心位置画出高度稍比文字高一点的小长条,在第 50 帧插入关键帧,并用"任意变形工具"作同心水平放大到文字宽度,作为广告文字的遮罩物。

⑧ 在"展开"层第 1 帧,对遮罩物作形状补间动画效果,如图 3-68 所示。

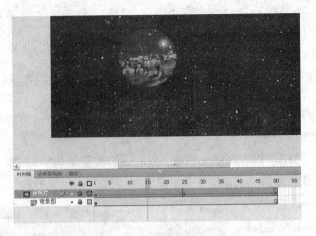

图 3-67　探照灯遮罩效果

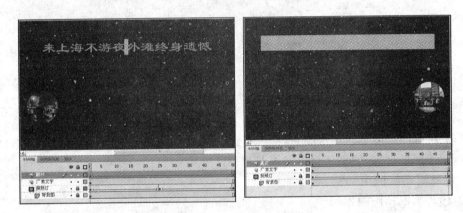

图 3-68　广告文字遮罩物

⑨ 右击时间轴左边的图层管理区的"展开"图层,在弹出的快捷菜单中选择"遮罩层"完成遮罩设置。拖动时间滑块可以看到遮罩效果,如图 3-69 所示。

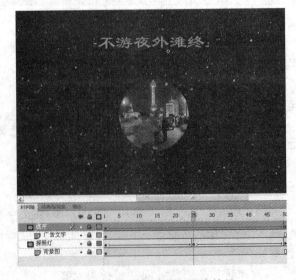

图 3-69　最后的探照灯广告效果

⑩ 最后以"遮罩动画"为文件名保存动画,按 Ctrl+Enter 键观看动画播放效果。

4. 引导层动画

Flash 的运动补间可以使对象进行运动,但只能在两点之间作直线运动,不能沿想要的路径随意移动。通过引导层路径动画设置,可以使对象沿着某个固定的曲线运动,如月亮围绕地球旋转、任意飘落的树叶等效果。

在 Flash 中,引导层动画可以将一个或多个层链接到一个运动引导层,使一个或多个对象完成沿曲线或不规则路径运动。Flash CS4 中有传统引导层和引导层两种,本书介绍传统引导层的使用方法。

(1) 引导层的创建

引导层由独立的添加方式设置完成。右击时间轴图层区要添加的图层,在弹出的快捷菜单中选择"添加传统引导层"命令,就可在原图层上添加引导层。同时,引导层之下自动转为被引导层,如图 3-70 所示。

图 3-70　引导层的添加

引导层是用来指示对象实例运行路径的,它不能作补间动画。引导线可以是用钢笔、铅笔、线条、椭圆工具、矩形工具或画笔工具等绘制出的任意连续线段(不能有断裂点)。而"被引导"对象可以是图形元件、影片剪辑、文字等,但不能使用形状图案(用对象方式绘制的图案除外)。

操作时特别得注意"引导线"的两端,被引导对象的"中心点"一定要对准"引导线"的两个端头,否则无法引导。看不清楚可以用"放大镜工具"放大设置。

引导层动画还可进行被引导对象的运动方向的设置,使引导对象的基线同步调整到运动路径方向上。

如果想解除引导,可在时间轴图层区的引导层上单击右键,在弹出的快捷菜单上去除"引导层"前的小钩即可,也可在层"属性"对话框中去除。

(2) 引导层动画应用

例 3-20　引导动画制作。

要求:制作一个星光沿"圆弧"路径移动的动画。

操作步骤如下。

① 新建一个 Flash 文件,设置场景为深蓝色背景,其他不变,并保存为"引导层动画"。

② 右击时间轴图层区的图层,在弹出的快捷菜单上选择"添加传统运动引导层"命令,完成引导层添加。

③ 执行"文件"→"打开"命令,打开前面制作的"星光闪耀.fla"文件,单击舞台左上方的文

件切换选项卡,切换到"引导层动画"舞台,打开"库"面板,在下拉列表中选择"影片剪辑.fla"项,选中"星光"影片剪辑元件并拖曳到舞台中的被引导层上,就可实现元件共享,如图 3-71所示。

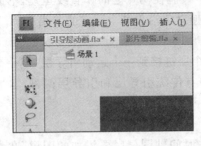

图 3-71　库元件共享

④ 选中被引导图层,调整"星光"元件到舞台的左边中心位置,并在第 40 帧插入关键帧,移动"星光"元件到舞台的右上方,调整到较小的尺寸。

⑤ 在被引导层第 1 帧创建传统补间动画。

⑥ 选中引导层第 1 帧,用"铅笔工具"画出一段从左到右向下的圆弧线段,注意:要一次画成,不能有断点。在第 40 帧位置插入帧,使引导线在时间上和补间同步。

⑦ 选中被引导层的第 1 帧,调整"星光"元件的中心点和引导线重合,同样调整第 40 帧的元件位置也和引导线重合,如图 3-72 所示。

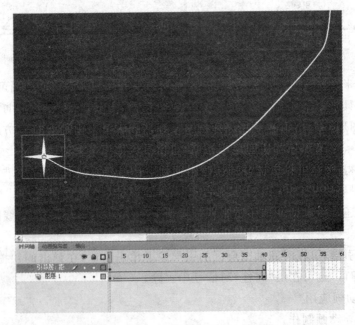

图 3-72　引导线设置

⑧ 最后以"引导层动画"为文件名保存动画,按 Ctrl+Enter 键观看动画播放效果。

3.3.5　交互动画的制作介绍

Flash 动画播放过程中支持交互控制,交互控制由 ActionScript(AS)脚本程序通过按钮、元件或关键帧来实现。Flash CS4 目前同时支持 AS 2.0 和 AS 3.0 两种动作脚本,本教程介绍 AS 2.0 的基本应用。利用脚本可以使 Flash 脱离"动画"变成"应用软件",如游戏、课件、媒体播放器等。

1. Flash 动画交互的概念

Flash 交互式动画是指在动画播放时支持事件响应和交互控制的一种动画,动画播放过程可以接受用户控制,满足不同的播放或显示内容需求。Flash 动画交互的实现一般是利用鼠标对按钮的操作来完成,也可以通过键盘事件来响应。

交互控制由 ActionScript 程序(也称脚本)来实现,动作语句的执行一般是由某种事件触发的,用户对动画的某种设定或操作,如单击、按键、加载等。

ActionScript 的语法具有函数、变量、语句、操作符、条件和循环等基本的编程概念。使用 ActionScript 可以给 Flash 动画添加交互性,对动画进行设置,当用户事件触发脚本时,就执行相应动作。

ActionScript 语句可以写在关键帧、按钮和影片剪辑上。

关键帧上的 ActionScript 语句在影片加载或播放到该关键帧时被触发执行。

按钮上的 ActionScript 语句在满足事件触发条件(一般就是单击)时被触发执行,使用 on (release) 处理函数是将事件处理代码附加到按钮上。

影片剪辑的 ActionScript 语句在满足事件触发条件(一般是加载)时被触发执行,使用 onClipEvent() 处理函数可将事件处理代码附加到影片剪辑实例上。

动作脚本的输入方法在动作面板中完成,可以直接像记事本那样输入代码字符,也可以使用"脚本助手"向导模式,以填充方式快速输入。建议初学者采用脚本助手方式完成代码输入,如图 3-73 所示。

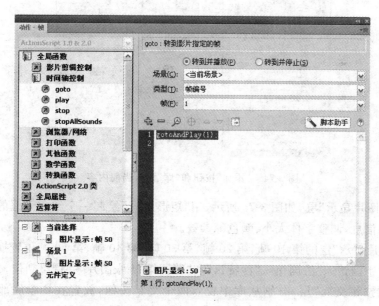

图 3-73　动作脚本编辑面板

常用的基本 AS 脚本代码有如下几种。

(1) gotoandplay():帧的跳转并播放。

(2) gotoandstop():帧的跳转并停止。

(3) play():开始播放。

（4）stop()：停止播放。

（5）fscommand(quit)：退出。

（6）fscommand(fullscreen)：全屏播放。

其中,fscommand()代码必须在播放器中才能有效执行。

2. Flash 动画交互的实现

要实现交互控制,必须应用 AS 脚本代码,通过关键帧、按钮或者影片剪辑事件触发来实现,下面通过样例介绍 Flash 动画交互实现的方法。

例 3-21 交互动画制作。

参考样例,要求制作一个具有放完停止、重放、退出功能的 Flash 交互动画。操作步骤如下。

（1）新建一个 Flash 文件,设置场大小为 500×300 像素,其他不变,并保存为"交互控制"文件。

（2）导入 4 张图片(素材)到库中,命名当前图层为"图片显示",新建图层,命名为"按钮交互"。

（3）从公共库中添加两个按钮,如图 3-74 所示,选择 Rewind 按钮用来作重放控制,选择 Menu 按钮作退出控制。

图 3-74　"添加"按钮和"库"面板当前内容

（4）选中"图片显示"层,如图 3-75 所示,用"矩形工具"绘制一个红色无框的矩形,调整到位,再输入文字信息,调整字体大小、颜色等参数。

（5）在"图片显示"层的第 10 帧、第 20 帧、第 30 帧、第 40 帧、第 50 帧位置插入关键帧,分别从库中置入"中国馆"、"法国馆"、"沙特馆"和"德国馆"4 张图片,并调整到位。

（6）选中"按钮交互"层,分别从库中置入两个交互按钮,放置在场景底部位置,并添加"exit"字符放在"退出"按钮左边,在第 50 帧位置插入帧,如图 3-76 所示。

（7）要想在播放完毕后能停止,可以在最后关键帧上添加 stop()代码。右击"图片显示"层的最后一个关键帧,在弹出的快捷菜单中选择"动作"命令,打开"动作"面板。单击面板右上方的"脚本助手"按钮,启动助手模式,选择"全局函数"→"时间轴控制"→stop 代码项,添加完成后的"动作"面板如图 3-77 所示。

图 3-75　动画封面效果

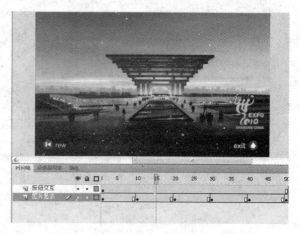

图 3-76　关键帧和按钮位置

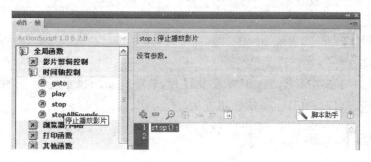

图 3-77　stop 停止播放脚本输入

　　(8) 想要单击按钮能够重放,可以在按钮上添加 gotoAndPlay(1)代码。右击"按钮控制"层上的 rew 按钮,在弹出的快捷菜单中选择"动作"命令,打开"动作"面板。选择左边的"全局函数"→"时间轴控制"→goto 代码项,并在右上方的参数栏中,设置帧数为 1、单击"转到并播放"单选按钮,表示跳转到第一帧继续播放,如图 3-78 所示。

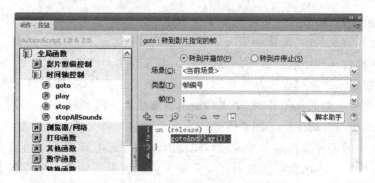

图 3-78　gotoplay( )播放脚本输入

　　(9) 要添加"退出"播放功能,可以在按钮上添加 fscommand("quit")代码。右击"按钮控制"层上的 exit 按钮,打开"动作"面板。选择左边的"全局函数"→"浏览器网络"→fscommand 代码项,并在右上方的参数栏中,设置"独立播放器命令"为 quit,表示将关闭 Flash 播放器,如图 3-79 所示。

图 3-79   fscommand 控制命令的输入

(10) 最后以"交互控制"为文件名保存动画,按 Ctrl＋Enter 键产生 SWF 格式的动画播放文件,并在 FlashPlay 播放器中测试交互控制功能。

3.4   音频处理

本节介绍音频的基本概念,音频的数字化过程,数字音频的技术指标,音频文件的编码格式和数字音频处理软件 GoldWave 的使用方法。

3.4.1   音频基本概念

声音是由一个随时间变化的连续信号,在空气中声波形可近似地看成一种周期性的波形。声音的三要素分别是:响度、音调、音色。

其中响度又称音量,表示声音能量的强弱程度。声音的高低称为音调,表示人耳对声音调子高低的感官接受能力,音调用声波频率表示,而音色就是声音的品质。

1. 数字音频概念

计算机中处理的信息必须是二进制数字。所以计算机要处理声音,必须先将声音数字化。声音的数字化过程涉及采样、量化和编码 3 个过程,这些过程通过声卡来完成。

声卡是计算机处理和播放声音的关键部件,声卡通过输入设备获取声音,并将模拟信号转变为数字信号,再存入计算机中进行处理。计算机播放音频文件时,通过声卡将音频文件进行解压缩、将数字信号还原成模拟转换,再送到输出设备播放。声卡的主要功能包括录制与播放波形音频文件、编辑与合成波形音频文件、MIDI 音乐录制和合成等。

音频数字化中的采样指每隔一个时间间隔在声音的波形上截取一个振幅值,把时间上的连续信号变成时间上的离散信号。该时间间隔的倒数称为采样频率。采样频率越高,采样的间隔时间越短,在单位时间内计算机得到的声音样本数据就越多,声音的质量就越好。常用的采样频率有 44.1kHz、22.05kHz、11.025kHz 等。

量化就是将采样得到的声波上的幅度值数字化,量化值用二进制表示。在相同的采样频率之下,量化位数愈高,采样值就越精确,声音的质量就越好。声音信号的量化精度一般为 8bit、16bit、24bit。

编码指按照一定的格式把经过采样和量化得到的离散数据记录下来,并在有效的数据中加入一些用于纠错、同步和控制的数据。音频信号编码通常采用的是波形编码方法。

声道指声音的通道数,有单声道、双声道或多声道。

采样频率越高,量化位数愈高,声道数增加,声音文件的存储容量也会随之增加。

声音数字化后的音频文件存储空间计算公式如下:

$$存储量 = 采样频率×量化位数÷8×声道数×时间$$

如要将一段一分钟的音乐进行数字化,采用 44.1kHz 的采样频率,16 位量化位数,立体声效果,则没有压缩前的音频文件的存储空间为

$$44100×16÷8×2×60 = 10584000Byte≈10336KB≈10MB$$

一张 CD 光盘大约可以存储 60 分钟左右的数字音乐文件,这就是 CD 音乐光盘在没有压缩下的存储空间。

2. 数字音频的文件格式

音频文件由于其压缩方式不同,使用文件的储存编码格式也有很多种,下面是几种常用的音频文件格式。

(1) WAV 格式

WAV 格式是微软公司开发的一种声音文件格式,用于保存 Windows 平台的音频信息。Windows 和几乎所有的音频编辑软件、多媒体制作软件都支持 WAV 格式,但由于存储时不经过压缩,文件占用存储空间很大。

(2) MID 格式

MIDI 是数字化乐器接口标准,MID 文件并不记录录制好的声音,而是记录如何再现声音的一组指令,包括指定发声乐器、力度、音量、延迟时间和通信编号等信息。所以 MIDI 文件占用存储空间小,可以满足记录长时间音乐的需要,主要用于原始乐器作品、游戏音轨、电子贺卡背景音乐、手机铃声等。

(3) MP3 格式

MP3 是 MPEG 标准中的音频部分格式,MP3 音频文件的压缩是一种有损压缩,能基本保持低音频部分不失真,但牺牲了声音文件中高音频部分的质量,MP3 格式的存储容量一般只有 WAV 文件的 1/10,MP3 凭借其实用的音质和高压缩比而成为流行的音乐格式。

(4) WMA 格式

WMA 是微软公司力推的数字音乐格式,其最大的特点是具有版权保护功能并且比 MP3 有更强大的压缩能力,WMA 还在压缩比上进行了深化,在较低的采样频率下也能产生较好的音质,WMA 格式能够在网络上进行实时播放。

3.4.2　音频处理软件 GoldWave 介绍

GoldWave 是一个集音频播放、转换、编辑等功能的音频制作处理软件。使用 GoldWave 可以对多种音频文件格式进行转换,可以对音频文件进行剪切、复制、粘贴、合并和静音等操作,可以对音频文件进行音量、音调调整。GoldWave 软件还提供降噪、回声、倒转、镶边、混响等多种特效处理。

1. GoldWave 软件工作界面

GoldWave 的主要工作界面包括菜单栏、主工具栏、快捷工具条、声波编辑区、播放控制器和状态栏组成,如图 3-80 所示。界面中各部分说明如下。

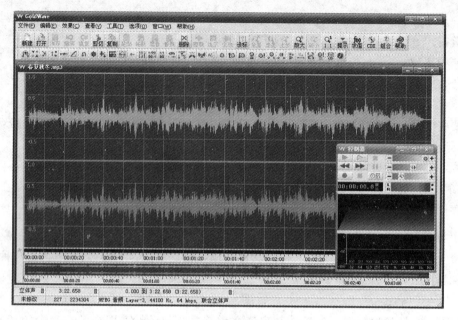

图 3-80　GoldWave 软件工作界面

(1) 菜单栏

菜单栏在 GoldWave 界面的第 1 行位置,主要包括"文件"、"编辑"、"效果"、"查看"、"工具"、"选项"、"窗口"、"帮助"8 个。主要菜单的作用如下。

"文件"菜单:主要用于对音频文件的建立、打开、格式转换和批处理等操作。

"编辑"菜单:主要用于对音频波形进行编辑操作,包括剪切、复制、粘贴、静音等。

"效果"菜单:主要用于对音频进行音量、音调、混响、滤波特效等操作。

"工具"菜单:主要用于提供 GoldWave 的控制器、CD 读取等操作。

"窗口"菜单:主要用于控制各种窗口面板的显示和布局等操作。

(2) 主工具栏

菜单栏下面就是 GoldWave 的主工具栏,工具栏用于提供基本的操作工具。如新建、打开、保存、撤销、剪切、复制、粘贴、混音、删除、显示、全显、放大、缩小、帮助等近 25 个工具选项。

(3) 快捷工具条

在工具栏的下方,是用户自建的常用工具条,其实就是菜单内容的图标化显示。可以通过执行"选项"→"工具栏"命令进行配置。

(4) 声波编辑区

声波编辑区是 GoldWave 编辑音频的主窗口,它将声音波形化显示,提供对编辑波形对象的选择,完成对声音的编辑、合成、滤波、特效操作。编辑窗口底部还有时间刻度显示条。

(5) 播放控制器

播放控制器是个浮动面板,可以通过执行"工具"→"控制器"菜单命令进行显示和关闭,主要用来对声音文件的播放管理,或者是选择部分的声音进行试听,还有录音控制管理等。

(6) 状态栏

状态栏用来显示被编辑的音频文件基本信息,显示当前编辑区域时间、刻度等信息。

2. 音频处理软件操作流程

使用 GoldWave 软件进行音频处理的基本步骤包括:打开或新建音频文件、选择音频波形区域、编辑合成、添加特效、播放试听和保存结果。

（1）新建或打开图像文件

要打开已有声音文件，运行 GoldWave 程序后，只要在工具栏中单击"打开"图标，在弹出的"打开"对话框中，选择声音文件的储存路径、文件名和编码格式，如图 3-81 所示。

图 3-81　GoldWave 新建声音文件

GoldWave 可以打开多个音频文件，同时进行编辑操作。

要新建一个声音文件，可在工具栏中单击"新建"按钮，打开"打开"对话框，输入新建音频文件的声道数、采样频率、时间长度，或者通过"预置"项快速完成。

（2）选择音频波形区域

除非是对整个音频文件进行编辑处理，一般是先选择，后操作。选择音频波形区域的方法是：单击波形区确定起始时间段，选择右键菜单中的"设置结束标记"命令设置区域的结束时间，选中的区域用深蓝色表示，如图 3-82 所示。完成后，还可以通过鼠标拖曳两端边线进行调整。

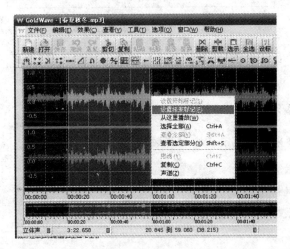

图 3-82　音频波形区域的选择

（3）编辑合成

声音的编辑主要包括删除、复制、粘贴、移动和静音操作。这里要说明的是粘贴和其他软件操作稍有不同，它有粘贴、粘贴到和粘贴为新文件 3 种方式。而静音和删除的区别在时间上，前者删除了声音，但时间长度不变，后者不但删除声音，同时也去删除了对应的时间。

（4）添加特效

GoldWave 软件具有很多种音频特效处理功能，除了基本的音量、插入静音、声道等处理功能外，还有许多"变声"特效，如添加回声、混音、淡入淡出、降噪、频率均衡、变频、变速和倒放等。

（5）播放试听

播放试听是由控制器管理实行，其中绿色播放按钮播放所选区域一次，黄色播放按钮可以循环播放选定区域的声音，还可以快速从当前指针位置开始播放。另外，控制器中还有可以调节播放声音的音量、速度和左右声道平衡功能（是预听，不保存）。

（6）保存结果

GoldWave 支持的音频文件类型有 WAV、MP3、WMA、VOC、FLAC 等多种，可以根据播放环境要求，在保存结果时进行相应选择。用得最多的还是 MP3、WMA 格式，因为它们存储空间较小，音质也不错。

音频处理完成后，一般通过执行"文件"→"另存为"命令保存音频文件，通过"保存声音为"对话框，设置保存路径、文件名、音频格式，并可在"音质"列表中，选择相应的声音播放质量数据，如图 3-83 所示。选择频率越高、传送速率越快，存储的音频文件空间就越大。

图 3-83　声音文件的保存设置

如果仅要求转换声音文件的格式，只要打开声音文件后选择"另存为"命令，设定所需格式类型和音质要求，保存完成。

3.4.3　音频编辑和处理

下面通过两个实例来介绍 GoldWave 音频处理软件的具体应用。

1. 音频文件的基本编辑

例 3-22　手机铃声制作。

要求：从一个声音文件中截取部分音频作为手机铃声，并增加音量，以 MP3 格式保存。

操作步骤如下。

（1）启动 GoldWave 软件，打开"乡间小路.wma"声音文件，选取合适或者喜欢的内容。这里截取大约 30 秒长度的片段（可从底部的状态栏中查看选择时间长度），如图 3-84 所示。

（2）执行"编辑"→"复制"命令执行"编辑"→"粘贴新文件"命令,将所需的声音片段复制到一个新声音文件,此时看到编辑区中多了一个音频波形窗口,这就是铃声部分的内容,如图 3-85 所示。

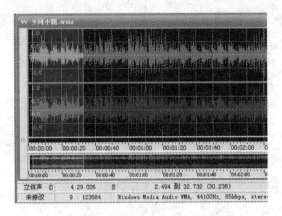 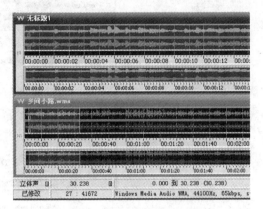

图 3-84　手机铃声片段的选择(1)　　　　图 3-85　手机铃声片段的选择(2)

（3）关闭"乡间小路"窗口,保持"全选"状态,执行"效果"→"音量"→"更改音量"命令,在"更改音量"对话框中,调整"音量"滑块值到 150％左右,如图 3-86 所示。单击下方的绿色播放按钮,可以预听效果,满意后单击"确定"按钮返还。可以看见波形幅度已经增大,即音量变大了。

（4）再用控制器播放试听,满意后执行"文件"→"另存为"命令保存声音文件为"手机铃声.mp3",音质选用"Layer-3,44100Hz,128kbps,立体声",如图 3-87 所示。

 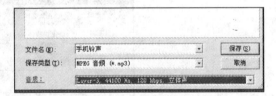

图 3-86　音量调整设置　　　　图 3-87　保存格式选择

如果觉得文件还太大,可以把音质改成 22050Hz,64kbps,单声道,文件空间还可以再缩小。

2. 音频文件的音效处理

例 3-23　特效音频处理。

继续对手机铃声进行特效处理,要求声音重复播放一遍,且第 1 段添加淡入效果,第 2 段声音加速变声,增大音量。

操作步骤如下。

（1）启动 GoldWave 软件,打开"手机铃声.mp3"声音文件,全选后先复制,后用"编辑"→"粘贴到"→"文件结尾"菜单命令完成铃声复制,此时波形时间增加一倍,并选中第 2 段。

（2）执行"效果"→"时间弯曲"命令进行加速处理,在弹出对话框中将"变化"滑块调整到 170％左右的位置,其他不变,如图 3-88 所示。单击"预听播放"按钮,可以感觉到声音明显变快,而且似乎男声变成了"女声"。

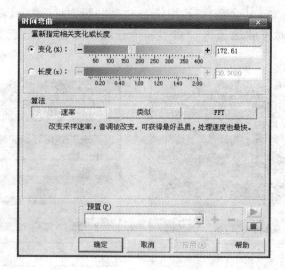

图 3-88   时间特效设置

（3）为了使声音效果更明显，可以调整第 2 段的音量增加到到 200％。

（4）单击工具栏中的"全显"按钮，用鼠标拖曳左边线到开始位置，再拖曳右边线到 5 秒处，选择开头的 5 秒声音。

（5）执行"效果"→"音量"→"淡入"命令添加声音的淡入效果，在弹出的对话框中，设置"初始音量"值为 10％，如图 3-89 所示。单击预听播放按钮，声音从轻渐渐地变响，满意后单击"确定"按钮返回。

图 3-89   淡入特效设置

如果操作正确，可以看到开头选中的波形变成三角形，最后另存为"特效铃声.mp3"文件。

习题

一、选择题

1. 色彩位数用 8 位二进制来表示每个像素的颜色时，能表示（   ）种不同颜色。

    A. 2   B. 4   C. 16   D. 256

2. 利用计算机建立动画中的（   ）画面，并由计算机产生中间过渡帧，以便获得动画效果。

    A. 首帧   B. 尾帧   C. 首帧和尾帧   D. 关键帧

3. 网页中图片一般采用的图片类型是（   ）。

    A. BMP 和 GIF   B. JPEG 和 AVI

C. GIF 和 JPEG   D. HTML 和 JPEG

4. MP3 是(   )。

　　A. 目前流行的音乐文件压缩格式

　　B. 采用了无损压缩技术的音乐文件格式

　　C. 具有最高压缩比的图形文件格式

　　D. 具有最高压缩比的视频文件格式

5. 立体声双声道采样频率为 22.05kHz,量化位数为 16 位,2 分钟这样的音乐所需要的存储空间可按公式(   )计算。

　　A. $22.05 \times 1000 \times 16 \times 2 \times 60 \div 8$（Byte）

　　B. $22.05 \times 1000 \times 16 \times 2 \times 2 \times 60 \div 8$（Byte）

　　C. $22.05 \times 1000 \times 8 \times 2 \times 2 \times 60 \div 8$（Byte）

　　D. $22.05 \times 1000 \times 16 \times 2 \times 2 \times 60 \div 16$（Byte）

6. 以下叙述错误的是(   )。

　　A. 位图图像放大后,表示图像内容和颜色的像素数量会相应增加

　　B. 矢量图形文件由用于描述图形内容的指令构成

　　C. 位图图像文件由用于描述各个像素亮度、色彩的数据组成

　　D. 位图图像会因为放大而产生马赛克现象

7. JPEG 格式是一种(   )。

　　A. 能以很高压缩比来保存图像而图像质量损失较少的有损压缩格式

　　B. 不可选择压缩比的有损压缩格式

　　C. 不支持 24 位真彩色的有损压缩格式

　　D. 可缩放的动态图像压缩格

8. 以下叙述正确的是(   )。

　　A. 位图是用一组指令集合来描述图形内容的

　　B. 分辨率为 640×480 像素,即高 640 像素,宽 480 像素

　　C. 表示图像的色彩位数越少,同样大小的图像所占的存储空间越小

　　D. 色彩位图的质量仅由图像的分辨率决定

9. 声音的数字化过程包括(   )、量化和编码。

　　A. 输入   B. 采样   C. 输出   D. 音调

10. 以下说法中正确的是(   )。

　　A. 图层面板中,背景层是可以移动的

　　B. 创建一个正方形选区,可以使用 Shift 键

　　C. 处理填充操作时,只能选择色彩

　　D. 要擦除部分图案,应该使用割刀工具

二、填空题

1. 色彩位数为_____的图像可表示 65536 种颜色。

2. 多媒体计算机的主要功能是处理_____的声音、图像及视频信号等。

3. 波形文件的扩展名是_____。

4. 多媒体是指文字、图形、图像动画、声音、活动影像等信息的_____。

5. 扩展名.ovl、.gif、.bat 中,代表图像文件的扩展名是_____。

6. 24 位真彩色能表示多达＿＿＿＿＿＿＿种颜色。

7. 立体声双声道采样频率为 44.1kHz,量化位数为 8 位,5 分钟这样的音乐所需要的存储空间可按公式＿＿＿＿＿＿＿计算。

8. Flash 中元件分为图像元件、按钮元件和＿＿＿＿＿＿＿元件。

三、简答题

1. 简述多媒体信息压缩中的冗余种类的含义。

2. 写出 5 种常见的数字图形、图像文件格式。

3. 论述位图和矢量图形的主要区别。

4. 简述 Photoshop 中创建选区的主要方法。

5. 简述 Flash 中形状补间和运动补间的主要区别。

Chapter 4

第4章　因特网基础与应用

4.1　因特网基础知识

自 20 世纪 50 年代后期,美国国防部建立的 ARPAnet 至今,计算机网络取得了迅猛的发展,已经成为信息社会的命脉和发展知识经济的重要基础之一。

目前,计算机网络已经以万维网、电子邮件、FTP 及即时通信等各种形式广泛应用到社会生活的各领域中。

本节主要介绍 Internet 的基本知识和 Internet 提供的信息服务。

4.1.1　什么是因特网

计算机网络,就是将地理上分散布置的具有独立功能的多台计算机(系统)或由计算机控制的外部设备,利用通信手段通过通信设备和线路连接起来,按照特定的通信协议进行信息交流,实现资源共享的系统。

因特网(International Network、Internetwork 或 Internet),即广域网、局域网及单机按照一定的通信协议组成的国际计算机网络。它把许许多多不同的网络连接到一起,所以也被称为网际网。因特网是指将两台计算机或者是两台以上的计算机终端、客户端、服务端通过计算机信息技术的手段互相联系起来的结果,人们可以与远在千里之外的朋友相互发送邮件、共同完成一项工作、共同娱乐。

1995 年 10 月 24 日,联合网络委员会(the Federal Networking Council,FNC)通过了一项关于"因特网定义"的决议。因特网络委员会认为,下述语言反映了对"因特网"这个词的定义。

"因特网"指的是全球性的信息系统。

(1) 通过全球唯一的网络逻辑地址在网络媒介基础之上逻辑的链接在一起。这个地址是建立在因特网协议(IP)或今后其他协议基础之上的。

(2) 可以通过传输控制协议和因特网协议(TCP/IP),或者今后其他接替的协议或与因特网协议(IP)兼容的协议来进行通信。

(3) 以让公共用户或者私人用户享受现代计算机信息技术带来的高水平、全方位的服务为目的。这种服务是建立在上述通信及相关的基础设施之上的。

这当然是从技术的角度来定义因特网。这个定义至少揭示了 3 个方面的内容:首先,因特网是全球性的;其次,因特网上的每一台主机都需要有"地址";最后,这些主机必须按照共同的规则(协议)连接在一起。

事实上,目前的因特网还远远不是人们经常说到的"信息高速公路"。这不仅因为目前因特网的传输速度不快,更重要的是因特网还没有定型,还一直在发展、变化中。因此,任何对因特网的技术定义也只能是当下的、现时的。

与此同时,在越来越多的人加入到因特网中、越来越多地使用因特网的过程中,也会不断地从社会、文化的角度对因特网的意义、价值和本质提出新的理解。

4.1.2　因特网的起源和发展

Internet 诞生的时间不长,它最早起源于美国国防部高级研究计划署网络 DAA(Defense Advanced Research Projects Agency) 的前身 ARPAnet,该网络于 1969 年投入使用。ARPAnet 是现代计算机网络诞生的标志。

从 20 世纪 60 年代起,由 ARPA 提供经费,由联合计算机公司和大学共同研制而发展了 ARPAnet 网络。最初,ARPAnet 主要是用于军事研究目的,它主要是基于这样的指导思想:网络必须经受得住故障的考验而维持正常的工作,一旦发生战争,当网络的某一部分因遭受攻击而失去工作能力时,网络的其他部分应能维持正常的通信工作。ARPAnet 在技术上的另一个重大贡献是:TCP/IP 协议簇的开发和利用。作为 Internet 的早期骨干网,ARPAnet 的试验奠定了 Internet 存在和发展的基础,较好地解决了异种机网络互联的一系列理论和技术问题。

1983 年,ARPAnet 分裂为两部分:ARPAnet 和纯军事用的 MILnet。同时,局域网和广域网的产生和蓬勃发展对 Internet 的进一步发展起了重要的作用。其中,最引人注目的是美国国家科学基金会 NSF(National Science Foundation) 建立的 NSFnet。NSF 在全国建立了按地区划分的计算机广域网,并将这些地区网络和超级计算机中心互联起来。NSFnet 于 1990 年 6 月彻底取代了 ARPAnet 而成为 Internet 的主干网。

NSFnet 对 Internet 的最大贡献是使 Internet 向全社会开放,而不像以前那样仅供计算机研究人员和政府机构使用。1990 年 9 月,由 Merit、IBM 和 MCI 公司联合建立了一个非营利性组织——先进网络科学公司 ANS(Advanced Network ＆ Science Inc.)。ANS 的目的是建立一个全美范围的 T3 级主干网,它能以 45Mb/s 的速率传送数据。到 1991 年年底,NSFnet 的全部主干网都与 ANS 提供的 T3 级主干网相联通。

1994 年 4 月 20 日,中国国家计算机与网络设施(NCFC,国内称为"中关村教育与科研示范网")工程通过美国 Sprint 公司联入 Internet 的 64Kb/s 国际专线,实现了与 Internet 的全功能连接。从此中国被国际上正式承认为真正拥有全功能 Internet 的国家。这件事被中国新闻界评为 1994 年中国十大科技新闻之一,被国家统计公报列为中国 1994 年重大科技成就之一。

在网络应用范围上,近年来 Internet 逐渐放宽了对商业活动的限制,并朝商业化的方向发展。现在,Internet 早已从最初的学术科研网络变成了一个拥有众多的商业用户、政府部门、机构团体和个人信息的综合的计算机信息网络。可以说 Internet 的第二次飞跃归功于 Internet 的商业化,商业机构一踏入 Internet 这个陌生世界,很快发现了它在通信、资料检索、客户服务等方面的巨大潜力。于是世界各地的无数企业纷纷涌入 Internet,带来了 Internet 发展史上的一个新的飞跃。

在发展规模上,目前 Internet 已经是世界上规模最大、发展最快的计算机互联网络。从 1991 年开始,Internet 联网计算机的数量每年翻一番,目前每天大约有 4000 台计算机入网。

4.1.3　因特网在我国的发展

因特网在中国的发展历程可以大略地划分为以下 3 个阶段。

第一阶段为 1986 年 6 月至 1993 年 3 月,是研究试验阶段(E-mail Only)。

在此期间中国一些科研部门和高等院校开始研究 Internet 联网技术,并开展了科研课题和科技合作工作。这个阶段的网络应用仅限于小范围内的电子邮件服务,而且仅为少数高等院校、研究机构提供电子邮件服务。

第二阶段为 1994 年 4 月至 1996 年,是起步阶段(Full Function Connection)。

1994 年 4 月中关村地区教育与科研示范网络工程进入因特网,实现和 Internet 的 TCP/IP 连接,从而开通了 Internet 全功能服务。从此中国被国际上正式承认为有因特网的国家。之后,Chinanet、CERnet、CSnet、ChinaGBnet 等多个网络项目在全国范围相继启动,因特网开始进入公众生活,并在中国得到了迅速的发展。1996 年年底,中国因特网用户数已达 20 万,利用因特网开展的业务与应用逐步增多。

第三阶段从 1997 年至今,是快速增长阶段。

国内因特网用户数自 1997 年以后基本保持每半年翻一番的增长速度。增长到今天,上网用户数已超过 4 亿。

因特网给全世界带来了非同寻常的机遇。人类经历了农业社会、工业社会,当前正在迈进信息社会。信息作为继材料、能源之后的又一重要战略资源,它的有效开发和充分利用已经成为社会和经济发展的重要推动力和取得经济发展的重要生产要素,它正在改变着人们的生产方式、工作方式、生活方式和学习方式。

首先,网络缩短了时空的距离,大大加快了信息的传递速度,使得社会的各种资源得以共享。

其次,网络创造出了更多的机会,可以有效地提高传统产业的生产效率,有力地拉动消费需求,从而促进经济增长,推动生产力进步。

最后,网络也为各个层次的文化交流提供了良好的平台。因特网的确创造了一个奇迹,但在奇迹背后,存在着日益突出的问题,给人们提出了极大的挑战。比如,信息贫富差距开始扩大,财富分配出现不平等;网络的开放型和全球化,促进了人类知识的共享和经济的全球化。

4.1.4　因特网的工作原理与组成

Internet 采用了一种标准的计算机网络语言(即协议),以保证数据安全、可靠地到达指定的目的地。Internet 协议分为两个部分:TCP(传输控制协议)和 IP(因特网协议),用 TCP/IP 表示。它是一种对计算机数据(电信号)打包寻址的标准方法,几乎可以没有任何损失而迅速地将计算机数据经路由器传输到全世界的任何地方。当一个 Internet 用户通过网络向其他机器发送数据时,TCP 把数据分成若干个小数据包,并给每个数据包加上特定的标志,当数据包到达目的地后,计算机去掉其中的 IP 地址信息,并利用 TCP 的装箱单检验数据是否有损失,然后将各数据包重新组合还原成原始的数据文件。由于传输路径的不同,接收端的计算机得到的可能是损坏的数据包,这时 TCP 将负责检查和处理错误,必要时要求重新发送。

各种不同类型的计算机网络之所以可以使用 TCP/IP 同 Internet 打交道,是由于采用了一种被称为网关(Gateway)的专用机器来负责计算机网的本地语言与 TCP/IP 语言的相互转换。

计算机网络一般由网络硬件和网络软件组成。

1. 网络硬件

网络硬件包括以下设备。

(1) 服务器(Server)

服务器是网络中提供资源和特定服务的计算机,主要是运行网络操作系统,为网络提供通信控制、管理和共享资源。

(2) 工作站(Workstation)

工作站也称客户机(Client),是网络中享受服务的计算机。一般服务器和客户机的角色会相互转变。

(3) 外围设备

外围设备主要由通信介质和连接设备组成。

通信介质分为有形介质和无形介质。有形介质有双绞线、同轴电缆、光纤等;无形介质有无线电、微波、卫星等。

连接设备有网卡、集线器、交换机、路由器等。

2. 网络软件

网络软件系统主要包括以下几种。

(1) 网络协议

要想在同一个计算机网络中或不同计算机网络中共享网络资源,就需要在不同系统设备中实现通信。要想成功地通信,网络之间必须具有同样的语言。交流什么、何时交流、怎样交流,计算机网络中通信各方应事先约定通信规则,即网络协议。最出名、应用最广的协议是TCP/IP 协议,也是 Internet 采用的协议,它是一个协议簇。

(2) 网络操作系统

常用的网络操作系统有 Windows 2000 Server、Windows 2003 Server、Linux、UNIX 等。

(3) 网络应用软件

网络应用软件有 IE、Outlook、FTP 等。

4.1.5 IP 地址与域名

为了在网络环境下实现计算机之间的通信,网络中任何一台计算机必须有一个地址,而且该地址在网络上是唯一的。在进行数据传输时,通信协议必须在所传输的数据中发送信息的计算机地址(源地址)和接收信息的计算机地址(目标地址)。

1. IP 地址

Internet 中所有的计算机均称为主机,每台主机都分配了一个唯一的地址,通常称为 IP地址。IP 地址是 32 位的二进制数,是将计算机连接到 Internet 的国际协议地址,它是Internet 主机的一种数字型标识,一般用小数点隔开的十进制数表示。

例如,32 位的地址:11000000 10101000 00101001 01000000,可写成:192.168.41.64。

IP 地址由网络号和主机号两部分组成。网络号用来区分 Internet 上互联的各个网络,网络号个数决定了每类 IP 地址的个数;主机号用来区分同一网络上的不同计算机(主机),主机号个数决定了每个 IP 地址的主机个数。

IP 地址分为 A、B、C 3 类。

A 类:IP 地址的前 8 位表示网络号,后 24 位表示主机号。其有效范围为 1.0.0.1~126.255.255.254,主机可达到 16777214 台。

B 类:IP 地址的前 16 位表示网络号,后 16 位表示主机号。其有效范围为 128.0.0.1~

191.255.255.254，主机可达到 65534 台。

C 类：IP 地址的前 24 位表示网络号，后 8 位表示主机号。其有效范围为 192.0.0.1～222.255.255.254，主机可达到 254 台。

网络 ID 必须向 Internet NIC(Internet Network Information Center，因特网络信息中心)申请，在中国，是向当地的电信部门申请的。

全球 IP 地址的分配情况如下。

(1) 194.0.0.0～195.255.255.255 分配给欧洲。

(2) 198.0.0.0～199.255.255.255 分配给北美地区。

(3) 200.0.0.0～201.255.255.255 分配给中美地区和南美地区。

(4) 202.0.0.0～203.255.255.255 分配给亚洲和太平洋地区。

选择 IP 地址的原则是：网络中的每个设备的 IP 地址必须唯一，在不同的设备上不允许出现相同的 IP 地址。

2. 域名

十进制形式的 IP 地址尽管比二进制形式的 IP 地址具有书写简洁的优势，但毕竟不便记忆，也不能直观地反映计算机的属性。为了克服十进制形式 IP 地址的缺陷，人们普遍使用域名来表示 Internet 中的主机。域名指的是用字母、数字形式来表示的 IP 地址，即域名是 IP 地址的字母符号化表示。适当地选择域名中的字符串，可以使得域名有一定的可读性。这样，域名就比 IP 地址容易记忆，也就更容易使用。

域名的一般构造形式是：

主机名.机构名.网络名.最高层域名(顶级域名)

例如，西安石油大学的 IP 地址是 202.200.80.13，这样的标识很难记忆，而西安石油大学的域名是 www.xsyu.edu.cn，记住这个域名显然比记住它对应的 IP 地址要容易得多。

3. IP 地址与域名的关系

计算机中识别的是 IP 地址，为了方便人们记忆，才将 IP 地址用域名代替，犹如电话号码与用户名称一样，打电话时电信公司交换机使用的是电话号码，而不是用户名称。IP 地址与域名的关系是一一对应的。这种对应是整体对应，不是逐层对应，即不能将 IP 地址或者域名分开去对应。域名是通过一种称为域名服务器 DNS(Domain Name Server)的系统进行解释的。

4.1.6　连接到因特网的方式

对于普通用户，最简便的联网方式是通过电话线，使用调制解调器，采用拨号方式登录到 ISP(Internet Service Provider)的主机，再通过 ISP 的主机入网。

目前常用的 Internet 接入方式还有：ISDN(Integrated Service Digital Network，综合业务数字网)；DDN(Digital Data Network，数字数据网)，即专线入网。宽带网(Broad Band Net, BBN)是相对于拨号上网等窄带接入方式而言的一种高速网络接入方式。宽带网的接入方式主要有下面几种：基于有线电视系统的 HFC(Hybrid Fiber Coax 光纤同轴电缆混合体)方式；基于光纤到楼的局域网 LAN 接入方式；在传统电话系统基础上进行改造的 ADSL(Asymetric Digital Subscriber Loop，非对称数字用户环路技术)接入方式。

1. 拨号方式入网

拨号入网费用较低,比较适于个人和业务量小的单位使用。用户所需设备简单,只需在计算机前增加一台调制解调器和一根电话线,再到 ISP 申请一个上网账号即可使用。拨号上网的连接速率一般为 14.4～56Kb/s。

2. ISDN 方式入网

ISDN 入网方式又称"一线通",顾名思义,就是能在一根普通电话线上提供语音、数据、图像等综合性业务,从而将电话、传真、数据、图像等多种业务综合在一个统一的数字网络中进行传输和处理,ISDN 提供以 64Kb/s 速率为基础的可达到 128Kb/s 上网速度的数字连接,而且费用相对低廉。

3. DDN 专线入网

DDN 专线是利用光纤、数字微波或卫星等数字传输通道和数字交叉复用设备组成,为用户提供高质量的数据传输通道,传送各种数据业务,以满足用户多媒体通信和组建中的高速计算机通信网的需要。DDN 区别于传统的模拟电话专线,其显著特点是:质量高,延时小,通信速率可根据需要选择,可靠性高。目前可提供的传输速率为 64Kb/s～2Mb/s。

4. ADSL 方式入网

ADSL 利用现有的电话线,为用户提供上、下行非对称的传输速率(带宽),上行(从用户到网络)为低速的传输,可达 640Kb/s;下行(从网络到用户)为高速传输,可达 7Mb/s。它最初主要是针对视频点播业务开发的,随着技术的发展,逐步成为一种较方便的宽带接入技术。

5. LAN 方式入网

LAN 主要采用以太网技术,以信息化小区的形式为用户服务。在中心节点使用高速交换机,为用户提供光纤到小区及 LAN 双绞线到户的宽带接入。基本做到千兆到小区、百兆到大楼、十兆到用户。用户只需一台计算机和一块网卡,就可享受网上冲浪、VOD(视频点播)、远程教育、远程医疗和虚拟社区等宽带网络服务。其特点是:接入设备成本低、可靠性好,用户只需一块 10Mb/s 的网卡即可轻松上网;解决了传统拨号上网方式的瓶颈问题,拨号 Modem 的最高速率是 56Kb/s,宽带接入用户上网的速率最高可达 10Mb/s;操作简单,无须拨号,用户开机即可联入因特网。

6. HFC 方式入网

HFC 是采用光纤和有线电视网络传输数据的宽带接入技术。有线电视 HFC 网络是一个城市非常宝贵的资源,通过双向化和数字化的发展,有线电视系统除了能够提供更多、更丰富、质量更好的电视节目外,还有着足够的频带资源来提供其他各种非广播业务、数字通信业务。在现有的 HFC 网络中,经调制后,可以在 6MHz 模拟带宽上传输30Mb/s 的数据流,以现有的 HFC 网络可以传输 860MHz 模拟信号计算,其数据传输能力为 4Gb/s。

4.2 网络应用

Internet 上主要的应用有电子邮件(E-mail)、文件传送(FTP)、万维网 WWW、远程登录(TELNET)、新闻组、电子商务等。

1. 万维网

万维网的英文全称是 World Wide Web,所以也称作 WWW 网。

万维网起源于 1989 年的欧洲离子物理研究室 CERN,是由该研究室的物理学家 Tim Berners Lee 于 1989 年 3 月提出的。研制万维网的最初目的是收集欧洲离子物理研究室物理学家们时刻变化的报告、蓝图、绘制图、照片和其他文献。原来的 Internet 上的一些应用都是简单的菜单系统,多以命令方式进行查询。

万维网是一种特殊的框架结构,它的目的是访问当时遍布 Internet 上数以千计的主机上的链接文档。

2. 电子邮件

电子邮件是 Internet 中最常使用的一种应用。电子邮件的速度快,可以在 5～10 秒内将发送的内容传送到世界上的任何位置。电子邮件除了可以传送文字外,还可以传送图形、图像、声音、视频和计算机程序文件等内容。

3. FTP

Internet 资源浩如烟海,有各个学科的各种专业资料、流行音乐、娱乐影片、游戏软件、计算机工具、各种书籍、画报图片、天气预报、航班车次、企业广告等,无所不包。

下载文件时,就需要使用文件传送协议 FTP。

文件传送是 Internet 上服务器或客户机之间进行的文件形式的数据传送。

4. 即时通信

即时通信软件(Instant Messenger)在近些年来应用面很广。即时通信软件采用对等连接(Peer-to-Peer,P2P)的方式,大大地提高了人们通信的效率,目前的即时通信已不仅仅是文字消息的传递了,音频、视频通信也很常见。

常用的即时通信软件有国内腾讯公司的 QQ、网易公司的网易泡泡、国外 AOL 公司的 ICQ(I Seek You 的简写)、微软公司的 MSN、Yahoo 公司的 Yahoo Messenger 等。

习题

一、选择题

1. WWW 是(　　)的缩写,它是近年来迅速崛起的一种服务方式。
    A. World Wide Wait　　　　　　　B. Websito of World Wide
    C. World Wide Web　　　　　　　D. World Wais Web

2. HTTP 是(　　)。
    A. 高级程序设计语言　　　　　　B. 域名
    C. 超文本传送协议　　　　　　　D. 网址

3. 用户要想在网上查询 WWW 信息,必须安装并运行一个被称为(　　)的软件。
    A. HTTP　　　　B. Yahoo　　　　C. 浏览器　　　　D. 万维网

4. 192.168.0.1 是(　　)IP 地址。
    A. A 类　　　　B. B 类　　　　C. C 类　　　　D. D 类

5. 进入 IE 浏览器需要双击(　　)图标。
    A. 网上邻居　　　B. 网络　　　　C. Internet　　　D. Internet Explorer

二、简答题

1. 什么是因特网？
2. IP 地址与域名的主要区别是什么？
3. 接入 Internet 的方式主要有哪些？
4. Internet 提供了哪几种常用的服务？
5. 网络硬件主要有哪些？

Chapter 5

第5章

网 页 制 作

5.1 Web 简介

Web 是 Internet 提供的一种服务，通过它可以访问遍布于 Internet 主机上的链接文档，是存储在全世界 Internet 计算机中的数量巨大的文档的集合；Web 上海量的信息是由彼此关联的文档组成，这些文档称为主页（Home Page）或页面（Page），它是一种超文本（HyperText）信息，而使其连接在一起的是超链接（Hyperlink）。

HTML 是 HyperText Markup Language（超文本标记语言）的缩写，它是构成 Web 页面（Page）的主要工具。在网上，如果要向全球范围内出版和发布信息，需要有一种能够被广泛理解的语言，即所有的计算机都能够理解的一种用于出版的"母语"。WWW（World Wide Web）所使用的出版语言就是 HTML 语言。

动态 HTML（DHTML）不仅是一种独特的技术、计算机语言或功能集，也是综合了几种不同技术相互作用的方式。动态 HTML（DHTML）可以使用常规 DHTML、脚本文件、文档对象模块、绝对定位技术、动态样式、多媒体过滤器和各种其他技术动态改变 HTML 在屏幕上显示文本和图像的方式。

5.1.1 网站工作机制

为什么在浏览器地址栏输入一个网址，就能看到对应的网页？为什么在网页上一些地方单击，就可以浏览另一个网页？那些网页是放在浏览器里面的吗？用户是怎么看到网页的呢？当通过互联网访问一个网站网页的时候，通常看到的是如下过程。

（1）在浏览器中输入网址并开始导航，如 http://www.baidu.com。

（2）浏览器中显示你要访问的页面内容。这个过程看起来很简单，但是实际网站的工作机制并非如此。真实的浏览网页的过程是比较复杂的，一般情况下至少需要经过下列步骤才能完成一次完整的网页访问过程，如图 5-1 所示。

① 在浏览器中输入网址并开始导航，如 http://www.baidu.com。

② 浏览器将请求的地址通过计算机的网卡提交到因特网，根据 DNS 解析获取服务器的具体地址，与 WWW 服务器建立连接。

③ WWW 服务器接收到浏览器的请求后，进行处理，找到要访问的网页文件、图像、视频或者其他资源，并读取这些资源。

④ WWW 服务器将找到的资源通过互联网返回给浏览器所在的计算机，经网卡处理后，将这些结果返回给浏览器。

⑤ 浏览器根据返回的页面 HTML 标记及其图像、视频的类别，在浏览器中把内容显示

出来。

　　这样才真正完成了整个网站的访问过程。注意：这只是最简单的网站访问的机制。通常人们访问的网站的功能越强大,内容越复杂,在访问过程中经历的流程也会相应地变得更复杂。

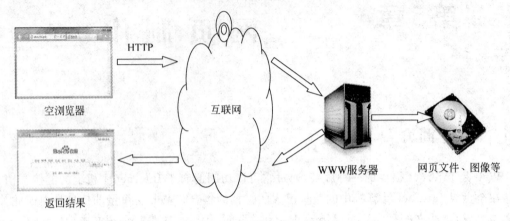

图 5-1　网站工作机制

5.1.2　网站设计流程

　　网站的整体策划是一个系统工程,是在建设网站之前进行的必要工作。网站建设总体流程一般分为市场调查、市场分析、制订网站技术方案、规划网站内容、前台界面设计、后台程序开发、网站测试、网站发布、网站推广、网站维护等。

1. 市场调查

　　市场调查提供了网站策划和内容制订的依据,需要进行 3 个方面的调查,即用户需求调查、竞争对手调查及自身情况调查。用户需求调查将有助于确定网站内容、表现形式、使用的技术等。竞争对手调查有助于确定是否有必要投入时间和精力进行网站的开发和制作。自身情况调查有助于根据自身能力确定采用何种方式进行设计和开发。

2. 市场分析

　　市场分析是将市场调查的结果转换为数据,并根据数据对网站的功能进行定位的过程,网站的功能定位将确定网站的主题。

3. 制订网站技术方案

　　在建设网站时,会有多种技术和设计工具供用户选择,包括前台界面技术、服务器相关技术、数据库技术等,需要根据网站的定位和自身的能力确定使用哪种技术,并以哪些工具实施建设工作。制订技术方案时,切忌一切求新、盲目采用最先进的技术。符合自身实力和技术水平的技术才是合适的技术。

　　前台界面设计的常用技术和工具主要有：设计网页结构的 HTML、CSS 风格；网页设计工具 Dreamweaver、FrontPage；图像设计工具 Photoshop、Firework；多媒体展示技术 Flash 等。

4. 规划网站内容

　　规划网站内容是在确定网站主题、技术方案后,整理、收集网站制作资源,并对资源进行分类整理,划分栏目等。

　　网站栏目划分的标准是应尽量符合大多数人理解的习惯。例如,一个典型的企业网站栏目,通常包括企业的见解、新闻、产品,用户的反馈以及联系方式等。产品栏目还可以再划分子栏目。

5. 前台界面设计

前台设计包括所有面向用户的平面设计工作,例如网站的整体布局设计、风格设计、色彩搭配以及 UI 设计等。本章的主要内容就是介绍前台设计过程当中,如何使用 Dreamweaver CS4 软件,通过各种可视化编辑工具,进行网页界面设计。

6. 后台程序开发

后台开发包括设计数据库和数据表,以及规划后台程序所需要的功能范围等。

7. 网站测试

在发布网站之前需要对网站进行各种严密测试,包括前台页面的有效性、后台程序的稳定性、数据库的可靠性以及整个网站各链接的有效性等。

8. 网站发布

制订网站的测试计划后,就可以制订网站的发布计划了,包括选择域名、网站数据存储的方式等。一般的发布过程是:将制作完成的网站准备完毕之后,选择并购买域名,购买虚拟主机(或自行购买服务器设备并托管至 IPC 机房),通过 FTP 等功能将制作完成的网站上传到虚拟主机,最后申请网站备案后即完成发布过程。

9. 网站推广

除了网站的规划和制作外,推广网站也是一项重要的工作,例如,登记各种搜索引擎、发布各种广告、公关活动等。

10. 网站维护

维护是一项长期的工作,包括对服务器的软件、硬件维护,数据库的维护,网站内容的更新等。多数网站还会定期改版,保持用户的新鲜感。

5.1.3　网站设计原则

1. 网站的总体风格设计原则

在网站设计阶段应注意尽心筹划、尽量精简、尽量简朴、善用图片、易于漫游、重点突出、循环利用现有信息、保持新鲜感、贯彻诺言、吸引用户。

2. 网站的组织结构设计原则

设计网站的组织结构时,应考虑网站组织结构良好,对文件、目录等的组织和命名预先规划好。目录结构保证相近内容放在一起;文件、目录命名规范,且不含特殊字符;URL 链接方式统一。

3. 网页布局原则

在网页布局设置时,应注重网页的醒目性、创造性、造型性、明快性、可读性,可总结为统一、协调、流动、强调、均衡。

5.1.4　优秀网站案例解析

1. Google 中国网站首页

Google 中国网站首页的特点:谷歌公司的标准主页,有醒目的标志、创造性的精简界面,并且主题功能突出。

其页面结构和网站首页如图 5-2 所示。

图 5-2　谷歌首页简洁版

2. iGoogle 中国网站首页

iGoogle 中国网站首页的特点：iGoogle 是谷歌公司的另一种首页界面模式，在突出搜索功能的前提下，注重信息显示的多样性并具有强大的自定义能力。其页面结构和网站首页如图 5-3 所示。

图 5-3　谷歌首页综合信息版

3. 易中天新浪博客

易中天新浪博客的特点：突出文化氛围、内容清晰、结构简单。其页面结构和博客首页如图 5-4 所示。

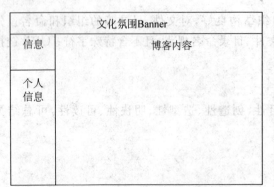

图 5-4　易中天新浪博客

4.淘宝网

淘宝网的特点：目标是尽量多地展示商品，所以首页结构复杂，且各种多媒体技术应用非常多。其页面结构和网站首页如图 5-5 所示。

Banner		导航	
栏目导航栏、搜索			
广告			
内容	内容	内容	内容
内容		内容	
公司信息			

图 5-5　淘宝网首页

5.苹果公司网站首页

苹果公司网站首页的特点：追求质量、追求细节。简洁的界面中体现公司的品质追求。其页面结构与网站首页如图 5-6 所示。

导航栏	
主打产品介绍	
产品	产品

图 5-6　苹果公司首页

6.魔兽世界网站首页

魔兽世界网站首页的特点：突出内容，以内涵吸引用户。其页面结构和网站首面如图 5-7 所示。

广告浮动	游戏Banner	广告浮动
	开通账号	
	首页链接	
	游戏内容	

图 5-7　魔兽世界网站首页

5.2　Dreamweaver 初步

5.2.1　Dreamweaver CS4 介绍

Dreamweaver CS4 是 Adobe 公司推出的新版本的网页设计软件,站点管理和页面设计是它的两大核心功能,它采用了多种先进的技术,易学、易用。用户只要掌握初步的知识,再加上自己的创意,即可制作出独树一帜的网页。

本节重点介绍在 Dreamweaver CS4 中如何创建站点并进行站点管理,从而为下一步设计网站内容做好准备;同时通过本章的学习使读者熟悉 Dreamweaver CS4 界面及运行环境。

在使用 Dreamweaver 开发网站之前,首先需要熟悉一下 Dreamweaver 的启动及设计环境。通过本节可以使大家了解 Dreamweaver CS4 这个网页制作软件的"庐山真面目",会使后面的学习变得更加轻松,上手更加迅速。

1. Dreamweaver CS4 的启动

(1) 单击任务栏的"开始"按钮,选择"程序"命令。

(2) 将光标向右移动,选择 Adobe 文件夹。

(3) 将光标再向右移动,单击 Adobe Dreamweaver CS4 图标,Dreamweaver CS4 就被启动了。启动界面如图 5-8 所示。

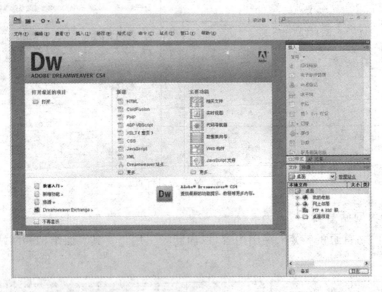

图 5-8　Dreamweaver CS4 的启动

2. Dreamweaver CS4 的退出

若要退出 Dreamweaver CS4,可执行下列操作之一。

(1) 单击 Dreamweaver CS4 程序窗口右上角的"×"按钮。

(2) 执行"文件"→"退出"命令。

(3) 双击 Dreamweaver CS4 程序窗口左上角的 DW 图标。

(4) 按 Alt+F4 键。

3. Dreamweaver CS4 的工作界面

启动 Dreamweaver CS4，双击打开任意一个网页文件，此时 Dreamweaver CS4 工作界面如图 5-9 所示。可以看出 Dreamweaver CS4 窗口是一个标准的 Windows 窗口，它也有标题栏、菜单栏和快捷菜单。

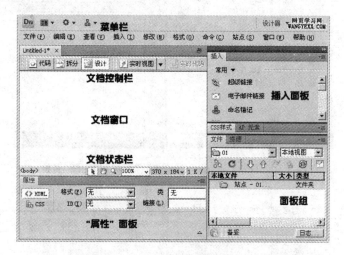

图 5-9　Dreamweaver CS4 工作界面

（1）菜单栏：显示了制作网页时需要的各种命令。

（2）文档控制栏：左侧显示了网页文档的各种视图模式，可以单击进入任意视图模式工作。

（3）文档窗口：该部分是网页制作区域。

（4）"属性"面板：选择设计窗口中的各个对象时，其对应的"属性"面板的显示区域。如果该区域没有"属性"面板，可以执行"窗口"→"属性"命令将其打开。

（5）文档状态栏：显示当前文档窗口的大小和下载速度，以及 Dreamweaver 新增的放大、移动窗口的工具。

（6）"插入"面板：将"插入"菜单中的命令以按钮的形式分类放置，便于制作人员快速调用。

（7）面板组：在 Dreamweaver 中，面板组都嵌入到了操作界面中。在面板上对相应的文档进行操作时，对文档的改变也会同时在窗口中显示，使效果更加直观，从而更有利于用户对页面进行编辑。"文件"面板和"资源"面板如图 5-10 所示。

4. "插入"面板组

"插入"面板组提供了常用的 HTML 元素的快速插入功能，在面板组上包括多个子面板，较常用的依次为"常用"、"布局"、"表单"、"文本"等。

单击"插入"面板组名称右端的下拉按钮，打开下拉列表，在下拉列表中选择子面板名称，即可打开相应的面板，如图 5-11 所示。

5. 文档工具栏

在文档工具栏中设有按钮，使用这些按钮可以在文档的不同视图间快速切换，这些视图包括代码视图、设计视图、同时显示代码视图和设计视图的拆分视图，如图 5-12 所示。文档工具栏中还包含一些与查看文档、在本地和远程站点间传输的文档有关的常用命令和选项。

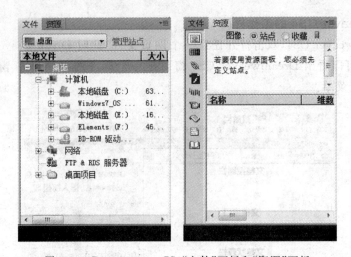

图 5-10 Dreamweaver CS4"文件"面板和"资源"面板

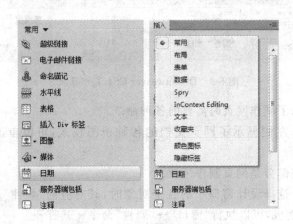

图 5-11 "插入"栏中的"常规"选项

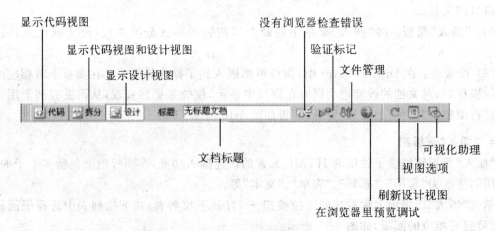

图 5-12 文档工具栏

文档工具栏中常用的工具按钮功能如下。

(1)"没有浏览器检查错误"按钮 ——单击该按钮可以在下拉菜单中实现检查浏览器支持、查找错误及设置目标浏览器的版本等功能。

（2）"验证标记"按钮 ◙◙——可以验证当前文档或选中的标签。

（3）"文件管理"按钮 ◙◙——单击该按钮可以在下拉菜单中实现对文件只读属性的编辑、本地站点和服务器端文件的上传和下载、网页文件的自动检查及方便团队工作时的设计备注等操作。

（4）"刷新设计视图"按钮 ◙——用于刷新本地和远程站点的目录列表。

6."属性"面板

"属性"面板可以说是在 Dreamweaver 中使用最多的一个功能，它可以检查和编辑当前选定页面元素（如文本和插入的对象）的最常用属性。"属性"面板中的内容根据选定的元素会有所不同。例如，如果选择页面上的一个图像，则"属性"面板将改为显示该图像的属性，如图 5-13 所示。

图 5-13　"属性"面板

在默认情况下，"属性"面板位于工作区的底部，但是如果需要，可以将它停靠在工作区的顶部。单击"属性"字样或左端的下拉按钮，"属性"面板可折叠起来，再次单击面板即可展开。

7. 文档编辑窗口

网页文档编辑窗口是 Dreamweaver CS4 的主工作区，在这里可以进行网页的设计制作。

（1）文档编辑窗口的缩放

网页文档编辑窗口的大小可以通过鼠标拖曳编辑区的右边框来调整，或单击编辑区右边框线上的按钮，完成最大化或还原网页编辑区的操作，如图 5-14 所示。

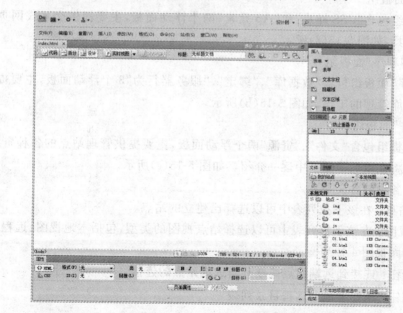

图 5-14　文档编辑窗口的缩放

（2）文档编辑窗口的标题栏

当文档窗口有一个标题栏时,标题栏显示页面标题,并在括号中显示文件的路径和文件名。如果做了更改但尚未保存,Dreamweaver 将在文件名后显示一个"＊"号。如果文档窗口处于最大化状态时,没有标题栏,在这种情况下,页面标题及文件的路径和文件名显示在主工作区窗口的标题栏中。

此外,当文档窗口处于最大化状态时,出现在文档窗口区域顶部的选项卡显示所有打开文档的文件名。若要切换到某个文档,可以选择相应的选项卡。

（3）缩放工具和手形工具

这是 Dreamweaver CS4 新增的辅助工具,可以更好地控制设计。使用放大工具可以有助于更容易地对齐图像、选择较小的对象及查看较小的文本。使用手形工具,可以在设计视图下拖曳页面以便查看内容。

（4）标尺和辅助线

选择"查看"→"标尺"→"显示"命令,可在文档编辑窗口显示标尺,从而方便设计时的定位。

辅助线是从标尺拖动到文档上的线条,它们有助于更加准确地放置和对齐对象。使用辅助线还可以测量页面元素的大小,或者模拟 Web 浏览器的重叠部分(可见区域)。

8. 面板组

面板组是组合在一个标题下面的相关面板的集合。面板组中选定的面板显示为一个选项卡。每个面板组都可以展开或折叠,并且可以和其他面板组停靠在一起或取消停靠。浮动面板是非常重要的网页处理辅助工具,它具有随着调整即可看到效果的特点。由于它可以方便地拆分、组合和移动,所以也把它叫做浮动面板。

Dreamweaver CS4 默认的面板组有以下几个。

（1）CSS 面板组

CSS 面板组包含"CSS 样式"和"Ap 元素"两个浮动面板,主要提供交互式网页设计和网页格式化的工具,如图 5-15(a)所示。

（2）"应用程序"面板组

"应用程序"面板组包含"数据库"、"绑定"、"服务器行为"3 个浮动面板,主要提供动态网页设计和数据库管理的工作,如图 5-15(b)所示。

（3）"文件"面板组

"文件"面板组包含"文件"、"资源"两个浮动面板,主要提供管理站点的各种资源,这些面板组中的面板将在以后的章节中逐一介绍。如图 5-15(c)所示。

文件面板各项的含义如下。

① 我的站点:在该下拉列表中可以选择已建立的站点。

② 本地视图:在该下拉列表中可以选择站点视图的类型,包括本地视图、远程视图、测试服务器和存储库视图 4 种类型。

③ 按钮:连接到远端站点或断开与远端站点的连接。

④ 按钮:刷新本地和远程目录列表。

⑤ 按钮:从远程站点下载文件。

⑥ 按钮:将本地站点中的文档上传到远程站点。

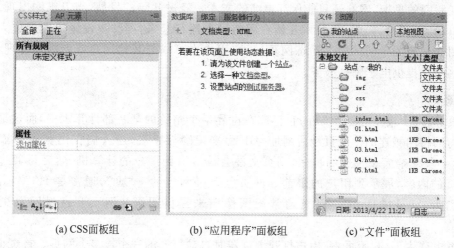

图 5-15　CSS、"应用程序"和"文件"面板组

⑦　██ 按钮：将远端服务器中的文件下载到本地站点，此时该文件在服务器上的标记为取出。

⑧　██ 按钮：将本地文件传输到远端服务器上，并且可供他人编辑，而本地文件为只读属性。

⑨　██ 按钮：可以同步本地和远程文件夹之间的主件。

9. 浮动面板组的操作

常用的浮动面板组的操作方法如下。

（1）打开和关闭浮动面板组

Dreamweaver CS4 浮动面板组的打开需要在"窗口"菜单项中选择，即可打开。如需要关闭面板组，则同样可以通过在"窗口"菜单项中选择，将其前面的钩去掉即可关闭，如图 5-16 所示。

（2）重新组合浮动面板

选中浮动面板组中某个面板的标题，可以将其拖曳至其他面板。

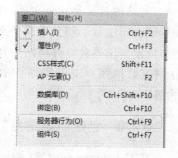

图 5-16　打开关闭浮动面板

5.2.2　站点的简介和规划

1. 网站

网站（Web Site）是指在互联网上，根据一定的规则，使用 HTML 等工具制作的用于展示特定内容的相关网页的集合。简单地说，网站是一种通信工具，就像布告栏一样，人们可以通过网站来发布自己想要公开的信息，或者利用网站来提供相关的网络服务。人们可以通过网页浏览器来访问网站，获取自己需要的信息或者享受网络服务。

许多公司都拥有自己的网站，它们利用网站行宣传、发布产品信息、招聘等。随着网页制作技术的流行，很多个人也开始制作个人主页，这些通常是制作者用来自我介绍、展现个性的地方。也有以提供网络信息为盈利手段的网络公司，通常这些公司的网站上提供人们生活各个方面的信息，如时事新闻、旅游、娱乐、经济等。

在互联网的早期,网站还只能保存单纯的文本。经过几年的发展,当万维网出现之后,图像、声音、动画、视频,甚至 3D 技术开始在因特网上流行起来,网站也慢慢地发展成人们现在看到的图文并茂的样子。通过动态网页技术,用户也可以与其他用户或者网站管理者交流。也有一些网站提供电子邮件服务。

2. 网页

网页(Web Page)是一个文件,它存放在世界某个角落的某一部计算机中,而这部计算机必须是与因特网相连的。网页经由网址(URL)来识别与存取,当人们在浏览器中输入网址后,经过一段复杂而又快速的程序,网页文件会被传送到用户的计算机,然后再通过浏览器解释网页的内容,展示到用户的眼前。网页是万维网中的一"页",通常是 HTML 格式(文件扩展名为.html 或.htm)。网页通常用图像档来提供图画。网页要透过网页浏览器来阅读。

首页也称主页、起始页,是用户打开浏览器时自动打开的一个或多个网页。首页也可以指一个网站的入口网页,即打开网站后看到的第一个页面,大多数作为首页的文件名是 index、default、main 或 portal,并加上扩展名。

3. 网站和网页的关系

网站是多个网页的集合,其包括一个首页和若干个分页,这种集合不是简单的集合。为了达到最佳效果,在创建任何 Web 站点页面之前,要对站点的结构进行设计和规划。决定要创建多少页,每页上显示什么内容,页面布局的外观以及各页是如何互相链接起来的。

人们可以通过把文件分门别类地放置在各自的文件夹里,使网站的结构清晰明了,便于管理和查找。

网站的首页是一个文档,当一个网站服务器收到一台电脑上网络浏览器的消息连接请求时,便会向这台电脑发送这个文档。当在浏览器的地址栏输入域名,而未指向特定目录或文件时,通常浏览器会打开网站的首页。网站首页往往会被编辑得易于了解该网站提供的信息,并引导互联网用户浏览网站中其他部分的内容。这部分内容一般被认为是一个目录性质的内容。

5.2.3　创建本地站点

在 Dreamweaver CS4 中可以有效地建立并管理多个站点,如图 5-17 所示。

搭建站点可以有两种方法,一是利用向导完成,二是利用高级设定来完成。

在搭建站点前,用户应先在自己的计算机硬盘上建一个空文件夹,如命名为"我的站点"。

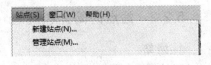

图 5-17　"站点"菜单

1. 管理站点

如果拥有一个连接在互联网上的主机系统并计划在这个主机系统上搭建网站,则使用下文列出的步骤进行管理。

(1) 执行"站点"→"管理站点"命令,在弹出的"管理站点"对话框中选择开始建立的本地站点"我的站点",然后单击"编辑(E)…"按钮,在弹出的对话框中的"分类"列表框中选择"远程信息"选项。

（2）单击"访问"文本框右侧的下拉按钮，在打开的下拉列表中单击 FTP 选项。

（3）在"FTP 主机"文本框中输入 FTP 主机地址。FTP 主机是计算机系统的完整 Internet 名称，如 ftp. wangyexx. com。需要注意的是，这里一定要输入有权访问空间的域名地址。

（4）在"主机目录"文本框中输入远程网站存放的路径，通常情况下可以不填写此项，当前网站的内容会存放到网站根目录下。

（5）在"登录"文本框中输入登录到 FTP 服务器的用户名。

（6）在"密码"文本框中输入登录到 FTP 服务器的密码。

（7）其他选项保持默认设置。完成设置后单击"确定"按钮，完成远程站点的设置。

如只需要建立本地站点，不需要连接因特网主机系统，则使用下述流程创建站点。本章内容的实验环节中，将采用这种模式新建站点。

（1）在菜单栏中执行"站点"→"管理站点"命令，出现"管理站点"对话框。单击"新建"按钮，选择弹出菜单中的"站点"选项。

（2）在打开的窗口上方有"基本"和"高级"两个标签，可以在站点向导和高级设置之间切换。选择"基本"标签，如图 5-18 所示。

（3）在文本框中，输入一个站点名字以便在 Dreamweaver CS4 中标识该站点。这个名字可以是任何需要的名字。单击"下一步"按钮，出现向导的下一个界面，询问是否要使用服务器技术。由于现在建立的是一个本地站点，所以选择"否"，如图 5-19 所示。

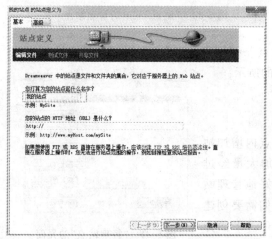
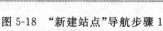
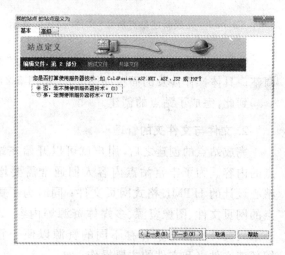

图 5-18　"新建站点"导航步骤 1　　　　　　　图 5-19　"新建站点"导航步骤 2

（4）单击"下一步"按钮，在文本框中输入本地站点文件夹的地址。这个地址将是保存设计的网页的文件夹。操作界面如图 5-20 所示。

（5）单击"下一步"按钮，进入"站点定义"对话框，在站点建设完成后再与 FTP 链接，这里选择"无"，如图 5-21 所示。

（6）最后单击"完成"按钮，结束"站点定义"对话框的设置。完成新建之后，可以在右侧的文件面板中看到站点，同时在站点的详细信息中可以看到站点本地文件所在的文件夹，如图 5-22 所示。

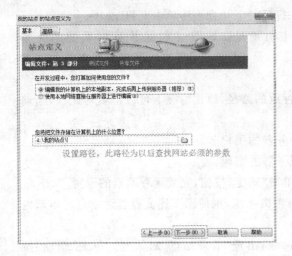

图 5-20　"新建站点"导航步骤 3

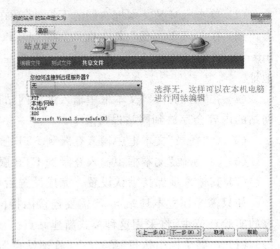

图 5-21　"新建站点"导航步骤 4

图 5-22　完成新建站点后在"文件"面板的显示

图 5-23　"站点"菜单的管理站点

（7）如需调整站点配置，则可以通过执行"站点"→"管理站点"命令对当前站点进行修改调整。具体操作涉及的面板如图 5-23 和图 5-24 的所示。

到此，完成了站点的创建。

2. 文件与文件夹的管理

完成站点的创建之后，用户就可以开始在站点内增加站点的内容。为了丰富站点内容人们通常需要增加大量经过精心设计的 HTML 格式网页文件；同时为了更好地管理站点的网页文件、图像资源、多媒体资源等内容，人们需要创建一系列文件夹来分别保存不同的资源以便于管理。下面介绍新建文件夹和文件的主要操作。

图 5-24　"管理站点"的界面

（1）新建文件夹：通过在站点或某个文件夹上右击，弹出的菜单中选择"新建文件夹"选项，将在当前文件夹下建立子文件夹，并自动进入名称修改界面。此时"文件"面板中将出现图 5-25 右侧界面，其中文件夹的名称被修改为 img。

图 5-25　新建目录、修改目录名

（2）新建文件：通过在站点或某个文件夹上右击，在弹出的快捷菜单中选择"新建文件"选项可以建立新的 HTML 网页，并自动进入名称修改界面。此时"文件"面板中将出现图 5-26 右侧界面，其中文件的名称被修改为 index.html。

图 5-26　新建文件、修改文件名

（3）其他文件和文件夹操作。对已经建立的文件和文件夹，可以进行移动、复制、重命名和删除等基本的管理操作。这类操作一般通过对需要管理的文件或文件夹进行右击，然后从弹出菜单中选"编辑"项，其中包含各种相关操作。

3. 搭建站点结构

站点是文件与文件夹的集合，通常人们根据对网站的设计来确定站点要设置的文件夹和文件。

新建文件夹：在"文件"面板的站点根目录下右击，从弹出菜单中选择"新建文件夹"选项，然后给文件夹命名。这里创建新建 4 个文件夹，分别命名为 img、swf、css、js。

创建页面：在文件面板的站点根目录下右击，从弹出菜单中选择"新建文件"选项，然后给文件命名。首先要添加首页，把首页命名为 index.html，再分别新建 01.html、02.html、03.html、04.html 和 05.html，如图 5-27 所示。

图 5-27　完成的站点

5.3　网页设计初步

5.3.1　创建文本网页

1. 插入文本

在 Dreamweaver 的网页制作中可以直接输入文本，也可从其他编辑器（如 Word）中复制粘贴而来，但由于 Word 不是纯文本编辑，在粘贴后会浏览时会出现"文档的当前编码不能正确保存文档内所有字符，可能需要改为 UTF-8 或其他支持本文档中的特殊字符的编码"的提示。如果单击"确定"按钮，则在浏览时有些空格的位置显示为"??"，这主要是由于编码不兼容的缘故，需要进入代码视窗进行删除处理。

提示　在输入文本时,段落开头一般要空两格,可输入两个空格,但在 Dreamweaver 的默认设置中,无法直接通过键盘的空格键来输入空格。所以人们需要通过以下方法输入。

(1) 在汉字输入状态下,切换到全角输入模式,然后输入空格。

(2) 执行"编辑"→"首选参数"→"常规"命令,选中其中的"允许多个连续的空格"复选框即可。

(3) 在"插入"面板中,选择文本模式,然后从其中找到"字符:不换行空格",然后通过单击该按钮插入空格,每次单击会在当前鼠标位置插入一个空格。请注意这种模式下插入的空格与前两种方式有很大区别,实质上插入的是一个代表空格的 HTML 标记。

2. 设置文本属性

文本的属性设置与 Word 类似,包括有字体、字体大小、颜色、对齐、样式(编号、项目列表)、缩进等。

当在页面输入文字时,自动使用在页面属性中设置的默认字体,当然也可以重新设置其属性。设置文本属性较简单的方法是通过文本的"属性"面板中选择 HTML 或者 CSS 进行设置,如图 5-28 所示。

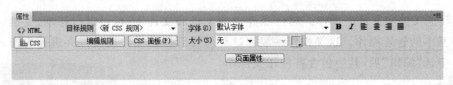

图 5-28　文本属性面板

(1) 使用 HTML 面板,可设置以下内容。

格式:可以使用段落格式及页面属性或缺省的标题 1、标题 2、…、标题 6 等。越小的标题号字体越大。

类:可使用样式表中定义的各种样式。

B:粗体字。

I:斜体字。

：设置小标题。

：设置缩进。

链接:如需要设置超链接,可在"链接"处输入地址。

目标:如需要设置该超链接在本窗口打开则选择"_self"、新窗口打开则选择"_blank",如图 5-29 所示。

图 5-29　"属性"面板设置目标

页面属性:可以设置整个页面通用的属性参数,此处的设置将可以影响整个文档中的各类对应元素的颜色、背景等,如图 5-30 所示。

(2) 使用 CSS 面板,可设置以下内容。

字体:可选用 Dreamweaver 设置的所有可用字体。

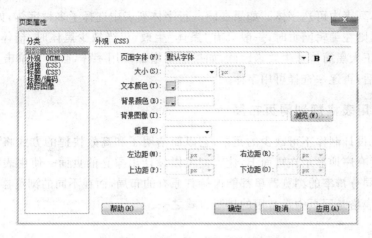

图 5-30　"属性"面板设置页面属性

　　大小：可设置字体的大小，单位可选像素、厘米等。

　　颜色：可设置字体的颜色。要设置字体的颜色时，单击"属性"面板的"颜色"列表按钮，此时会弹出一个调色板，如图 5-31 所示。可直接在调色板中拾取列出的颜色块。也可直接在颜色按钮旁边的输入框中输入颜色的十六进制数值（如#FF3300）或颜色的单词（如 red 表示红色）。Dreamweaver 的调色板对于颜色的拾取是十分方便的，除了可在色板上直接拾取外，还可以单击调色板右上方的彩色圆形按钮，选择更丰富的颜色，甚至还可以在编辑窗口中拾取已有颜色。

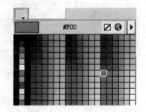

　　段落格式：包含了文字的对齐、缩进、编号、项目列表等。

　　链接栏：用于设置超链接及链接目标等。

图 5-31　属性面板设置颜色

3. 编辑字体列表

　　在默认设置状态，通过文本属性栏设计文本的字体，但可选用的字体较少，在设计中往往要使用更多的字体，可通过以下步骤添加可选字体。

　　通过执行"文本"→"字体"→"编辑字体列表"命令或选择文本"属性"面板的"字体"下拉列表，选取"编辑字体列表"选项，结果出现"编辑字体列表"对话框，如图 5-32 和图 5-33 所示。

图 5-32　"属性"面板设置字体

图 5-33　"属性"面板添加新字体

　　在对话框中列出了字体列表（即当前网页编辑可选用字体）及可用字体（即本机已安装的字体）。从可用字体栏中选择需用使用的字体，单击"≪"按钮，将可用字体增加到选择的字体中即可增加字体列表中可选字体。如果在同一行字体列表中选择了多种字体,如"黑体,楷体,方正大黑简体",则在编辑网页时,一般只有"黑体"生效,仅当缺少黑体时,楷体才生效;同时缺少楷体时,方正大黑简体才生效。因此,如果需要增加多用字体,必须先单击左上角的"+"按钮,增加列表后,再逐一选择可用字体。

5.3.2 使用表格规划网页布局

表格是网页设计制作不可缺少的元素,它以简洁明了和高效快捷的方式将图片、文本、数据和表单的元素有序地显示在页面上,让人们可以设计出漂亮的页面。使用表格排版的页面在不同平台、不同分辨率的浏览器里都能保持其原有的布局,而在不同的浏览器平台上有较好的兼容性,所以表格是网页中最常用的排版方式之一。

1. 插入表格

在文档窗口中,将光标放在需要创建表格的位置,单击"常用"快捷栏中的"表格"按钮,弹出的"表格"对话框,设定表格的属性后,在文档窗口中插入设置的表格,如图 5-34 所示。

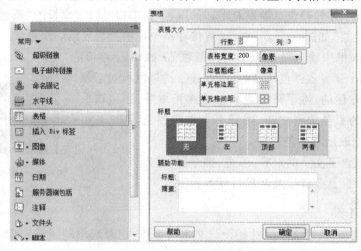

图 5-34　插入表格并设置

在图 5-34 的表格设置界面中有一系列内容需要设置。

"行数"文本框:用来设置表格的行数。

"列"文本框:用来设置表格的列数。

"表格宽度"文本框:用来设置表格的宽度,可以填入数值,紧随其后的下拉列表框用来设置宽度的单位,有两个选项——百分比和像素。当宽度的单位选择百分比时,表格的宽度会随浏览器窗口的大小而改变。

"单元格边距"文本框:用来设置单元格的内部空白的大小。

"单元格间距"文本框:用来设置单元格与单元格之间的距离。

"边框粗细"文本框:用来设置表格的边框的宽度。

"标题"文本框:定义表格的标题。

"对齐标题"下拉列表框:定义表格标题的对齐方式。

"摘要"列表框:可以在这里对表格进行注释。

如对上述参数不做任何变更,则产生的表格如图 5-35 所示。

2. 设置表格属性

选中一个表格后,可以通过"属性"面板更改表格属性。

方法一:在表格上任意单元格右击,弹出快捷菜单,将光标移动到表格上,在新浮动出来的界面上单击"选择表格"按钮。

方法二:将鼠标放置到表格最左上角如图 5-36 中蓝色圆点位置,此时表格外边框颜色变为红色,单击后则为选择全部表格。

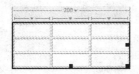

图 5-35 插入表格完成后界面上增加的表格外观

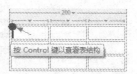

图 5-36 选择表格

完成选择后,如图 5-37 所示的"属性"面板变成更改表格属性的面板内容。

图 5-37 设置表格属性

"填充"文本框用来设置单元格边距。

"间距"文本框用来设置单元格间距。

"对齐"下拉列表框用来设置表格的对齐方式,默认的对齐方式一般为左对齐。

"边框"文本框用来设置表格边框的宽度。

3. 设置单元格属性

把光标移动到某个单元格内,可以利用单元格"属性"面板对这个单元格的属性进行设置,如图 5-38 所示。

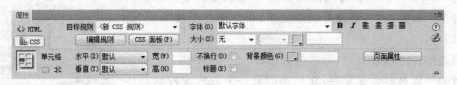

图 5-38 设置单元格属性

"水平"文本框用来设置单元格内元素的水平排版方式,是居左、居右或是居中。

"垂直"文本框用来设置单元格内的垂直排版方式,是顶端对齐、底端对齐或是居中对齐。

"高"、"宽"文本框用来设置单元格的宽度和高度。

"不换行"复选框可以防止单元格中较长的文本自动换行。

"标题"复选框使选择的单元格成为标题单元格,单元格内的文字自动以标题格式显示出来。

"背景颜色"文本框用来设置表格的背景颜色。

4. 表格的行和列

选中要插入行或列的单元格,右击,在弹出菜单中选择"插入行"或"插入列"或"插入行或列"命令,如图 5-39 所示。

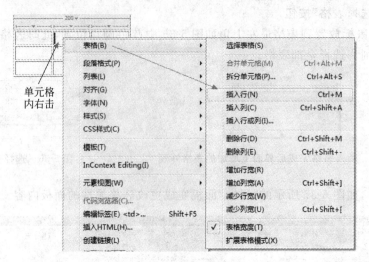

图 5-39　插入行列

如果选择了"插入行"命令,在选择行的上方就插入了一个空白行,如果选择了"插入列"命令,就在选择列的左侧插入了一列空白列。

如果选择了"插入行或列"命令,会弹出"插入行或列"对话框,可以设置插入行还是列、插入的数量,以及使在当前选择的单元格的上方或下方、左侧或是右侧插入行或列。

要删除行或列,只需选择要删除的行或列,右击,在弹出菜单中选择"删除行"或"删除列"命令即可。

5. 拆分与合并单元格

拆分单元格时,将光标放在待拆分的单元格内,单击"属性"面板上的"拆分"单元格为行或列按钮,如图 5-40 所示,在弹出的对话框中,按需要设置即可。

合并单元格时,选中要合并的单元格,单击属性面板中的"合并"按钮即可。

表格之中还可以有表格,即嵌套表格。

网页的排版有时会很复杂,在外部需要一个表格来控制总体布局,如果内部排版的细节也通过总表格来实现,容易引起行高、列宽等的冲突,给表格的制作带来困难。其次,浏览器在解析网

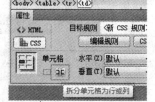

图 5-40　拆分单元格

页的时候,是将整个网页的结构下载完毕之后才显示表格,如果不使用嵌套,表格非常复杂,浏览者要等待很长时间才能看到网页内容。

引入嵌套表格,由总表格负责整体排版,由嵌套的表格负责各个子栏目的排版,并插入到总表格的相应位置中,各司其职,互不冲突。

另外,通过嵌套表格,利用表格的背景图像、边框、单元格间距和单元格边距等属性可以得到漂亮的边框效果,制作出精美的音画贴图网页。

创建嵌套表格的操作方法:先插入总表格,然后将光标置于要插入嵌套表格的地方,继续

插入表格即可。

5.3.3 使用层规划网页布局

层是 CSS 中的定位技术，Dreamweaver 对其进行了可视化操作。文本、图像、表格等元素只能固定其位置，不能互相叠加在一起，而层可以放置在网页文档内的任何一个位置，层内可以放置网页文档中的其他构成元素，层可以自由移动，层与层之间还可以重叠。层体现了网页技术从二维空间向三维空间的一种延伸。

1. 创建普通层

（1）插入层

执行"插入"→"布局对象"→"层"命令，即可将层插入到页面中，如图 5-41 和图 5-42 所示。

图 5-41 插入面板选择布局   图 5-42 插入层

使用这种方法插入层，层的位置由光标所在的位置决定，光标放置在什么位置，层就在什么位置出现。选中层会出现 6 个小手柄，拖动小手柄可以改变层的大小。

（2）拖放层

打开快捷栏的"布局"选项，单击"绘制层"按钮，按住左键，拖动图标到文档窗口中，然后释放左键，这时层就会出现在页面中了。

（3）绘制层

打开快捷栏的"布局"选项，单击"绘制层"按钮，在文档窗口内鼠标光标变成"十"字形，然后按住左键，拖动出一个矩形，矩形的大小就是层的大小，释放左键后层就会出现在页面中，如图 5-43 所示。

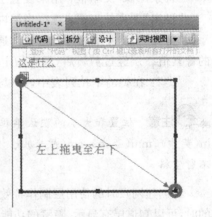

图 5-43 绘制层

2. 创建嵌套层

创建嵌套层就是在一个层内插入另外的层。

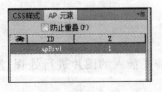

图 5-44 嵌套层

方法一：将光标放入某层内，执行"插入"→"布局对象"→"层"命令，即可在层内插入一个嵌套的层。

方法二：打开"层"面板，从中选择需要嵌套的层，此时按住 Ctrl 键同时拖动该层到另外一个层上，直到出现如图 5-44 所示图标后，释放 Ctrl 键和左键，这样普通层就转换为嵌套层了。

3. 设置层的属性

选中要设置的层,就可以在"属性"面板中设置层的属性了,如图 5-45 所示。

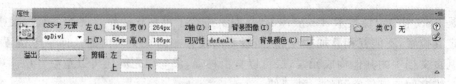

图 5-45　层属性

"层编号"下拉列表框:给层命名,以便在"层"面板和 JavaScript 代码中标识该层。

"左"、"上"文本框:指定层的左上角相对于页面(如果嵌套,则为父层)左上角的位置。

"宽"、"高"文本框:指定层的宽度和高度。如果层的内容超过指定大小,层的底边缘(按照在 Dreamweaver 设计视图中的显示)会延伸以容纳这些内容(如果"溢出"属性没有设置为"可见",那么当层在浏览器中出现时,底边缘将不会延伸)。

"Z 轴"文本框:设置层的层次属性。在浏览器中,编号较大的层出现在编号较小的层的前面。值可以为正,也可以为负。当更改层的堆叠顺序时,使用"层"面板要比输入特定的"Z 轴"值更为简便。

"可见性"下拉列表框:设置层的可见性。

"背景颜色"下拉列表框:用来设置层的背景颜色。

"背景图像"文本框:用来设置层的背景图像。

"溢出"下列拉表框:选择当层内容超过层的大小时的处理方式。

"剪辑":设置层的可视区域。通过"上"、"下"、"左"、"右"文本框设置可视区域与层边界的像素值。层经过剪辑后,只有指定的矩形区域才是可见的。

"类":在类的下拉列表中,可以选择已经设置好的 CSS 样式或新建 CSS 样式。

💡注意　位置和大小的默认单位为像素(px)。也可以指定以下单位:pc(pica)、pt(点)、in(英寸)、mm(毫米)、cm(厘米)或%(父层相应值的百分比)。单位必须紧跟在值之后,中间不留空格。

在创建网页时的使用层制作特效,可以发现层可以在网页上随意改变位置,在设定层的属性的时,可以知道层有显示、隐藏的功能,通过这两个特点可以实现很令人激动的网页动态效果。

5.3.4　制作图文混排网页

在五彩缤纷的网络世界中,各种各样的图片组成了丰富多彩的页面,能够让人更直观地感受网页所要传达给用户的信息。本课介绍 CSS 设置图片风格样式的方法,包括图片的边框、对齐方式、图文混排等,并通过实例综合运用文字、图片。

1. 插入图像

在制作网页时,先构想好网页布局,再在图像处理软件中将需要插入的图片进行处理,然后存放在站点根目录下的文件夹中。

插入图像时,将光标放置在文档窗口需要插入图像的位置,然后鼠标单击"常用"栏的"图像"按钮。

弹出"选择图像源文件"对话框,选择 img/001.jpg,单击"确定"按钮把图像插入到网页中,如图 5-46 所示。

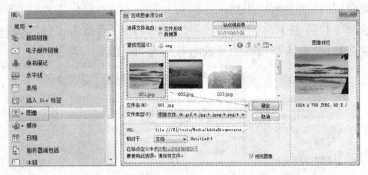

图 5-46　插入图像

注意　如果用户在插入图片的时候,没有将图片保存在站点根目录下,会弹出一个对话框,提醒用户要把图片保存在站点内部,这时单击"是"按钮,然后选择本地站点的路径将图片保存,图像也可以被插入到网页中。

2. 设置图像属性

选中图像后,在"属性"面板中显示出了图像的属性,如图 5-47 所示。

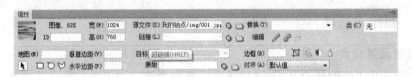

图 5-47　设置图像属性

在"属性"面板的左上角,显示当前图像的缩略图,同时显示图像的大小。在缩略图右侧有一个文本框,在其中可以输入图像标记的名称。

图像的大小是可以改变的,但是在 DW 里更改是极不好的习惯,如果用户的计算机安装了 FW 软件,单击"属性"面板的"编辑"按钮,即可启动 FW 对图像进行缩放等处理。当图像的大小改变时,"属性"面板中"宽"和"高"的数值会以粗体显示,并在旁边出现一个弧形箭头,单击它可以恢复图像的原始大小。

"水平边距"和"垂直边距"文本框用来设置图像左、右和上、下与其他页面元素的距离。

"边框"文本框时用来设置图像边框的宽度,默认的边框宽度为 0。

"替代"文本框用来设置图像的替代文本,可以输入一段文字,当图像无法显示时,将显示这段文字。

单击"属性"面板中的对齐按钮 ≣ ≣ ≣,可以分别将图像设置成浏览器居左对齐、居中对齐、居右对齐。

在"属性"面板中,"对齐"下拉列表框时设置图像与文本的相互对齐方式,共有 10 个选项。通过它用户可以将文字对齐到图像的上端、下端、左边和右边等,从而可以灵活地实现文字与图片的混排效果。

3. 插入其他图像元素

在用户单击"常用"栏中的"图像"按钮时,可以看到,除了第 1 项"图像"外,还有"图像占位符"、"鼠标经过图像"、"导航条"等命令。

(1) 插入图像占位符

在布局页面时,如果要在网页中插入一张图片,可以先不制作图片,而是使用占位符来代替图片位置。选择下拉列表中的"图像占位符"命令,打开"图像占位符"对话框。按设计需要设置图片的宽度和高度,输入待插入图像的名称即可,如图 5-48 所示。

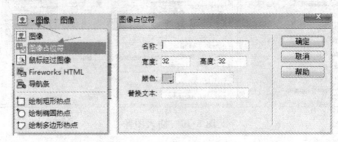

图 5-48　插入图像占位符

(2) 鼠标经过图像

可以使鼠标经过图片上方时,将图像替换为另一个,移出时替换回原始图像,以实现动态效果。鼠标经过图像实际上由两个图像组成,主图像(当首次载入页时显示的图像)和次图像(当鼠标指针移过主图像时显示的图像)。这两张图片要大小相等,如果不相等,DW 自动调整次图片的大小跟主图像大小一致。

5.3.5　制作超链接

1. 超链接及其分类

超链接是 Internet 的核心技术,通过超链接将各个独立的网页文件及其他资源链接起来,形成一个网络。根据链接到的对象不同,可以是页面超链接,即链接到某页面文件,也可以是链接到某个网站,称为站点链接,也可以链接到其他非页面文件,提供下载或直接播放运行等,称为下载链接,还可以是空链接。

2. 超链接的创建

在 Dreamweaver 中创建超链接十分简单,首先要确定链接点,链接点可以是文字、图像或其他对象。选定链接点后,可以有以下方法设置链接。

方法一:直接在"属性"面板的"链接"文本框中输入要链接的对象即可。如要链接到上海应用技术学院站点,则在"链接"文本框中输入上海应用技术学院的站点 http://www.sit.edu.cn 即可,如图 5-49 所示。

图 5-49　在"属性"面板中直接输入要链接的对象

方法二:如果要链接在本站点的其他文件,还可以通过单击"链接"文本框旁边的文件夹图标,使用浏览方式找到要链接的页面文件。

方法三:如果要链接本站点的其他文件,还可以通过拖动"属性"面板"链接"文本框的"指向文件"图标,直接指向要链接的文件,如图 5-50 所示。这种方法显得更加形象直观。

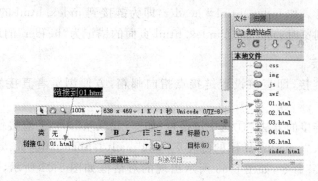

图 5-50　在"属性"面板直接拖曳"指向文件"图标指向要链接的对象

3. 超链接的设置

超链接的设置主要是对链接目标的设置,设置链接后可在"属性"面板的"目标"下拉列表框中选择链接的目标对象的显示方式,包含以下几项内容。

(1) _blank:表示链接的对象将在一个新的窗口中打开。

(2) _parent:表示链接的对象在父窗口打开。

(3) _self:表示链接的对象在当前窗口打开。

(4) _top:表示链接的对象在顶层窗口打开。

默认情况下是在当前窗口打开链接的页面。

4. 锚记链接

通常情况下,在浏览一个页面时,是从头开始显示这个页面,如果该页面内容很长,则可以通过窗口的垂直滚动条等向下浏览。但如果页面实在较长,如何能快速定位到要浏览的位置呢? 那就得利用锚记链接。

锚记,其"锚"字与航海的"锚"字同义,锚记则为一个停靠点。这个锚记可以被插入到网页的任何一个位置。

(1) 插入锚记

选中需设置锚记的位置,执行"插入"→"命名锚记"命令,弹出"命名锚记"对话框,输入锚记名称,如图 5-51 和图 5-52 所示。锚记名称可以是字母、数字等。

图 5-51　插入命名锚记

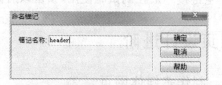

图 5-52　设置命名锚记名称

例如,一个包含一章内容的页面,可以在每一节的开头插入一个锚记,如 1、2、3 等。

(2) 锚记链接

锚记链接即链接到网页的锚记。选中链接点,按一般链接方法设置链接到文件,如

index. html。在"属性"面板的"链接"文本框中即出现链接的文件 index. html,在后面加入"♯"和锚记名称即可。如 index. html♯header,即为链接到 index. html 的锚记为"header"的位置。当打开链接浏览时,自动转到 index. html 页面的锚记为"header"的地方。

5. 电子邮件链接

所谓电子邮件链接,即直接设置链接点指向邮箱,方便浏览者直接发送邮件到指定的邮箱。

插入电子邮件链接的方法:①选中链接点(如"与我联系"),然后直接使用"属性"面板,在"链接"文本框中输入":mailto 具体的邮箱名",如 mailto:hbzhuxu@ sit. edu. cn;②执行"插入"→"电子邮件链接"命令,如图 5-53 所示出现的对话框如图 5-54 所示,输入文本和邮箱地址,单击"确定"按钮。

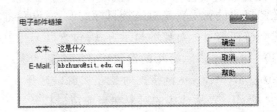

图 5-53　插入电子邮件链接　　　　　　图 5-54　设置电子邮件链接地址

6. 图像热点链接

通过在图像中设置热点,并设置热点指向的其他网站或本站点的其他文件,可以实现图像部分区域中增加链接的功能。

7. 下载文件链接

在设计网页时,有时要提供一些文件供浏览者下载,则要设置下载文件链接。下载文件链接的设置十分简单,按一般的链接方法设置指向要链接的下载文件即可,如 myphoto. rar,当然这种设置是针对非网页类文件,如果网页类文件也要供下载,不妨将其做成压缩包的形式。

8. 空链接

所谓空链接,就是在属性面板的链接栏输入"♯",这种链接仅具有链接的属性,但不指向任何对象。空链接一般在调试时使用,预留以后修改为要链接的对象。

5.4　网页设计进阶

5.4.1　制作多媒体网页

一个优秀的网站应该不仅仅由文字和图片组成,而是动态的、多媒体的。为了增强网页的表现力,丰富文档的显示效果,用户可以加入 Flash 动画、Java 小程序、音频播放插件等多媒体内容。本节仅介绍如何使用 Flash 动画的操作技巧。

将光标放置在需要插入 Flash 的位置,单击"常用"栏中的"媒体"按钮,然后在弹出的下拉菜单中选择 Flash 命令,如图 5-55 所示。

　　弹出"选择文件"对话框,选择 swf 文件夹中的
huaduo. swf 文件。单击"确定"按钮后,插入的
Flash 动画并不会在文档窗口中显示内容,而是以
一个带有字母 F 的灰色框来表示。

　　在文档窗口单击这个 Flash 文件,就可以在
"属性"面板中设置它的属性了。

　　选中"循环"复选框时影片将连续播放,否则影
片在播放一次后自动停止。

　　选中"自动播放"复选框后,可以设定 Flash 文
件是否在页面加载时就播放。

图 5-55　插入 Flash 媒体

　　在"品质"下拉列表框中可以选择 Flash 影片
的画质,以最佳状态显示,就选择"高品质"项。

　　"对齐"下拉列表框用来设置 Flash 动画的对齐方式。

　　为了使页面的背景在 Flash 下能够衬托出来,用户可以使 Flash 的背景变为透明。单击
"属性"面板中的"参数"按钮,打开"参数"对话框,设置"参数"为 wmode,"值"为 transparent。

　　这样在任何背景下,Flash 动画都能实现透明背景的显示。

5.4.2　制作表单网页

　　在 Dreamweaver 中可以创建各种各样的表单,表单中可以包含各种对象,例如文本域、按
钮、列表等。

1. 插入表单

　　在网页中添加表单对象,首先必须创建表单。表单在浏览网页中属于不可见元素。下面在
Dreamweaver 中插入一个表单。当页面处于设计视图时,用红色的虚轮廓线指示表单。如果没

图 5-56　插入表单

有看到此轮廓线,请检查是否执行了"查看"→"可视化助理"→
"不可见元素"命令。

　　(1)将插入点放在希望表单出现的位置。执行"插入"→"表
单"命令,或选择"插入"栏上的"表单"类别,然后单击"表单"按
钮,如图 5-56 所示。

　　(2)用鼠标选中表单,在"属性"面板上可以设置表单的各项
属性。

　　在"动作"文本框中指定处理该表单的动态页或脚本的路径。

　　在"方法"下拉列表中,选择将表单数据传输到服务器的方
法。表单"方法"下拉列表框中的内容有以下几项。

　　POST,在 HTTP 请求中嵌入表单数据;GET,将值追加到
请求该页的 URL 中。

　　在"目标"弹出式菜单指定一个窗口,在该窗口中显示调用程序所返回的数据。如果命名
的窗口尚未打开,则打开一个具有该名称的新窗口。目标值有以下 4 个。

　　_blank:在未命名的新窗口中打开目标文档。

_parent：在显示当前文档的窗口的父窗口中打开目标文档。

_self：在提交表单所使用的窗口中打开目标文档。

_top：在当前窗口的窗体内打开目标文档。此值可用于确保目标文档占用整个窗口，即，使原始文档显示在框架中。

2. 简单案例

(1) 新建一个网页文件，选择"表单"插入栏，插入表单，将光标放置在表单内，插入一个 5 行 2 列的表格，分别将第 1 行、第 5 行的单元格合并。在第 2、3 行插入文本字段，在第 4 行插入文本区域，在第 5 行插入两个按钮。

文本域是用户在其中输入响应的表单对象。有 3 种类型的文本域。

单行文本域通常提供单字或短语响应，如姓名或地址。

多行文本域为访问者提供一个较大的区域，供其输入响应。可以指定访问者最多可输入的行数以及对象的字符宽度。如果输入的文本超过这些设置，则该域将按照换行属性中指定的设置进行滚动。

密码域是特殊类型的文本域。当用户在密码域中输入文中时，所输入的文本被替换为星号或项目符号，以隐藏该文本，保护这些信息不被看到。

(2) 制作网页跳转菜单。

打开一个建立好的网页文件，把鼠标的光标放置在需要插入跳转菜单的位置。单击"表单"插入栏中的"跳转菜单"命令，在网页中插入一个跳转菜单，如图 5-57 所示。

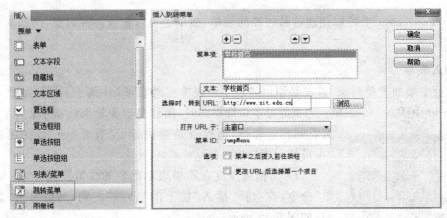

图 5-57　插入跳转表单

在弹出的"跳转菜单"对话框中，根据提示输入相应内容。

单击"确定"按钮后，完成设置，如果希望了解完成后的效果，可以按 F12 键进行效果预览，最终效果如图 5-58 所示。

图 5-58　跳转表单最终效果

5.4.3　使用 CSS 样式

1. 了解 CSS

层叠样式表(CSS)是一系列格式设置规则，它们控制 Web 页面内容的外观。使用 CSS 设置页面格式时，内容与表现形式是相互分开的。页面内容(HTML 代码)位于自身的 HTML 文件中，而定义代码表现形式的 CSS 规则位于另一个文件(外部样式表)或 HTML 文档的另一部分(通常为部分)中。使用 CSS 可以非常灵活并更好地控制页面的外观，实现从精确的布局定位到特定的字体和样式等控制。

CSS 可以控制许多仅使用 HTML 无法控制的属性。例如,可以为所选文本指定不同的字体大小和单位(像素、磅值等)。通过使用 CSS 以像素为单位设置字体大小,还可以确保在多个浏览器中以更一致的方式处理页面布局和外观。

CSS 格式设置规则由两部分组成:选择器和声明。选择器是标识已设置格式元素(如 P、H1、类名称或 ID)的术语,而声明则用于定义样式元素。在下面的示例中,H1 是选择器,介于大括号({})之间的所有内容都是声明。

以下为一个设置 H1 文字大小为 16 像素、字体为 Helvetica、粗体的 CSS 设置的内容。

```
H1 {
    font - size:16 pixels;
    font - family:Helvetica;
    font - weight:bold;
}
```

声明由两部分组成:属性(如 font-family)和值(如 Helvetica)。上述示例为 H1 标签创建了样式:链接到此样式的所有 H1 标签的文本都将是 16 像素大小并使用 Helvetica 字体和粗体。

层叠是指对同一个元素或 Web 页面应用多个样式的能力。例如,可以创建一个 CSS 规则来应用颜色,创建另一个规则来应用边距,然后将两者应用于一个页面中的同一文本。所定义的样式层叠到 Web 页面上的元素,并最终创建用户想要的设计。

CSS 的主要优点是容易更新。只要对一处 CSS 规则进行更新,则使用该定义样式的所有文档的格式都会自动更新为新样式。

2. 在 Dreamweaver 中可以定义的 CSS 规则

自定义 CSS 规则(也称为类样式)使用户可以将样式属性应用到任何文本范围或文本块。所有类样式均以句点(.)开头。例如,用户可以创建名称为 .red 的类样式,设置规则的 color 属性为红色,然后将该样式应用到一部分已定义样式的段落文本中。

HTML 标签规则重定义特定标签(如 p 或 h1)的格式。创建或更改 h1 标签的 CSS 规则时,所有用 h1 标签设置了格式的文本都会立即更新。

CSS 选择器规则(高级样式)重定义特定元素组合的格式,或其他 CSS 允许的选择器形式的格式(例如,每当 h2 标题出现在表格单元格内时,就应用选择器 td h2)。高级样式还可以重定义包含特定 ID 属性的标签的格式(例如,由 #myStyle 定义的样式可以应用到所有包含属性值对 id="myStyle"的标签)。

3. 样式存储的位置

首先,将创建包含 CSS 规则(定义段落文本样式)的外部样式表。在外部样式表中创建样式时,可以在一个中央位置同时控制多个 Web 页面的外观,而不需要为每个 Web 页面分别设置样式。

CSS 规则可以位于以下位置。

外部 CSS 样式表是存储在一个单独的外部 .css 文件(并非 HTML 文件)中的一系列 CSS 规则。利用文档 head 部分中的链接,该 .css 文件被链接到 Web 站点中的一个或多个页面。内部(或嵌入式)CSS 样式表是包含在 HTML 文档 head 部分的 style 标签内的一系列 CSS 规则。例如,下面的示例为已设置段落标签的文档中的所有文本定义字体大小。

< style > p{ font-size:80px } </style>

内联样式是在 HTML 文档中的特定标签实例中定义的。例如,<p style＝"font-size：9px"> 仅对用含有内联样式的标签设置了格式的段落定义字体大小。

4. 创建新的样式表

Dreamweaver 会呈现用户所应用的大多数样式属性并在文档窗口中显示它们。用户也可以在浏览器窗口中预览文档以查看样式的应用情况。有些 CSS 样式属性在 Microsoft Internet Explorer、Netscape Navigator、Opera 和 Apple Safari 中呈现的外观不相同。

(1) 创建全新 CSS 样式表文件

执行“文件”→“新建”命令。在“新建文档”对话框中的“类别”列表框中选择“基本页”,在“基本页”列表框中选择 CSS,然后单击“创建”按钮,如图 5-59 所示。

图 5-59　新建 CSS 文档

(2) 使用示例页创建 CSS 样式表文件

当然,用户也可以使用软件自带的示例页来创建新的 CSS 样式表文件,执行“文件”→“新建”命令,同样是打开“新建文档”对话框,如图 5-60 所示。

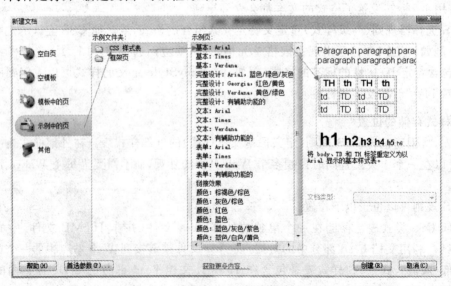

图 5-60　使用示例页创建 CSS 样式表文件

在图 5-60 中,选择左边"示例中的页"选项,示例文件夹选择"CSS 样式表"项,在中间"示例页"中可以按照需要进行选择,右边是预览结果。选择好以后,单击"创建"按钮即可。用户可以在刚创建的文件中随意修改或者添加 CSS 属性,编辑完成后,保存即可。

5. 创建使用 CSS 样式

在 Adobe Dreamweaver CS4 中编辑网页时,会不可避免地用到 CSS 样式,完整的 CSS 样式全部位于"CSS 样式"面板中,在"CSS 样式"面板中可以查看、创建、编辑或者删除 CSS 样式,并且还可以将外部样式表附加到文档内。

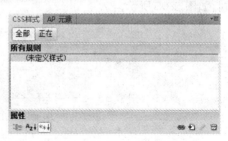

(1) 打开 CSS 样式面板

打开"CSS 样式"面板的步骤如下。

① 执行"窗口"→"CSS 样式"命令或者按 Shift+F11 键。打开"CSS 样式"面板,如图 5-61 所示。

② 单击"属性"面板中的 CSS 按钮,如图 5-62 所示。

图 5-61　打开"CSS 样式"面板

图 5-62　使用"属性"面板打开 CSS 面板

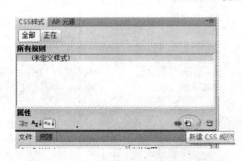

图 5-63　使用"CSS 样式"新建 CSS 规则

在图 5-62 中,单击 CSS 按钮,也可以打开"CSS 样式"面板。

(2) 创建新的 CSS 样式

① 通过"CSS 样式"面板创建 CSS 规则。将插入点放在文档中,然后执行以下操作。打开"新建 CSS 规则"对话框,在"CSS 样式"面板中,单击面板右下角的"新建 CSS 规则"按钮,如图 5-63 所示。

弹出"新建 CSS 规则"对话框,如图 5-64 所示。

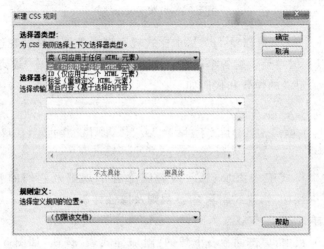

图 5-64　"新建 CSS 规则"对话框

② 通过"格式"菜单创建 CSS 规则。单击"格式"菜单,选择"CSS 样式"中的"新建"选项,也可以打开"新建 CSS 规则"对话框。

③ 通过"属性"面板创建 CSS 规则。首先,在"文档"窗口中选择文本,然后从"CSS 属性"面板(执行"窗口"→"属性"命令)的"目标规则"弹出菜单中选择"新建 CSS 规则",最后单击"编辑规则"按钮,或者从"属性"面板中选择一个选项(例如单击"粗体"按钮)以启动一个新规则,如图 5-65 所示。

图 5-65　从"属性"面板新建 CSS 规则

在"新建 CSS 规则"对话框中,可以指定要创建的 CSS 规则的选择器类型。具体请参考相关内容。

在"选择器名称"文本框中输入样式的名称,如.p1,然后单击"确定"按钮,就弹出了".p1 的 CSS 规则定义"对话框,如图 5-66 所示。

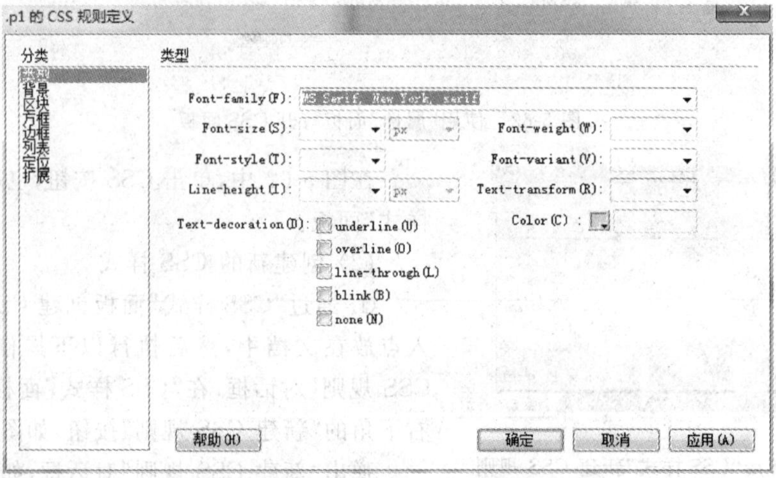

图 5-66　设置 CSS 规则

在图 5-66 的对话框中,可以给 .p1 这个样式规则设置各种属性。在这里只进行了简单的属性设置,用户可以根据需要设置各个属性。属性设置好以后,单击"确定"按钮,一个简单的样式表就创建好了。定义的位置和代码如下:

```
<title>无标题文档</title>
<style type = "text/css"><! -- .p1 { font-family: "微软雅黑";font-size: 12px; }--></style>
</head>
```

用户可以在这个样式表中添加、修改或者删除各个规则及它们的属性(参考在 Adobe Dreamweaver CS4 中添加、修改或删除 CSS 规则及属性详解)。

(3) 链接外部样式表

在"CSS 样式"面板中,单击面板右下角的"附加样式表"按钮,如图 5-67 所示,出现"链接

外部样式表"对话框,"添加为"设置为"链接"时,单击"浏览"按钮,找到已经编写好的样式表文件
(如何创建样式表文件请参考在 Adobe Dreamweaver
CS4 中创建 CSS 样式表文件的方法),单击"确定"按
钮,就会在"文件/URL"框中输入该样式表的路径,
单击"预览"按钮确认样式表是否将所需要的样式应
用于当前页面。如果应用的样式没有达到预期的效
果,单击"取消"按钮删除该样式表,页面将回复到原
来的外观;如果达到了预期的效果,单击"确定"按
钮,就会链接到一个外部样式表,代码如下:

图 5-67 附加样式表

```
<title>无标题文档</title>
< link href = "include/cont.css" rel = "stylesheet" type = "text/css" /></head >
```

如果"添加为"设置为"导入"时,操作的步骤与设置为"链接"时类似,单击"确定"按钮,就
会在内部样式表中嵌套一个外部样式表,代码如下:

```
<title>无标题文档</title>
< style type = "text/css"><! -- @import url("include/cont.css"); --></style ></head >
```

如果使用"导入"指令嵌套了外部样式表,大多数浏览器还能够识别页面中的导入指令。
而当在链接到页面与导入到页面的外部样式表中存在重叠的样式规则时,解决属性冲突的方
式会有一些细微的差别,一定要注意!

6.样式表的使用

(1)在设置某个网页元素的属性时,直接在"属性"面板的"类"中选择命名的 CSS 规则。

(2)通过直接对 HTML 进行编码也可以进行 CSS 规则的设置。通常在样式表中的格式如
果是:.p1{…},那么在网页的 html 标签中的格式则是:<p class=p1>…</p>。在样式表中
的格式如果是:♯p1{…},那么在网页的 html 标签中的格式则是:<p id=p1>…</p>。

5.4.4 使用模板批量制作网页

1.建立模板

(1)模板页面

建立模板的最简单办法是将一个网页另存为模板文件,通过执行"文件"→"另存为模板"
命令,DreamWeaver 会在网站根目录中建立一个模板文件夹——Templates 来保存该模板,如
图 5-68 所示。

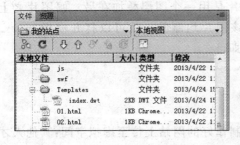

图 5-68 新建的 index 模板

新建、打开的模板页面和普通的网页没什么两
样,同样可以加入表格、层、图片、动画、脚本,设置页
面属性等。

举例:这里以制作一个模板为例来说明。在该
页面中,用户希望左侧的网站标识图和底部的导航
图出现在每个页面中。其中标识图由两幅图片叠加
而成,导航图上的文字"最近更新"、"在线阅读"、"打
包下载"等划分成几个热区分别链接到不同的文件,

它们在每个页面中都不变。右上部的主页面区和左下角弹出式选单按钮下面的页面说明则各不相同。为了保持页面整洁,我们用表格来布置这些元素。

准确地说它只是一个没有可编辑区域的"准模板",下面再设定可编辑区域。

(2) 设定可编辑区域

设定模板可编辑区域,一般来说有两种方法。

新建可编辑区域:在空白区域右击,执行"模板"→"新建可编辑区域"命令即可完成创建,如图 5-69 所示。

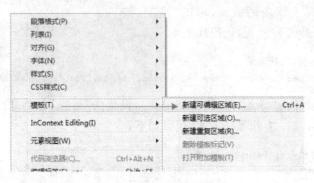

图 5-69   新建可编辑区域

取消可编辑状态:选择命令,右击,执行"模板"→"删除模板标记"命令。执行该命令后会弹出一个对话框,其中有当前已有的可编辑区域列表,选中要取消的区域名称,确认即可。

2. 使用模板批量制作网页

(1) 根据模板新建页面

执行"文件"→"模板中的页"→"站点"→"可选的模板"命令,弹出对话框,从模板列表中选取模板,出现的新页面中除可编辑区外均有淡黄色背景,是不能进行修改的部分。空白的编辑区可直接进行插入表格、文字、图片等操作,部分编辑区保留有原来的文字,修改或重新编辑均可。

(2) 更新模板以全面更新站点

基于某一模板建立了一些页面后,对模板进行修改后保存时,就会自动弹出一个对话框,列出所有使用了该模板的页面,询问是否要更新。

另外一种方法是右击执行"模板"→"更新页"命令。从"更新页"对话框中选择一个站点或站点的某一种模板(同一站点中可以使用多个模板),单击右侧的"开始"按钮,软件会自动搜索与模板相关联的网页并进行更新,非常方便!

例如:test 模板左侧图形中的"读书破万站"图片是用一个图层叠加在另一幅图片之上的,现在用户不想要它,同时还想将所有页面中的该图片均删除。就可以打开模板 index.dwt,删除该图层,保存模板,单击右侧的"确定"按钮即可。

5.5   网站运营及维护

网站制作好后,需要申请虚拟空间和域名,并将制作好的网站上传至虚拟空间,其他人才能通过 Internet 访问网站。此外,为了让浏览者能顺利访问网站,需要首先进行站点测试,修正整个站点中的各类错误,然后通过站点管理功能进行站点的发布。

5.5.1 站点测试

为确保各网页在浏览器中均能正常显示，各链接均能正常跳转，还要对站点进行本地测试，如兼容性测试和网页链接检查等。

1. 兼容性测试

通过兼容性测试，可以查出文档中是否含有目标浏览器不支持的标签或属性等，如EMBED 标签、marquee 标签等。如果这些元素不被浏览器支持，网页会显示不正常或部分功能不能实现。

浏览器兼容性测试的具体操作包括如下 8 个步骤。

(1) 打开前面制作的网站的主页，单击"文档"工具栏中的"没有浏览器检查错误"按钮，在弹出的下拉菜单中选择"设置"命令，如图 5-70 所示。

图 5-70 浏览器兼容性检查设置

(2) 打开"目标浏览器"对话框，在对话框中选择要检测的浏览器，在右侧的下拉列表中选择对应浏览器的最低版本。单击"确定"按钮，关闭对话框，完成要测试的目标浏览器的设置，如图 5-71 所示。

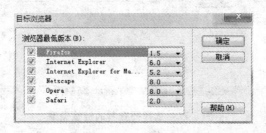

图 5-71 设置"目标浏览器"

(3) 执行"文件"→"检查页"→"检查目标浏览器"菜单，在"结果"面板组中的"目标浏览器检查"面板中将显示检查结果。该功能不会对文档进行任何方式的更改，只会给出检测报告，共可给出 3 种潜在问题的信息：告知性信息、警告和错误。

(4) 单击"目标浏览器检查"面板左上方的"检查目标浏览器"按钮，在弹出的下拉菜单中执行"检查整个当前本地站点的目标浏览器"命令，以对站点中所有 Web 页面进行目标浏览器的兼容性检查。

(5) 单击"目标浏览器检查"面板左侧的"浏览报告"按钮，浏览器中会显示出检查报告。

(6) 单击"目标浏览器检查"面板左侧的"保存报告"按钮，可保存检查结果。

(7) 双击"目标浏览器检查"面板中的错误信息，系统自动切换至"拆分"视图，并选中有问题的标记。

(8) 将有问题的代码修改或者删除,以修正错误。

2. 检查网页链接

在一些大型网站中,往往会有很多链接,这就难免出现 URL 地址出错的问题。如果逐个页面进行检查,将是非常烦琐和浩大的工程。针对这一问题,Dreamweaver 提供了"检查链接"功能,使用该功能可以在打开的文档或本地站点的某一部分或整个站点中快速检查断开的链接和未被引用的文件。

(1) 检查页面链接

要检查单个网页文档中的链接,具体操作如下。

① 在 Dreamweaver 中打开要检查的网页文档(可继续在 SM 站点中进行操作)。

② 执行"文件"→"检查页"→"检查链接"命令,如图 5-72 所示,"结果"面板组中的"链接检查器"面板中将显示检查的结果。

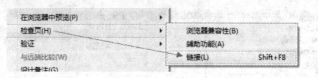

图 5-72　从文件菜单中使用"检查链接"

③ 在"显示"下拉列表中可选择要查看的链接类型,如图 5-73 所示。

断掉的链接:显示文档中断掉的链接。

外部链接:显示页面中存在的外部链接。

孤立文件:只有在对整个站点进行检查时该项才有效,显示站点中的孤立文件。

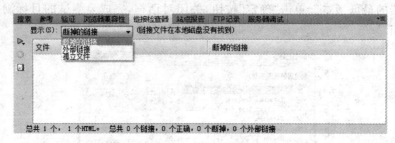

图 5-73　选择要查看的链接类型

(2) 检查站点中某部分的链接

有时候需要对站点中的某几个文档进行链接检查,此时可执行以下操作。

① 执行"窗口"→"文件"命令,打开"文件"面板。在"文件"面板中选择要检查的文件或文件夹。

可以结合键盘上的 Shift 或 Ctrl 键同时选中多个文件或文件夹。例如,要选择一组连续的文件,可按住 Shift 键,然后单击第一个和最后一个文件。要选择一组不连续的文件,可按住 Ctrl 键,然后分别单击选择各个文件。

② 在选中的文件或文件夹上右击,在弹出的快捷菜单中执行"检查链接"→"选择文件/文件夹"命令。

③ 检查结果将显示在"结果"面板组的"链接检查器"面板中。同样地,在"显示"下拉列表中可选择要查看的链接类型。

（3）检查站点范围的链接

除前面所讲的检查单个和多个网页文档外，还可以直接检查整个站点范围的链接，具体操作如下。

① 首先在"文件"面板中选择要检查的站点。

② 右击站点根文件夹，在弹出的快捷菜单中执行"检查链接"→"整个本地站点"命令，如图 5-74 所示。

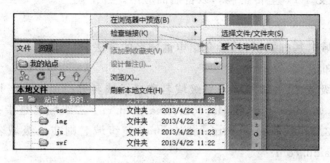

图 5-74　从文件面板启动检查整个站点范围的链接

3. 修复网页链接

修复链接就是为有问题的链接重新设置链接文件，具体操作如下。

（1）在"断掉的链接"列表中，单击"断掉的链接"列表中出错的项，该列变为可编辑状态，如图 5-75 所示。

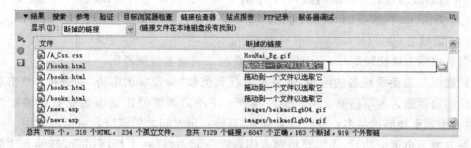

图 5-75　断掉的链接

（2）重新输入链接文件的路径或者单击右侧的文件夹图标，在弹出的"选择文件"对话框中重新选择链接的文档，此处可按 Delete 键删除。

（3）若还有几个文件与其有相同的错误，当修改完上述链接后，系统会弹出提示框，询问是否修正其他引用该文件的非法链接。

（4）单击"是"按钮关闭提示框，系统自动修正其他链接。

5.5.2　站点管理

1. 申请空间和域名

Internet 上提供空间和域名服务的网站有许多，其申请流程也基本相同，本节就以其中的一个免费网站为例来讲解空间和域名的申请过程。

比较著名的提供空间和域名服务的网站有中国万网（www.net.cn）、新网（www.xinnet.com）等。如果用户创建的是企业网站或其他商业网站，最好去知名的服务商处申请空间和域名,以保证网站的安全、稳定和流畅;如果创建的是个人网站,则可以申请免费空间和域名。

2. 申请空间

一般要在某个网站申请某项服务,需要先注册成为该网站的会员,申请免费空间也不例外。通常用户需要打开该网站的"用户注册"页面,输入必要信息进行注册。若注册成功并通过网站的验证,就可以开通免费空间了。开通后将可以在管理页中找到"FTP 上传地址"、"FTP 上传账号"以及"FTP 上传密码",以备后面应用。

3. 申请域名

本节首先介绍域名基础知识,然后介绍申请域名的方法。

(1) 域名基础知识

域名可分为顶级域名(一级域名)、二级域名和三级域名等。顶级域名是由一个合法字符串＋域名后缀组成,如 sohu.com、baidu.com、sina.com.cn;二级域名是指在顶级域名前再加一个主机名,如 mp3.baidu.com、sports.sohu.com;三级域名则在二级域名的基础上再加字符串,如 gg.mp3.baidu.com。

通常,使用顶级域名每年需要向服务商缴纳一定的租借费用,金额为几十至两三百元不等;而二级域名一般可以免费得到。

以 com、net、gov、edu 为后缀的域名称为国际域名。这些不同的后缀分别代表了不同的机构性质。例如:com 表示商业机构、net 表示网络服务机构、gov 表示政府机构、edu 表示教育机构。

以 cn 为后缀的域名称为国内域名,各个国家都有自己固定的国家域名,例如:cn 代表中国、us 代表美国、uk 代表英国等。部分国内域名的后缀还包括国际通用域,如 sina.com.cn。

(2) 申请域名

域名的申请方法比较简单,下面以申请免费的二级域名为例说明。

找到提供二级免费域名的网站,通常可以找到类似"免费域名申请"的链接;单击后根据注册页面的提示输入各项信息;期间最好检查一下用户需要使用的域名是否已经被他人占用,如被占用则更换新的域名;最后提交申请,等待一定时间之后该域名将可以使用。

空间与域名申请成功后,还需要将两者绑定在一起,这样在上传网站后,其他人才能顺利地通过域名访问用户的网站。要绑定本例申请的空间和域名,可利用得到的用户名和密码登录该网站,然后使用"绑定域名"之类的功能来实现域名和空间的绑定。

对于大多数收费的域名和空间,通常需要先登录域名管理页面,并在域名解析里添加 A 记录,也就是空间的 IP 地址,然后进入空间管理页面,添加域名绑定。某些情况下只需在域名管理页面添加空间的 IP 地址即可。

5.5.3 站点发布

当用户申请了空间和域名,并对站点进行测试后,就可以将站点上传到空间了。上传网页通常使用 FTP 协议,以远程文件传输方式上传。可以使用 FTP 软件(如资源管理器、LeapFTP 和 CuteFTP 等)上传文件,也可以使用 Dreamweaver 上传,本节主要讲解 Dreamweaver 的使用。

1. 设置站点远程信息

无论是从本地站点上传文件到远程服务器,还是从远程服务器取回文件,都应首先建立本

地站点和远程服务器之间的连接。为此,需要首先把前面申请的虚拟空间的信息设置到
Dreamweaver 对应的站点中,然后才能通过 Dreamweaver 内置的站点管理功能上传或下载站
点文件。

(1)启动 Dreamweaver 后,执行"站点"→"管理站点"命令,打开"管理站点"对话框。

(2)在站点列表中选择一个站点(此处选择"我的站点"),然后单击"编辑"按钮,打开
"***的站点定义为对话框"。

(3)打开"高级"选项卡,在"分类"列表中选择"远程信息",然后在右侧的"访问"下拉列表
中选择 FTP,并依次设置下方各项,如图 5-76 所示。

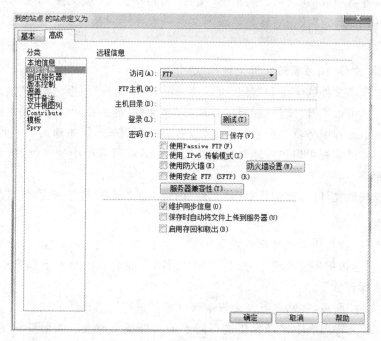

图 5-76　设置远程 FTP 信息

(4)为验证所设参数是否正确,可在设置好站点远程信息后单击"测试"按钮。如果成功
连接,系统会给出相应的提示信息。

(5)依次单击"确定"按钮,关闭提示框和站点定义对话
框,完成站点远程信息的设置。

2.上传站点

与服务器成功连接后,如果要从本地站点向服务器中上
传文件,可直接单击"文件"面板中的"上传文件"按钮,此时
系统会首先打开提示对话框询问用户是否上传整个站点。
如果单击"确定"按钮,系统将开始连接服务器并显示上传进
程。对应的按钮如图 5-77 所示。

在"本地视图"下拉列表框中选择"远程视图",其中显示
了远程服务器上的文件列表。

如果网站内容较多,上传网站会花费很长时间,此时应
尽可能选择晚上等空闲时间执行上传工作。

图 5-77　上传和下载 FTP 上的
文件的按钮

此外,如果希望只上传某个文件或文件夹,可首先选中这些文件或文件夹,然后再单击"上传文件"按钮。

当用户上传的是一个 HTML 文档,并且这个文档使用了一些图像素材,或者链接了其他文档,如果上传时没有选择这些素材或文档,Dreamweaver 将弹出窗口询问用户是否将这些相关文件一起上传。如果选择"是",表示随 HTML 文档一起上传这些相关文件;如果选择"否",表示只上传 HTML 文档。如果不做任何选择,该对话框将在 30 秒后自动消除。

3. 下载站点

要从远程服务器中取回文件,只需单击"文件"面板中的"获取文件"按钮 即可,此时将显示提示对话框,单击"确定"按钮后将显示取回文件进度指示对话框。下载完后该对话框会自动消失。

4. 使用扩展"文件"面板管理文件上传和取回

为了更好地管理文件的上传和取回,可以使用展开的"文件"面板。单击"展开以显示本地和远端站点"按钮,可以展开"文件"面板。在展开的"文件"面板中单击"站点文件"按钮,其中左边的列表显示了远程服务器中的目录与文件,右边的列表显示了本地站点中的目录与文件。

使用扩展"文件"面板可以更好地对比本地文件和远程服务器中的文件,从而决定将哪些文件上传或取回。

成功上传或获取文件后,要记住单击"文件"面板中的"刷新"按钮 来刷新当前视图。

5. 同步文件

所谓同步文件,就是使本地和远程站点中的文件保持一致。Dreamweaver 可以非常方便地完成该操作,它会根据需要在两个方向上复制文件,并在合理的情况下删除不需要的文件。同步文件的具体操作如下。

(1) 打开"文件"面板,在站点下拉列表中选择希望进行同步操作的站点。

(2) 在"站点"文件列表中选择希望进行同步的文件或文件夹。如果要同步整个站点,可跳过此步。

(3) 单击"文件"面板右上角的"单击以展开本地和远端站点"按钮,在弹出的菜单中执行"站点"→"同步"命令。

(4) 在"同步文件"对话框的"同步"下拉列表中选择希望同步的对象(整个站点或仅选中的文件),然后在"方向"下拉列表中选择同步的方向。

(5) 单击"预览"按钮,系统开始对比本地站点和远程站点中的文件。

(6) 对比结束后,会根据情况给出提示框。如果单击"是"按钮,会打开文件列表。可通过单击左下方的一排按钮,对所选文件进行相应的操作。

习题

一、判断题

1. Dreamweaver 是美国 Adobe 公司开发的集网页制作与管理网站于一身的网页编辑器和开发工具。   (   )

2. 一个 Web 站点至少需要一个主页(Home Page),可以有其他子页(二级页面等)。

(   )

3. 网页的交互是指浏览者单击栏目、超链接等,以及鼠标经过或放于某处时,页面会作出相应的反应。 (　　)

4. 网页是指采用超文本标记语言编写的,可以在浏览器下浏览的一种文档。 (　　)

5. 一个超链接的地址为:this.html#x11,其中 x11 是 this.html 页中的某个锚点。

(　　)

6. Dreamweaver 支持在网页中插入各种图像,简单的方法是选择"插入"菜单中的 image (图像)子菜单项。 (　　)

7. 若某网页背景颜色设置为 FFFFFF,则背景的颜色为黑色。 (　　)

8. 采用目录与锚点结合的办法,可以实现在长的网页文档内部跳转的功能。 (　　)

9. 在网页设计过程中,有时需要将几个单元格进行合并,一般在 Dreamweaver 中的操作方法是:拖动鼠标,将需要合并的单元格选中,然后单击"属性"工具栏中的"合并单元格"按钮。 (　　)

10. 选中表格后,Dreamweaver 中即可显示表格属性,即可对表格的对齐方式、高度、宽度,边框样式等进行设置。 (　　)

11. 在 Dreamweaver 中,非连续的单元格也可直接合并。 (　　)

12. 对于框架网页的保存方法是,若要保存所有框架页,则在菜单项里执行"file(文件)"菜单下的"save(保存)"命令即可。 (　　)

13. 一幅图像在网页中是作为一个独立的对象插入的,但是如果情况需要,则可以一幅图像中设置多个"对象点"完成特定的功能,这个就是图像热点。 (　　)

14. 若需要对文件进行超链接设定,只需选中文字,并打开"属性"面板,在"Link(链接)"文本框中输入需要链接的 URL 即可。 (　　)

15. 在制作网页显示时,若有一些网页,它们有共同的标题、共同的目录格式,只是某些内容部分不太相同,这时,可以应用框架网页来加快网页的显示速度,避免重复载入页面。(　　)

16. Web 站点是指一系列可以通过 Internet 浏览器浏览的、具有相互超链接的多媒体文档的集合以及完成这些文档的存放、查找、搜索、发布的物理设备和其他相关软硬件系统的集合。 (　　)

17. 在制作框架网页时,如果需要保存所有框架网页,则只须选择"文件"菜单中的 Save 命令即可保存所有框架网页。 (　　)

18. 作为网页定位技术的表格与层,相对来说表格更为通用,因为层需要浏览器的支持,而表格在任何浏览器下都没有问题。 (　　)

19. 网页中引入层技术,在层中可以插入各种对象,而且各个层可以嵌套、重叠等,但不是所有的浏览器都支持层技术。 (　　)

20. 表单网页中,一页表单,至少且只能有一个表单标记,至少有一个提交的按钮。

(　　)

21. 网页制作中,层的 Z-index 属性表示层的层叠次序,数值大于 0 表示在页面的上面,数据小于 0 表示在页面的下面,数值越大就越先看见。 (　　)

22. 在 Dreamweaver 中,层与表格之间是可以转换的,但要求层之间不能有重叠多层的情况。 (　　)

23. 在追求速度为先的网页设计时,可以多用图像,在追求美观为先的网页设计时,可以多用文字。 (　　)

24. Dreamweaver 模板可以在局部应用,但不能应用于整个站点。　　　　(　　)

二、多项选择题

1. 在网页中录入文档的方法有(　　)。

　　A. 直接录入法

　　B. 从已有的文档中通过剪贴板复制、剪切、粘贴的方法

　　C. 修改录入的文档的方法

　　D. 以上均不正确

2. 关于 Dreamweaver 的操作界面,下列说法正确的是(　　)。

　　A. 工具箱包含了常用的工具,制作网页时用到这些工具

　　B. 对象属性浮动工具栏,对网页制作时选择的对象相适应,用来设置对象的属性

　　C. 状态栏表示被编辑网页的效果

　　D. 状态栏表示被编辑网页中正在被编辑的标记名

3. 下列不属于站点管理器的功能的是(　　)。

　　A. 可以实现快速超链接

　　B. 可以自动纠正超链接的更改

　　C. 可以自动发布制作好的网页

　　D. 可以自动升级网站的 Web 服务

4. 在框架式网页中添加超链接时,如果对象的 target（目标框架）属性为(　　)时,则可以新窗口打开链接页。

　　A. _blank　　　　　　　　　　　　B. _parent

　　C. _self　　　　　　　　　　　　　D. _top

　　E. main

5. 在框架式网页中添加超链接时,对象的 target 属性分别表示的意思正确的是(　　)。

　　A. _blank 在新窗口打开网页

　　B. _parent 在父框架窗口打开网页

　　C. _self 在本窗口打开网页

　　D. 以上都不正确

6. 网页中的若有多层,(　　)属性决定层的视觉关系。

　　A. Z-index　　　　B. Layer　　　　C. Top　　　　D. Left

7. Dreamweaver 能实现的关于站点管理的内容有(　　)。

　　A. 检查站点的超链接

　　B. 生成站点报告、错误查找和修改

　　C. 定义站点

　　D. 测试站点

8. 在网页中插入水平线,一般可以设置水平线的(　　)属性。

　　A. 水平线的宽度　　　　　　　　　B. 水平线的颜色

　　C. 水平线的粗细程度　　　　　　　D. 水平线的层叠次序

9. 网页中的超链接可以链接到(　　)。

　　A. 本网站中的其他网页

　　B. 本文件中某锚点位置

  C．其他站点中的某个位置

  D．某网站中的某个文件对象

10．在网页中可以直接插入以下内容（ ）。

  A．图片   B．动画

  C．超链接   D．以上都可以直接插入

三、简答题

1．Dreamweaver CS4 是怎样一个软件？它可用来做什么？

2．什么是图像热点？在网页中插入图像以后，若要使用图像热点，应如何操作？

3．在网页中如何添加 Flash 动画？

4．请叙述在网页中添加弹出式菜单的方法。

5．网页制作技术中，什么是行为控制？试举例说明。

6．如何在网页中应用 Flash？

7．试描述 HTML 的基本语法，用简单网页的源代码示例。

四、综合题

1．请补充完整一个标准的 HTML 基本页面的 HTML 代码。

```
<html>
</html>
```

2．试谈谈首页的制作，从首页的风格模式、内容、所采用的网页技术等多方面考虑。

3．如需要在 Flash 中实现将某些文字从左边移动到右边，则应如何操作？

4．尝试使用框架网页制作，要求有标题页一个，目录页一个，内容页一个，其他自选，在 Dreamweaver 中制作过程应是什么？

5．网页中模板的使用是什么？如何在 Dreamweaver 中建立与使用模板？

Chapter 6

第6章　数据库应用技术

6.1　数据库系统的基础知识

6.1.1　数据库系统概述

1. 数据库系统的相关概念

数据(Data)是数据库中存储的基本对象。数据的种类很多,例如文字、图形、图像和声音等都是数据。数据可定义为描述事物的符号记录。数据有多种形式,它们均可以经过数字化后存储在计算机中。在描述事物的过程中,数据与其解释是密不可分的。

数据库(DataBase)是指长期存储在计算机内的、有组织的、可共享的数据集合。数据库中的数据是按一定的数据模型组织、描述和存储的,具有较小的冗余度、较高的数据独立性和易扩展性,并且可以被多个用户、多个应用程序共享。

数据库管理系统(DataBase Management System,DBMS)是位于用户与操作系统(Operating System,OS)之间的一层数据管理软件,是数据库系统的中心枢纽。数据库管理系统能科学地组织和存储数据,高效地获取和维护数据。用户对数据库进行的各种操作,如数据库的建立、使用和维护,都是在 DBMS 的统一管理和控制下进行的。

数据库管理系统的主要功能有以下几个方面。

(1) 数据定义功能。提供数据定义语言(Data Definition Language,DDL),用于定义数据库中的数据对象。

(2) 数据操纵功能。提供数据操纵语言(Data Manipulation Language,DML),用于操纵数据,实现对数据库的基本操作,例如,查询、插入、删除和修改等。

(3) 数据库的运行管理。保证数据的安全性、完整性、多用户对数据的并发使用及发生故障后的系统恢复。

(4) 数据库的建立和维护功能。提供数据库数据输入、批量装载、数据库转储、介质故障恢复、数据库的重组织及性能监视等功能。

2. 数据库系统的组成

数据库系统(DataBase System,DBS)是指在计算机系统中引入数据库之后组成的系统,是用来组织和存取大量数据的管理系统。数据库系统是由计算机系统(硬件和软件系统)、数据库、数据库管理系统、数据库管理员和用户组成的具有高度组织性的整体。

通常情况下,把数据库系统简称为数据库。数据库系统组件之间的关系如图 6-1 所示。

数据库技术的核心任务是数据处理。数据处理是指对各种数据进行收集、存储、加工和传播等一系列活动的总和。数据管理则是指对数据进行分类、组织、编码、存储、检索和维护,它

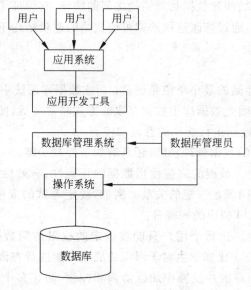

图 6-1　数据库系统的组成

是数据处理的中心问题。

数据管理技术的发展，与计算机硬件（主要是外部存储器）、系统软件及计算机应用的范围有着密切的联系。数据管理技术的发展经历了以下几个阶段：人工管理阶段、文件系统阶段、数据库系统阶段和分布式数据库系统阶段。

3. 数据库系统的特点

20 世纪 60 年代末以来，计算机的应用更为广泛，用于数据管理的应用系统规模也更为庞大，由此带来数据量的急剧膨胀；计算机存储技术有了很大发展，出现了大容量的磁盘；在处理方式上，联机实时处理的要求更多。这些变化促使了数据管理手段的进步，数据库技术应运而生。与人工管理和文件系统相比，数据库系统的特点主要有以下几个方面。

（1）数据的结构化

在文件系统中，只考虑了同一文件记录内部数据项之间的联系，而不同文件的记录之间是没有联系的，从整体上看数据是无结构的，不能反映客观世界各种事物之间的错综复杂的联系。在数据库系统中，实现了整体数据的结构化，把文件系统中简单的记录结构变成了记录和记录之间的联系所构成的结构化数据。在描述数据时，不仅要描述数据本身，还要描述数据之间的联系。

（2）数据的共享性

数据库系统从整体角度看待与描述数据，使数据不再面向某个应用，而是面向整个系统，这些数据可以供多个部门使用，实现了数据的共享。各个部门的数据基本上没有重复的存储，数据的冗余量小。

（3）数据的独立性

数据库系统有 3 层结构：用户（局部）数据的逻辑结构、整体数据的逻辑结构和数据的物理结构。在这 3 层结构之间，数据库系统提供了两层映像功能。首先是用户数据逻辑结构和整体数据逻辑结构之间的映像，这一映像保证了数据的逻辑独立性，当数据库的整体逻辑结构发生变化时，通过修改这层映像可使局部的逻辑结构不受影响，因此不必修改应用程序。另外一级映像是整体数据逻辑结构和数据物理结构之间的映像,它保证了数据的物理独立性,当数据的存储结构发生变化时,通过修改这层映像可使数据的逻辑结构不受影响,因此应用程序同样不必修改。

(4) 数据的存储粒度

在文件系统中,数据存储的最小单位是记录;而在数据库系统中,数据存储的粒度可以小到记录中的一个数据项。因此数据库中数据存取的方式非常灵活,便于对数据的管理。

(5) 数据管理系统对数据进行统一的管理和控制

DBMS 不仅具有基本的数据管理功能,还具有如下控制功能。

① 保证数据的完整性。数据的完整性指数据的正确性、有效性和相容性,要求数据在一定的取值范围内或相互之间满足一定的关系。例如,规定考试的成绩在 0~100 分之间,血型只能是 A 型、B 型、AB 型、O 型中的一种等。

② 保证数据的安全性。让每个用户只能按指定的权限访问数据,防止不合法地使用数据,造成数据的破坏和丢失。比如学生对于课程的成绩只能进行查询,不能修改。

③ 并发控制。对多用户的并发操作加以协调和控制,防止多个进程同时存取、修改数据库中的数据时发生冲突,造成错误。比如在学生选课系统中,某门课只剩下最后一个名额,但有两个学生在两台选课终端上同时发出了选这门课的请求,必须采取某种措施,确保两名学生不能同时拥有这最后的一个名额。

④ 数据库的恢复。当数据库系统出现硬件或软件故障时,DBMS 具有把数据库恢复到最近某个时刻的正确状态的能力。

(6) 为用户提供了友好的接口

用户可以使用交互式的命令语言,如 SQL(Structured Query Language,结构化查询语言),对数据库进行操作;也可以把普通的高级语言(如 C++语言等)和 SQL 结合起来,从而把对数据库的访问和对数据的处理有机地结合在一起。

4. 数据库的体系结构

数据库系统的体系结构是数据库系统的一个总的框架。尽管实际的数据库系统的软件产品多种多样(支持不同的数据模型,使用不同的数据库语言,建立在不同的操作系统之上,数据的存储结构也各不相同),但绝大多数的数据库系统在总的体系结构上都具有三级模式结构,即模式、外模式和内模式,如图 6-2 所示。

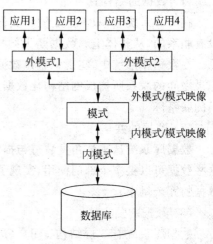

图 6-2   数据库系统的三级模式
结构与二级映像

(1) 数据库系统的三级模式结构

模式是数据库中全体数据的逻辑结构和特征的描述,模式与具体的数据值无关,也与具体的应用程序、高级语言以及开发工具无关,模式是数据库数据在逻辑上的视图。数据库的模式是唯一的,数据库模式以数据模型为基础,综合考虑所有用户的需求,并将这些需求有机地结合成一个逻辑整体。

外模式也被称做用户模式,是用户和程序员最后看到并使用的局部数据逻辑结构和特征。一个数据库可以有若干个外模式。

内模式也称存储模式,是数据物理结构和存储方式的描述,是数据在数据库内部的保存方式。例如,数据保存在磁盘、磁带还是其他存储介质上;索引按照什么方式组织;数据是否压缩存储、是否加密等。内模式是物理的存储结构。

(2) 数据库系统的二级映像功能

在数据库系统中,为实现在三级模式层次上的联系与转换,数据库管理系统在三级模式之间提供了两层映像功能,这两层映像保证了数据库系统中的数据具有较高的逻辑独立性和物理独立性。

① 外模式/模式映像。模式描述数据的全局逻辑结构,外模式描述数据的局部逻辑结构。对应于一个模式可以有任意多个外模式。对应于每一个外模式,数据库系统都有一个外模式/模式映像,它定义了外模式与模式之间的映像对应关系。

应用程序是依据数据的外模式编写的,当数据库模式改变时,通过对各个外模式/模式的映像作相应改变,可以使外模式保持不变,从而不必修改应用程序,保证了数据与程序的逻辑独立性,简称数据的逻辑独立性。

② 内模式/模式映像。由于数据库只有一个模式,也只有一个内模式,所以数据库中的内模式/模式映像是唯一的。内模式/模式映像定义了数据全局逻辑结构与存储结构之间的对应关系。

当数据库的存储结构发生改变时(例如,选用了另一种存储结构),数据库管理员通过修改内模式/模式映像,可使模式保持不变,使应用程序不受影响,保证了数据与程序的物理独立性(简称数据的物理独立性)。

6.1.2　数据模型

模型是现实世界特征的模拟和抽象。数据模型模拟的对象是数据。根据模型应用的不同层次和目的,可以将模型分为两类:一类是概念模型,按用户的观点来对数据和信息建模,主要用于数据库设计;另一类是数据模型,主要包括网状模型、层次模型和关系模型等,它是按计算机系统的观点对数据建模。

1. 数据模型的概念

数据模型是现实世界数据特征的抽象。它是用来抽象、表示和处理现实世界中的数据和信息的工具。在数据库中用数据模型这个工具来抽象、表示和处理现实世界的数据和信息,现有数据库系统均是基于某种数据模型的。数据模型应满足以下 3 个方面的要求:①能够比较真实地模拟现实世界;②容易被人理解;③便于在计算机系统中实现。

2. 数据模型的组成要素

数据模型是由数据结构、数据操作和数据的约束条件 3 个部分组成的。

数据结构是所研究对象的集合,这些对象是数据库的组成成分,例如表中的字段、名称等。数据结构分为两类:一类是与数据类型、内容、性质有关的对象;另一类是与数据之间联系有关的对象。数据结构是数据模型的本质标志。

数据操作是指对数据库中各种对象的实例(值)允许执行的操作的集合,包括操作及有关的操作规则。数据库的操作主要有检索和更新两大类。数据模型必须定义数据操作的确切含义、操作符号、操作规则以及实现操作的语言。

数据的约束条件是一组完整性规则的集合。完整性规则是给定的数据模型中数据及其联系所具有的制约和依存规则,用以限定符合数据模型的数据库状态以及状态的变化,以保证数据的正确、有效和相容。

数据模型给出了在计算机系统上描述和动态模拟现实数据及其变化的一种抽象方法,数据模型不同,描述和实现方法也不相同,相应的支持软件,即数据库管理系统也就不同。

3. 概念模型

概念模型是现实世界到信息世界的第一层抽象,是现实世界到计算机的一个中间层次。概念模型是数据库设计的有力工具和数据库设计人员与用户之间进行交流的语言。它必须具有较强的语义表达能力,能够方便、直接地表达应用中的各种语义知识,且简单、清晰,易于被用户理解。

在现实世界中,事物之间的联系是客观存在的。概念世界是现实世界在人们头脑中的反映,是对客观事物及其联系的一种抽象描述。概念世界不是现实世界的简单录像,而是把现实世界中的客观对象抽象为某一种信任结构,这种信任结构不是某一个 DBMS 支持的数据模型,而是概念模型。

建立概念模型涉及以下几个术语。

(1) 实体(Entity)

客观存在并可相互区别的事物称为实体。实体可以是实际事物,也可以是抽象事件。比如,一个职工、一个部门属于实际事物;一次订货、借阅若干本图书、一场演出是比较抽象的事件。同一类实体的集合称为实体集。例如,全体学生的集合、全馆图书等。用命名的实体型表示抽象的实体集,实体型"学生"表示全体学生的概念,并不具体指学生甲或学生乙。

(2) 属性(Attribute)

描述实体的特性称为属性。例如,学生实体用若干个属性(学生编号、姓名、性别、出生日期、籍贯等)来描述。属性的具体取值称为属性值,用以刻画一个具体实体。

(3) 关键字(Key)

如果某个属性或属性组合能够唯一地标识出实体集中的各个实体,可以将其选作关键字,也称为码。

(4) 联系(Relationship)

实体集之间的对应关系称为联系,它反映现实世界事物之间的相互关联。联系分为两种:一种是实体内部各属性之间的联系;另一种是实体之间的联系。

(5) E-R 图

概念模型的表示方法有很多,常用实体短横线联系方法(E-R 方法或 E-R 图)来描述现实世界的概念模型。E-R 方法也称为 E-R 模型。E-R 图有 3 个要素。

① 实体:用矩形并在框内标注实体名称来表示。

② 属性:用椭圆形表示,并用连线将其与相应的实体连接起来。

③ 联系:用菱形表示,菱形框内写明联系名,并用连线分别与有关实体连接起来,同时在连线上标上联系的类型($1:1$、$1:n$ 或 $m:n$)。图 6-3 为 E-R 图的示例。

联系有 3 种类型。

① 一对一联系(One to One Relationship)。如果对于实体集 A 中的每一个实体,实体集 B 中至多有一个实体与之联系,反之亦然,则称实体集 A 与实体集 B 具有一对一联系,记为 $1:1$。例如学校和校长这两个实体型,如果一个学校只能有一个正校长,一个校长不能同时在

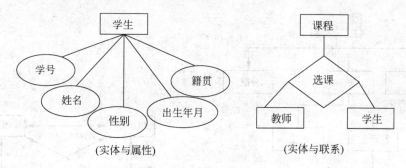

(实体与属性)　　　　　　　　(实体与联系)

图 6-3　E-R 图示例

其他学校和单位兼任校长,在这种情况下,学校和校长之间就存在一对一联系。

②　一对多联系(One to Many Relationship)。如果对于实体集 A 中的每一个实体,实体集 B 中有 n 个实体($n \geqslant 0$)与之联系,反之,对于实体集 B 中的每一个实体,实体集 A 中至多只有一个实体与之联系,则称实体集 A 与实体集 B 具有一对多联系,记为 $1:n$。例如,学院和学生之间存在一对多联系。

③　多对多联系(Many to Many Relationship)。如果对于实体集 A 中的每一个实体,实体集 B 中有 n 个实体($n \geqslant 0$)与之联系,反之,对于实体集 B 中的每一个实体,实体集 A 中也有 m 个实体($m \geqslant 0$)与之联系,则称实体集 A 与实体集 B 具有多对多联系,记为 $m:n$。例如,学生和课程之间存在多对多联系。

4. 常用的数据模型

每个数据库管理系统都是基于某种数据模型的。在目前数据库领域中,常用的数据模型有 4 种:层次模型、网状模型、关系模型和面向对象模型。

(1) 层次模型

层次和网状模型是最早用于数据库系统的数据模型。层次模型的基本数据结构是层次结构,也称树型结构,树中每个结点表示一个实体类型。这些结点应满足:有且只有一个结点无双亲结点(这个结点称为根结点);其他结点有且仅有一个双亲结点。

在层次结构中,每个结点表示一个记录类型(实体),结点之间的连线(有向边)表示实体间的联系。现实世界中许多实体间存在着自然的层次关系,如组织机构、家庭关系和物品分类等。图 6-4 就是一个层次模型的例子。

(2) 网状模型

网状模型的数据结构是一个网络结构。在数据库中,把满足以下两个条件的基本层次联系集合称为网状模型:一个结点可以有多个双亲结点;多个结点可以无双亲结点。

在网状模型中每个结点表示一个实体类型,结点间的连线表示实体间的联系。与层次模型不同,网状模型中的任意结点间都可以有联系,适用于表示多对多的联系,因此,与层次模型相比,网状模型更具有普遍性。

网状模型虽然可以表示实体间的复杂关系,但它与层次模型没有本质的区别,它们都用连线表示实体间的联系,在物理实现上也有许多相同之处,如都用指针表示实体间的联系。层次模型是网状模型的特例,它们都称为格式化的数据模型。图 6-5 就是一个网状层次模型的例子。

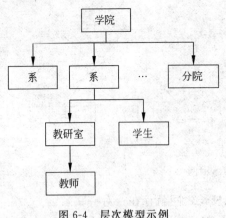

图 6-4　层次模型示例

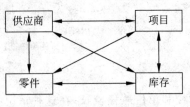

图 6-5　网状模型示例

（3）关系模型

关系模型的数据结构是二维表，由行和列组成。一个二维表称为一个关系。

图 6-6 是一个表示学生和教师任课情况的关系模型，其中的两个表分别表示学生关系和教师任课关系。这两个关系也表示了学生和任课教师间的多对多联系，他们之间的联系是由在两个关系中的同名属性"班级"表示的。

学生关系表

学生编号	姓名	班级	…
980102	刘力	9801	
980104	刘洪	9801	
980301	王海	9803	
980401	任伟	9804	
…	…	…	…

教师任课关系表

教师姓名	系别	任课名称	班级	…
张乐	中药	中药学	9801	
李燕	中医	中医学	9803	
杨灵	护理	护理学	9804	
李小平	中医	中医学	9801	
…	…	…	…	…

图 6-6　学生与教师任课情况的关系模型

关系模型中的主要概念有关系、属性、元组、域和关键字等。与层次和网状模型相比，关系模型有下列优点：①数据结构单一，不管实体还是实体间的联系都用关系来表示；②建立在严格的数学概念基础上，具有坚实的理论基础；③将数据定义和数据操纵统一在一种语言中，使用方便，易学易用。

（4）面向对象模型

面向对象的数据模型中的基本数据结构是对象，一个对象由一组属性和一组方法组成，属性用来描述对象的特征，方法用来描述对象的操作。一个对象的属性可以是另一个对象，另一个对象的属性还可以用其他对象描述，以此来模拟现实世界中的复杂实体。

在面向对象的数据模型中对象是封装的,对对象的操作通过调用其方法来实现。面向对象数据模型中的主要概念有对象、类、方法、消息、封装、继承和多态等。

面向对象的数据模型主要具有以下优点。

① 可以表示复杂对象,精确模拟现实世界中的实体。

② 具有模块化的结构,便于管理和维护。

③ 具有定义抽象数据类型的能力。

面向对象的数据模型是新一代数据库系统的基础,是数据库技术发展的方向。

6.1.3　关系数据库设计基础

1. 关系型数据库术语

"关系"就是关系数据模型的数据结构,刻画关系数据结构就是要定义关系。从本质上来讲,关系是一个数学概念,具体说,是一个集合论中的概念。因此,从集合论的角度给出关系数据结构的形式化定义就是十分自然的事情。这样就将关系数据模型置于严格的数学基础之上。

(1) 关系:在关系模型中,一个关系就是一张二维表,每一个关系都有一个关系名。在数据库中,一个关系存储为一个数据表。

(2) 属性:表中的列称为属性,每一个列都有一个属性名,对应数据表中的一个字段。

(3) 元组:表中的行称为元组。一行就是一个元组,对应数据表中的记录,元组的各分量分别对应于关系的各个属性。关系模型要求每个元组的每个分量都是不可再分的数据项。

(4) 域:具有相同数据类型的值的集合称为域(Domain),域是属性的取值范围,即不同元组对同一个属性的取值所限定的范围。

(5) 候选码:如果通过关系中的某个属性或属性组能唯一地标识一个元组,称该属性或属性组为候选码。

(6) 主码(主键):若一个关系中有多个候选码,则选定其中一个为主码(主键)。主码的属性为主属性。

(7) 外码(外键) 如果表中的一个字段不是本表的主码,而是另外一个表的主码或候选码,这个字段(属性)就称为外码。

2. 关系数据库设计步骤

如果使用较好的数据库设计过程,就能迅速、高效地创建一个设计完善的数据库。在设计时打好坚实的基础,设计出结构合理的数据库,将会节省日后整理数据库所需的时间,并能更快地得到精确的结果。本节将通俗地介绍 Access 中设计关系数据库的方法。

设计数据库的目的实质上是设计出满足实际应用需求的实际关系模型。在 Access 中具体实施时表现为数据库和表的结构合理,不仅存储了所需要的实体信息,而且反映出实体之间客观存在的联系。

(1) 设计原则

① 关系数据库的设计应遵从概念单一化、"一事一地"的原则。一个表描述一个实体或实体间的一种联系。避免设计大而杂的表,首先分离那些需要作为单个主题而独立保存的信息,然后通过 Access 确定这些主题之间有何联系,以便在需要时将正确的信息组合在一起。通过将不同的信息分散在不同的表中,可以使数据的组织工作和维护工作更简单,同时也可以保证

建立的应用程序具有较高的性能。

　　例如,将有关教师基本情况的数据,包括姓名、性别、工作时间等,保存到教师表中;将工资单的信息保存到工资表中,而不是将这些数据统统放到一起;同样道理,应当把同学信息保存到学生表中,把有关课程的成绩保存在选课成绩表中。

　　② 避免在表之间出现重复字段。除了保证表中有反映与其他表之间存在联系的外部关键字之外,应尽量避免在表之间出现重复字段。这样做的目的是使数据冗余尽量小,防止在插入、删除和更新时造成数据的不一致。

　　例如,在课程表中有了课程名字段,在选课表中就不应该有课程名字段。需要时可以通过两个表的连接找到所选课程对应的课程名称。

　　③ 表中的字段必须是原始数据和基本数据元素。表中不应包括通过计算可以得到的"二次数据"或多项数据的组合。能够通过计算从其他字段推导出来的字段也应尽量 避免。

　　例如,在职工表中应当包括出生日期字段,而不应包括年龄字段。当需要查询年龄的时候,可以通过简单计算得到准确年龄。

　　在特殊情况下可以保留计算字段,但是必须保证数据的同步更新。例如,在工资表中出现的"实发工资"字段,其值是通过"基本工资＋奖金＋津贴－房租－水电费－托儿费"计算出来的。每次更改其他字段值时,都必须重新计算。

　　④ 用外部关键字保证有关联的表之间的联系。表之间的关联依靠外部关键字来维系,使得表结构合理,不仅存储了所需要的实体信息,并且反映出实体之间的客观存在的联系,最终设计出满足应用需求的实际关系模型。

　　(2) 设计的步骤

　　利用 Access 来开发数据库应用系统,一般步骤如图 6-7 所示。

分析建立数据库的目的 → 确定数据库中的表 → 确定表中的字段 → 确定表之间的关系

图 6-7　数据库设计步骤

　　① 需求分析。确定建立数据库的目的,这有助于确定数据库保存哪些信息。

　　② 确定需要的表。可以着手将需求信息划分成各个独立的实体,例如教师、学生、工资、选课等。每个实体都可以设计为数据库中的一个表。

　　③ 确定所需字段。确定在每个表中要保存哪些字段,确定关键字,字段中要保存数据的数据类型和数据的长度。通过对这些字段的显示或计算应能够得到所有需求信息。

　　④ 确定联系。对每个表进行分析,确定一个表中的数据和其他表中的数据有何联系。必要时可在表中加入一个字段或创建一个新表来明确联系。

　　⑤ 设计求精。对设计进一步分析,查找其中的错误;创建表,在表中加入几个示例数据记录,考虑能否从表中得到想要的结果。需要时可调整设计。

　　在初始设计时,难免会发生错误或遗漏数据。这只是一个初步方案,以后可以对设计方案进一步完善。完成初步设计后,可以利用示例数据对表单、报表的原型进行测试。Access 很容易在创建数据库时对原设计方案进行修改。可是在数据库中载入了大量数据或报表之后,再要修改这些表就比较困难了。正因为如此,在开发应用系统之前,应确保设计方案已经比较合理。

3. 数据库设计过程

下面将遵循本节给出的设计原则和步骤，以"教学管理"数据库的设计为例，具体介绍在 Access 中设计数据库的过程。

例 6-1　某学校教学管理的主要工作包括教师管理、教学管理和学生选课管理等几项。学生选课成绩表见表 6-1。

表 6-1　学生选课成绩表

学生编号	姓名	课程编号	课程名称	课程类别	学分	成绩
980102	刘力	101	计算机实用软件	必修课	3	77
980104	刘红	102	英语	必修课	6	67
…	…	…	…	…	…	…

根据上面介绍的教学管理基本情况，设计"教学管理"数据库。

例 6-1 是一个典型的数据库应用系统，为了便于讲解 Access 数据库系统相关理论及相关操作，下面将以"教学管理.mdb"为例进行介绍。

（1）需求分析

对用户的需求进行分析主要包括 3 个方面的内容。

① 信息需求：即用户要从数据库获得的信息内容。信息需求定义了数据库应用系统应该提供的所有信息，注意描述清楚系统中数据的数据类型。

② 处理要求：即需要对数据完成什么处理功能及处理的方式。处理需求定义了系统的数据处理的操作，应注意操作执行的场合、频率、操作对数据的影响等。

③ 安全性和完整性要求：在定义信息需求和处理需求的同时必须相应确定安全性、完整性约束。

在分析过程中，首先要与数据库的使用人员多交流，尽管收集资料阶段的工作非常烦琐，但必须耐心细致地了解现行业务处理流程，收集全部数据资料，如报表、合同、档案、单据、计划等，所有这些信息在后面的设计步骤中都要用到。

针对例 6-1，可以对学校教学管理工作进行了解和分析，可以确定建立"教学管理"数据库的目的是为了解决教学信息的组织和管理问题，主要任务应包括教师信息管理、学生信息管理和选课情况管理等。

（2）确定需要的表

确定数据库中的表是数据库设计过程中技巧性最强的一步。因为根据用户想从数据库中得到的结果（包括要打印的报表、要使用的表单、要数据库回答的问题）不一定能得到如何设计表结构的线索。还需要分析对数据库系统的要求，推敲那些需要数据库回答的问题。分析的过程是对收集到的数据进行抽象的过程。抽象是对实际事物或事件的人为处理，抽取共同的本质特征。

仔细研究需要从数据库中取出的信息，遵从概念单一化、"一事一地"的原则，即一个表描述一个实体或实体间的一种联系，并将这些信息分成各种基本实体。一般情况下，设计者不要急于在 Access 中建立表，而应先在纸上进行设计。为了能够更合理地确定数据库中应包含的表，可按以下原则对数据进行分类。

① 每个表应该只包含关于一个主题的信息。如果每个表只包含关于一个主题的信息，那

么就可以独立于其他主题来维护每个主题的信息。例如,将学生信息和教师信息分开,保存在不同的表中,这样当删除某一学生信息时不会影响教师信息。

② 表中不应该包含重复信息,并且信息不应该在表之间复制。如果每条信息只保存在一个表中,那么只需在一处进行更新,这样效率更高,同时也消除了包含不同信息重复项的可能性。

针对教学管理系统,虽然在教学管理的业务中只提到了学生选课成绩表,但仔细分析不难发现,表中包含了 3 类信息:一是学生基本信息,如学生编号、姓名等;二是课程信息,如课程编号、课程名称、课程类别、学分等;三是学生成绩信息。如果将这些信息放在一个表中,必然出现大量的重复,不符合信息分类的原则。因此,根据已确定的"教学管理"数据库应完成的任务以及信息分类原则,应将"教学管理"数据分为 4 类,并分别存放在教师、学生、课程和选课成绩 4 个表中。

(3) 确定所需字段

对于上面已经确定的每一个表,还要设计它的结构,即要确定每个表应包含哪些字段。由于每个表所包含的信息都应该属于同一主题,因此在确定所需字段时,要注意每个字段包含的内容应该与表的主题相关,而且应包含相关主题所需的全部信息。下面是确定字段时需要注意的问题。

① 每个字段直接和表的实体相关。首先必须确保一个表中的每个字段直接描述该表的实体。如果多个表中重复同样的信息,应删除不必要的字段。然后分析表之间的联系,确定描述另一个实体的字段是否为该表的外部关键字。

② 以最小的逻辑单位存储信息。表中的字段必须是基本数据元素,而不能是多项数据的组合。如果一个字段中结合了多种数据,将会很难获取单独的数据,应尽量把信息分解成较小的逻辑单位。例如,教师工资中的基本工资、奖金、津贴等应是不同的字段。

③ 表中的字段必须是原始数据。在通常情况下,不必把计算结果存储在表中,对于可推导得到或需要计算的数据,在要查看结果时可通过计算得到。

例如,在工资表中有字段基本工资、奖金、津贴、房租、实发工资。其中,实发工资=基本工资+奖金+津贴-房租。这样,实发工资就是通过计算得到的二次数据,不是基本数据元素,不必作为基本数据存储在数据库中。

④ 确定主关键字字段。通过关系型数据库管理系统能够迅速查找存储在多个独立表中的数据并组合这些信息。为使其有效地工作,数据库的每个表都必须有一个或一组字段可用以唯一确定存储在表中的每条记录,即主关键字。

为了使保存在不同表中的数据产生联系,数据库中的每个表必须有一个字段能唯一标识每条记录,这个字段就是主关键字。主码可以是一个字段,也可以是一组字段。

Access 利用主码可关联多个表中的数据,不允许在主码字段中有重复值或空值。常使用唯一的标识作为这样的字段,例如,在"教学管理"数据库中,可以将教师编号、学生编号、课程编号分别作为教师表、学生表和课程表的主码字段。

根据以上分析,按照字段的命名原则,可将"教学管理"数据库中 4 个表的字段确定下来,见表 6-2。

在这 4 个表中都要设计主码,教师表中的主码是教师编号,它具有唯一的值,学生表中的主码为学生编号,课程表中的主码为课程编号,选课成绩表中的主码为选课 ID,它们都具有唯一的值。

表 6-2 "教学管理"数据库中的表

教师表	学生表	选课成绩表	课程表
教师编号	学生编号	选课 ID	课程编号
姓名	姓名	学生编号	课程名称
性别	性别	课程编号	课程类别
工作时间	年龄	成绩	学分
政治面貌	入校日期		
学历	团员否		
职称	系别		
系别	专业		
电话号码	简历		
	照片		

数据库建立好以后的界面如图 6-8 所示,该数据库中的 4 个表分别为教师、课程、学生和选课成绩。

图 6-8 在"教学管理"数据库中的 4 个表

(4) 确定联系

在确定表、表结构和主码后,还需要确定表之间的关系。只有这样,才能将不同表中的相关数据联系起来。

设计数据库的目的实质上是设计满足实际应用需求的实际关系模型。确定联系的目的是使表的结构合理,不仅存储了所需要的实体信息,并且反映出实体之间客观存在的关联。前面各个步骤已经把数据分配到了各个表中。因为有些输出需要从几个表中得到信息,为了使 Access 能够将这些表中的内容重新组合,得到有意义的信息,就需要确定外码。例如,在"教学管理"数据库中,课程编号是课程表中的主码,也是选课成绩表中的一个字段。在数据库术语中,选课成绩表中的课程编号字段成为"外码",因为它是另外一个表(外部表)的主码。

要建立两个表的联系,可以把其中一个表的主码添加到另一个表中,使两个表都有该字段。因此,需要分析各个表所代表的实体之间存在的联系。

① 一对多联系。一对多联系是关系型数据库中最普遍的联系。在一对多联系中,表 A 的一条记录在表 B 中可以有多条记录与之对应,但表 B 中的一条记录最多只能有表 A 中的一条记录与之对应。要建立这样的联系,就要把一方的主码添加到对方的表中。

例如,在"教学管理"数据库中,学生表和选课成绩表之间就存在着一对多的联系,应将学生表中的学生编号字段添加到选课成绩表中。

② 多对多联系。在多对多关系中,表 A 的一条记录在表 B 中可对应多条记录,而表 B 的一条记录在表 A 中也可以对应多条记录。这种情况下,需要改变数据库的设计。

例如,在"教学管理"数据库中,由于一名学生可以选修多门课程,对于学生表中的每条记录,在课程表中都可以有多条记录与之对应。同样,每门课程也可以被多名学生选修。对于课程表中的每条记录,在学生表中也可以有多条记录与之对应。因此,二者之间存在多对多的联系。

为了避免数据的重复存储,又要保持多对多联系,解决方法是创建第三个表。把多对多的联系分解成两个一对多的联系。所创建的第三个表包含两个表的主码,在两表之间起着纽带的作用,称为纽带表。

在"教学管理"数据库中的具体做法:是创建一个选课成绩表,把学生表和课程表的主码(学生编号和课程编号)都放在这个纽带表中。在选课成绩表中可以包含学生学习该课程的成绩等其他字段,如图 6-9 所示。学生和课程之间的多对多关系由两个一对多关系代替:学生表和选课成绩表是一对多关系。每名学生都可以对应多门课程,但每门课程的选课成绩信息只能与一名学生有关。课程表和选课成绩表也是一对多的关系。每门课程可以有许多学生选学,但每名学生的选课成绩信息只能与一门课程对应。

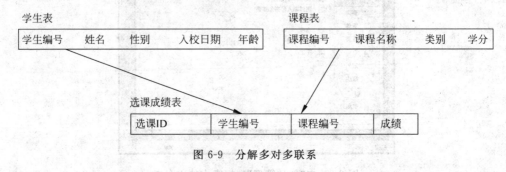

图 6-9　分解多对多联系

纽带表不一定需要主码,如果需要,可以将它所联系的两个表的主码作为组合码指定为主码。

③ 一对一联系。在一对一关系中,表 A 的一条记录在表 B 中只能对应一条记录,而表 B 的一条记录在表 A 中也对应一条记录。典型的一对一关系就是在一所学校只能有一个正校长。

如果存在一对一联系的表,首先要考虑是否可以将这些字段合并到一个表中。如果需要分离,可按下面的方法建立一对一关系。

如果两个表有同样的实体,可在两个表中使用同样的主码字段。例如教师表和工资表的主码都是教师编号。

如果两个表中有不同的实体及不同的主码,选择其中一个表,将它的主码字段放到另一个表中作为外码字段,以此建立一对一联系。例如,学校内部图书馆的读者就是教师和学生,可以把教师表中的教师编号和学生表中的学生编号放到读者表中。

在"教学管理"数据库中 4 个表之间的关系如图 6-10 所示。

在设计完所需的表、字段和关系之后，还应该检查所做的设计，找出设计中的不足加以改进。实际上，现在改变数据库设计中的不足比表中填入了数据以后再修改要容易得多。

如果认为确定的表结构已经达到了设计要求，就可以向表中添加数据，并且可以新建所需要的查询、窗体、报表、宏和模块等其他数据库对象。

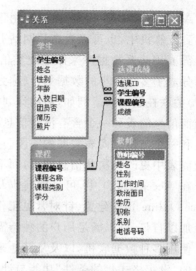

（5）设计求精

数据库设计在每一个具体阶段的后期都要经过用户确认。如果不能满足要求，则要返回到前面一个或几个阶段进行调整和修改。整个设计过程实际上是一个不断返回修改、调整的迭代过程。

图 6-10　"教学管理"数据库表之间的关系

通过前面几个步骤确定所需要的表、字段和联系之后，应该回来研究一下设计方案，检查可能存在的缺陷和需要改进的地方，这些缺陷可能会使数据难以使用和维护。下面是需要检查的几个方面。

① 是否遗忘了字段？是否有需要的信息没包括在数据库中？如果它们不属于自己创建的表，就需要另外创建一个表。

② 是否存在保持大量空白字段？此现象通常意味着这些字段属于另外一个表。

③ 是否有包含了同样字段的表？例如，在选课成绩表中同时有第一学期和第二学期成绩，或同时有正常考试和补考的成绩。将与同一实体有关的所有信息合并到一个表中，也可能需要另外增加字段，例如，增加选课的时间。

④ 表中是否带有大量不属于某实体的字段？例如，一个表既包括教师信息字段又包括有关课程的字段。此时必须修改设计，确保每个表包括的字段只与一个实体有关。

⑤ 是否在某个表中重复输入了同样的信息？如果是，需要将该表分成两个一对多关系的表。

⑥ 是否为每个表选择了合适的主码？在使用这个主码查找具体记录时，它是否容易记忆和输入？要确保主码字段的值不会出现重复。

⑦ 是否有字段很多而记录很少的表，而且许多记录中的字段值为空？如果有，就要考虑重新设计该表，使它的字段减少，记录增多。

经过反复修改之后，就可以开发数据库应用系统的原型了。

6.2　Access 2010 基础知识

6.2.1　Access 2010 简介

Access 工具可用于快速、方便地开发有助于人们管理信息的关系数据库应用程序。可以创建一个数据库来帮助跟踪任何类型的信息，例如，清单、专业联系人或业务流程。实际上，Access 提供了多个可直接用于跟踪各种信息的模板，因此，即便是初学者也很容易上手。

Access 2010 是一种数据库应用程序设计和部署工具,可用来跟踪重要信息。可以将数据保存到计算机中,也可以发布到网站上,以便其他人可以通过 Web 浏览器使用用户的数据库。用户需要用关系数据库来跟踪此类信息。关系数据库是一个数据仓库:为避免冗余,该数据仓库分成了多个较小的数据集合(称为表),而这些较小的数据集合又基于一些共同信息(称为字段)关联在了一起。例如,活动计划关系数据库可能包含一个含有客户信息的表、一个含有供应商信息的表和一个含有活动信息的表。含有活动信息的表可能包含一个与客户表关联的字段和一个与供应商表关联的字段。这样,如果某个供应商的电话号码发生了变化,则只需在供应商表中更改一次此信息即可,而不必在涉及此供应商的每一个活动中进行更改。

在 Access 2010 中,可采用其他人建立的数据库模板,并且分享用户的独到设计。使用由 Office Online 预先建置、针对常见工作而设计的全新数据库模板,或是选择社群提供的模板,并且加以自订,可以满足用户的独特需求。

使用多种数据联机,以及从其他来源连接或汇入的信息,以整合 Access 报表。可以透过改良的"设定格式化的条件"功能与计算工具,建立起丰富、动态化、富含视觉效果的报表。

它将数据库延伸到网络上,让没有 Access 客户端的使用者,也能透过浏览器开启网络窗体与报表。数据库如有变更,将自动获得同步处理。用户也可以离线处理网络数据库,进行设计与数据变更,然后在重新联机时,将这些变更同步更新到 Microsoft SharePoint Server 2010 上。透过 Access 2010 与 SharePoint Server 2010,用户的数据将可获得集中保护,以符合数据、备份与稽核方面的法规需求,并且提高可存取性与管理能力。

以拖放方式为数据库加入导航功能。用户不用撰写任何程序代码,或设计任何逻辑,就能创造出具备专业外观与网页式导览功能的窗体,常用的窗体或报表在使用上更为方便。它共有 6 种预先定义的导览模板,外加多种垂直或水平索引卷标可供选择。多层的水平索引卷标可用于显示大量的 Access 窗体或报表。通过拖放方式,显示窗体或报表。

Access 2010 拥有面目一新的宏设计工具,可以更轻松地建立、编辑并自动化执行数据库逻辑。宏设计工具能提高使用者生产力、减少程序代码撰写错误,并且轻松整合复杂无比的逻辑,建立起稳固的应用程序。以数据宏结合逻辑与数据,将逻辑集中在来源数据表上,进而加强程序代码的可维护性。它还可以透过更强大的宏设计工具与数据宏,把 Access 客户端的自动化功能延伸到 SharePoint 网络数据库以及其他会更新用户的数据表的应用程序上。

可以将常用的 Access 对象、字段或字段集合储存为模板,并且加入现有的数据库中,以提高生产力。应用程序组件可以分享给组织所有成员使用,以求建立数据库应用程序时能拥有一致性。

6.2.2　Access 2010 中的新增功能

在 Microsoft Access 2010 中,可以生成 Web 数据库并将它们发布到 SharePoint 网站。SharePoint 访问者可以在 Web 浏览器中使用用户的数据库应用程序,使用 SharePoint 权限可确定哪些用户可以看到哪些内容。

Access 2010 用户界面功能区和导航窗格发生了变化。功能区取代了以前版本中的菜单和工具栏。导航窗格取代并扩展了数据库窗口的功能。Access 2010 中新增的 Backstage 视图使用户能够访问应用于整个数据库的所有命令(例如压缩和修复)或来自"文件"菜单的命令。

1. 概述

如果能够访问配置了访问服务的 SharePoint 网站,则可以使用 Access 2010 来创建 Web 数据库。人们可以在 Web 浏览器窗口中使用用户的数据库,但必须使用 Access 2010 来进行设计更改。虽然一些桌面数据库功能没有转换到 Web 上,但可以通过使用新功能(例如计算字段和数据宏)来执行许多相同的操作,还可以运行新增的 Web 兼容性检查器来帮助识别和修复任何兼容性问题。

(1) 在 Web 上共享数据库

使用模板:Access 2010 附带了 5 个模板,即"联系人"、"资产"、"项目"、"事件"和"慈善捐赠"。用户在发布任何模板之前或之后,都可以对其进行修改。

从头开始:在创建空白的新数据库时,可以在常规数据库和 Web 数据库之间进行选择。此选择影响看到的设计功能和命令,因此很容易确保用户的应用程序与 Web 兼容。

将现有的数据库转换为 Web 数据库:用户可以将现有的应用程序发布到 Web 上,但并非所有桌面数据库功能都受 Web 支持,因此用户可能必须调整应用程序的一些功能。

用户可以发布信息到自己的 SharePoint 服务器上,也可以使用托管的 SharePoint 解决方案。

(2) 新的宏生成器

Access 2010 包含一个新的宏生成器,它具有智能感知功能和整齐简洁的界面。除了传统宏外,还可以使用新的宏生成器来创建数据宏。数据宏是一个新功能。数据宏可根据事件更改数据。数据宏有助于支持 Web 数据库中的聚合,并且还提供了一种在任何 Access 2010 数据库中实现"触发器"的方法。

例如,假设有一个"已完成百分比"字段和一个"状态"字段。可以使用数据宏进行如下设置:当"状态"设置为"已完成"时,将"已完成百分比"设置为 100;当"状态"设置为"未开始"时,将"已完成百分比"设置为 0。

(3) 增强的表达式生成器

表达式生成器现在具有智能感知功能,可以在键入时看到需要的选项。它还在"表达式生成器"窗口中显示有关当前选择的表达式值的帮助。Trim(string)返回一个字符串类型变量,该变量包含不带先导空格和尾随空格的指定字符串的副本。

(4) 计算字段

Access 2010 可以创建显示计算结果的字段。计算必须引用同一表中的其他字段,可以使用表达式生成器来创建计算。

(5) 表有效性规则

如果更改的记录要验证指定的规则,可以创建阻止数据输入的规则。与字段有效性规则不同,表有效性规则可以检查多个字段的值。可以使用表达式生成器来创建有效性规则。

(6) 用来创建完整应用程序的数据库模板

Access 2010 包括一套经过专业化设计的数据库模板,可用来跟踪联系人、任务、事件、学生和资产,以及其他类型的数据。用户可以立即使用它们,或者对其进行增强和调整,以完全按照所需的方式跟踪信息。

每个模板都是一个完整的跟踪应用程序,其中包含预定义表、窗体、报表、查询、宏和关系。这些模板被设计为可立即使用,这样,用户就可以快速开始工作;如果模板设计符合需求,则可以直接开始工作;如果不符合,则可以使用模板作为一个良好的开端,创建满足的特定需求的数据库。

除了 Access 2010 中包括的模板外,还可以连接到 Office.com 来下载更多的模板。

部分数据库模板如图 6-11 所示。

(7) 用来向现有数据库中添加功能的应用程序部件

用户可以通过使用应用程序部件(见图 6-12)轻松地向现有数据库中添加功能。应用程序部件是 Access 2010 中的新增功能,它是一个模板,是构成数据库的一部分(例如,预设格式的表或者具有关联窗体和报表的表)。例如,如果向数据库中添加"任务"应用程序部件,将获得"任务"表、"任务"窗体以及用于将"任务"表与数据库中的其他表相关联的选项。

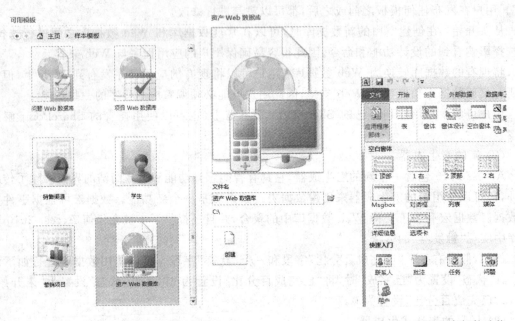

图 6-11　数据库模板　　　　　　　　　　图 6-12　应用程序部件功能

(8) 改进的数据表视图

用户无须提前定义字段即可创建表以及开始使用表,只须单击"创建"选项卡上的"表"按钮,然后开始在出现的新数据表中输入数据即可。Access 2010 会自动确定适合每个字段的最佳数据类型。"单击以添加"列向用户显示添加新字段的位置。如果用户需要更改新字段或现有字段的数据类型或显示格式,可以通过使用功能区上"字段"选项卡中的命令进行更改,如图 6-13 所示。还可以将 Microsoft Excel 表中的数据粘贴到新的数据表中,Access 2010 会自动创建所有字段并识别数据类型。

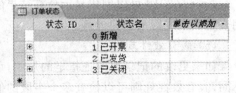

图 6-13　改进的数据表视图

(9) "字段列表"窗格

"字段列表"窗格(见图 6-14)可用于添加其他表中的字段。用户可以从记录源中的表、数据库中的相关表或不相关表中拖动字段。如果需要建立表之间的某种关系,则会自动创建该关系,或者在整个过程中都得到提示。

（10）布局视图帮助加快窗体和报表的设计速度

在查看窗体或报表中的数据的同时，可以使用布局视图来更改设计。Access 2010 布局视图相对于 Access 2007 进行了一些改进。在为网站设计窗体或报表时，将会用到布局视图，如图 6-15 所示。

图 6-14　"字段列表"窗格

图 6-15　布局视图

例如，可以通过从"字段列表"窗格拖动一个字段的方式在设计网格中添加一个字段；或者通过使用属性表来更改属性。

（11）使用控件布局保持内容整洁

布局是可作为一个单元移动和调整大小的控件组。在 Access 2010 中，对布局进行了增强，允许更加灵活地在窗体和报表上放置控件。可以水平或垂直拆分或合并单元格，从而能够轻松地重排字段、列或行。

在设计 Web 数据库时，必须使用布局视图，但设计视图仍可用于桌面数据库的设计工作。

2. 全新的用户界面

过去，命令和功能常常深藏在复杂的菜单和工具栏中。Office Access 2007 中引入并在 Access 2010 中增强的全新用户界面旨在使用户能够轻松地查找命令和功能。

（1）功能区

功能区（见图 6-16）是包含按特征和功能组织的命令组的选项卡集合。功能区取代了 Access 早期版本中分层的菜单和工具栏。功能区的重要功能包括：命令选项卡、上下文命令选项卡、库。

命令选项卡：显示通常配合使用的命令的选项卡，这样即可在需要命令的时候找到命令。

上下文命令选项卡：根据上下文显示的一种命令选项卡。所谓上下文，也就是正在着手处理的对象或正在执行的任务。上下文命令选项卡中包含极有可能适用于目前的工作的命令。

库：显示样式或选项的预览的新控件，以使用户能在做出选择前查看效果。

图 6-16　功能区

（2）Backstage 视图

Access 2010 中新增的 Backstage 视图包含应用于整个数据库的命令，例如压缩和修复或打开新数据库。命令排列在屏幕左侧的选项卡上，并且每个选项卡都包含一组相关命令或链接。例如，单击"新建"，将会显示一组按钮。可利用这些按钮从头创建新数据库，或从经过专业化设计的数据库模板库中选择一个模板来创建新数据库。

除了最近打开的数据库和（如果连接到 Internet）指向 office.com 文章的链接外，Backstage 视图（见图 6-17）中提供的许多命令可在早期版本的 Access 的"文件"菜单中找到。

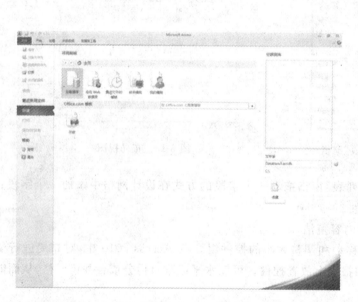

图 6-17　Backstage 视图

图 6-18　导航窗格

（3）导航窗格

导航窗格取代了之前的 Access 版本中使用的数据库窗口。Access 2010 的导航窗格列出了当前打开的数据库中的所有对象，并可让用户轻松访问这些对象，如图 6-18 所示。可使用导航窗格按对象类型、创建日期、修改日期和相关表（基于对象相关性）组织对象，或在用户创建的自定义组中组织对象。用户可以轻松地折叠导航窗格，使之只占用极少的空间，但仍保持可用。

（4）选项卡式对象

默认情况下，表、查询、窗体、报表和宏在 Access 窗口中都显示为选项卡式对象，如图 6-19 所示。可以针对单个数据库更改此设置，并使用对象窗口来代替

图 6-19　选项卡式对象

选项卡。

通过单击对象选项卡,可以在各种对象间轻松切换。

(5)"帮助"窗口

使用 Access 2010,可以轻松地从同一个"帮助"窗口同时访问 Access 帮助和《开发人员参考》内容。例如,可以轻松地将搜索范围更改为仅限于《开发人员参考》内容。不论在"帮助"窗口中做何种设置,Office.com 或 MSDN 上都始终联机提供所有 Access 帮助和《开发人员参考》内容。

3. 更强大的对象创建工具

Access 2010 为创建数据库对象提供了直观的环境。

(1)"创建"选项卡

使用"创建"选项卡可快速创建新窗体、报表、表、查询及其他数据库对象。如果在导航窗格中选择了一个表或查询,则可以通过单击一下"窗体"或"报表"按钮,基于该对象来创建新的窗体或报表。

通过此过程创建的新窗体和报表使用更新的设计使其外观更精美,并且可以立即投入使用。自动生成的窗体和报表具有专业的外观设计,并带有包括一个徽标和一个标题的页眉。此外,自动生成的报表还包括日期和时间信息,以及含有很多信息的页脚和总计。

(2)报表视图和布局视图

Office Access 2007 中引入并在 Access 2010 中增强的这些视图允许交互处理窗体和报表。通过使用报表视图,可以浏览精确呈现的报表,而不必打印它或在打印预览中显示它。若要重点查看某些记录,可以使用筛选功能,或使用"查找"操作来搜索匹配的文本。可以使用"复制"命令将文本复制到剪贴板上,或单击报表中显示的活动超链接以在浏览器中打开链接。

图 6-20 布局视图

使用布局视图,可以在浏览数据时更改设计。可以在查看窗体或报表中的数据时使用布局视图进行许多常见设计的更改。例如,可以通过从新的"字段列表"窗格中拖动字段名称来添加字段,或者通过使用属性表来更改属性。布局视图现在提供经过改进的设计布局。这些布局是一系列控件组,可以将它们作为一个整体来调整,这样就可以轻松重排字段、列、行或整个布局,还可以在布局视图中轻松删除字段或添加格式,如图 6-20 所示。

(3)方便地在报表中创建分组和排序

Office Access 2010 引入了一种更好且更易于访问的方法来在报表中进行分组和排序以及添加总计。界面易于导航和理解,并且在与新的布局视图结合使用时,可以立即看到更改效果,如图 6-21 所示。

图 6-21 在报表中创建分组和排序

假设希望按区域查看一个报表中的总销售额。使用布局视图和"分组、排序和汇总"窗格来添加组级别并请求汇总,即可在报表中看到实时更改,如图 6-22 所示。通过使用"总计"行,可以轻松地在报表页眉或页脚中添加总和、平均值、计数、最大值或最小值。简单的总计不再需要手动创建计算字段,只需指向字段并单击即可。

(4) 帮助创建完美的窗体和报表的改进的控件布局

窗体和报表通常包含表格式信息,例如包含客户名称的列或包含客户所有字段的行。可以将这些控件(包括标签)分组到可作为一个单元轻松操作的布局中,如图 6-23 所示。

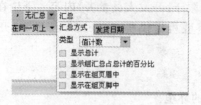

图 6-22　在报表中汇总

图 6-23　控件布局

由于可以从不同的部分选择控件,例如页眉或页脚部分中的标签,因此存在着很大的灵活性。可以轻松:移动布局或调整布局大小,例如,向左或向右移动列;设置布局格式,例如,将客户名称列设置为粗体以使其突出显示;向布局添加列(字段);从布局中删除列(字段);合并或分割单元格(仅限于 Access 2010)。布局是随用户的设计一起保存的,因此它们保持可用。

(5) 便于快速浏览数据的分割窗体

使用分割窗体(见图 6-24)可以创建合并了数据表视图和窗体视图的窗体。可以设置一个属性来告知 Access 将数据表放在顶部、底部、左侧还是右侧。分割窗体不适用于 Web 数据库。

图 6-24　分割窗体

(6) 窗体和报表中嵌入的宏

使用嵌入的宏就可以不必编写代码。嵌入的宏存储在属性中,是它所属对象的一部分。用户可以更改嵌入宏的设计,而不必担心其他控件可能会使用该宏,因为每个嵌入的宏都是独立的。可以信任嵌入的宏,因为系统会自动禁止它们执行某些可能不安全的操作。

4. 新的数据类型和控件

Access 2010 中新增的计算字段允许用户存储计算结果。

（1）计算字段

可以创建一个字段，以显示根据同一表中的其他数据计算而来的值。可以使用表达式生成器来创建计算，以便用户可以受益于智能感知功能并轻松访问有关表达式值的帮助。

其他表中的数据不能用作计算数据的源。计算字段不支持某些表达式。

（2）多值字段

多值字段可以为每条记录存储多个值。假设需要将一个任务分配给用户的一名员工或一个承包人，而用户希望把它分配给多个人。在大多数数据库管理系统和 Office Access 2007 之前的 Access 版本中，必须创建一个多对多关系才能成功完成这项工作。Access 创建了一个隐藏表来为每个多值字段维护必要的多对多关系。

当用户处理包含 Windows SharePoint Services 中所用的多值字段类型之一的 SharePoint 列表时，多值字段尤其适用。Access 2010 与这些数据类型兼容。

（3）文件的附件字段

图 6-25　附件数据类型

附件数据类型（见图 6-25）允许在数据库中轻松存储所有种类的文档和二进制文件，而不会使数据库大小发生不必要的增加。如果可能，Access 会自动压缩附件，以将所占用的空间降到最小。如希望将 Word 文档附加到记录中或将一系列数码图片保存到数据库中，使用附件会使这些任务变得更容易，甚至可以将多个附件添加到一条记录中。

可以在 Web 数据库中使用附件字段，但是每个 Web 表最多只能有一个附件字段。

（4）"备注"字段现在可存储格式文本并支持修订历史记录

格式文本"备注"字段意味着记录中不再仅限于使用纯文本。可以使用选项（例如加粗、倾斜、其他字体和颜色以及其他常用格式设置选项）来设置文本格式并将文本存储在数据库中。格式丰富的文本以基于 HTML 的格式（与 Windows SharePoint Services 中的格式文本数据类型兼容）存储在"备注"字段中。将新的"文本格式"属性设置为"格式文本"或"纯文本"后，便会在文本框控件和数据表视图中正确地设置信息的格式。

"备注"字段用来存储大量信息。可以将"仅追加"属性配置为保留对"备注"字段的所有更改的历史记录。然后，用户可以查看这些更改的历史记录。该功能还支持 Windows SharePoint Services 中的跟踪功能，因此，还可以使用 Access 来查看 SharePoint 列表内容历史记录。

（5）用于选取日期的日历

采用"日期/时间"数据类型的字段和控件会自动获得对 Access 2010 中所引入的内置交互式日历的支持。日历按钮自动出现在日期的右侧。单击该按钮，日历即会自动出现，以允许用户查找和选择日期。用户可以选择使用属性来为某个字段或控件关闭日历。

5. 改进的数据显示

新增的数据显示功能可帮助用户更快地创建数据库对象，然后更轻松地分析数据。

（1）增强的排序和筛选工具

Office Access 2010 可以帮助用户快速找到匹配值或对数据列进行排序，如图 6-26 所示。

　　自动筛选功能使得用户可以快速聚焦于所需的数据。用户可以从列中的唯一值中轻松选择，这在用户记不起所需的名称时非常有用；还可以通过使用简明语言上下文菜单选项（例如"从最旧到最新排序"或"从最小到最大排序"）来对值进行排序。

　　用户可以轻松地在菜单命令中找到最常用的筛选选项，还可以使用快速筛选器基于输入的数据限制信息。快速筛选器选项根据数据类型自动变化，如图 6-27 所示。因此，用户将看到符合数据类型的文本、日期和数值信息选项。

图 6-26　排序和筛选工具

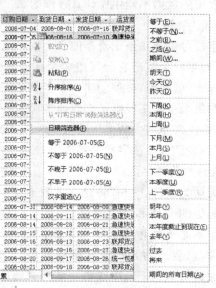

图 6-27　筛选

　　(2) 数据表中的总计和交替背景色

　　"数据表"视图提供了"汇总"行，在该行中可以显示总和、计数、平均值、最大值、最小值、标准偏差或方差。添加"汇总"行后，单击单元格中的箭头并选择所需的计算，如图 6-28 所示。

　　数据表、报表和连续窗体支持行的交替背景色，用户可以配置有别于默认背景色的背景色，可以轻松做到每隔一行加底纹，而且可以选择任何颜色，如图 6-29 所示。

　　(3) 条件格式

　　Access 2010 新增了设置条件格式功能，能够实现一些与 Excel 中提供的相同的格式样式。例如，可以添加数据条以使数字列看起来更清楚，如图 6-30 所示。

图 6-28　总计和交替背景色

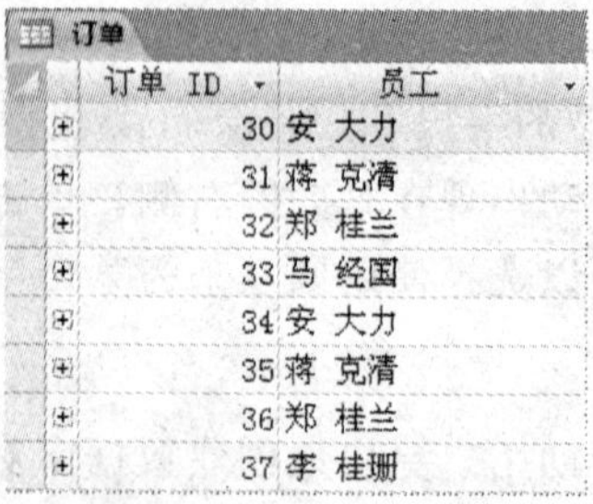

图 6-29　交替背景色

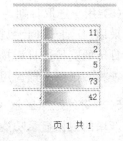

图 6-30　条件格式

条件格式不适用于 Web 数据库。

6. 增强的安全性

利用增强的安全功能以及与 Windows SharePoint Services 的高度集成,可以更有效地管理,并使用户能够让自己的信息跟踪应用程序比以往更加安全。通过将跟踪应用程序数据存储在 Windows SharePoint Services 上的列表中,可以审核修订历史记录、恢复已删除的信息以及配置数据访问权限。

Office Access 2007 引入了一个新的安全模型,Access 2010 继承了此安全模型并对其进行了改进。统一的信任决定与 Microsoft Office 信任中心相集成。通过受信任位置,可以很方便地信任安全文件夹中的所有数据库。可以加载禁用了代码或宏的 Office Access 2010 应用程序,以提供更安全的"沙盒"(即,不安全的命令不得运行)体验。受信任的宏以沙盒模式运行。

(1) 使用 InfoPath 表单和 Outlook 收集数据

数据收集功能可帮助使用 Outlook 以及 InfoPath(可选)来收集反馈。可以自动生成 InfoPath 表单或 HTML 表单并将其嵌入到电子邮件的正文中。然后,用户可以将该表单发送给从 Outlook 联系人中选择的收件人,或发送给存储在 Access 数据库中某个字段中的收件人姓名,如图 6-31 所示。

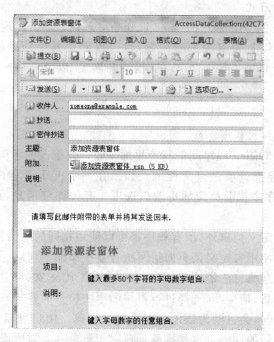

图 6-31　使用 InfoPath 表单和 Outlook 收集数据

选择收集新信息,还是更新现有信息。收件人然后填写好窗体并返回它。Outlook 识别传入窗体并自动将数据存储在用户的 Access 数据库中,因此无须重新输入。

(2) 导出为 PDF 和 XPS

在 Access 2010 中,可以将数据导出为 PDF(可移植文档格式)或 XPS(XML 纸张规范)文件格式以进行打印、发布和电子邮件分发,前提是首先将 Publish 作为 PDF 或 XPS 加载项安装。通过将窗体、报表或数据表导出为 .pdf 或 .xps 文件,可以通过保留了所有格式特征的便于分发的窗体来捕获信息,其他人不需要在其计算机上安装 Access 便可打印或审阅用户的输出。

可移植文档格式:可移植文档格式(PDF)是一种固定布局的电子文件格式,可以保留文档格式并支持文件共享。PDF 格式确保了在联机查看或打印文件时,可以完全保留所需的格式,而文件中的数据不能轻易复制或更改。对于要使用专业印刷方法进行复制的文档,PDF 格式也很有用。

XML 纸张规范:XPS 是一种电子文件格式,可以保留文档格式并支持文件共享。XPS 格式确保了在联机查看或打印文件时,可以完全保留所需的格式,而文件中的数据不能轻易复制或更改。

(3) 处理外部数据更加容易

现在可连接到作为外部数据源的 Web 服务。用户将需要由 Web 服务管理员提供的 Web 服务定义文件。在安装定义文件后,可以链接到作为链接表的 Web 服务数据。

利用 Office Access 2010 中引入的新功能,可以更加轻松地导入和导出数据。可以保存导入或导出操作,然后在下次需要执行相同任务时重新使用保存的操作。利用"导入电子表格向导",可以覆盖 Access 选择的数据类型,并且可以导入、导出为 Office Excel 2010 和更高版本的文件格式或链接到这些文件格式。

7. 排查故障的更佳方式

Office Access 2010 的 Microsoft Office 诊断是一系列有助于发现计算机崩溃原因的诊断测试。这些诊断测试可以直接解决部分问题,也可以确定其他问题的解决方法。Microsoft Office 诊断取代了 Microsoft Office 2003 的"检测并修复"以及"Microsoft Office 应用程序恢复"功能。

8. 增强的校对工具

以下是拼写检查的一些新增功能。

拼写检查器在各个 Office 程序间的行为更加一致。此更改的示例包括以下几方面。

现在,有几个拼写检查选项是全局性的。如果在一个 Office 程序中更改了其中一个选项,所有其他 Office 程序中也会相应地更改该选项。有关详细信息,请参阅文章选择拼写和语法检查的工作方式。

除了共享相同的自定义词典外,所有程序都可以使用相同的对话框,管理这些词典。有关详细信息,请参阅文章《使用自定义词典向拼写检查器中添加单词》一文。

拼写检查器包括后期修订法语词典。在 Microsoft Office 2003 中,它是一个加载项,需要单独安装。有关详细信息,请参阅《选择进行拼写和语法检查的方式》一文。

首次使用某种语言时,会自动为该语言创建排除词典。用户可以使用排除词典强制拼写检查器标记希望避免使用的词语。这些排除词典对于避免令人讨厌或者与用户的风格指南不匹配的措词非常有用。有关详细信息,请参阅《使用排除词典指定单词的首选拼写方式》一文。

6.2.3 Access 数据库的主要对象

Access 将数据库定义成一个文件,并分成多个对象,基本的数据库对象有表、查询、窗体、报表等。

1. 表

表(Table)是数据库最基本的组件,是存储数据的基本单元,它由不同的列、行组合而成,每一列代表某种特定的数据类型，称为字段，例如“学生编号”、“姓名”、“性别”等；每一行由各个特定的字段组成，称为记录。

字段中存放的信息种类很多，包括文本、数字、日期、货币、OLE 对象（声音、图像等）以及超链接等。每个字段包含一类信息，大部分表中都要设置主码，以便唯一地表示一条记录。在表内还可以定义索引，以加快查找速度。一个数据库中的多个表并不是孤立存在的，通过有相同内容的字段可在多个表之间建立关联。

例如，“学生”表的数据表视图如图 6-32 所示。

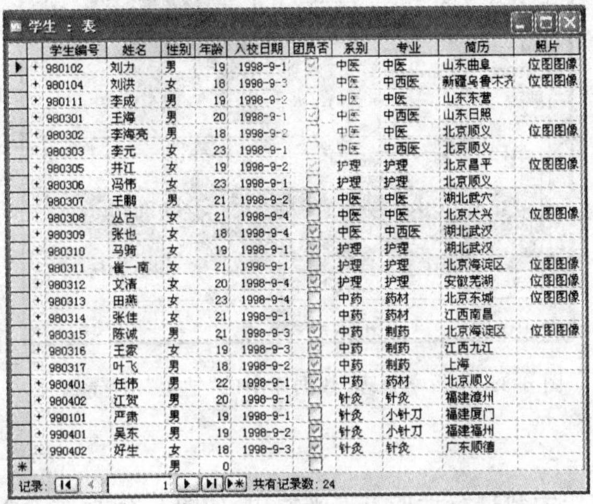
学生 : 表

学生编号	姓名	性别	年龄	入校日期	团员否	系别	专业	简历	照片
980102	刘力	男	19	1998-9-1	✓	中医	中医	山东曲阜	位图图像
980104	刘洪	女	18	1998-9-3		中医	中西医	新疆乌鲁木齐	位图图像
980111	李成	男	19	1998-9-2		中医	中医	山东东营	
980301	王海	男	20	1998-9-1	✓	中医	中西医	山东日照	
980302	李海亮	男	18	1998-9-2		中医	中医	北京顺义	位图图像
980303	李元	女	23	1998-9-1		中医	中西医	北京顺义	
980305	井江	女	19	1998-9-2	✓	护理	护理	北京昌平	位图图像
980306	冯伟	女	23	1998-9-1		护理	护理	北京顺义	
980307	王鹏	男	21	1998-9-2		中医	中医	湖北武穴	
980308	丛古	女	21	1998-9-4		中医	中医	北京大兴	位图图像
980309	张也	女	18	1998-9-4	✓	中医	中西医	湖北武汉	
980310	马骑	女	19	1998-9-1	✓	护理	护理	湖北武汉	
980311	崔一南	女	21	1998-9-1		护理	护理	北京海淀区	位图图像
980312	文清	女	20	1998-9-4	✓	护理	护理	安徽芜湖	位图图像
980313	田燕	女	23	1998-9-4		中药	药材	北京东城	位图图像
980314	张佳	女	21	1998-9-1		中药	药材	江西南昌	
980315	陈诚	男	21	1998-9-3	✓	中药	制药	北京海淀区	位图图像
980316	王家	女	19	1998-9-3	✓	中药	制药	江西九江	
980317	叶飞	男	18	1998-9-2	✓	中药	制药	上海	
980401	任伟	男	22	1998-9-1	✓	中药	药材	北京顺义	
980402	江贺	男	20	1998-9-1		针灸	针灸	福建漳州	
990101	严肃	男	19	1998-9-1		针灸	小针刀	福建厦门	
990401	吴东	男	19	1998-9-2	✓	针灸	小针刀	福建福州	
990402	好生	女	18	1998-9-3	✓	针灸	针灸	广东顺德	
		男	0						

记录: 1 共有记录数: 24

图 6-32　“学生”表的数据表视图

2. 查询

查询（Query）是通过设置某些条件，从表中获取所需要的数据。按照指定规则，查询可以从一个表、一组相关表和其他查询中抽取全部或部分数据，并将其集中起来，形成一个集合供用户查看。将查询保存为一个数据库对象后，可以在任何时候查询数据库的内容。“教学管理”数据库中的“学生选课成绩表”查询如图 6-33 所示。

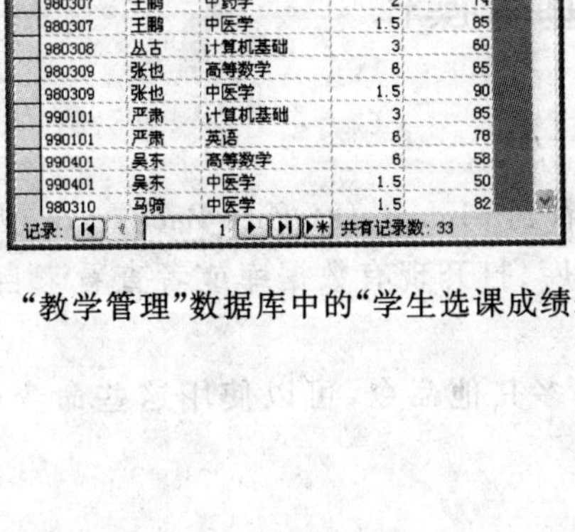
学生选课成绩表 : 选择查询

学生编号	姓名	课程名称	学分	成绩
980102	刘力	计算机基础	3	77
980102	刘力	英语	6	96
980102	刘力	高等数学	6	88
980104	刘洪	计算机基础	3	75
980104	刘洪	英语	6	67
980104	刘洪	高等数学	6	77
980301	王海	计算机基础	3	56
980301	王海	英语	6	58
980302	李海亮	计算机基础	3	70
980302	李海亮	高等数学	6	80
980303	李元	英语	6	60
980303	李元	中药学	2	80
980307	王鹏	中药学	2	74
980307	王鹏	中医学	1.5	85
980308	丛古	计算机基础	3	60
980309	张也	高等数学	6	65
980309	张也	中医学	1.5	90
990101	严肃	计算机基础	3	85
990101	严肃	英语	6	78
990401	吴东	高等数学	6	58
990401	吴东	中医学	1.5	50
980310	马骑	中医学	1.5	82

记录: 1 共有记录数: 33

图 6-33　“教学管理”数据库中的“学生选课成绩表”查询

3. 窗体

窗体(Form)是数据库和用户的一个联系界面,用于显示包含在表或查询中的数据和操作数据库中的数据。窗体不仅可以包含普通的数据,还可以包含图片、图形、声音、视频等多种对象。当数据表中的某一字段与另一数据表中的多个记录相关联时,还可以通过主/子窗体进行处理。例如,如图 6-34 所示为"学生"主/子窗体。

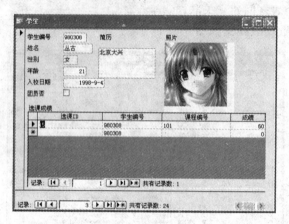

图 6-34　"教学管理"数据库中的"学生"主/子窗体

4. 报表

报表(Report)通常作为数据统计的方式来使用,如图 6-35 所示。Access 报表的设计与窗体类似,多用于按指定样式打印数据。利用报表也可以进行统计计算,如求和、求平均值等。

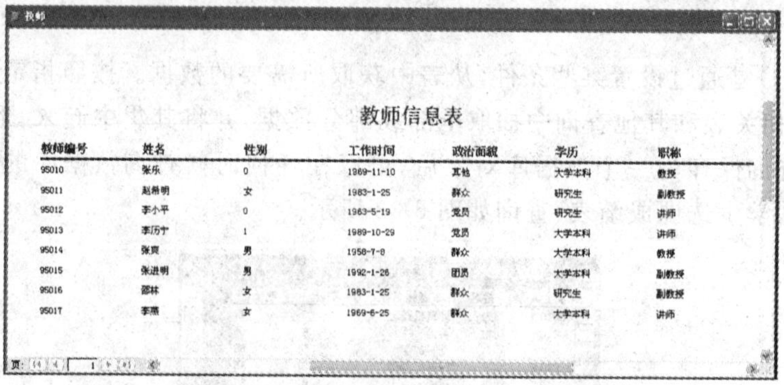

图 6-35　"教学管理"数据库中的"教师"报表

6.3　Access 2010 基本操作

6.3.1　打开 Access

启动 Access 2010 时,将看到 Microsoft Office Backstage 视图,可以从该视图获取有关当前数据库的信息、创建新数据库、打开现有数据库或者查看来自 Office.com 的特色内容,如图 6-36 所示。

Backstage 视图还包含许多其他命令,可以使用这些命令来调整、维护或共享数据库。

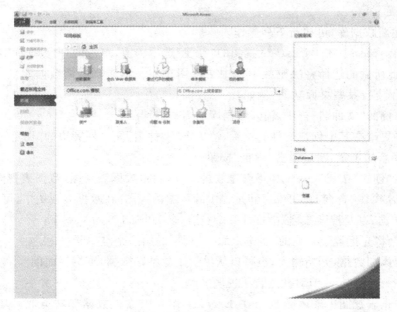

图 6-36 Backstage 视图

Backstage 视图中的命令通常适用于整个数据库,而不是数据库中的对象。通过单击"文件"选项卡可以随时访问 Backstage 视图。

6.3.2 查找并应用模板

Access 提供了种类繁多的模板,使用它们可以加快数据库创建过程。模板是随即可用的数据库,其中包含执行特定任务时所需的所有表、查询、窗体和报表。例如,有的模板可以用来跟踪问题、管理联系人或记录费用;有的模板则包含一些可以帮助演示其用法的示例记录。模板数据库可以原样使用,也可以对它们进行自定义,以便更好地满足需要。若要查找模板并将模板应用到数据库,可执行下列操作。

在"文件"选项卡上,单击"新建"按钮。在"可用模板"下,执行下列操作之一。

若要重新使用最近使用过的模板,单击"最近打开的模板"按钮,然后选择所需模板。

若要使用已安装的模板,请单击"我的模板"按钮,然后选择所需模板。

若要在 Office.com 上查找模板,请在 Office.com 模板下单击相应的模板类别,选择所需的模板,然后单击"下载"按钮将 Office.com 中的模板下载到计算机上。

也可以从 Access 中搜索 Office.com 模板。在"在 Office.com 上搜索模板"文本框中,输入一个或多个搜索词,然后单击箭头按钮进行搜索。

或者,单击"文件名"文本框旁边的文件夹图标,通过浏览找到要创建数据库的位置。如果不指明特定位置,Access 将在"文件名"文本框中显示的默认位置创建数据库。

单击"创建"按钮。Access 将创建数据库,然后将其打开以备使用。

6.3.3 创建数据库

如果没有模板可满足需要,或者要在 Access 中使用另一个程序中的数据,那么用户可能认为更好的办法是从头开始创建数据库。在 Access 2010 中,用户可以选择标准桌面数据库或 Web 数据库。

若要创建新数据库,可执行下列操作。

(1) 启动 Access。在 Backstage 视图的"新建"选项卡上,单击"空白数据库"或"空白 Web 数据库"。在此所做的选择将决定数据库中的可用功能。不能将桌面数据库发布到 Web,而 Web 数据库不支持某些桌面功能,例如,汇总查询。

(2) 在右侧的"文件名"框中,输入数据库的名称。

(3) 若要更改在其中创建文件的位置,请单击"文件名"文本框旁边的"浏览"按钮,通过浏览找到并选择新的位置,然后单击"确定"按钮。

(4) 单击"创建"按钮。Access 将创建数据库,然后在数据表视图(数据表视图:以行列格式显示来自表、窗体、查询、视图或存储过程中的数据的视图,在数据表视图中,可以编辑字段、添加和删除数据,以及搜索数据)中打开一个空表(名为"表1")。

Access 会将光标置于新表的"单击以添加"列中的第一个空单元格内。

(5) 若要添加数据,开始输入,也可以从另一个源粘贴数据,本书后面的"将数据从另一个源粘贴到 Access 表中"一节对此进行了说明。

(6) 在数据表视图中输入数据与在 Excel 工作表中输入数据非常类似。其主要的限制是,必须从数据表的左上角开始,在连续的行和列中输入数据。不应当像在 Excel 工作表中那样,尝试通过包括空行或列来设置数据的格式,因为这样做将浪费表的空间。表只包含数据。数据的所有可视化表现形式都将在随后设计的窗体和报表中完成。

表的结构是在输入数据时创建的。在任何时候向数据表添加新列时,都会在该表中定义新的字段。Access 基于所输入的数据的类型来设置字段的数据类型。数据类型决定字段可拥有的数据类型的字段特征。数据类型包括 Boolean、Integer、Long、Currency、Single、Double、Date、String 和 Variant(默认)。例如,有一个在其中仅输入了日期值的列,则 Access 会将该字段的数据类型设置为"日期/时间"。如果随后试图在该字段中输入非日期值(例如,姓名或电话号码),那么 Access 将显示一条消息,提醒该值与此列的数据类型不匹配。如果可能,应当制订表计划以使每个列都包含相同类型的数据,这些类型可以是文本、日期、数字,也可以是某些其他类型。这会更容易生成只选择所需数据的查询、窗体和报表。

如果不想此时输入数据,请单击"关闭"按钮。如果在不保存的情况下关闭,Access 将删除 Table1。

6.3.4 打开现有的 Access 数据库

若要快速打开最近打开过的多个数据库中的一个数据库,请在"文件"选项卡上选择"最近"选项,然后单击文件名。

在"文件"选项卡上,选择"打开"选项。在"打开"对话框中单击快捷方式,或者在"查找范围"文本框中单击包含所需数据库的驱动器或文件夹。

在文件夹列表中,双击文件夹,直到打开包含所需数据库的文件夹。

找到数据库时,执行下列操作之一。

(1) 若要在默认打开模式下打开数据库,双击它即可。

(2) 若要为了在多用户(多用户数据库:该数据库允许多个用户同时访问并修改同一数据集)环境中进行共享访问而打开数据库,以便本用户和其他用户都可以读写数据库,单击"打开"。

（3）若要为了进行只读访问而打开数据库,以便可以查看数据库但不允许编辑数据库,单击"打开"按钮旁边的箭头,然后单击"以只读方式打开"。

（4）若要为了进行独占访问而打开数据库,以便在打开数据库后任何其他人都不能再打开它,单击"打开"按钮旁边的箭头,然后单击"以独占方式打开"。

（5）要以只读访问方式打开数据库,请单击"打开"按钮旁的箭头,然后单击"以独占只读方式打开"。其他用户仍可以打开该数据库,但是只能进行只读访问。

如果找不到要打开的数据库,在"打开"对话框中单击"我的电脑"快捷方式,或者在"查找范围"框中单击"我的电脑"。在驱动器列表中,右击可能包含该数据库的驱动器,然后单击"搜索"按钮。输入搜索条件,然后按 Enter 搜索该数据库。如果找到该数据库,在"搜索结果"对话框中双击它以将其打开。由于搜索是从"打开"对话框开始的,因此必须在该对话框中单击"取消",才能打开数据库。

可以直接打开采用外部文件格式（如 dBASE、Paradox、Microsoft Exchange 或 Excel）的数据文件。还可以直接打开任何 ODBC 数据源。ODBC 数据源是位于支持开放式数据库连接性（ODBC）协议的程序或数据库中,需要进行访问的数据和信息。如 Microsoft SQL Server 或 Microsoft FoxPro。Access 将在数据文件所在的同一文件夹中自动创建新的 Access 数据库,并添加指向外部数据库中每个表的链接。

6.3.5 开始使用新数据库

根据使用的模板,执行下列一项或多项操作开始使用新数据库。

（1）如果 Access 显示带有空用户列表的"登录"对话框,请从下面的过程开始。

单击"新建用户"按钮。填写"用户详细信息"窗口。单击"保存并关闭"按钮。选择刚刚输入的用户名,然后单击"登录"按钮。

（2）如果 Access 显示空白数据表,可以在该数据表中直接开始输入数据,也可以单击其他按钮和选项卡来浏览数据库。

（3）如果 Access 显示"开始使用"页面,可以单击该页上的链接以了解有关数据库的详细信息,也可以单击其他按钮和选项卡来浏览数据库。

（4）如果 Access 在消息栏中显示"安全警告"消息,并且用户信任模板来源,请单击"启用内容"按钮。如果数据库要求登录,将需要重新登录。

对于桌面和 Web 数据库,还需要从下列步骤之一开始：添加表,然后在该表中输入数据；从其他源中导入数据,从而在该过程中创建新表。

6.3.6 添加表

使用"创建"选项卡上的"表"组（见图 6-37）中的工具,可以向现有数据库添加新表。在 Web 数据库中,只能在"表"组中使用"表"命令。

不管从哪个视图开始,始终可以使用 Access 窗口中状态栏上的视图按钮切换到其他视图。

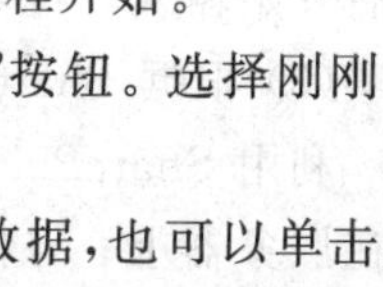

图 6-37 "表"组

（1）在数据表视图中创建空白表

在数据表视图中,可以直接输入数据并使 Access 在后台生成表结构。字段名以编号形式指定（"字段 1"、"字段 2"等）,并且 Access 会根据输入的数据的类型来设置字段数据类型。

　　在"创建"选项卡上的"表"组中,单击"表"按钮。Access 将创建表,然后将光标放在"单击以添加"列中的第一个空单元格中。

　　若要添加数据,请在第一个空单元格中开始键入,也可以从另一个源粘贴数据,若要重命名列(字段),请双击对应的列标题,然后输入新名称。为每个字段指定有意义的名称,以使用户能够在不查看数据的情况下即可知道它包含的内容。

　　若要移动列,单击它的列标题将它选中,然后将它拖到所需位置。还可以选择若干连续列,并将它们全部一起拖到新位置。

　　若要向表中添加多个字段,可以开始在数据表视图的"单击以添加"列中键入内容,也可以使用"字段"选项卡上的"添加和删除"组中的命令添加新字段。

　　(2) 在设计视图中开始创建表

　　在设计视图中,首先创建新表的结构。然后切换至数据表视图以输入数据,或者使用某种其他方法(如使用窗体)输入数据。设计视图不可用于 Web 数据库中的表。

　　在"创建"选项卡上的"表"组中,单击"表设计"按钮。对于表中的每个字段,请在"字段名称"列中键入名称,然后从"数据类型"列表中选择数据类型。可在"说明"列中输入每个字段的附加信息。当插入点位于该字段中时,所输入的说明将显示在状态栏中。对于通过将字段从"字段列表"窗格拖到窗体或报表中所创建的任何控件,以及通过窗体向导或报表向导为该字段创建的任何控件,所输入的说明也将用作这些控件的状态栏文本。添加完所有字段之后,保存该表:在"文件"选项卡上,单击"保存"按钮。

　　可以通过以下方式随时开始在表中输入数据:切换到数据表视图,单击第一个空单元格,然后开始输入。也可以从另一个源粘贴数据,下一节将对此进行描述。

　　(3) 根据 SharePoint 列表创建表

　　利用 SharePoint 列表,没有 Access 的人员也可以使用用户的数据。而且,列表数据将存储在服务器上;与将文件存储在台式机上相比,这样通常可以更好地防止数据丢失。可以从新列表开始,也可以链接到现有列表。用户必须对要创建列表的 SharePoint 网站具有足够的权限;这可能会因网站的不同而异,因此,与 SharePoint 管理员联系可以了解有关选项的详细信息。Web 数据库中未提供此功能。

　　在"创建"选项卡上的"表"组中,单击"SharePoint 列表"按钮。可以使用某个列表模板来创建标准 SharePoint 列表,例如,"联系人"或"活动"。也可以选择创建自定义列表,或者链接到或导入现有列表,单击所需选项。

　　如果选择了任何列表模板或选择了创建自定义列表,系统将打开"新建列表"对话框以引导用户完成这一过程。如果选择了使用现有列表,系统将打开"获取外部数据"对话框以向用户提供帮助。

6.3.7　将数据从另一个源粘贴到 Access 表中

　　如果用户的数据当前存储在其他程序(如 Excel)中,则可以将数据复制并粘贴到 Access 表中。通常,此方法最适合用于像在 Excel 工作表中一样已按列分隔的数据。如果数据位于文字处理程序中,则应首先使用制表符分隔数据列,或者在文字处理程序中将数据转换为表,然后再复制数据。如果数据需要进行任何编辑或处理(如将全名分隔为名字和姓氏),则在复制数据之前可能需要先执行此操作,在不熟悉 Access 的情况下尤其如此。

将数据粘贴到空表中时,Access 会根据每个字段中发现的数据种类来设置该字段的数据类型。例如,如果所粘贴的字段只包含日期值,则 Access 会将"日期/时间"数据类型应用于该字段。如果所粘贴的字段只包含文字"是"和"否",则 Access 会将"是/否"数据类型应用于该字段。

Access 会根据其在第一行粘贴数据中找到的内容来命名字段。如果第一行粘贴数据与后面行中数据的类型相似,则 Access 会认为第一行属于数据的一部分,并赋予字段通用名称(如 Field1、Field2 等)。如果第一行粘贴数据与后面行中数据不相似,则 Access 会使用第一行作为字段名,并且不会将第一行算作实际数据。

如果 Access 赋予通用字段名称,则应当尽快重命名字段,以免发生混淆。可按以下步骤操作:在"文件"选项卡上,单击"保存"按钮以保存表。在数据表视图中,双击每个列标题,然后为每一列输入一个名称。再次保存该表。

6.3.8 导入或链接到其他源中的数据

用户可能已在另一个程序中收集了数据,并且希望在 Access 中使用这些数据。用户可能会与将数据存储在其他程序中的用户协同工作,而且希望在 Access 中使用这些用户的数据。或者,用户也可能具有多个不同的数据源,因此需要一个将所有数据源融合在一起以便进行更深入的分析的"平台"。

Access 能够很轻松地导入或链接到其他程序中的数据。它可以从 Excel 工作表中、另一个 Access 数据库的表中、SharePoint 列表中或者各种其他源中导入数据。根据数据源的不同,导入过程会稍有不同,但下面这些说明可帮助用户开始执行此操作。

在"外部数据"选项卡的"导入和链接"组中,单击要从中导入数据的文件类型对应的选项。例如,如果要从 Excel 工作表导入数据,则请单击 Excel 选项。如果没有看见正确的程序类型,请单击"更多"按钮。

如果在"导入并链接"组中找不到正确的格式类型,则可能需要启动最初创建数据时所用的程序,然后使用该程序以 Access 支持的文件格式,如带分隔符的文本文件。带分隔符的文本文件是一种文件,所含数据中的各个字段值由字符分隔开,如逗号或制表符。保存数据,然后才能导入或链接到这些数据。

在"获取外部数据"对话框中,单击"浏览"按钮找到源数据文件,或在"文件名"框中输入源数据文件的完整路径。在"指定数据在当前数据库中的存储方式和存储位置"下,单击所需选项。可以使用导入的数据创建新表,也可以创建链接表以保持与数据源的链接。单击"确定"按钮。根据用户的选择,系统将打开"链接对象"对话框或"导入对象"对话框。使用相应的对话框完成此过程。需要执行的确切过程取决于您选择的导入或链接选项。在向导的最后一页上,单击"完成"按钮。

如果选择了导入,Access 将询问是否要保存刚才完成的导入操作的详细信息。

如果认为用户将再次执行此相同的导入操作,请单击"保存导入步骤"按钮,然后输入详细信息。可以很容易重复执行该导入操作,方法是:在"外部数据"选项卡上的"导入"组中单击"已保存的导入",选择"导入规范"选项,然后单击"运行"按钮。

如果不想保存该操作的详细信息,请单击"关闭"按钮。

Access 会将数据导入新表中,然后在导航窗格中的"表"下面显示该表。

习题

一、选择题

1. 数据库系统的核心是( )。

    A. 数据模型   B. 数据库管理系统   C. 软件工具   D. 数据库

2. 下列描述中正确的是( )。

    A. 数据库系统是一个独立的系统,不需要操作系统的支持

    B. 数据库设计是指设计数据库管理系统

    C. 数据库技术的根本目标是要解决数据共享的问题

    D. 数据库系统中,数据的物理结构必须与逻辑结构一致

3. 数据模型反映的是( )。

    A. 事物本身的数据和相关事物之间的联系

    B. 事物本身所包含的数据

    C. 记录中所包含的全部数据

    D. 记录本身的数据和相关关系

4. 用树形结构表示实体之间联系的模型是( )。

    A. 关系模型   B. 网状模型

    C. 层次模型   D. 以上均正确

5. 假设数据库中表 A 与表 B 建立了"一对多"关系,表 B 为"多"的一方,则下述说法中正确的是( )。

    A. 表 A 中的一条记录能与表 B 中的多条记录匹配

    B. 表 B 中的一条记录能与表 A 中的多条记录匹配

    C. 表 A 中的一个字段能与表 B 中的多个字段匹配

    D. 表 B 中的一个字段能与表 A 中的多个字段匹配

6. 数据表中的"行"称为( )。

    A. 字段   B. 数据   C. 记录   D. 数据视图

7. 为了合理地组织数据,应遵循的设计原则是( )。

    A. "一事一地"的原则,即一个表描述一个实体或实体间的一种联系

    B. 表中的字段必须是原始数据和基本数据元素,并避免在表中出现重复字段

    C. 用外部关键字保证有关联的表之间的关系

    D. A、B 和 C

8. "商品"与"顾客"两个实体集之间的联系一般是( )。

    A. 一对一   B. 一对多   C. 多对一   D. 多对多

9. 数据库(DB)、数据库系统(DBS)、数据库管理系统(DBMS)之间的关系是( )。

    A. DB 包含 DBS 和 DBMS   B. DBMS 包含 DB 和 DBS

    C. DBS 包含 DB 和 DBMS   D. 没有任何关系

10. 常见的数据模型有 3 种,它们是( )。

    A. 网状、关系和语义   B. 层次、关系和网状

    C. 环状、层次和关系   D. 字段名、字段类型和记录

11. 关系数据库管理系统中,所谓的关系是(　　　)。

　　A. 各条记录中的数据有一定的关系

　　B. 一个数据文件与另一个数据文件之间有一定的关系

　　C. 数据模型符合满足一定条件的二维表格式

　　D. 数据库中各个字段之间有一定的关系

12. Access 的数据类型是(　　　)。

　　A. 层次数据库　　　　　　　　　　　B. 网状数据库

　　C. 关系数据库　　　　　　　　　　　D. 面向对象数据库

13. 在数据库系统中,数据的最小访问单位是(　　　)。

　　A. 字节　　　　　B. 字段　　　　　C. 记录　　　　　D. 表

14. 在 Access 中,用来表示实体的是(　　　)。

　　A. 域　　　　　　B. 字段　　　　　C. 记录　　　　　D. 表

15. 数据库系统中,最早出现的数据库模型是(　　　)。

　　A. 语义网络　　　B. 层次模型　　　C. 网状模型　　　D. 关系模型

16. 数据是指存储在某一媒体上的(　　　)。

　　A. 数学符号　　　B. 物理符号　　　C. 逻辑符号　　　D. 概念符号

17. 在 Access 数据库中,表就是(　　　)。

　　A. 关系　　　　　B. 记录　　　　　C. 索引　　　　　D. 数据库

18. Access 中表和数据库的关系是(　　　)。

　　A. 一个数据库可以包含多个表

　　B. 一个表只能包含两个数据库

　　C. 一个表可以包含多个数据库

　　D. 一个数据库只能包含一个表

19. 利用 Access 创建的数据库文件,其扩展名为(　　　)。

　　A. .adp　　　　　B. .dbf　　　　　C. .frm　　　　　D. .mdb

20. 不属于 Access 对象的是(　　　)。

　　A. 表　　　　　　B. 文件夹　　　　C. 窗体　　　　　D. 查询

21. 若使打开的数据库文件能为网上其他用户共享,但只能浏览数据,要选择打开数据库文件的方式为(　　　)。

　　A. 以只读方式打开　　　　　　　　　B. 以独占只读方式打开

　　C. 以独占方式打开　　　　　　　　　D. 打开

22. Access 数据库具有很多特点,下列叙述中,不是 Access 特点的是(　　　)。

　　A. Access 数据库可以保存多种数据类型,包括多媒体数据

　　B. Access 可以通过编写应用程序来操作数据库中的数据

　　C. Access 可以支持 Internet/Intranet 应用

　　D. Access 作为网状数据库模型支持客户机/服务器应用系统

23. 以下叙述中,正确的是(　　　)。

　　A. Access 只能使用系统菜单创建数据库应用系统

　　B. Access 不具备程序设计能力

　　C. Access 只具备模块化程序设计能力

D. Access 具有面向对象的程序设计能力,并能创建复杂的数据库应用系统

24. Access 是一个(　　　)。

　　A. 数据库文件系统　　　　　　　　　B. 数据库系统

　　C. 数据库应用系统　　　　　　　　　D. 数据库管理系统

25. 不是 Access 关系数据库中的对象的是(　　　)。

　　A. 查询　　　　　B. Word 文档　　　　C. 数据访问页　　　D. 窗体

二、填空题

1. 在 Access 数据库系统中,数据对象共有_____种。

2. 在关系模型中,把数据看成是二维表,每一个二维表称为一个_____。

3. 学生教学管理系统、图书管理系统都是以_____为基础核心的计算机应用系统。

4. 在 Access 中建立的数据库文件的扩展名是_____。

5. 在关系数据库的基本操作中,从表中取出满足条件的元组的操作称为_____。

6. 在关系数据的基本操作中,把两个关系中相同属性值的元组连接到一起形成新的二维表的操作称为_____。

7. 在表中,数据的保存形式类似于电子表格,是以行和列的形式保存的。表中的行和列分别称为记录和字段,其中,记录是由一个或多个_____组成的。

8. 关系数据库具有高度的数据和程序的_____。

9. 数据库系统的主要特点为:实现数据_____,减少数据_____,采用特定的_____,具有较高的_____,具有统一的数据控制功能。

10. Access 数据库由数据库_____和_____两部分组成,其中,_____又分为表、查询、窗体、报表、数据访问页、宏和模块 7 种。

第7章　常用工具软件

本章将介绍使用计算机过程中常用的一系列工具软件。其中,包含常用辅助工具、E-mail 客户端、多媒体软件、安全软件等。

7.1　常用辅助工具

7.1.1　压缩/解压缩软件 WinARA

压缩软件是为了使文件的大小变得更小便于交流而诞生的。WinRAR 是在 Windows 的环境下对 RAR 格式的文件(经 WinRAR 压缩形成的文件)进行管理和操作的一款压缩软件。这是一个相当不错的软件,可以和 WinZip(老牌解压缩软件)相媲美。在某些情况下,它的压缩率比 WinZip 还要大。WinRAR 的一大特点是支持很多压缩格式,除了 RAR 和 ZIP 格式(经 WinZip 压缩形成的文件)的文件外,WinRAR 还可以为许多其他格式的文件解压缩,同时,使用这个软件也可以创建自解压可执行文件。现在,简要说明一下这个软件的应用。

1. WinRAR 压缩文件

当用户在文件或者文件夹上右击时,就会看见如图 7-1 所示的文件右键快捷菜单中用圆角矩形标注的部分就是 WinRAR 在右键中创建的快捷菜单。这里着重要讲“添加到压缩文件”命令。当选择这个命令后,就会出现如图 7-2 所示的“压缩文件名和参数”对话框,在“常规”选项卡中设置相关内容。

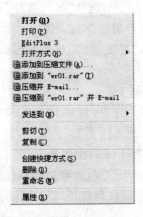

图 7-1　文件右键快捷菜单(1)

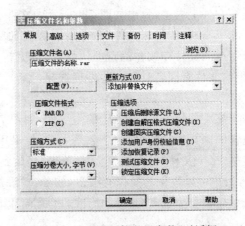

图 7-2　“压缩文件名和参数”对话框

(1)“压缩文件名”区域中可以选择生成的压缩文件保存在磁盘上的具体位置和名称。档案文件就是生成的压缩文件。

(2)"压缩文件格式"区域中选择生成的压缩文件是 RAR 格式(经 WinRAR 压缩形成的文件)或 ZIP 格式(经 WinZip 压缩形成的文件)。

(3)"压缩方式"是对压缩的比例和压缩的速度的选择,由上到下选择的压缩比例越来越大,但速度越来越慢。

(4)"压缩分卷大小,字节"。当压缩后的大文件需要用几张软盘存放的时候,就要选择压缩包分卷的大小。

(5)压缩文件的密码设置。有时用户对压缩后的文件有保密的要求。那么用户只要选择图 7-2 中的"高级"选项卡就出现如图 7-3(a)所示的对话框,单击图 7-3 中的"设置密码"按钮,弹出如图 7-3(b)所示对话框,设置完成单击"确定"按钮退出。进行密码设置后的压缩文件,需要特定的保密才能解压缩。

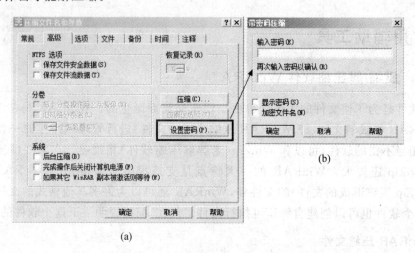

(a)

图 7-3　压缩文件的密码设置

2. 解压缩文件

(1)压缩文件右键菜单解压缩

在压缩文件上右击,弹出如图 7-4 所示的文件右键快捷菜单,选择"解压文件"命令就可以进行解压缩了。选择"解压文件"命令后会弹出如图 7-5 所示的对话框。其中,"目标路径"指的是解压缩后的文件存放在磁盘上的位置。"更新方式"和"覆盖方式"是在解压缩文件与"目标路径"中的文件有同名时的一些处理选择。

(2)双击打开压缩文件解压缩

双击压缩文件打开 WinRAR 的主界面,如图 7-6 所示。图 7-6 中的列表框内就是压缩文件中所包含的原文件(原文件的个数是一个,如果用户压缩时选择了 11 个文件,那么列表框内显示的就是 11 个文件)。在图 7-6 中,单击"释放到"按钮,接下来的操作步骤如同方法一。在图 7-6 中,用户可以进行的操作有很多,如单击"添加"按钮向压缩包内增加需压缩的文件;单击"自释放"按钮可生成 EXE 可执行文件(脱离 WinRAR 就可自行解压)。

3. WinRAR 软件使用注意要点

(1)WinRAR 软件的使用需注意软件的版本,应尽可能地使用高版本,如果使用低版本的 WinRAR 可能不能解压缩由高版本的 WinRAR 压缩的文件。

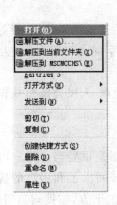

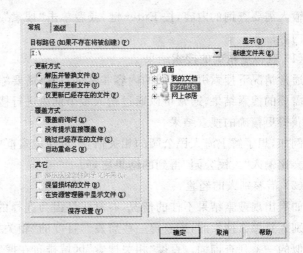

图 7-4　文件右键快捷菜单(2)　　　　　　图 7-5　释放文件窗口

图 7-6　压缩文件双击主界面

(2) WinRAR 软件在压缩时设置的密码,安全性并不是最高的,通过专门的破解软件有破译密码的可能性,所以在设置密码时,密码最好由"字母＋数字＋标点符号"组成(其他密码设置也可采用此组码方案)。

(3) 虽然 WinRAR 软件已基本兼容 WinZip 生成的压缩文件,但有某些 ZIP 文件可能用 WinRAR 解不开,此时不妨用最新版的 WinZip 试试。

(4) 有关联设置的文件,如 DOC、XLS 文件,在如图 7-6 所示的 WinRAR 主界面下,虽然无须双击列表框内所包括的文件即可打开相应文件,但这时打开的文件是写保护状态的,在这种状态下对打开文件所做操作若以原文件存盘,将不会保存修改的结果,除非将修改后的内容另存为其他相应的 DOC 或 XLS 文件。

(5) WinRAR 软件是一款共享软件,一般有 30～40 天的使用时间限制,若不注册, WinRAR 软件过期之后不能再使用,此时可以卸载 WinRAR 后重装或安装更新版本的 WinRAR。

7.1.2　网页工具

1. 搜索引擎

目前国内常见的搜索引擎主要有百度和谷歌。搜索引擎使用方法简单方便,只须在搜索框内输入需要查询的内容,按 Enter 键,或者单击"搜索"按钮,就可以得到最符合查询要求的网页内容。

（1）获得更精确的搜索结果

通常情况下搜索引擎返回的内容非常多,如果需要缩小返回的搜索结果数量,更好地得到用户需要的搜索结果,通常可以通过输入多个词语进行搜索(不同字词之间用一个空格隔开),可以获得更精确的搜索结果。

例如,想了解上海人民公园的相关信息,可在搜索框中输入"上海 人民公园",获得的搜索结果会比输入"人民公园"得到的结果更好。

（2）借鉴别人的经验

如果出现搜索结果不佳的情况,有时候是因为选择的查询词不是很妥当。用户可以通过参考别人是怎么搜索的,来获得一些启发。百度的"相关搜索"区域列出了和用户的搜索内容很相似的一系列查询词。百度"相关搜索"区域排布在搜索结果页的下方,按搜索热门度排序。

（3）专业文档搜索

很多有价值的资料,在因特网上并非是普通的网页,而是以 Word、PowerPoint、PDF 等格式存在的。百度支持对 Office 文档(包括 Word、Excel、PowerPoint)、Adobe PDF 文档、RTF 文档的全文搜索。搜索这类文档的方法很简单,可在普通的查询词后面,加一个"filetype："文档类型限定。"filetype:"后可以跟以下文件格式：DOC、XLS、PPT、PDF、RTF、ALL。其中,ALL 表示搜索所有这些文件类型。例如,查找张五常关于交易费用方面的经济学论文。"交易费用 张五常 filetype:doc",单击结果标题,直接下载该文档,也可以单击标题后的"HTML 版"快速查看该文档的网页格式内容。

用户也可以通过"百度文档搜索"界面(http://file.baidu.com/),直接使用专业文档搜索功能。

（4）高级搜索语法

① 把搜索范围限定在网页标题中——intitle。网页标题通常是对网页内容提纲挈领式的归纳。把查询内容范围限定在网页标题中,有时能获得较好的效果。使用的方式是：把查询内容中特别关键的部分,用"intitle："领起来。例如,找林青霞的写真,就可以这样查询："写真 intitle:林青霞"。

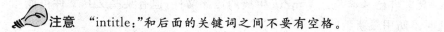

注意　"intitle:"和后面的关键词之间不要有空格。

② 把搜索范围限定在特定站点中——site。如果用户知道某个站点中有自己想要找的东西,就可以把搜索范围限定在这个站点中,提高查询效率。使用的方式是：在查询内容的后面加上"site:站点域名"。例如,天空网下载软件不错,就可以这样查询：msn site:skycn.com。

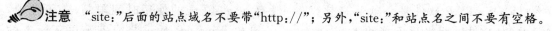

注意　"site:"后面的站点域名不要带"http://"；另外,"site:"和站点名之间不要有空格。

③ 把搜索范围限定在 URL 链接中——inurl。网页 URL 中的某些信息,常常有某种有价值的含义。此时,如果用户对搜索结果的 URL 做某种限定,就可以获得较好的效果。实现的方式是："inurl:"后跟需要在 URL 中出现的关键词。例如,找关于 Photoshop 的使用技巧,可以这样查询：photoshop inurl:jiqiao。上面这个查询串中的"photoshop"可以出现在网页中的任何位置,而"jiqiao"则必须出现在网页 URL 中。

注意　"inurl:"语法和后面所跟的关键词不要有空格。

④ 精确匹配——双引号和书名号。如果输入的查询词很长,百度在经过分析后,给出的搜索结果中的查询词可能是拆分的。如果用户对这种情况不满意,可以尝试让百度不拆分查询词。给查询词加上双引号,就可以达到这种效果。例如,搜索"上海科技大学",如果不加双引号,搜索结果被拆分,效果不是很好,但加上双引号后,搜索"上海科技大学"获得的结果就全是符合要求的了。

书名号是百度独有的特殊的查询语法。在其他搜索引擎中,书名号会被忽略,而在百度中,中文书名号是可被查询的。加上书名号的查询词,有两层特殊功能,一是书名号会出现在搜索结果中;二是被书名号引起来的内容不会被拆分。书名号在某些情况下特别有效,例如,搜索名字很通俗和常用的电影或者小说。比如,搜索电影"手机",如果不加书名号,很多情况下出来的是通信工具——手机,而加上书名号后,《手机》结果就都是关于电影方面的了。

⑤ 要求搜索结果中不含特定查询词。如果用户发现搜索结果中,有某一类网页是不希望看见的,而且,这些网页都包含特定的关键词,那么用减号语法,就可以去除所有这些含有特定关键词的网页。例如,搜索"神雕侠侣",用户希望是关于武侠小说方面的内容,却发现很多关于电视剧方面的网页。那么就可以这样查询:"神雕侠侣－电视剧"。

注意　前一个关键词和减号之间必须有空格,否则,减号会被当成连字符处理,而失去减号语法功能。减号和后一个关键词之间有无空格均可。

⑥ 高级搜索和个性设置。如果用户对百度中的各种查询语法不熟悉,可以使用百度集成的高级搜索界面,可以方便地做各种搜索查询。用户还可以根据自己的习惯,在搜索框右侧的设置中,改变百度默认的搜索设定,如搜索框提示的设置、每页搜索结果数量等。

2. 地图

百度地图搜索是百度提供的一项网络地图搜索服务,覆盖了国内近 400 个城市、数千个区县,如图 7-7 所示。在百度地图里,可以查询街道、商场、楼盘的地理位置,也可以找到离其地最近的所有餐馆、学校、银行、公园等。

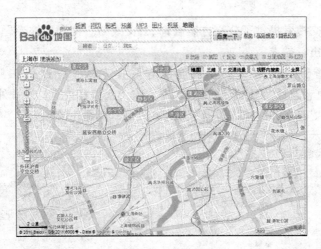

图 7-7　百度地图界面

　　百度地图还提供了丰富的公交换乘、驾车导航的查询功能,提供了路线规划,可以让用户知道如何前往目的地。

　　(1) 地点搜索

　　百度地图为地点搜索提供了普通搜索、周边搜索和视野内搜索 3 种方法,帮助用户迅速准确地找到所需要的地点。

　　若用户不知道要去的地方在哪儿,百度地图可为用户迅速找到。

　　在搜索状态下,输入要查询地点的名称或地址,单击"百度一下"按钮,即可得到想要的结果。

　　例如,在上海搜索"上海应用技术学院",图 7-8 给出了搜索结果,其中包含了上海应用技术学院的 3 个校区位置。在结果图中,左侧为地图,显示搜索结果所处的地理位置;右侧为搜索结果,包含名称、地址、电话等信息,每页最多显示 10 条结果。地图上的标记点为相应结果对应的地点,选中右侧的某一条结果或单击地图上的标注均能弹出气泡,气泡内能够发起进一步操作,如公交搜索、驾车搜索和周边搜索等。

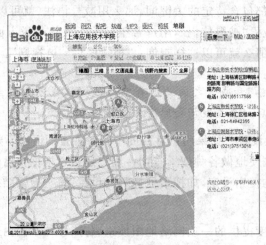

图 7-8　搜索上海应用技术学院的位置

　　(2) 公交搜索

　　百度地图为公交搜索提供了公交方案查询、公交线路查询和地铁专题图 3 种途径,基本可以满足用户的公交出行需求。

　　① 公交方案查询。启动公交方案查询有两种方式:一种是在搜索框中直接输入"从……到……",或者选择"公交",并在输入框中输入起点和终点;另一种是在地图中通过气泡或者右键菜单设置起点和终点来进行查询,如图 7-9 和图 7-10 所示。

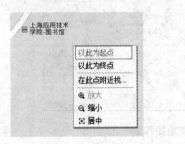

图 7-9　地图寻路设置起点

图 7-10　地图寻路设置终点

搜索结果图右侧的文字区域会显示出精确计算出的公交方案,包括公交和地铁,最多显示10 条方案,选中其中一条方案将其展开,可查看详细描述。在搜索结果下方有"较快捷"、"少换乘"和"少步行"3 种策略供用户选择。左侧地图标明方案具体的路线,其中,绿色的线条表示步行路线,蓝色的线条表示公交路线。

② 公交线路查询。用户还可以在百度地图中搜索公交线路。在搜索框中或公交线路查询页面中输入公交线路的名称,均能看到对应的公交线路,如图 7-11 所示。

图 7-11　地图寻路浏览线路

右侧文字区域显示该条线路所有途经的车站以及运营时间、票价等信息,左侧地图则将该条线路在地图上完整的描绘出来。

(3) 周边搜索

单击弹出的气泡,选择"在附近找"命令,单击或输入要查找的内容即可看到结果。还可以在地图上右击,在弹出的快捷菜单中选择"在此点附近找"命令快速的发起搜索。

地图右侧显示搜索的结果和距离,用户可以在结果页更换距离或更改要查询的内容。

视野内搜索的具体方法如下。单击屏幕右上角的"视野内搜索"按钮,选择或输入要查找的内容(如:想吃午饭则选择"快餐"选项),在当前的屏幕范围内,搜索结果将直接显现在地图上。单击图标将打开气泡,显示更为丰富的信息。并且,随着缩放移动地图,搜索结果会即时的进行更新,如图 7-12 所示。

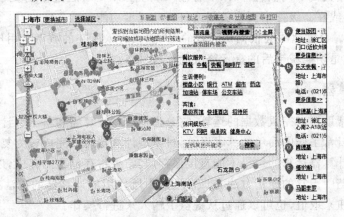

图 7-12　地图周边搜索

（4）其他特色功能

① 交通流量。交通流量可以让用户一览全城的路况，帮助用户合理规划出行线路。

单击地图右上角的"交通流量"按钮，即可显示当前城市的实时路况，还可进入流量预测模式，查看路况预报，如图 7-13 所示。用户可提前为出行做好准备，保证一路畅通无阻。

图 7-13   地图实时路况

② 测距。选择地图右上角工具栏中的"测距"命令，在地图上选择地点，双击完成操作，右键或按 Esc 键退出测距。

③ 截图。选择地图右上角工具栏中的"截图"命令，在地图上拖曳出截图框，右击，在弹出的快捷菜单中选择"完成"命令，在新窗口中预览截图效果，执行"文件"→"另存为"命令将图片保存至本地计算机，选择"取消"命令结束本次截图。

④ 获取链接。选择地图右上角工具栏中的"获取链接"命令，用户将弹出窗口中的链接复制发送给他人，即可完全复现当前的地图。

⑤ 鼠标右键。在地图上右击，在弹出的菜单中选择"以此为起点"命令、"以此为终点"命令可以快速发起公交或驾车请求，选择"在此点附近找"可以快速发起周边检索。选择"放大"、"缩小"命令可以缩放地图，选择"居中"命令可以将该点移至地图的中心。

⑥ 搜索框提示。当用户在地图的搜索框中输入关键词时，在搜索框下方将给出符合用户输入地点类型的相关提示词供选择，以节省输入成本。用户可通过单击提示框中的"关闭"按钮关闭提示功能，或在高级搜索页中关闭或打开此提示功能。

⑦ 默认城市。百度地图会根据访问者的 IP，直接进入所在的城市。用户可以通过首页的设置默认城市，或是切换城市后的提示修改的默认城市。

7.1.3　计算器

计算器可以帮助用户完成数据的运算，它分为标准型计算器和科学型计算器两种，标准型计算器可以完成日常工作中简单的算术运算，科学型计算器可以完成较为复杂的科学运算，比如函数运算等。计算器运算的结果不能直接保存，其结果将存储在内存中，以供粘贴到别的应用程序和其他文档中。它的使用方法与日常生活中所使用的计算器的方法一样，可以通过单击计算器上的按钮来取值，也可以通过从键盘上输入来进行操作。

1．标准型计算器

在处理一般的数据时，用户使用标准型计算器就可以满足工作和生活的需要了。单击"开始"按钮，执行"所有程序"→"附件"→"计算器"命令，如图 7-14 所示，即可打开"计算器"窗口，系统默认为标准计算器，如图 7-15 所示。

图 7-14　计算器启动　　　　　　　　　图 7-15　标准计算器界面

"计算器"窗口包括标题栏、菜单栏、数字显示区和工作区几部分。

工作区由数字按钮、运算符按钮、存储按钮和操作按钮组成。用户使用时可以先输入所要运算的算式的第一个数，在数字显示区内会显示相应的数，然后选择运算符，再输入第二个数，最后单击"="按钮，即可得到运算后的数值。在键盘上输入时，也是按照同样的方法，到最后按 Enter 键即可得到运算结果。

当用户在数值输入过程中出现错误时，可以单击 Backspace 按钮逐个进行删除；当需要全部清除时，可以单击 CE 按钮；一次运算完成后，单击 C 按钮即可清除当前的运算结果，再次输入时可开始新的运算。

计算器的运算结果可以导入别的应用程序中，用户可以执行"编辑"→"复制"命令把运算结果粘贴到别处，也可以从别的地方复制好运算算式后，执行"编辑"→"粘贴"命令，在计算器中进行运算。

2．科学型计算器

当用户从事非常专业的科研工作时，要经常进行较为复杂的科学运算，可以在"计算器"窗口中执行"查看"→"科学型"命令，显示科学型计算器界面，如图 7-16 所示。

图 7-16　科学型计算器界面

此界面增加了数基数制单选按钮、单位单选按钮及一些函数运算符号，系统默认的是十进制。当用户改变其数制时，单位选项、数字区、运算符区的可选项将发生相应的改变。科学型计算器中的函数运算包括对数、指数、三角函数、阶乘等。

用户在工作过程中,也许需要进行数制的转换,这时可以直接在数字显示区输入要转换的数值,选择所需要的数制,在数字显示区会出现转换后的结果;也可以利用运算结果进行转换。比如,将十进制的"4"转换为二进制,那么首先在数制栏选择"十进制"单选按钮,然后输入"4",再从数制栏选择"二进制"单选按钮,那么数值将被修改为二进制表示的"100"。

另外,科学型计算器可以进行一些函数的运算,使用时要先确定运算的单位,在数字区输入数值,然后选择函数运算符,再单击"="按钮,即可得到结果。

7.1.4 驱动精灵

驱动精灵包括硬件检测、驱动更新、驱动管理、系统设置等多项功能,可以自动检测计算机硬件类型,智能判断所有硬件设备需要的驱动,并自动从网络上下载、安装最新的驱动,同时可以进行驱动备份、恢复等多项操作。驱动精灵的主界面如图 7-17 所示。

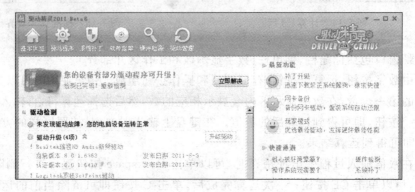

图 7-17 驱动精灵主界面

1. 硬件检测

单击主界面中的"硬件检测"图标,驱动精灵将对硬件进行检测,从结果中可以清楚地判断出用户所使用的计算机是何种品牌的"台式机"还是"笔记本"。

硬件检测的详细信息可告知用户计算机的具体配置状况,包括处理器、内存、主板、显卡、声卡、网卡等。在以后的版本中此功能将会得到扩充,用户可以查看更多的硬件信息,对硬件了如指掌。

2. 驱动更新

单击主界面中的"基本状态"图标,驱动精灵将自动检测系统中已安装的驱动程序,并将驱动程序的当前状态报告出来。用户可以自主选择所需的驱动进行升级并自动安装。

3. 驱动管理

驱动管理功能包括了驱动程序的备份和还原等实用功能。它可对本机现有的驱动进行备份,并在适当的时候进行还原,也可对单独的驱动版本进行微调处理。如果用户曾经进行了驱动备份,此处区域将标示出用户上一次的备份时间。

驱动程序的备份工作仅需两步即可完成。首先选中需要备份驱动程序的硬件名称前的复选框,然后选择需要备份的硬盘路径,单击"开始备份"按钮,即可完成驱动程序的备份工作,如图 7-18 所示。

图 7-18 驱动精灵备份

还原驱动程序与备份驱动一样简单,单击"浏览"按钮,找到原有备份驱动程序的路径,单击"开始还原"按钮即可还原驱动程序,如图 7-19 所示。

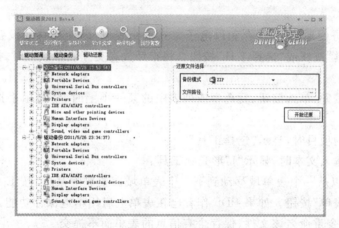

图 7-19 驱动精灵还原

7.1.5 PDF 文档阅读软件

1. Adobe Reader 9

Adobe Acrobat 是由 Adobe Systems 开发的电子文字处理软件集,可用于阅读、编辑、管理和共享 PDF 格式文档,包括 3D、专业版、标准版等。专业版用于对 PDF 文档进行编辑、共享和管理,需要购买,而 3D 版本,除了具有专业版的功能外,也支持立体矢量图片的转档。

Adobe Reader(原名为 Acrobat Reader),用于阅读 PDF 文档,为免费发放。Acrobat 在 20 世纪 90 年代后期成为实质上的标准格式,其他竞争产品渐渐走入历史。这时又有许多新的竞争对手逐一出现,它们推出了其他的 PDF 相关软件,免费或需付费版本皆有,用于创建与修改 PDF 档,其中有 Ghostscript、Foxit 与 Nitro PDF 等。

Adobe Reader 是用于打开和使用在 Adobe Acrobat 中创建的 Adobe PDF 的工具。虽然无法在 Reader 中创建 PDF,但是可以使用 Reader 查看、打印和管理 PDF。在 Reader 中打开 PDF 后,可以使用多种工具快速查找信息。如果收到一个 PDF 表单,则可以在线填写并以电子方式提交。如果收到审阅 PDF 的邀请,则可使用注释和标记工具为其添加批注。使用 Reader 的多媒体工具可以播放 PDF 中的视频和音乐。如果 PDF 包含敏感信息,则可利用数字身份证对文档进行签名或验证。

(1) 查看和搜索 PDF

在 Reader 工具栏中,使用缩放工具和"放大率"菜单可以放大或缩小页面。使用"视图"菜单上的命令可以更改页面显示方式。"工具"菜单上有更多的命令,可以以更多的方式调整页面以获取更好的显示效果,例如,执行"工具"→"选择和缩放"命令。

默认打开的 Adobe Reader 工具栏介绍如下。A—文件工具栏;B—"页面导览"工具栏;C—"选择和缩放"工具栏;D—"页面显示"工具栏;E—"查找"工具栏,如图 7-20 所示。

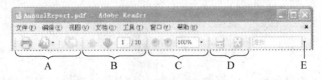

图 7-20　Adobe Reader 工具栏

(2) 填写表单

Reader 能够方便地填写、保存和以电子方式提交表单,即使在移动设备上也是如此。首先,单击"手形工具"按钮或"选择工具"按钮。将指针放在交互表单域上时,指针图标会变为以下图标之一。

将指针置于按钮、单选按钮、复选框或列表中的某一项上时,将显示手指指针或手形加号工具。

选择列表中的项目时,显示"选择工具"。

在表单域中输入文本时,显示"I"形光标工具。

按 Tab 键可以从一个表单域移动到下一个表单域。要删除某项,按 Esc 键即可。完成表单时,单击"提交表单"按钮。如果 PDF 作者已在表单上启用本地保存功能,则还可以执行"文件"→"另存为"命令重命名该文件,保存含有信息的表单而不提交。

提示　若要更加高效地填写表单,则可在"表单首选项"区域中选择"自动完成"单选按钮(在"首选项"对话框中选择"表单"选项卡)。

(3) 签名 PDF

签名 PDF 时,可以保证发件人将 PDF 送达其预期收件人。在 Reader 中,只能对启用了 Reader 使用权限的 PDF 签名(在 Acrobat 中,执行"高级"→"Adobe Reader 扩展功能"命令)。

单击"签名"面板中的"签名"按钮,或者执行"文档"→"签名"→"签名文档"命令。

按说明创建用于签名的位置,然后完成"签名文档"对话框的设置。

使用"预览文档"功能可以在静态和安全的状态下查看与签名文档。这时,将阻止动态内容(如多媒体和 JavaScript)的显示。有关详细信息,请参阅"Acrobat 帮助"中的"用预览文档模式签名"。

2. 福昕阅读器

福昕阅读器(Foxit Reader,原名 Foxit PDF Reader)是一套用来阅读 PDF 格式文件的软件,是一套自由使用的软件,在操作系统的支持上目前以 Microsoft Windows 为主,且只要有

WIN32 运行环境的操作系统皆可使用,这表示从 Windows 95 到 Windows XP、Windows Server 2003 都可运行福昕阅读器。

福昕阅读器的特点在于程序的体积占量小、启动运行的速度快,因此有的用户喜欢用 Foxit Reader 更胜于相同功用的 Adobe Reader。不过 Foxit Reader 也有过度耗用存储器的问题。除了打开速度快之外,福昕阅读器也有其他特别的功能,例如,可设置打印多于一张纸、输入符号及脚注等。

除福昕阅读器软件是免费提供的外,Foxit Software 公司的其他 PDF 工具程序则要付费购买,因此该公司在商业策略上与 Adobe Systems 近似,皆是提供免费的 PDF 阅读软件,并销售其他延伸性需求的 PDF 相关软件。图 7-21 给出了福昕阅读器的界面。

图 7-21   福昕阅读器界面

7.2   E-mail 客户端

7.2.1   Outlook Express

Outlook Express(OE)是微软公司出品的一款电子邮件客户端,也是一个基于 NNTP 协议的 Usenet 客户端。OE 不是电子邮箱的提供者,它是 Windows 操作系统的一个收、发、写、管理电子邮件的自带软件,即收、发、写、管理电子邮件的工具。

通常人们在某个网站注册了自己的电子邮箱后,要收发电子邮件,需登录该网站,进入电邮网页,输入账户名和密码,然后进行电子邮件的收、发、写操作。使用 Outlook Express 后,这些顺序便一步跳过。只要打开 Outlook Express 界面,Outlook Express 程序便自动与用户注册的网站电子邮箱服务器联机工作,收下用户的电子邮件,所有电子邮件可以脱机阅览。发信时,可以使用 Outlook Express 创建新邮件,通过网站服务器联机发送。另外,Outlook Express 在接收电子邮件时,会自动把发信人的电邮地址存入"通讯簿",供以后调用。此外,当用户单击网页中的电邮超链接时,会自动弹出写邮件界面,该新邮件已自动设置好了对方(收信人)的电邮地址和用户的电邮地址,用户只要写上内容,单击"发送"按钮即可。

Office 软件内的 Outlook 与 Outlook Express 是两个完全不同的软件平台,它们之间没有共用代码,但是这两个软件的设计理念是共通的。

1. Outlook Express 启动

在使用 Outlook Express 前,先要对它进行设置,即 Outlook Express 账户设置,如果没有设置过,自然不能使用。设置的内容是用户注册的网站电子邮箱服务器及账户名和密码等信息(设置时,其设置内容同时也进入了 Office 软件的 Microsoft Outlook 程序账户中)。

启动 Outlook Express 有很多种方法,但这里介绍的是一种方便有效的查找并启动它的方法。

首先,启动 Outlook Express。单击"开始"按钮,执行"所有程序"→Outlook Express 命令,如图 7-22 所示。

如果被问及是否愿意每次启动 Outlook Express 时都自动打开该账户,请单击"是"按钮(如果愿意)或"否"按钮(如果不愿意)。如果用户不希望再被问到同一个问题,可以取消选中"启动 Outlook Express 时总是执行这项检查"复选框。

选中"Outlook Express 启动时,直接转到'收件箱'"。Outlook Express 会将所有来信送到"收件箱",所以有必要绕过打开页面。如果用户未在"文件夹"窗格中看到文件夹列表和联系人信息,执行"查看"→"布局"命令。在弹出的对话框中选中"联系人"和"文件夹列表"复选框,然后单击"确定"按钮,即可看到 Outlook Express 的文件夹与联系人列表,如图 7-23 所示。

图 7-22　Outlook Express 启动

图 7-23　Outlook Express 文件夹

2. Outlook Express 设置

Internet 连接向导使用户可以为每个要设置的邮件账户逐步骤完成设置工作,从而简化了设置联机邮箱的任务。

(1) 在开始设置之前,应先确认用户的电子邮件地址等信息(用户可能需要联系用户的 ISP,即 Internet 服务提供商,来获取相关信息)。

首先是有关电子邮件服务器的信息。用户使用的电子邮件服务器类型有 POP3(大多数电子邮件账户)、HTTP(例如,Hotmail)或 IMAP、传入邮件服务器的名称。对于 POP3 和 IMAP 服务器,需要确认传出邮件服务器的名称(通常是 SMTP)。其次是有关用户账户的信息,如用户的账户名和密码,并确定用户的 ISP 是否要求用户使用"安全密码身份验证"(SPA)来访问邮件账户,只需回答"是"或"否"。

(2) 启动 Outlook Express,在"工具"菜单里选择"账户"命令。如果 Internet 连接向导自动启动,则跳至第(4)步。

(3) 单击"添加"按钮,在级联菜单中选择"邮件"命令打开 Internet 连接向导。

（4）在 Internet 连接向导的"您的姓名"界面中输入希望显示给每个收件人的名称，然后单击"下一步"按钮。多数人使用全名，但用户可以使用任何可识别的名称，甚至可以是昵称。

（5）在"Internet 电子邮件地址"界面中输入电子邮件地址，然后单击"下一步"按钮。

（6）在"电子邮件服务器名"界面中，填入在第（1）步从 ISP 那里收集的第一部分信息，如图 7-24 所示。然后单击"下一步"按钮。

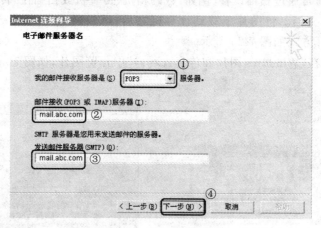

图 7-24　连接设置

注意　如果用户选择 HTTP 作为传入邮件服务器，就 Hotmail 或 MSN 账户而言，该向导的界面略有改动，以便用户指定用户的 HTTP 邮件服务提供商。

（7）在"Internet Mail 登录"界面中，输入账户名和密码。注意：如果用户担心有人闯入电子邮箱，则取消选中"记住密码"复选框。以后用户每次发送或检索邮件时都会提示输入密码。

（8）单击"下一步"按钮，然后单击"完成"按钮。

3. 发送一封电子邮件

单击"创建邮件"按钮，在弹出的电子邮件编辑窗口中填写收件人 E-mail、抄送人 E-mail（如果没有可以不填写）、密送人 E-mail（如果没有可以不填写）、标题、内容，如果有附件，通过单击"附件"按钮添加附件。填写完成后，单击"发送"按钮即可将信件发送出去。

7.2.2　Foxmail

Foxmail 是由华中科技大学（原华中理工大学）张小龙开发的一款优秀的国产电子邮件客户端软件，2005 年 3 月 16 日被腾讯收购。新的 Foxmail 具备强大的反垃圾邮件功能。它使用多种技术对邮件进行判别，能够准确识别垃圾邮件与非垃圾邮件。垃圾邮件会被自动分拣到垃圾邮件箱中，有效地降低垃圾邮件对用户的干扰，最大限度地减少用户因为处理垃圾邮件而浪费的时间。数字签名和加密功能在 Foxmail 5.0 中得到支持，可以确保电子邮件的真实性和保密性。通过安全套接层（SSL）协议收发邮件使得在邮件接收和发送过程中，传输的数据都经过严格的加密，有效防止黑客窃听，保证数据安全。其他改进包括：阅读和发送国际邮件（支持 Unicode）、地址簿同步、通过安全套接层（SSL）协议收发邮件、收取 Yahoo 邮箱邮件、提高收发 Hotmail、MSN 等电子邮件的速度、支持名片（vCard）、以嵌入方式显示附件图片、增强本地邮箱邮件搜索功能等。

7.3 多媒体软件

7.3.1 Windows 图片和传真查看器

图像或图片是通常通过扫描设备(例如,数码相机、传真机或扫描仪)转换成数字化格式的照片、线条画或文本文档。将图片下载到计算机之后,可以通过"Windows 图片和传真查看器"进行查看,其打开方式如图 7-25 所示。

双击图片,可以在"Windows 图片和传真查看器"中预览图片,如图 7-26 所示,还可以实现以下操作。

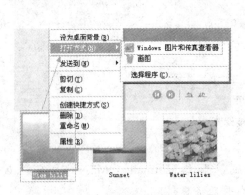

图 7-25 "Windows 图片和传真查看器"启动

图 7-26 浏览图片

(1) 在文件夹中滚动图片。

(2) 放大或缩小图片预览大小。

(3) 以窗口的全屏大小或最佳适应查看图片。

(4) 管理图片文件以及打印、保存、删除或更改文件详细信息。

(5) 以幻灯片形式查看所有图片,或选择想要以幻灯片形式查看的图片集。

(6) 如果需要,可在编辑程序中打开图片。

注意 这样做会关闭"Windows 图片和传真查看器"。

(7) 将图片向右或向左旋转 90°。

利用"Windows 图片和传真查看器"可以直接对图片进行编辑,而无须再打开图片编辑应用程序。如果在"图片收藏"文件夹中存储图片文件,将自动看到预览窗口。此外,还可以利用批注工具栏预览传真文件或 TIFF 文件以及对其添加批注。此工具栏能够画线、突出显示文件某个部分或向文件添加文本批注。通过编辑图片属性(如,线宽、字体和颜色),可以自定义批注,甚至可以将个人图片用作屏幕保护程序。

7.3.2 ACDSee

1. 使用 ACDSee 浏览图片

在 Browse 窗口中可以浏览图片,打开 ACDSee 默认的 Browse 窗口。在树形目录中找到要浏览图片的文件夹,文件列表窗口中将显示文件夹中的所有图片。此时可以在"预览"面板中显示图片内容，并选择执行打印图片、发送 E-mail、设置为桌面墙纸等操作。图 7-27 给出了 ACDSee 多图浏览界面。

图 7-27　ACD See 多图浏览界面

2. 使用 ACDSee 查看图片

在浏览模式下直接双击图片 ACDSee 进入查看窗口。此时可以选择执行放大或缩小图片、浏览同文件夹下的前一幅或后一幅图片、回到 Browse 窗口、删除图片、将图片移至其他位置、将图片复制到其他位置等操作。

3. 使用 ACDSee 进行图片处理

使用 ACDSee 可以对图片进行简单的加工处理，在图片编辑器中可以对图片进行许多加工，如：裁剪、显示大小调整、照片大小调整、旋转图片、翻转图片、曝光调整、对比度调整、色彩平衡、浮雕处理、底片等，如图 7-28 所示。

图 7-28　图片详情查看

4. 使用 ACDSee 转换图片格式

为了减小图片的字节大小或供其他应用程序使用，有时需要转换图片的格式。使用 Photoshop 等图像处理软件可以方便地对单个文件进行格式转换，而在转换大量文件的格式时，ACDSee 转换图片格式的功能就体现出巨大的优势。在文件列表窗口中选中一个或多个要转换格式的图片文件，然后从 Tools 菜单栏中选择 Convert 命令，打开 Format conversion 对话框，选择格式并选择保存路径就可以进行转换了。

7.3.3　Picasa

Picasa 是一款可帮助用户在计算机上立即找到、修改和共享所有图片的软件。每次打开 Picasa 时，它都会自动查找所有图片(甚至是那些已经遗忘的图片)，并将它们按日期顺序放在可见的相册中，同时以易于识别的名称命名文件夹。用户可以通过拖放操作来排列相册，还可以添加标签来创建新组。Picasa 保证图片自始至终都井井有条。

Picasa 还可以通过简单的单次单击式修正来进行高级修改，让用户只需动动手指即可获得震撼效果。而且，Picasa 还可让用户迅速地实现图片共享，用户可以通过电子邮件发送图片、在家打印图片、制作礼品 CD，甚至将图片张贴到自己的 blog 中。图 7-29 给出了 Picasa 的主界面外观。

图 7-29　Picasa 的主界面外观

Picasa 的主要功能如下。

1. 浏览功能

Picasa 的浏览功能包括文件夹和标签管理、Picasa 设置、对图片进行排序、移动和删除、图片数据、查找图片、图片显示、使用照片任务栏等。

2. 编辑功能

Picasa 的编辑功能包括调整大小、编辑图片、导出并保存更改、备份图片、Picasa 照片查看器、视频、Name Tags、打印图片、制作礼品 CD/DVD、拼贴、电影和幻灯片演示、桌面背景、屏幕保护程序等。图 7-30 给出了 Picasa 的编辑界面。

图 7-30　Picasa 的编辑界面

3. 网络功能

Picasa 的网络功能包括将更改同步至 Picasa 网络相册、用电子邮件发送图片、上传、在 Google 地图中对图片进行地理标记等。

7.3.4　视频播放软件 Windows Media Player

用户可以使用 Windows Media Player 查找和播放计算机或网络上的数字媒体文件，播放 CD 和 DVD 以及来自 Internet 的数据流，还可以从音频 CD 翻录音乐，将喜爱的音乐刻录成 CD，与便携设备同步媒体文件，以及通过在线商店查找和购买 Internet 上的内容。图 7-31 给 出了 Windows Media Player 的播放界面。

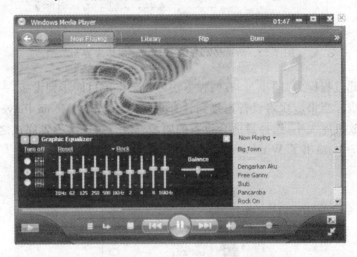

图 7-31　Windows Media Player 的界面

1. 播放音频或视频文件

使用 Windows Media Player 位于播放机库、计算机、网络文件夹或者网站上的数字媒体 文件时，可将单个项目（例如，一首或多首歌曲）或项目集合（例如，一个或多个唱片集、艺术家、 流派、年代或者分级）拖动到列表窗格。将项目集合拖动到列表窗格后，即可开始播放列表中 的第一个项目。

如果播放机当前已打开且处于"正在播放"模式，单击播放机右上角的"切换到媒体库"按 钮在播放列表和媒体库之间切换。

2. 媒体库

使用"媒体库"可以实现以下功能：通过搜索计算机将文件添加到媒体库，监视文件夹。 其中，对监视文件夹中数字媒体文件的更改会立即反映到媒体库中。图 7-32 给出了 Windows Media Player 媒体库界面。

播放机还会将唱片集画面添加到"我的音乐"文件夹内的文件和音乐文件夹中。

显示信息中心视图窗格时，播放机会检索相关媒体信息但不会更新文件中的信息。

指定播放机为使用播放机复制的音乐文件仅添加缺少的、来自 Internet 的媒体信息。

3. 同步音频和视频到设备

使用 Windows Media Player 可将音乐、视频和图片从播放机库复制到便携设备，如兼容

图 7-32　Windows Media Player 媒体库界面

的 MP3 播放机,此过程称为"同步"。有两种方法可用于将项目同步到设备,一种是自动同步,另一种是手动同步。当第一次将设备连接到计算机时,Windows Media Player 会根据设备的存储容量以及播放机库大小,选择最适合设备的同步方法。第一次设置完成之后,可以选择其他同步方法。图 7-33 给出了 Windows Media Player 设备同步界面。

图 7-33　Windows Media Player 设备同步界面

7.4　安全软件

7.4.1　杀毒软件

1. 杀毒软件概念

杀毒软件(Anti-virus 或 Anti-virus Software)用来侦测、移除计算机病毒、计算机蠕虫和特洛伊木马。杀毒软件通常集成监控识别、病毒扫描与清除和自动升级等功能,有的杀毒软件还带有数据恢复等功能,是计算机防御系统(包含杀毒软件、防火墙、特洛伊木马和其他恶意软件的查杀程序、入侵预防系统等)的重要组成部分。

杀毒软件的任务是实时监控和扫描磁盘。部分杀毒软件通过在系统添加驱动程序的方式进驻系统,并且随操作系统启动。杀毒软件的实时监控方式因软件而异。有的杀毒软件,通过在内存里划分一部分空间,将计算机里流过内存的数据与杀毒软件自身所携带的病毒库(包含病毒定义)的特征码相比较,以判断其是否为病毒。另一些杀毒软件则在所划分到的内存空间里,虚拟执行系统或用户提交的程序,根据其行为或结果作出判断。而扫描磁盘的方式,则和上面提到的实时监控的第一种工作方式一样,只是在这里,杀毒软件会将磁盘上所有的(或者用户自定义的扫描范围内的文件)做一次检查。另外,杀毒软件的设计还涉及很多其他方面的技术。脱壳技术,即是对压缩文件和封装好的文件作分析检查的技术。自身保护技术是避免病毒程序杀死自身进程的技术。修复技术是对被病毒损坏的文件进行修复的技术。

2. 杀毒软件对比

不同品牌的杀毒软件实现的功能有所不同,在不同的操作系统上也有区别,表 7-1 中显示了目前市场上常见的杀毒软件在 WIN32、WIN64、Mac OS X、Linux、FreeBSD、UNIX 等操作系统的功能支持情况,许可证显示了该软件是免费软件还是收费软件。

表 7-1　杀毒软件功能

Software	WIN32	WIN64	Mac OS X	Linux	Free-BSD	UNIX	许可证	手动扫描	实时防护	启动扫描
360 杀毒	√						免费	√	√	
瑞星杀毒软件	√	√					免费	√	√	√
金山毒霸	√	√					专有	√	√	
诺顿杀毒	√	√	√	√	√		专有	√	√	
NOD32	√	√	√	√	√		专有	√	√	
卡巴斯基	√	√	√	√		√	专有	√	√	
McAfee	√	√	√	√			专有	√	√	
熊猫杀毒	√	√					专有	√	√	
小红伞	√	√		√	√		免费	√	√	
Avast(专业版)	√	√	√	√			专有	√	√	
Avast(免费版)	√	√		√			免费	√	√	√

提示　如果在同一台机器上安装两个不同的杀毒软件,不仅不能保证安全级别而且会使系统处于不稳定的状态。

3. NOD32 AntiVirus 病毒防护系统

(1) 文件实时防护

文件实时防护控制系统中所有与病毒防护相关的事件。在计算机上打开、创建或运行任何文件时,都将扫描该文件是否带有恶意代码。实时文件防护在系统启动时启动,同时可以设置排除列表等功能。图 7-34 给出了 NOD32 文件实时防护的主界面。

(2) 电子邮件客户端防护

电子邮件客户端防护可控制通过 POP3 协议接收的电子邮件通信。通过使用 Microsoft Outlook 的插件程序,ESET Smart Security 可控制电子邮件客户端的所有通信(POP3、MAPI、IMAP、HTTP)。检查传入邮件时,程序使用 ThreatSense 扫描引擎提供的所有高级扫描方法,这意味着恶意程序检测在与病毒库匹配之前就已进行了。对 POP3 协议通信的扫描与使用何种电子邮件客户端无关。

统计数据: 病毒和间谍软件防护

病毒和间谍软件防护统计图
(2011/6/7 10:38:52)

■ 已感染文件数　0 (.00 %)
■ 已清除威胁数　0 (.00 %)
■ 已扫描文件数　116137 (100.00 %)
总计　116137 (100.00 %)

已扫描对象: C:\Windows\system32\credui.dll

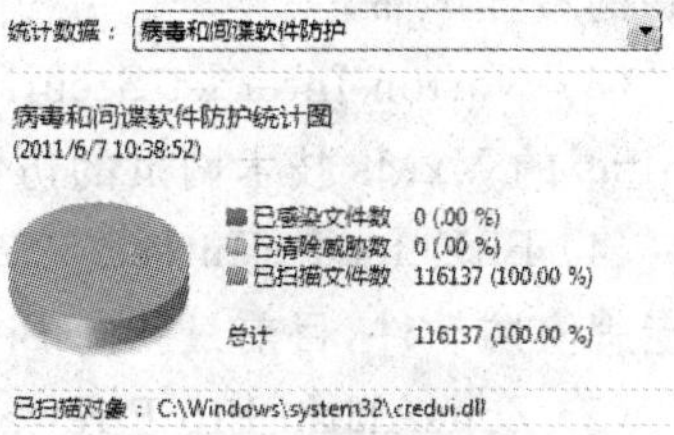

图 7-34　NOD32 文件实时防护的主界面

(3) Web 访问防护

Web 访问防护的功能是监视 Internet 浏览器和远程服务器之间的通信,并遵从 HTTP(超文本传输协议)和 HTTPS(加密通信)规则,来检查访问的网站页面是否有病毒或者木马存在。NOD32 可以检查 HTTP、HTTPS 等不同连接方式,并根据不同端口号进行处理,选择不同模式进行控制。

7.4.2　防火墙

1. 防火墙概念

在计算机运算领域中,防火墙(Firewall)是一项协助确保信息安全的软件或者设备,它会依照特定的规则,允许或是限制传输数据的通过。防火墙可能是一台专属的硬件或是架设在一般硬件上的一套软件。

防火墙最基本的功能就是:控制在计算机网络中的不同信任程度区域间传送的数据流。例如,因特网是不可信任的区域,而内部网络是高度信任的区域。防火墙能避免安全策略中禁止的一些通信,与建筑中的防火墙功能相似。它的基本的任务是在不同信任的区域控制信息。其典型信任的区域包括因特网(一个没有信任的区域)和一个内部网络(一个高信任的区域)。最终目标是提供受控连通性以在不同水平的信任区域通过安全政策的运行和连通性模型之间根据最少特权原则。

例如,TCP/IP Port 135~139 是 Microsoft Windows 的"网上邻居"所使用的。如果计算机有使用"网上邻居"的"共享文件夹",又没使用任何防火墙相关的防护措施,就等于把自己的"共享文件夹"公开到 Internet,任何人都有机会浏览目录内的文件,且早期版本的 Windows 有"网上邻居"系统溢出的无密码保护的漏洞,即便"共享文件夹"设有密码,但其他人仍可经由此系统漏洞达到无须密码便能浏览文件夹的需求。

2. 常见防火墙产品

目前市场上较常见的防火墙有以下几种。

(1) Comodo Internet Security 是科摩多(美国的软件公司,是世界优秀的 IT 安全服务提供商和 SSL 的供应商之一)提供的一款免费的产品。

(2) Kaspersky Internet Security。卡巴斯基总部设在俄罗斯首都莫斯科,Kaspersky Labs 是国际著名的信息安全领导厂商。公司为个人用户、企业网络提供反病毒、防黑客和反垃圾邮件产品,卡巴斯基反病毒软件被众多计算机专业媒体及反病毒专业评测机构誉为病毒防护的最佳产品。

(3) Norton Internet Security(诺顿网络安全特警)是赛门铁克公司旗下的产品,其整合了 Veritas 的 VxMs 技术网页的仿冒防护、智能双向防火墙、无线网络防护功能。

(4) BitDefender Internet Security 比特梵德,性价比世界排名第一,简称"BD"是罗马尼亚的老牌安防软件,目前最新的 BitDefender 2011 带有一个自动更新的架构。

(5) ZoneAlarm Pro Firewall (以色列 Check Point 公司老牌的防火墙产品),能够监视来自网络内外的通信情况,同时兼具危险附件隔离、Cookies 保护和弹出式广告条拦截等 6 大特色功能。

(6) Trend Micro Internet Security(趋势科技互联套装),华人张明正始建于 1988 年,是网络安全软件及服务领域的全球领导者,产品包括 OfficeScan、NVWE、IGSA、IWSA、IMSA 等多款享誉世界的反病毒软件。

（7）McAfee Internet Security（McAfee,麦咖啡），公司的总部位于美国加州圣克拉拉市，致力于创建最佳的计算机安全解决方案，以防止网络入侵并保护计算机系统免受下一代混合攻击和威胁。

3. ESET NOD32 个人版防火墙简介

（1）ESET NOD32 个人版防火墙界面

个人版防火墙可控制进出系统的所有网络通信，其实现方式是：按照指定的过滤规则允许或拒绝每个网络连接。它可以防范来自远程计算机的攻击并可以阻止某些服务。此外还可为 HTTP 和 POP3 协议提供病毒防护，此功能是计算机安全方面一个极其重要的因素。图 7-35 给出了 NOD32 防火墙网络监控界面。

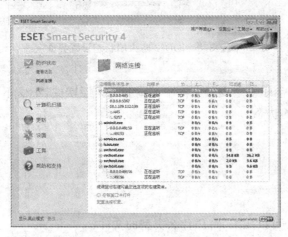

图 7-35　NOD32 防火墙网络监控界面

（2）ESET NOD32 个人版规则设置

ESET NOD32 个人版规则设置是指对所有网络连接进行针对性测试的一组条件以及为这些条件分配的所有操作。在个人版防火墙中，如果用户建立的连接已由规则定义，则可以定义执行哪项操作。

设置规则的目的是根据用户的要求对特定的需要访问网络的程序或者端口等进行控制，以确定该程序是否可以访问网络以及网络主机是否可以访问本机。一般规则设置需要根据通信的方向即传入和传出的连接进行控制。传入连接由远程计算机发起，试图与本地系统建立连接；传出连接方向则相反，即本地端联系远程计算机。图 7-36 给出了 NOD32 防火墙规则设置界面。

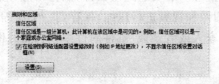

图 7-36　NOD32 防火墙规则设置界面

（3）控制网络访问

用户要想完全阻止所有网络通信，使用"阻止所有通信：断开网络连接"选项是唯一选择。此时，个人防火墙会阻止所有入站和出站通信，且不显示任何警告，仅当防火墙认为存在严重的安全风险,必须断开系统与网络的连接时,才使用此阻止选项。图 7-37 给出了 NOD32 防火墙状态设置界面。

图 7-37　NOD32 防火墙状态设置界面

提示　如果在同一台机器上安装了两个不同的防火墙软件,不仅不能保证安全级别,而且会使系统处于不稳定的状态。

习题

一、简答题

1. 利用 WinRAR 可以压缩、解压什么类型的文件?

2. 如何使用 Adobe Reader 进行 PDF 文档的阅读? 在使用过程中如何获取在线信息?

3. 简述如何对系统使用的驱动程序进行管理和优化?

4. 什么是计算机病毒? 简述计算机病毒的危害性以及如何设置杀毒、防火墙。

5. 本书所介绍的 ACDSee 和 Picasa 两种图片浏览软件相比,哪一个更便于你的使用,请举例说明。

二、综合题

综合使用本书所介绍工具完成以下操作。

(1)在地图网站上查询学校和个人家庭的位置,并抓图进行保存。

(2)查询从学校到个人家庭的交通路线,可以使用公交或者自驾方式表示,将查询结果抓图进行保存。

(3)使用图片浏览软件处理所有交通路线图片,制作幻灯片效果显示的小视频片段。

(4)使用 WinRAR 对图像和视频进行压缩,保存到一个压缩包内。

(5)发送邮件给自己的家人或者亲戚,邮件附件中包含路线图压缩包。

参 考 文 献

[1] 袁建清,修建新. 大学计算机应用基础[M]. 北京：机械工业出版社,2009.

[2] 黄国兴,陶树平,丁岳伟. 计算机导论[M]. 北京：清华大学出版社,2004.

[3] 周奇,梁宇滔. 计算机网络技术基础应用教程[M]. 北京：清华大学出版社,2009.

[4] 王昆仑,赵洪涌. 计算机科学与技术导论[M]. 北京：中国林业出版社,北京大学出版社,2006.

[5] 祁享年. 计算机导论[M]. 北京：科学出版社,2005.

[6] 詹国华. 大学计算机应用基础实验教程[M]. 北京：清华大学出版社,2007.

[7] 袁春花,赵彦凯. 新编计算机应用基础案例教程[M]. 长春：吉林大学出版社,2009.

[8] 詹国华. 大学计算机应用基础实验教程(修订版)[M]. 北京：清华大学出版社,2007.

[9] 郭刚,等. Office 2010 应用大全[M]. 北京：机械工业出版社,2010.

[10] 李斌,黄绍斌,等. Excel 2010 应用大全[M]. 北京：机械工业出版社,2010.

[11] 陈芷. 计算机公共基础习题与实训[M]. 北京：科学出版社,2005.

[12] 上海市教委. 计算机应用基础教程[M]. 上海：华东师范大学出版社,2008.

[13] 陈卫卫,等. 计算机基础教程[M]. 2 版. 北京：机械工业出版社,2011.

[14] 吴方. 大学计算机应用基础[M]. 北京：北京理工大学出版社,2010.

[15] 成昊. 新概念 Office 2010 三合一教程[M]. 北京：科学出版社,2011.

[16] 吴华,等. Office 2010 办公软件应用标准教程[M]. 北京：清华大学出版社,2012.

[17] 安永丽,等. Office 办公专家 2010 从入门到精通[M]. 北京：中国青年出版社,2010.

[18] 王颖,等. 计算机应用基础实用教程[M]. 北京：清华大学出版社,2012.

[19] 贺小霞. Flash CS4 中文版标准教程[M]. 北京：清华大学出版社,2010.

[20] 马震. Flash 动画制作案例教程[M]. 北京：人民邮电出版社,2009.

[21] 赵子江. 多媒体技术应用教程[M]. 6 版. 北京：机械工业出版社,2009.

[22] 金永涛. 多媒体技术应用教程[M]. 北京：清华大学出版社,2009.

[23] 许华虎. 多媒体应用系统技术[M]. 北京：机械工业出版社,2008.

[24] 张强,杨玉明. Access 2010 中文版入门与实例教程[M]. 北京：电子工业出版社,2011.

[25] 徐卫克. Access 2010 基础教程[M]. 北京：中国原子能出版社,2012.

[26] 陈宏朝. Access 数据实用教程[M]. 北京：清华大学出版社,2010.

[27] 杨颖,张永雄. 中文版 Dreamweaver＋Flash＋Photoshop 网页制作从入门到精通(CS4 版)[M]. 北京：清华大学出版社,2010.

[28] 郝军启,刘治国,赵喜来. Dreamweaver CS4 网页设计与网站建设标准教程[M]. 北京：清华大学出版社,2010.

[29] 陈宗斌. Adobe Dreamweaver CS4 中文版经典教程[M]. 北京：人民邮电出版社,2009.

[30] 王强. 中文版 Dreamweaver CS4 入门与进阶[M]. 北京：清华大学出版社,2010.